W0253760

Peter Kunz

Prozeßführung von Kläranlagen

Technisch-wirtschaftliche Optimierung am Beispiel der biologischen Vorklärung

Mit 85 Abbildungen

Springer-Verlag
Berlin Heidelberg GmbH 1988

Prof. Dr. Peter Kunz
Institut für Biologische Verfahrenstechnik
Fachhochschule für Technik
6800 Mannheim

Mit einem Geleitwort von
Prof. Dr.-Ing. Dr. rer. pol. K.-U. Rudolph
Universität Witten/Herdecke GmbH
Lehrstuhl für Umwelttechnik und Management

D 87 (Universität (TH) Karlsruhe)

ISBN 978-3-540-19116-2

CIP-Kurztitelaufnahme der Deutschen Bibliothek
Kunz, Peter:
Prozessführung von Kläranlagen:
techn.-wirtschaftl. Optimierung am Beispiel d. biolog. Vorklärung / P. Kunz.

ISBN 978-3-540-19116-2 ISBN 978-3-662-09531-7 (eBook)
DOI 10.1007/978-3-662-09531-7

Ursprünglich erschienen bei Springer-Verlag Berlin Heidelberg New York 1988

Offsetdruck: Color-Druck, G. Baucke, Berlin; Bindearbeiten: Lüderitz & Bauer, Berlin
2160/3020-543210

ZUM GELEIT

Die Abwasserklärung blickt auf einen langen Entwicklungsprozeß zurück. Die bekannte "Cloaka maxima", von den Römern um 500 v.Chr. errichtet, diente dem Zweck, unangenehme Gerüche vor Ort durch Ableitung der anfallenden Abwässer zu vermeiden. Mit der zunehmenden Verstädterung im Zuge der Industrialisierung Ende des 18. Jahrhunderts war immer häufiger festzustellen, daß die konzentrierte Einleitung von Abwässern zwar eine Verlagerung, nicht aber eine Lösung der Problematik darstellt. Das erste (damals lediglich mechanische) Klärwerk auf dem europäischen Kontinent wurde in Frankfurt um 1850 errichtet. Schon seinerzeit mußte sich das Bauwesen auf Grundzüge der Verfahrenstechnik stützen.

Mit steigender Besiedlungsdichte ergaben sich die Anforderungen an eine zweite Reinigungsstufe, die biologische Abwasserklärung. In der Forschung begann die Umorientierung vom gesamtheitlich angelegten Stadtbauwesen zur spezialisierten Abwassertechnik. Alte Lehrstühle wurden umbenannt, neue Lehrstühle entstanden.

Die Anforderungen des Gewässerschutzes haben sich seither kontinuierlich verschärft. "Gefährliche Inhaltsstoffe" müssen gemäß Stand der Technik eliminiert werden, Mindestanforderungen oder allgemein anerkannte Regeln der Technik beinhalten Reinigungsziele, die früher noch der weitergehenden Abwasserklärung zugerechnet wurden (z.B. Phosphatelimination).

Die Erfolge der naturwissenschaftlich orientierten Forschung erlauben es heute, auf eine breite Palette technischer Klärverfahren zurückzugreifen, die alternativ oder als Kombinationen mit den unterschiedlichsten Ausstattungsmerkmalen verfügbar sind. Die hohen Kosten führen dabei zu einem Abwägungszwang, der eine neue Entwicklung des Siedlungswasserwesens einleitet: Die stärkere Einbindung der Wirtschaftswissenschaften bei der anwendungsorientierten Forschung und praxisbezogenen Optimierung.

Das vorliegende Werk ist in diesem Zusammenhang von richtungsweisender Aktualität. Ökonomische Zusammenhänge bleiben nicht mehr im isoliert-methodischen Raum umweltökonomischer Grundsatzerkenntnisse, sondern werden in einen funktionalen Zusammenhang mit den verfahrenstechnisch-wirtschaftlichen Erkenntnissen gestellt.

Der technisch orientierte Leser findet neben einer umfassenden und aktuellen Darstellung der Grundlagen eine Fülle neuartiger Ideen, insbesondere zur Leistungssteigerung vorhandener Anlagen. Dem ökonomisch orientierten Leser wird ein Überblick der wasserwirtschaftlichen Optimierung gegeben, wie sie sich parallel zu den Fortschritten der Datenverarbeitung und des Operations Research seit etwa 15 Jahren entwickelt hat. Er kann überdies für eigene weiterführende Arbeiten auf ein Kompendium empirischer Kostenfunktionen im Anhang des Buches zurückgreifen.

Dem Autor und den Lesern ist es zu wünschen, daß es im Sinne der vorliegenden Arbeit zu einem stärkeren geistigen Austausch zwischen den Fachdisziplinen "Technik" und "Wirtschaft" kommen möge, ohne die ein effizientes Umweltmanagement in Zukunft nicht machbar ist.

Witten, 9. Juni 1987

o.Prof. Dr.-Ing. Dr.rer.pol. K.-U. Rudolph
Universität Witten/Herdecke GmbH
Lehrstuhl für Umwelttechnik und -management

VORWORT

Die vorliegende Arbeit entstand am Fraunhofer-Institut für Systemtechnik und Innovationsforschung, Karlsruhe. Sie stellt in einigen Punkten eine Zusammenfassung der Untersuchungsergebnisse von Kläranlagen dar, die im Verlauf der vergangenen sechs Jahre teils vom Umweltbundesamt und dem Bundesminister für Forschung und Technologie, teils von verschiedenen Kläranlagenbetreibern gefördert wurden, wofür ich den Verantwortlichen danken möchte. Schwerpunkte der Arbeit stellen Überlegungen für die Optimierung von Kläranlagen im Hinblick auf eine Erhöhung des Reinigungsgrades und der Prozeßstabilität dar, wobei durch eine Verbesserung der Effektivität die dafür notwendigen Mittel nicht unbedingt steigen müssen. Der Bedarf an derartigen Lösungskonzepten ergab sich aus den konkreten Problemen der untersuchten Kläranlagen, ohne daß dies bei den Einzeluntersuchungen schon als großflächiges Problem erkennbar gewesen ist.

Von daher danke ich meinem ehemaligen Institutsleiter, Herrn Prof. Dr. Helmar Krupp, und meinen Kollegen für ihre Unterstützung, daß ich dieser Fragestellung auch institutionell gefördert nachgehen konnte; den Damen im Sekretariat danke ich für die Ausdauer bei den Korrekturen. Mein besonderer Dank gilt Herrn Dr. E. Böhm, der mich immer wieder freundschaftlich ermuntert und in hilfreichen Diskussionen zur Abfassung dieser Arbeit animiert hat. Da trotz allem die Abfassung dieser Arbeit für meine Familie eine große Belastung war, danke ich meiner Frau Beate und meinen Kindern Jenny-Alexandra und Johannes, denen ich dieses Buch widme, für ihr Verständnis.

Für die Betreuung und Unterstützung bei den Modellen danke ich Herrn Prof.

Dr. Otto Rentz, Karlsruhe, und seinem Mitarbeiter, Dr. Hassis. Herrn Prof. Dr. Lothaire Zilliox, Strasbourg, und Herrn Prof. Dr. Klaus Neumann, Karlsruhe, danke ich für die Übernahme der Korreferate. Für die wertvollen Hinweise zur Abrundung der Thematik möchte ich besonderen Dank Herrn Prof. Dr. Dr. Rudolph, Witten-Herdecke, sagen.

Karlsruhe, 15. April 1987 Dipl.-Ing. Peter Kunz

INHALTSVERZEICHNIS

ABKÜRZUNGSVERZEICHNIS

A_o	= Personalbedarf der Art o ∈ O
A_{TK}	= Oberfläche Tropfkörper (m^2)
A_{TF}	= Filterfläche (m^2)
a	= spez. Oberfläche Füllkörper (m^2/m^3)
a_{TF}	= spez. Filtergeschw. ($m^3/m^2.h$)
B	= Betriebsaufwand (DM/a)
BF	= Barwertfaktor (-)
BHKW	= Blockheizkraftwerk
B_R	= Raumbelastung (kg $BSB_5/m^3.d$)
BSB_5	= Biochem. Sauerstoffbedarf in 5 Tagen (kg O_2/d)
B_{TS}	= Schlammbelastung (kg BSB_5/kg TS.d)
C	= Kapitalwert (DM)
C_{DO}	= Konzentration an gelöstem O_2 (kg/m^3)
$C_{DO,S}$	= Sättigungskonzentration (kg O_2/m^3)
C_{NH}	= Ammonium-Konzentration (kg NH_4-N/m^3)
$C_{NH,e}$	= geforderte Ablaufkonzentration an Ammoniumsticksoff (kg/m^3)
$C_{NH,x}$	= eliminierte Ammoniumkonzentration durch Einbau in den Schlamm
C_{NO}	= Nitratkonzentration (kg NO_3-N/m^3)
CSB	= Chemischer Sauerstoffbedarf (kg O_2/d)
D	= Planungszeitraum (a)
DP	= Dynamische Programmierung
EGW	= Einwohnergleichwert
E_1	= Energiekosten (DM/a)
EV	= Entscheidungsvariable
F_q	= Folgekosten (DM/a)

f_B = Anteil aktive Mikroorganismen (-)
f_D = Anteil Denitrifikanten (-)
f_N = Anteil Nitrifikanten (-)
H_F = Höhe Flotationsbecken (m)
H_{TK} = Tropfkörperhöhe (m)
I_{ij} = Anschaffungsausgaben (DM)
ISV = Schlammvolumenindex (m^3/kg)
i = Kalkulationszinssatz (-)
K = Jahreskosten (DM/a)
K_E = Strompreis (DM/kWh)
K_h = Verrechnungspreise (DM/ME)
K_{NH} = Reaktionskonstante Ammoniumstickstoff (kg/m^3)
K_S = Sättigungskoeffizient Substrat (kg/m^3)
KW = Kreislaufwasserverhältnis (-)
k_{BF} = Reaktionskonstante ($kg^{0.5}/m^{0.5}$.d)
k_d = Sterberate (d^{-1})
k_T = Konstante zur Berücksichtigung der Wassertemperatur
k_{TaK} = Reaktionskonstante ($kg^{0.5}/m^{1.5}$.d)
L = Heizleistung
L_D = Liquidationserlös in D
LP = Lineare Programmierung
L_{Ts} = Luftfeststoffverhältnis (kg/kg)
l = Faktor zur Berücksichtigung von Zuschlägen
M = unspezifische, abzuscheidende Stofffracht (kg/d)
m_h = technische Verbrauchsmenge der Sorte $h \in H$
m_i = Schlammfracht (kg TS/d)
N = TKN-Stickstofffracht (kg N_{TKN}/d)
NH_4^+-N = Ammoniumstickstoff (kg N/d)
NO_3^--N = Nitratstickstoff (kg N/d)
N_R = Energieaufwand O_2 (kWh/m3$_{BB}$.d)
n = Ordnungszahl der Reaktion
O_{CN} = Sauerstoffertrag (kg O_2/kWh)
OR = Operations Research
OV_R = Sauerstoffverbrauch (kg O_2/m^3.d)
P = Phosphorfracht (kg P_{ges}/d)
P_o = Personalkosten (DM/a)
p_o = spez. Personalkosten (DM/a-Besch.)

pri = Faktor zur Berücksichtigung der Preissteigerungen (Preisindices)
q = (1+i) Diskontierungsfaktor
q_A = Flächenbeschickung ($m^3/m^2.h$)
R = Rückflüsse in einer Planperiode
RF = Rücklaufverhältnis Recyclestrom (-)
RV = Rücklaufverhältnis (-)
RW = Restwert
r_{NH} = Nitrifikationsrate (kg $N/m^2.d$)
Sa = Löslichkeitskoeffizient (kg/kg)
S_B = Substratkonzentration (kg.BSB_5/m^3)
$S_{B,e}$ = geforderte Abflußkonzentration an BSB_5
SBR = Sequencing Batch Reactor
S_C = Substratkonzentration (kg CSB/m^3)
SK = Sonstige Kosten (DM/a)
S_M = unspezifische Stoffkonzentration (kg/m^3)
SS = Konzentration an susp. Stoffen (kg TS/m^3)
$SV_{R,o}$ = Schlammvolumenbeschickung ($m^3/m^3.h$)
s_B = Zehrung des Rohschlammes (kg BSB_5/kg TS)
s_p = Druckdifferenz (bar)
T = erwartete Funktionsdauer (a) (B: Bauwerke, M: Maschinen)
TKN = Kjehldahl-Stickstoff-Fracht (kg N/d)
TS = Trockensubstanz (o: organisch)
t_1 = hydraulische Verweilzeit (h)
t_N = Kontaktzeit Nitrifikanten-Nitrat (d)
t_S = Biomasse-Substrat-Kontaktzeit (d)
t_X = rechnerische Bakterienverweilzeit (d) im System
$\dot{V}$ = Abwasserzufluß (m^3/d)
$\dot{V}_1$ = Bemessungs-Abwasserzufluß (m^3/h)
V = Volumen (m^3)
V_{BB} = Volumen Belebungsbecken (m^3)
V_{NKB} = Volumen Nachklärung (m^3)
V_{ZK} = Volumen Zwischenklärung (m^3)
v_D = Denitrifikationsgeschwindigkeit (kg NO_3-N/kg oTS.d)
v_N = Nitrifikationsgeschwindigkeit (kg N/kg oTS.d)
W_1 = Wartungskosten (DM/a)
X = Schlammkonzentration (kg TS/m^3)
Y_D = Biomasseertrag aus Denitrifikation (kg oTS/kg NO_3^--N)

Y_N = Biomasseertrag aus Nitrifikation (kg oTS/kg NH_4^+-N)
Y_S = Biomasseertrag aus Substratabbau (kg oTS/kg BSB_5)

α = Umrechnungsbeiwert Reinwasser/Abwasser
γ = Faktor zur Berücksichtigung von weiteren Aufwendungen im Rahmen von Investitionen
ΔBSB_5 = abgebaute BSB_5-Fracht (kg BSB_5)
δ = Luftsättigungsgrad (-)
η_{N-NH} = Umwandlungsfaktor N_{TKN} NH (-)
η_{NH} = Inkorporation N in Schlamm (kg N/kg BSB_5)
η_{NO} = geforderter Denitrifikationsgrad (-)
η_{SS} = Eliminationsgrad an suspendierten Stoffen (-)
κ = Degressionsexponent (-)
λ = Inflationsrate (-)
τ = Umrechnungsfaktor (h/d)
ω = spez. Oberfläche (m^2/m^3)

1. PERSPEKTIVEN IM HINBLICK AUF EINEN WIRTSCHAFTLICHEREN BETRIEB VON KLÄRANLAGEN

Nach der intensiven Bauphase ("Wachstumsphase") von Kläranlagen in den vergangenen zehn Jahren, die zweifelsohne auf die Novellierung des Wasserhaushaltsgesetzes (WHG) im Jahre 1976 und die Schaffung eines Abwasserabgabengesetzes (AbwAG, 1976) zurückzuführen ist, sind in weiten Teilen der Bundesrepublik Deutschland inzwischen Reinigungsstandards erreicht, die den Zielen des Umweltprogrammes der Bundesregierung aus dem Jahre 1971 schon recht nahe kommen, aber aus dem Blickwinkel der Umweltvorsorge noch nicht genügen (s. WHG, 1986). Da konventionelle Klärverfahren ihre Leistungsgrenzen erreicht haben (BURCHARD, 1985), werden - zunächst in Einzelfällen, mittelfristig aber in großem Umfang - weitergehende Abwasserreinigungsmaßnahmen ergriffen werden müssen (NEUMANN, GORSLER, 1985). Der Kläranlagenbau wird somit nicht stagnieren, vielmehr werden die bestehenden Anlagen hinsichtlich Stabilität der Reinigungsergebnisse und verbleibender Restverschmutzung optimiert werden müssen ("Konsolidierungsphase" i.S.v. RUDOLPH, 1983).

Aufgrund der verschärften Reinigungsanforderungen, aber auch wegen der wachsenden Probleme der Schlammentsorgung, entsteht für die Kläranlagenbetreiber in zunehmenden Maße die Notwendigkeit, die Effektivität des Klärprozesses zu steigern. Eine Minimierung der laufenden Kosten für die Abwasser- und Schlammbehandlung bei gleichem oder verbessertem Reinigungsergebnis ist möglich, wenn der Betriebsaufwand dem tatsächlichen Bedarf stärker angepaßt wird. Die Chancen einer stärkeren Berücksichtigung betrieblicher Belange beim Kläranlagenbetrieb stehen gut, da im Zuge der Verschärfung der Reinigungsanforderungen ein Handlungsbedarf besteht, gleichzeitig aber bei vielen, auf Belastungszuwachs ausgelegten Anlagen (durch verstärkte Wassersparmaßnahmen und den Einsatz emissionsarmer Technologien bei Indirekteinleitern) die Auslastung tendenziell sinkt. Die Betriebsmittelanpassung an den Bedarf ist auch umso dringlicher, je stärker die Preise oder Faktoreinsatzmengen im einzelnen steigen (Energie-, Chemikalienpreise, Löhne und Gehälter und Kosten der Schlammentsorgung aufgrund der wachsenden Mengen). Neben dem Kostenproblem bekommt zunehmend die Entsorgung der produzierten Klärschlämme aufgrund der Verknappung der Entsorgungsflächen - landwirtschaftliche Nutzflächen oder Deponien - Bedeutung (Ressourcenproblematik). Eine darauf abgestellte Abwasser- und Schlammbehandlung, d.h. Prozeßführung und -optimierung, ist dementsprechend ausschlaggebend für einen ordnungsgemäßen, wirtschaftlichen Klärbetrieb. Wirtschaftlichkeit soll dabei jedoch nicht so verstanden werden, wie nach dem Gesetz vom abnehmenden Grenzertrag ratsam wäre, nämlich auf weitergehende Reinigungsmaßnahmen zu verzichten, sondern sie ist zu beziehen auf die Jahreskosten bei sicherer Einhaltung der Reinigungsanforderungen. Entscheidend für die Senkung der Jahreskosten ist die Kenntnis und Berücksichtigung der Wechselbeziehungen zwischen den einzelnen Funktionen einer Kläranlage (Abwasserreinigung, Schlammbehandlung und Energiedeckung) durch die Betrachtung der Summe aller Elemente als eine Einheit.

1.1 KLÄRANLAGENTECHNIK IN DER BUNDESREPUBLIK DEUTSCHLAND

Abwasserreinigung und Schlammbehandlung sind die beiden wesentlichen Komponenten einer Kläranlage. Sie enthalten eine Fülle von unterschiedlichen Aufgaben, die eine Vielzahl von Fachdisziplinen zusammenführen (Ingenieure verschiedener Fachrichtungen, Biologen, Chemiker, Ökonomen). Infolge der stürmischen Entwicklungen der Biotechnologie zeichnen sich auch eine Reihe übertragbarer Überlegungen und Methoden ab, die eine rasche Weiterentwicklung der vorhandenen Anlagentechnik erwarten lassen. Damit wird es auch eher möglich sein, in Kenntnis spezifischer Verhältnisse das jeweils biologisch geeignetste Behandlungsverfahren auszuwählen und dadurch mit einem Minimum an Kosten ein Maximum an Leistung in den Anlagen zu erzielen.

Um die Möglichkeiten zur Optimierung von Kläranlagen besser einordnen und die Gesichtspunkte der betrieblichen und anlagentechnischen Verhältnisse besser berücksichtigen zu können, wird zunächst ein kurzer geschichtlicher Abriß und eine Beschreibung der Ausgangssituation gegeben, in der sich die Kläranlagen heute befinden. Bei allen Bemühungen um einen kostengünstigeren Betrieb darf allerdings nicht vergessen werden, daß die konventionelle Abwasserreinigung bislang als technische Kopie der Selbstreinigungsvorgänge in einem Gewässer aufgefaßt wird und weitgehend ungesteuert abläuft (DGHM, 1984). So geht auch der Kläranlagenbetreiber davon aus, daß es genügt, wenn - nach den Regeln der Technik gebaut - die Anlage die Mindestanforderungen (Verwaltungsvorschriften nach WHG, 1976) zu erfüllen imstande ist. Ob die dafür aufzuwendenden Mittel optimal eingesetzt werden, wurde bislang kaum in Frage gestellt (s. Kapitel 4). Privatisierungsüberlegungen (ROSENZWEIG, 1985) und Versuche zur Managementverbesserung (RUDOLPH, 1985) sowie Hinweise zur Kostensenkung (LIERSCH,

1983 und 1986) bzw. Vorschläge zur Neufassung der Honorarordnung zur Berücksichtigung von Opimierungsanstrengungen der Planer (BÖHNKE, DAHLEM, 1985) zeigen jedoch auf, daß den ökonomischen Gesichtspunkten im Rahmen der Sanierung von Kläranlagen zukünftig mehr Bedeutung beigemessen wird.

1.1.1 Entwicklung der Abwasserbeseitigung

Das Problem der Abwasserentsorgung ist so alt wie die Menschheit. Es wuchs in dem Grade, wie sich die Menschen in größeren Gemeinschaften zusammentaten. Im Vordergrund aller Überlegungen stand dabei zunächst immer die schadlose Abführung der benutzten Wässer, wobei unter schadlos wohl im wesentlichen seuchenhygienische und ästhetische Gesichtspunkte zu verstehen waren. Gleichwohl hatten die alten griechischen und römischen Kulturen erkannt, daß in Verbindung mit den Wasserzuleitungen auch Abwasserkanäle gebaut und betreut werden müssen (Curatores Cloacarum). Trotzdem wurde aber das Abwasserproblem dadurch nur verlagert: vom Haus auf die Straße (s. mittelalterliche Städte) und von dort über Kanalisationsbauten (London 1830, Hamburg 1842, München 1881) in die Vorfluter (SALOMON, 1907). Die eigentliche Abwasserbehandlung nahm - abgesehen von einigen wenigen Seen, die als Fischteiche genutzt wurden (Agrigent, 5. Jhdt. v. Chr.), oder von Rieselfeldern (Bunzlau, Mitte 16. Jhdt.) - Mitte des 19. Jhdts. ihren Ausgang in England infolge der unerträglichen Verhältnisse in den Vorflutern der Ballungsräume. In Deutschland erhielt 1904 die Emschergenossenschaft die Aufgabe zur Emscher-Regulierung und zum Bau von Klärwerken, 1911 folgte die Gründung des Ruhrverbandes (BRIX et al., 1934).

Technisch standen die natürlichen Verfahren der Landbehandlung bis 1900 vor allem aus Gründen der Düngewirkung des Abwassers (Liebig) im Vordergrund. Wo dieses Verfahren nicht einsetzbar war (ungeeignete Böden, Platzverhältnisse), kamen technische Verfahren (Rechen, Siebe) und die schon länger bekannten Ab setzverfahren zum Einsatz. Während in England und USA Abwasserfaulbecken vor herrschend wurden, setzte man in Deutschland auf die von Imhoff (1907) entwickelten zweistöckigen Absetz- und Faulbecken (Emscherbrunnen).

Aus der Geschichte der Abwasserreinigung bis zum heutigen Zeitpunkt läßt sich erkennen, warum die Abwassertechnik zwangsläufig eine Domäne der Bauingenieu re wurde und nahezu bis heute bleiben mußte: Neben den Kanalisationsbaumaßnahmen, die ohnehin Sache des Tiefbaus sind, bedurften - abgesehen von den wenigen maschinentechnischen Einrichtungen wie Rechen und Siebe, für die Bauingenieure ebenfalls die Bauwerke zu erstellen hatten - die ersten technischen Einrichtungen zur Abwasserbehandlung, nämlich die Absetzanlagen, den bauingenieurmäßigen Sachverstand. Insofern ist es nicht verwunderlich, daß die Entwicklung der biologischen Abwasserbehandlung durch Bauingenieure vorangetrieben wurde und sämtliche weiterführenden Lösungen aufbauend auf dem darauf gewonnen Erfahrungsschatz entwickelt wurden (vgl. ATV, 1983).

Erst in den letzten Jahrzehnten haben sich Biologen und Verfahrensingenieure mit den Problemen der Abwasserreinigung und Schlammbehandlung beschäftigt. Wenngleich die Siedlungswasserwirtschaftler mit die ersten Biotechnologen des Abwassers sind, wird wohl erst die Übertragung des Grundlagenwissens der Bioingenieure und Biotechnologen über die mikrobiologischen Zusammenhänge und Abhängigkeiten (vgl. DGHM, 1984) neue Entwicklungen in der Abwasserbehandlungstechnik anstoßen. Die Vielfalt verfahrenstechnischer Möglichkeiten zur Intensivierung der Abwasserreinigung (GVC, 1983) - vor allem im Hinblick auf die Steigerung der Raum-Zeit-Ausbeute - macht das deutlich.

1.1.2 Stand der Abwasser- und Schlammbehandlung

In der Bundesrepublik Deutschland hat sich nach dem 2. Weltkrieg im Zuge der industriellen und Bevölkerungsentwicklung und in Anbetracht des Bedarfs an Oberflächenwasser für die Trink- und Brauchwassergewinnung die Klärung von Abwässern nach dem Prinzip der mechanisch-biologischen Reinigung durchgesetzt. Nicht zuletzt durch die 4. Novellierung des Wasserhaushaltsgesetzes (WHG, 1976) und die Ankündigung bzw. den Vollzug des Abwasserabgabengesetzes (AbwAG, 1976) wurde der Ausbau von bis dahin mechanisch(-physikalisch) reinigenden in vollbiologische Kläranlagen zügig vorangetrieben, so daß inzwischen der überwiegende Teil des gesamten, in öffentliche Kanalisationen abgeleiteten Abwassers nach diesem Stand behandelt wird (vgl. GILLES, 1983; Abb. 1-1).

Neben den knapp 7.400 industriellen Abwasserreinigungsanlagen (1,3 Mrd. m^3/a werden mechanisch, 0,7 Mrd. m^3/a chemisch oder chemisch-physikalisch und 0,65 Mrd. m^3/a biologisch behandelt) werden in rund 8.200 kommunalen Kläranlagen täglich ca. 22. Mio. m^3 Abwasser gereinigt (UBA, 1984). Rund zwei Drittel aller kommunalen Kläranlagen weisen Ausbaugrößen unter 10.000 Einwohnergleichwerten (EGW) auf, rund 2.700 Kläranlagen sind größer als 10.000 EGW, wovon 240 Anlagen größer als 100.000 EGW ausgebaut sind (EWPCA, 1984).

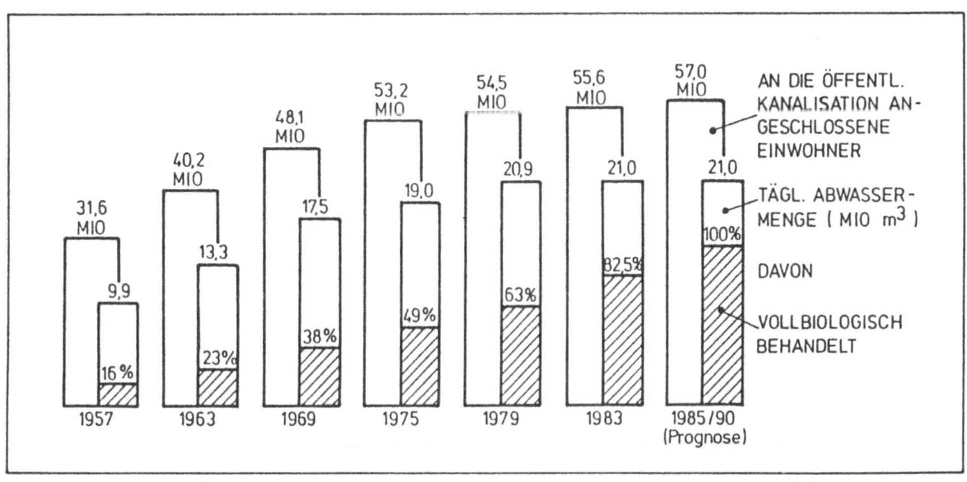

Abb. 1-1: Öffentliche Abwasserbeseitigung (UBA, 1984 und 1986)

Die überwiegende Zahl der kommunalen Kläranlagen über 10.000 EGW ist einstufig ausgelegt und wird nach dem Prinzip der Belebungsverfahren betrieben (vgl. Abb. 1-2), das auf dem Prinzip der Biomasserückführung in einen zwangs-

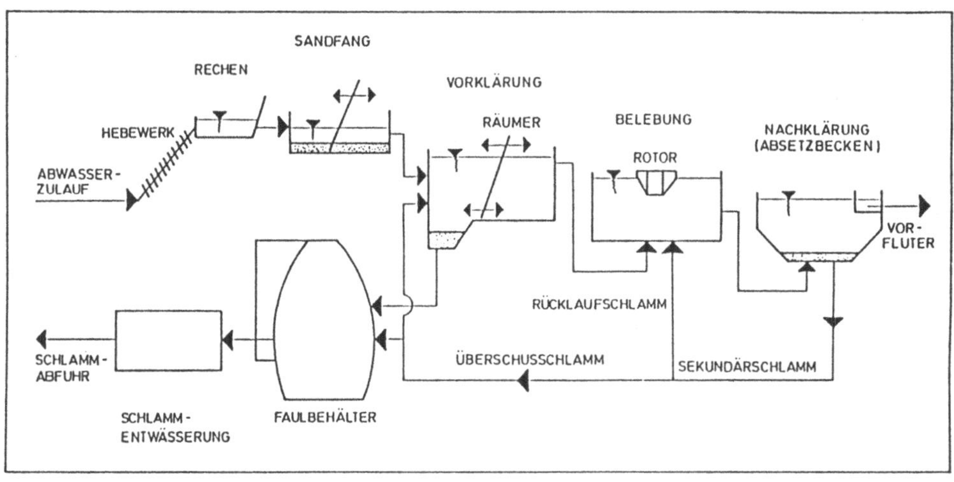

Abb. 1-2: Verfahrensprinzip einer einstufigen Belebungsanlage

belüfteten Mischungsreaktor beruht (s. Abschnitt 2.1.3). Neben Belebungsanlagen werden heute wieder zunehmend Festbettverfahren (Tropfkörper-, Scheiben tauch- und Tauchkörperanlagen) eingesetzt, bei denen die Biomasse überwiegend auf festen Aufwuchsflächen festsitzt; man findet sie heute häufiger in zweistufigen oder in Kombination mit Belebungsanlagen bzw. in Teichanlagen.

Je intensiver die Abwasserbehandlung betrieben wird, umso mehr Schlamm fällt an, der ordnungsgemäß behandelt und entsorgt werden muß. Die letzte Umfrage zum Klärschlammanfall aus öffentlichen Kläranlagen (Stand 1974; THORMANN, 1977) ergab einen jährlichen Anfall von 1,7 Mio. t Feststoffen, was einer Menge von 34 Mio. m³ (bei 5 % Feststoffgehalt) entspricht. BLICKWEDEL und SCHENKEL (1986) schätzten die inzwischen in kommunalen Kläranlagen anfallende Klärschlammenge auf 42 Mio. m³ mit 5 % Trockensubstanz (TS; Stand 1984). Gemessen an der Steigerung der Reinigungswirkung durch den Ausbau und Zubau von Kläranlagen sowie den Maßnahmen zur weitergehenden N- und P-Elimination dürfte der Feststoffanfall bis 1990 den Wert von 2,5 Mio. t/a erreicht haben. Unberücksichtigt ist dabei jedoch die Mineralisierung des Schlammes in den zunehmend schwächer belasteten Reinigungsstufen, wodurch der zunächst erzeugte Schlamm wieder in Lösung geht (vgl. Abschnitt 2.1.1). Hinzu kommen noch rund 30 Mio. m³ Klärschlamm aus industriellen Kläranlagen (BMI/UBA, 1979).

Für die Art der Schlammbehandlung ist ausschlaggebend, ob der zu entsorgende Schlamm landwirtschaftlich oder energetisch durch Verbrennung verwertet werden kann oder deponiert werden muß. Aufgrund der unsicheren Abnahmesituation durch die Landwirtschaft mußten sich viele Kläranlagenbetreiber darauf einstellen, den Schlamm auch deponieren zu können, so daß in nahezu jeder größeren Kläranlage (ab etwa 10.000 EGW) Schlammentwässerungsanlagen (Zentrifugen, Band- oder Kammerfilterpressen) eingerichtet sind bzw. werden. Da nach Klärschlammaufbringungsverordnung (AbfKlärV, 1982) die Hygienisierung des Schlammes für die Aufbringung auf Grünland gefordert ist, die mit den üblichen Temperaturen (um 30 °C) in einer anaeroben Schlammstabilisierung (mesophile Ausfaulung) nicht erreicht wird, werden z.T. weitergehende Schlammbehandlungsmaßnahmen erforderlich. Betriebswirtschaftlich ist dadurch die landwirtschaftliche Verwertung - angesichts auch der Begrenzung der Aufbringungsmenge sowie der Notwendigkeit von Klärschlamm- und Bodengutachten - weniger interessant geworden, wenngleich sie die ökologisch sinnvollste Entsorgungsvariante darstellt.

Die Schlammfaulung als kostengünstigstes Verfahren zur Stabilisierung des Rohschlammes (WOLF, 1981a) ist in den allermeisten Kläranlagen über 30.000 EGW anzutreffen. Von besonderer Bedeutung ist dabei das bei der Faulung anfallende Methangas, das in unterschiedlicher Weise für die Deckung des Energiebedarfs einer Kläranlage eingesetzt werden kann (vgl. Abschnitt 3.2). In kleineren Kläranlagen wird der Schlamm meist aerob simultan, neuerdings auch aerob thermophil stabilisiert. Neben der landwirtschaftlichen Verwertung, bei der der Wassergehalt im Schlamm aus Transportgründen eine Rolle spielt, stellt die Veraschung eine zumindest energetische Verwertung des organischen Materials im Schlamm dar. Sie setzt aber eine weitgehende maschinelle Entwässerung voraus, da eine selbstgängige Verbrennung nur bei niedrigen Wassergehalten möglich ist. Klärschlamm- oder Müll-Klärschlamm-Verbrennungswerke haben bislang jedoch nur für große Kläranlagen Bedeutung.

Die technische Ausrüstung der Kläranlagen ist jedoch nur die eine Seite bei der Betrachtung des Standes von Abwasserreinigung und Schlammbehandlung, die andere ist die Betriebspraxis. So ist festzustellen (vgl. WIENER Mitteilungen, 1982; KUNZ, MÜLLER, 1985), daß etliche Kläranlagen - vor allem die neueren - stark unterausgelastet sind, so daß die praktischen Betriebsbedingungen i.d.R. erheblich von den Planungswerten abweichen. Durch die Unterauslastung, die in Zukunft tendenziell noch größer werden wird, da im Zuge der verschärften Anforderungen des WHG (1986) auch die Indirekteinleiter stärker zu Vermeidungsmaßnahmen greifen müssen, erhöhen sich aber nicht nur die spezifischen Betriebskosten (s. Abschnitt 3.3.1), infolge der fehlenden modularen Auslegung in der Maschinen- und Anlagentechnik werden Betriebsbedingungen geschaffen, die sich ungünstig auf die Abwasserreinigung und Schlammbehandlung auswirken (s. KRAUTH, 1971; RÖSLER, 1982). Abgesehen von einer permanenten Unterauslastung ist der Kläranlagenbetrieb täglichen und jahreszeitlichen Belastungsschwankungen unterworfen, die eine entsprechende Anpassung des Betriebes an den jeweiligen Bedarf ökonomisch sinnvoll erscheinen lassen.

1.1.3 Struktur des Energieeinsatzes in Kläranlagen

Während in früheren Jahrzehnten die Abwasserbehandlung in Rieselfeldern oder zumindest die Schlammentwässerung auf Trockenbeeten erfolgte, erzwangen die zunehmenden Abwassermengen und darin enthaltenen Frachten anorganischer und organischer Substanzen eine Steigerung der Raum-Zeit-Ausbeute, die den Einsatz von Zusatzenergie - vor allem Strom - bedingte. Wie Abbbildung 1-3 anhand des Strombezugs zeigt, ist diese Entwicklung seit den 70er Jahren zu beobachten; sie wurde verstärkt durch die Maßnahmen im Vorfeld des Abwasserabgabengesetzes (AbwAG, 1976). Begründet ist sie in der zunehmenden Mechanisierung und im vorwiegenden Einsatz von Belebungsverfahren, die die im Stromverbrauch günstigeren Tropfkörper und Scheibentauchkörper ablösten.

Der Energiebezug einer Kläranlage - benötigt wird Kraft zum Antrieb der Aggregate und Wärme zur Beheizung vorwiegend der Faulbehälter bei anaerober Schlammstabilisierung - unterscheidet sich vom Energiebedarf zur Sicherstellung der ordnungsgemäßen Abwasserreinigung und Schlammbehandlung ganz erheblich. Hier liegen Einsparmöglichkeiten, die ohne Einbußen am Reinigungsergebnis Betriebskosten senken können. Energieverluste lassen sich nicht vermeiden, man kann sie aber begrenzen und z.T. nutzbar machen (Nutzung von Motorenabwärme). Eine Strategie zur Minimierung des Energiebezugs wird sich deshalb dem funktionengerechten Betrieb und den Energieverlusten widmen müssen (s. Abschnitt 3.2.2).

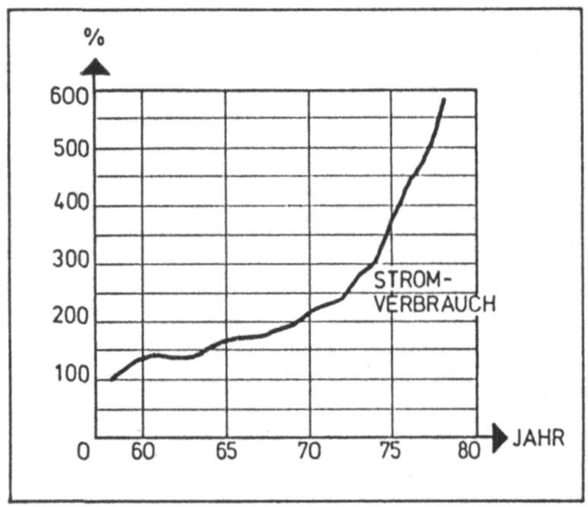

Abb. 1-3: Entwicklung des Strombedarfs von Kläranlagen (WIENHUSEN, 1980)

Wie Abbildung 1-4 zeigt, wird in einer Kläranlage ganzjährig Strom und Wärme benötigt, wobei der Anteil der Wärme am Energiebedarf im wesentlichen davon abhängt, ob der Schlamm anaerob stabilisiert wird. In einer Untersuchung mit einer Stichprobe von 33 kleineren und mittelgroßen Belebungsanlagen zwischen 10.000 und 50.000 EGW (KUNZ, MÜLLER, 1985) lag der Strombezug bei knapp 60 %

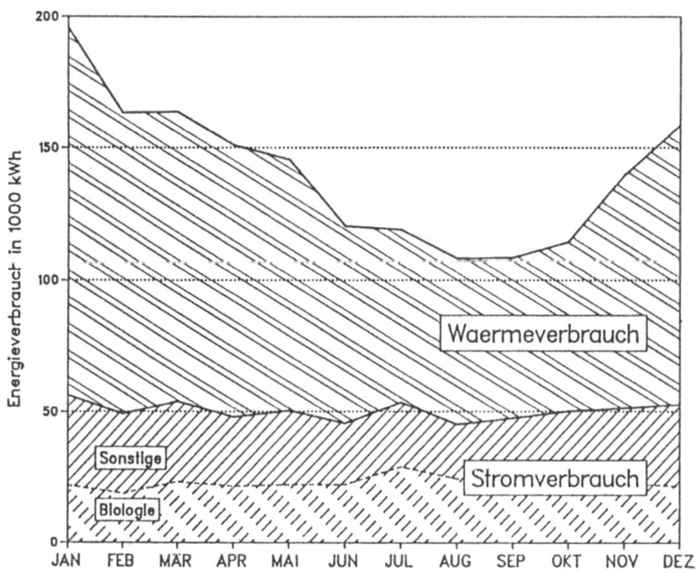

Abb. 1-4: Energieverbrauch einer 48.000 EGW-Anlage (KUNZ, TOUSSAINT, 1987)

des Energieverbrauchs (bezogen auf Primärenergieeinheiten), während in einer früheren Untersuchung von 26 Kläranlagen (Ausbaugrößen zwischen 500 und 100.000 EGW, KUNZ, 1980) in einer abgegrenzten Modellregion mit nur 52 % auf den Strombezug entfielen, was im wesentlichen auf den unterschiedlichen Grad der Schlammstabilisierung, aber auch auf den immer noch zunehmenden Umfang der elektrotechnischen Ausrüstung zwischen beiden Untersuchungen zurückzuführen sein dürfte.

1.1.4 Personaleinsatz in Kläranlagen

Neben dem quantitativen Bedarf an Personal zur ordnungsgemäßen Durchführung der vielfältigen Aufgaben in einer Kläranlage spielt der Bedarf an qualifizierten Kräften eine noch weit größere Rolle. Sieht man einmal ab von den maschinellen und baulichen Instandhaltungsarbeiten, werden vom Klärpersonal Kenntnisse einer großen fachlichen Breite erwartet. Einen Abwasserreinigungsprozeß ordnungsgemäß führen und steuern zu können, setzt einerseits ein weitgehendes Verständnis der internen und externen Vorgänge voraus, andererseits aber auch elektro- und maschinentechnische Erfahrungen, analytische Kenntnisse und labortechnisches Geschick sowie organisatorische Fähigkeiten, um den betrieblichen Notwendigkeiten nach ihrer Wichtigkeit und Bedeutung gerecht zu werden und nicht aus Unkenntnis überproportionale Kosten zu verursachen. Das frühzeitige Erkennen von Störungen anhand einfacher Indikatoren aus dem Betriebsgeschehen wirkt sich erheblich auf die Reinigungswirkung und Prozeßstabilität aus, was zukünftig über die Abwasserabgabe noch einen größeren betriebswirtschaftlichen Stellenwert erfahren wird.

Mit zunehmenden Anforderungen an die Reinigungswirkung werden auch die eingesetzten Techniken komplizierter (z.B. Steuerung von Nitrifikation - Denitrifikation). Die in Zusammenhang mit einer Automation häufiger genannte Entlastung des Personals ist kaum zu erwarten (allenfalls bei größeren Kläranlagen durch Vermeidung von Schichtbetrieb), weil die Anforderungen an das Bedienungspersonal durch den Aufwand für Wartung und Kalibrierung der Sensoren sowie für Funktionsüberprüfung und Anpassung der Stellglieder quantitativ und für die Anwendung bzw. Optimierung der Steuerungsprogramme auch qualitativ wachsen (saldierte Effekte: Einsparung durch Optimierung, Mehraufwand durch Optimierungsanlage).

Gemessen an den komplexen Aufgaben, ohne die häufig ebenfalls zu bewältigen den Aufgaben im Bereich der Kanalisation und der Regenbauwerke zu berücksich tigen, sind die meisten Kläranlagen sowohl quantitativ als auch qualitativ unterbesetzt. Dies liegt mit daran, daß die bisherigen Empfehlungen (SCHOENENBERG et al., 1980) hinsichtlich des Personalbedarfs sich nicht am Erforderlichen orientieren, sondern daran, wieviel Zeit ein durchschnittlicher Klärwärter für die Durchführung bestimmter Klärfunktionen im Jahr 1978 benötigt hat - unter Berücksichtigung etwaiger Mehraufwendungen für bspw. längsgestreckte, ältere oder unterschiedlich automatisierte Kläranlagen. Dabei wird z.B. der Zeitaufwand in Anlagen mit hohem Meßanteil sogar geringer angesetzt als bei geringer Ausstattung und dabei z.B. nicht berücksichtigt, daß die Meß- und Steuergeräte eine intensive Wartung benötigen. Wie eine Literaturdurchsicht jedoch ergeben hat, ist es außerordentlich schwierig, den tatsächlich erforderlichen Personalbedarf quantitativ richtig zu erfassen; die einzelnen Angaben widersprechen sich zum Teil.

In Anbetracht dieser Verhältnisse erscheint es unzulässig, den Personalbedarf als Optimierungsvariable anzusetzen, obwohl er bei der Auswahl von Verfahfahrensalternativen entscheidungsrelevant ist. Nach heutigem Kenntnisstand kann man qualitativ zwar davon ausgehen, daß Teich- und Stabilisierungsanlagen weniger Personal benötigen als teilweise automatisierte einstufige Belebungsanlagen, quantitativ hängen die Unterschiede aber stark von den örtlichen Randbedingungen ab. So sehen auch SCHLEGEL (1984a) und andere Autoren bspw. keinen Personalmehrbedarf beim Übergang von einstufiger zu zweistufiger Prozeßführung.

1.2 KÜNFTIGE AUFGABENSCHWERPUNKTE BEI DER ABWASSERREINIGUNG UND SCHLAMMBEHANDLUNG IN KOMMUNALEN KLÄRANLAGEN

Der Schutz der Gewässer konnte durch den Bau und Ausbau von mechanisch-biologischen Kläranlagen heutiger Verfahrensweise nur teilweise gelöst werden (IAWR, 1986). Die Elimination leicht abbaubarer Stoffe wird zwar weitgehend erreicht (90 % BSB_5-Elimination im Durchschnitt), aber nicht mit konstanter Leistung. Manche Verbindungen werden nur teilweise oder überhaupt nicht mineralisiert und eliminiert; manche nur teilweise an den Klärschlamm gebunden (s. Abschnitt 2.2). Die bisherige Aufgabe der Abwasserreinigung hat aber auch nur in der Elimination von leicht abbaubaren Verbindungen bestanden. Alle darüber hinaus erzielten Erfolge waren mehr oder weniger zufällig. So basierten die Verbesserungen vorwiegend auf der Optimierung technischer Parameter (wie z.B. optimale Belüftung) und weit weniger auf biologischen Erkenntnissen. Häufig wurde eher zufällig beobachtet, daß bestimmte Veränderungen in der Betriebsweise (bspw. bei Unterauslastung oder dem Ausfall von Belüftungsaggregaten) zu günstigeren Ablaufergebnissen führten. Da diese Ergebnisse aber eher zufällig zustande kamen, zeigten die Systeme bei ihrer technischen Realisierung biologisch induzierte Konsequenzen (z.B. Blähschlamm), die im Extremfall die Abwasserbehandlung erheblich beeinträchtigen.

Biologisch betrachtet ist dabei Blähschlamm, der von Kläranlagenbetreibern gefürchtet wird, ein Schlammtyp, der die Forderungen nach hohen Umsatzraten, breitem Verwertungsspektrum, hoher Resistenz gegen toxische Stoffe und einseitige Abwasserzusammensetzung am ehesten erfüllt (vgl. POPP, 1978; van den EYNDE et al., 1983). Das Problem liegt "lediglich" darin, daß er sich in den weitverbreiteten Absetzbecken, die, von den Betriebskosten betrachtet, die günstigsten Abtrenneinrichtungen darstellen, vom gereinigten Abwasser schlecht abtrennen läßt und zum Schlammabtrieb in die Vorfluter führt. Im Zuge der verschärften Anforderungen an Kläranlagenabläufe und der höheren kostenmäßigen Bewertung der Restverschmutzung werden zukünftig jedoch verstärkt Maßnahmen zur verbesserten Feststoffrückhaltung ergriffen werden müssen (s. Abschnitt 2.2.3).

Die nachstehenden Ausführungen zeigen auf, welche Aufgaben schwerpunktmäßig in den nächsten Jahren in der kommunalen Klärtechnik anstehen und in welcher Richtung mögliche Lösungsansätze gesehen werden können (s.a. HAHN, 1986). Nach Auffassung des Verfassers werden sich alle zukünftigen Investitionen im Kläranlagenbereich daran messen lassen müssen, ob mit ihnen die nachstehend beschriebenen Fragestellungen gelöst werden können. Die Problematik heutiger Kläranlagen liegt dabei weniger in den Graden der baulichen Unterauslastung, respektive Überdimensionierung der Aggregate, sondern an den bislang fehlenden Anpassungsmöglichkeiten an die veränderten Betriebszustände. Der Klärprozeß darf zukünftig nicht mehr als Produktionsprozeß mit schwankender Leistung betrachtet werden: Störungen und Ausfälle müssen durch bessere Schulung des Personals, technische Verbesserungen der eingesetzten Aggregate und angepaßtere Verfahren (höhere Verfügbarkeiten, einfachere Bedienbarkeit) vermieden werden, unvermeidliche Leistungseinbußen von Mikroorganismen müssen intern über eine sequentielle Behandlung in "Auffangsystemen" kompensiert werden können (KUNZ, LEMMER, 1987).

1.2.1 Verbesserung der Reinigungsergebnisse

Während durch den Ausbau mechanisch biologischer Abwasserreinigungsanlagen die mit dem BSB_5 erfaßten Stoffe bis zu etwa durchschnittlich 90 % eliminiert werden konnten (BURCHARD, 1985), stehen nun - neben einem noch teilweise existierenden Nachholbedarf - Verbesserungen an

- bei extremen Lastwechseln (stoßartige Belastungen der Abwasserreinigungsanlage durch Niederschlagwasser und Kampagnebetriebe),
- im Hinblick auf eine noch weitergehende BSB_5-Elimination bei leistungsschwachen Vorflutern (im Zuge der Aufstellung von Bewirtschaftungsplänen nach 36b WHG),
- im Hinblick auf eine Verminderung des Rest-CSB, der adsorbierbaren Kohlenwasserstoffe (AOX) und der Schwermetallverbindungen,
- aber auch hinsichtlich des Ammonium-, Nitrat- und Phosphorgehalts.

Da die Reinigungswirkung einer Abwasserreinigungsanlage an der Zurückhaltung von gelösten und ungelösten Substanzen gemessen wird (ein Teil des BSB, CSB, N und P ist an die Feststoffe gebunden), läßt sich die Reinigungswirkung allein dadurch verbessern, daß die suspendierten, zunächst nicht abgesetzten Feststoffe durch weitere Maßnahmen besser zurückgehalten werden. Der zweite Ansatzpunkt zur Verbesserung der Reinigungswirkung besteht in einer weitergehenden biologischen Oxidation der noch verbliebenen gelösten Verbindungen oder ihre Entnahme über die Biomasse bzw. durch chemische Fällung. Da der Rohstoff Abwasser mit starken, teilweise sehr starken Schwankungen in Menge und Konzentration in der Kläranlage ankommt, spielt die interne Anpassung eine wesentliche Rolle.

Eine hohe Flexibilität in der Betriebsführung ist schon deshalb notwendig, weil durch Zuzug und Schließung von Betrieben im Einzugsgebiet einer Kläranlage extreme Veränderungen in der Abwasserzusammensetzung möglich sind, die unterschiedliche Behandlungskonzepte erfordern. Auch wenn bis heute kaum bewußt mikrobiologische Steuermöglichkeiten in Abwasserreinigungsanlagen genutzt werden (Schlammalter, Anaerobie), deuten die Reinigungsergebnisse von zwei- und mehrstufigen Anlagen darauf hin, daß in ihnen mikrobiologisch günstigere Prozeßbedingungen vorhanden sind, die einen weitergehenden Abbau gelöster Abwasserinhaltsstoffe ermöglichen und die jeweiligen Schlämme - vor allem beim Einsatz von Festbettverfahren - besser behandelbar sind (vgl. Abschnitte 2.1 und 3.1).

Die Verdünnung von "biologiefähigen" mit weniger gut in Abwasserreinigungsanlagen behandelbaren Abwässern ist ausschlaggebend für den heutigen Reinigungsstand; eine Steigerung der Reinigungswirkung setzt somit eine weitgehende den jeweiligen Substraten angepaßte Vorbehandlung oder Substitution persistenter Verbindungen voraus. Da man jedoch die Vielzahl von Haushaltschemikalien nicht aus der Betrachtung lassen darf und von daher immer eine Belastung mit Umweltchemikalien in kommunalen Kläranlagen vorliegt, muß die Abwasserbehandlung künftig auch stärker auf die Verminderung dieser Verbindungen abgestellt werden.

1.2.2 Erhöhung der Prozeßstabilität

Die Vermeidung von Betriebsstörungen wird in Zukunft sowohl strafrechtlich als auch ökonomisch größere Bedeutung erlangen, da die Nichteinhaltung der nach dem wasserrechtlichen Bescheid einzuhaltenden und behördlich überwachten Einleitewerte einen Verstoß gegen das WHG (1986) darstellt (vgl. FRANZHEIM, 1985) und überproportional steigende Abwasserabgaben zur Folge haben (2. Novelle des AbwAG, 1986). Wenn es auch bislang kaum möglich erscheint, einen bestimmten Ablaufwert (bspw. 10 mg BSB_5/l) konstant einzuhalten, so ist es doch möglich, die Streubreite durch geeignete Maßnahmen zu verringern. Wie verschiedene Untersuchungen zur Prozeßstabilität von Kläranlagen zeigen, ist abhängig vom gewählten Klärverfahren (in Abb. 1-5 ausgewiesen in Abhängigkeit der Schlammbelastung beim Belebungsverfahren) eine mehr oder minder starke Streuung der Ablaufergebnisse zu erwarten.

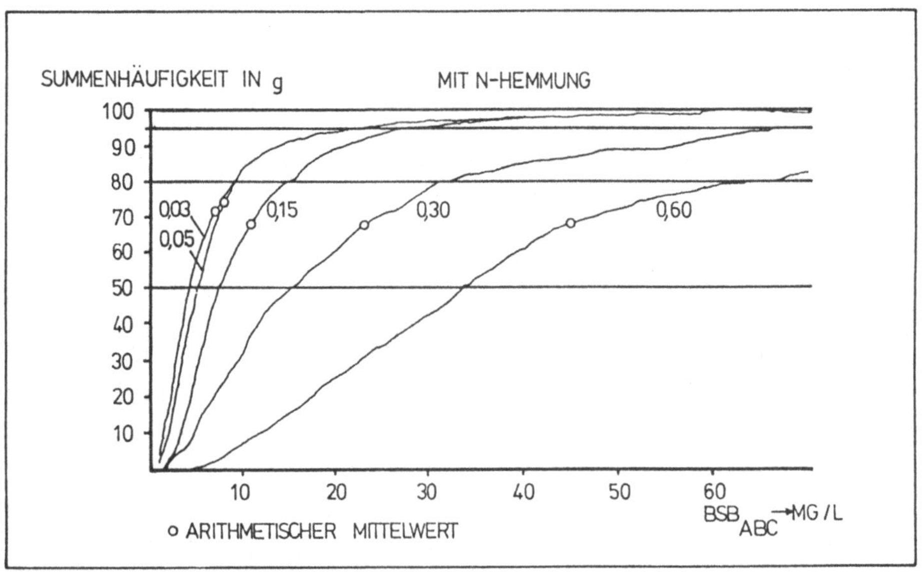

Abb. 1-5: Prozeßstabilität von Abwasserreinigungsanlagen (DAMIECKI, 1982)

Während man bislang in der kommunalen Klärtechnik zu immer schwächer belasteten einstufigen Verfahren überging, was für kleine Kläranlagen auch durchaus technisch-wirtschaftlich angebracht sein kann (vgl. Abschnitt 1.3), sind diesen Verfahren bei größeren Anlagen Grenzen im Raum- und Platzbedarf sowie durch die hohen Aufwendungen für die Langzeitbelüftung gesetzt. Die Investitionen erhöhen sich um den Faktor 3,72, die Betriebskosten um 2,8 gegenüber konventionellen Anlagen (SCHLEGEL, 1984a). Von daher werden zukünftig weitergehende Verfahren zum Einsatz kommen, mit denen schwankende Belastungen besser abgefangen, schwerer verwertbare Abwasserinhaltsstoffe eher abgebaut werden und in denen hemmende oder toxische Einleitungen sich nicht entscheidend auswirken können.

In jedem Fall sind im Vorfeld der Kläranlage konsequent Vorsorge- und Vermeidungsmaßnahmen zu treffen, um vermeidbare Störungen einer biologischen Abwasserbehandlung auch zu verhindern (z.B. BÖHM, KUNZ, 1982; MIELICKE et al., 1985; KUNZ, FRIETSCH, 1986). Nichtsdestotrotz wird der Kläranlagenbetreiber ein Klärverfahren benötigen, das entsprechende Reaktionsmöglichkeiten beinhaltet und eine hohe Flexibilität aufweist (vgl. Abschnitt 2.2.4). Dabei sind biologisch sich selbst regelnde Systeme geeigneter als diejenigen, die über Regelabweichungen erst noch gesteuert werden müssen. Ein erster Ansatzpunkt zur Vergleichmäßigung der Reinigungsergebnisse ist durch verbesserte Feststoff-Rückhaltetechniken möglich (s. Abschnitt 2.2.3), darüber hinaus verspricht aber nur die Trennung der einzelnen Abbauschritte in zwei oder mehr Stufen stabilere Ablaufergebnisse in der gelösten Phase (s. Abschnitt 2.1.3).

1.2.3 Sicherung der Schlammentsorgung

Die intensiven Bemühungen zur Verbesserung der Reinigungswirkung haben - wie eingangs erwähnt - zu einem erhöhten Schlammanfall geführt. Die in den nächsten Jahren zu erwartenden steigenden Anforderungen an die Reinigungswirkung von Kläranlagen werden das Schlammproblem (fehlender Deponieraum, landwirtschaftliche Verwertbarkeit) noch verschärfen. Zielsetzung künftiger Schlammbehandlungsmaßnahmen wird es sein, die bekannten Verfahrenstechniken so einzusetzen, daß mit dem geringsten Mitteleinsatz ein Schlamm produziert wird, der auch günstig entsorgt werden kann. Volkswirtschaftlich betrachtet ist ei- ne landwirtschaftliche Verwertung - soweit möglich (Schwermetalle, Hygiene) - anzustreben, aber auch eine zentrale Verbrennungsanlage kann eine adäquate Lösung des Schlammproblems sein.

Primäres Ziel der Schlammbehandlung sollte jedoch zunächst immer sein, die aus dem Abwasser entnommenen Stoffe über eine ausreichende Vorbehandlung in den Stoffkreislauf zurückzuführen, d.h. landwirtschaftlich zu verwerten. Stabilisierung und Hygienisierung haben jedoch nur einen Sinn, wenn mit ihnen das Verwertungsziel oder zumindest ein Nebenziel, wie es z.B. die Faulgasproduktion darstellt, erreicht werden kann. So muß z.B. sichergestellt sein, daß der landwirtschaftlich verwertbar gemachte Klärschlamm infolge eingeschränkter Aufbringungsmöglichlichkeiten schließlich nicht doch deponiert werden muß. Aber auch hinsichtlich der Deponierung der Klärschlämme haben sich inzwischen neue Anforderungen, z.B. an die Konsistenz der Schlämme ergeben (MÖLLER, 1985a), die eine weitergehende Behandlung notwendig machen, da inzwischen nicht mehr die Feststoffgehalte (gefordert wurden früher Werte über 35 %), sondern die Festigkeiten eine Rolle spielen. Dies kann eine mehrstufige Entwässerung, die Behandlung mit Branntkalk oder die Zugabe von Zusatzstoffen erfordern, die sich zudem auf die zu transportierenden und abzulagernden Mengen und damit schließlich auf die Jahreskosten auswirken.

Angesichts der wachsenden Probleme bei der Schlammentsorgung kann es für den Kläranlagenbetreiber durchaus angezeigt sein, den zunächst produzierten Schlamm aerob simultan zu mineralisieren, da bislang nicht eindeutig geklärt ist, ob ein Schlamm, der mit erheblichem Aufwand behandelt, entwässert und auf eine Deponie transportiert wird und teilweise über die Deponiesickerwässer wieder einer Kläranlage zufließt, von wo der Kreislauf aufs Neue beginnt, ökologisch sinnvoller ist als die simultane Mineralisierung.

1.2.4 Minimierung des Betriebsmitteleinsatzes

Eine Minimierung des Mitteleinsatzes bezieht sich in erster Linie auf die variablen Kosten einer Kläranlage bei gleichbleibenden oder besseren Reinigungsergebnissen. Vordergründig werden hierbei meist nur die Betriebskosten berücksichtigt, ausschlaggebend für eine fundierte Verfahrensauswahl können jedoch nur die Jahreskosten sein, da auch die Investitionshöhe eines Anlagenteils berücksichtigt werden muß. Dies sei an folgendem Beispiel erläutert: Eine Automation des Klärbetriebes dient der Anpassung des Betriebsmittelein satzes (Energie, Flockungsmittel) an den tatsächlichen Bedarf; sie ist aber auch mit Anschaffungsausgaben und Kosten für Ersatz, für Wartung und Instandhaltung der Meßwertaufnehmer, Rechner und Stellorgane verbunden. Es ist deshalb mit Sicherheit angebracht, möglichen Einsparungen die dafür notwendigen Aufwendungen exakt gegenüberzustellen. In vielen kleineren Kläranlagen wird man dabei voraussichtlich zum Schluß kommen, daß betriebswirtschaftlich eine Automation heute noch nicht angezeigt ist.

Da allerdings derart ungesteuerte Systeme, deren selbstregulatorische Steuerung weitgehend über eine Verdünnung in großvolumigen Anlagen (Oxidationsgräben, Teiche) erfolgt, nur in begrenztem Umfang die erläuterten, anstehenden Aufgaben der Abwasserreinigung erfüllen können, wird man in Zukunft auch hier mit einfachen, angepaßten Verfahren (z.B. SBR über Fracht-Regelungen, WILDERER, SCHROEDER, 1986; BUNDGAARD, HOMKRISTENS, 1986) die Leistungsfähigkeit der Anlagen erhöhen und deren Effizienz verbessern können. Die Betreiber von Kläranlagen gehen derzeit zwar noch davon aus, daß die installierten Bauwerke einer Kläranlage eine lange Lebensdauer aufweisen, in der Praxis zeigt sich jedoch, daß die Nutzungsdauern infolge steigender Anforderungen wesentlich kürzer sind und infolge des schneller wachsenden Erkenntnisstandes in immer kürzeren Abständen Nachbesserungen erforderlich machen, die auch einer Steuerung bedürfen (z.B. Nitrifikation und Denitrifikation).

Eine deutliche Minimierung der Kosten für die Abwasserreinigung ist nur dann zu erreichen, wenn auch der Abwasserreinigungsprozeß biologisch gesteuert wird (bislang wird - wenn überhaupt - im wesentlichen nur der Sauerstoffeintrag verändert). Erste erfolgversprechende Ansätze hierzu sind zum Beispiel durch die Konstanthaltung der Schlammbelastung über das variable Reaktorvolumen (STAUD, 1982) und die Aufkonzentrierung und gezielte Zugabe der Rücklaufschlämme über Mikrofilter (STEINECKE, WAPPLER, 1981) gemacht worden. In der kommunalen Kläranlagenpraxis haben sich derartige Steuerungen aber noch nicht durchgesetzt, weil dem Gesichtspunkt der biologischen Steuerung bislang nur geringe Bedeutung beigemessen wird. Dies liegt zum einen daran, daß der Prozeß sehr träge und eine derartige Steuerung recht aufwendig ist, zum anderen die installierten Anlagen eine derartige Steuerung häufig nicht zulassen.

Die flexible Anpassung (biologische Steuerung) des Leistungsvermögens einer Kläranlage, die sich vorwiegend günstig auf das Reinigungsergebnis auswirkt, macht sich betriebswirtschaftlich heute zunächst nur bei den Energiekosten bemerkbar; zukünftig dürfte aber auch die Abwasserabgabe stärker wirksam werden. Durch eine Anpassung der Sauerstoffeintragsleistung an den tatsächlichen Bedarf der Mikroorganismen lassen sich Energiekosten senken; darüber hinausgehende Einsparungen sind jedoch möglich, wenn man die Sauerstoffzehrung auf das gerade Erforderliche beschränkt und beispielsweise ungelöste Stoffe nicht biologisch mineralisiert. Die Vermeidung unnötigen Energiebedarfs und die Ausnutzung stromlieferungsvertraglicher Möglichkeiten liegt auf der Hand; in der Praxis ist sie aber selten anzutreffen (KUNZ, MÜLLER, 1986).

Die Abwasserbehandlung ist z.T. sehr energieintensiv, doch ein Teil der benötigten Energie ist im Abwasser enthalten: so kann einerseits die Abwasserwärme nutzbar gemacht werden für Niedertemperaturheizzwecke, andererseits stellen die Kohlenstoffverbindungen im Abwasser eine Energiequelle dar, die über die Aufkonzentrierung bei der Schlammbehandlung und über eine anaerobe Ausfaulung in Form eines exergiereichen Methangases genutzt werden können. Gegenüber einer Verbrennung zu Beheizungszwecken stellen die mittlerweile aus PKW-Motoren entwickelten Blockheizkraftwerke (BHKW) eine interessante und meist wirtschaftliche Alternative dar (LOHR, 1986; JONITZ, 1986), wenngleich allzu optimistische Einschätzungen zur Faulgasverwertung in der Praxis meist rasch gedämpft werden (WOLF, 1981a).

Die Einrichtung einer Eigenstromerzeugungsanlage beinhaltet jedoch nicht die bloße Aufstellung eines Aggregates, hierzu gehört auch die Einbindung der ge samten Anlage im Rahmen eines Energieversorgungskonzeptes, in dem die Möglichkeiten der Energiebedarfsminimierung, der Strombezugsvergleichmäßigung (Stromlieferungsvertrag!), der Wärmebedarfsdeckung durch Abwärme und Abwasserwärme sowie der Betriebsweise der BHKW-Anlage technisch zu prüfen und ökonomisch zu bewerten sind (vgl. Abschnitt 3.4). Durch eine gezielte Faulgas produktion über die Variation der Schlammbehandlung und Zufuhr externer Substrate lassen sich darüber hinaus angepaßte Betriebskonzepte von BHKW-Anlagen realisieren (KUNZ, TOUSSAINT, 1987), so daß zu den Zeiten Strom produziert werden kann, in denen er am teuersten ist. Damit erweitern sich die Aspekte der Eigenenergieerzeugung nicht nur auf den mengenmäßigen sondern auch kostenmäßigen Anteil am Gesamtenergiebedarf.

Während beim Personaleinsatz von einer eher noch qualitativen und teilweise quantitativen Aufstockung auszugehen ist, werden zukünftig verstärkt die einzusetzenden Hilfsstoffe (Flockungs- und Strukturmittel) einer Überprüfung auf Notwendigkeit und bedarfsgerechten Einsatz bedürfen. So ist es fallweise angezeigt, auf die Strukturmittel, die letztlich nur zu einer Vergrößerung der Trockensubstanzmenge führen, zu verzichten, wenn an deren Stelle geeignetere Flockungsmittel eingesetzt werden können (vgl. ZIESS et al., 1985). Weiterhin läßt sich auch die Zugabe der Flockungsmittelmenge in Abhängigkeit des Filterwiderstandes begrenzen (ENGLMANN, HEGEMANN, 1985). Darüber hinaus ist aber auch die Verwendung von Zusatzstoffen generell zu überprüfen; sie kann reduziert werden, wenn bspw. der Schlamm schonender behandelt oder die Abwasserbehandlung so betrieben wird, daß nicht mit Hilfe von Flockungsmitteln ungünstige Betriebsbedingungen erst wieder korrigiert werden müssen.

1.3 OPTIMIERUNGSANSÄTZE FÜR BESTEHENDE KLÄRANLAGEN - ZIELSETZUNG DIESER ARBEIT

Mit den konventionellen Verfahren der Abwasserreinigung lassen sich die künftig noch steigenden Anforderungen an die Einleitungen in die Gewässer (BOSENIUS, 1985; SONTHEIMER, 1985) nicht sicher bewältigen (vgl. BURCHARD, 1985). Da die finanziellen Mittel zum Neubau bzw. zur Erweiterung von Kläranlagen nicht mehr in wünschenswerter Höhe zur Verfügung stehen, ist der Kläranlagenbetreiber gezwungen, mit begrenzten Mitteln zu versuchen, die jeweiligen Anforderungen zu erfüllen.

Da in den vorhandenen, vor allem kommunalen Kläranlagen das Potential an Optimierungsmöglichkeiten bislang kaum ausgeschöpft wurde, bestehen noch gute Möglichkeiten zur Bewältigung der anstehenden Aufgaben in den bestehenden Anlagen mit vergleichsweise geringen Mitteln, wenn die biologischen Gesetzmäßigkeiten und verfahrenstechnischen Lösungsansätze konsequent in die Kläranlagenpraxis umgesetzt werden. HARTMANN (1981) und WIESMANN (1986) weisen z.B. darauf hin, daß bislang Abwasserbehandlungsanlagen, deren Funktion bekanntlich vollständig von den darin aktiven Mikroorganismen abhängt, ohne eingehendere Beachtung der biochemischen Reaktionen geplant und gebaut wurden und auch heute noch z.B. das Belebungsbeckenvolumen über Richtzahlen (wie die Schlammbelastung) bemessen wird, die ohne Berücksichtigung und Differenzierung nach den unterschiedlichen Reaktorsystemen (Mischbecken oder Längsbecken u. dgl.) empirisch ermittelt wurden.

Auch wenn die Erfahrung zeigt, daß die Anlagen bislang weitgehend funktionieren, ohne daß man viel von dem, was in ihnen vorgeht, wissen muß (Mc KINNEY, 1962), zwingen die heutigen Verhältnisse zu einer intensiveren Nutzung der installierten Einrichtungen, die jedoch ohne Einbußen am Reinigungsvermögen durch z.B. Verknappung von Pufferzonen nur möglich ist, wenn die physiologischen und biocoenotischen Leistungsgrenzen der Mikroorganismen berücksichtigt werden (HARTMANN, 1984; MUDRACK, KUNST, 1985). Eine Optimierung ist somit nur im Gesamtzusammenhang möglich, wobei die Prozeßstabilität, die Flexibilität bzgl. erweiterter Reinigungsanforderungen und die sichere Entsorgung des Schlammes sowie die Minimierung des Mitteleinsatzes die Optimierungskriterien darstellen.

Wie oben angedeutet, determinieren die biologischen Merkmale die technische Ausprägung des Gesamtsystems. Dabei können Verfahrensmodule, über die in der Praxis bereits langjährige Erfahrungen bestehen und für die inzwischen reaktionskinetische Untersuchungen vorliegen, zum Einsatz kommen (vgl. WILDERER, SEKOULOV, 1984). Da aber die meisten Kläranlagen inzwischen gebaut sind und u.a. aufgrund der unterschiedlichen Industrieabwasserzuflüsse kein Abwasser dem anderen gleicht, sind für jede Kläranlage unter ökonomischen Gesichtspunkten die Verfahrensmodule fallspezifisch so einzusetzen, daß die Anlagen entsprechend ihrer jeweiligen Randbedingungen den Anforderungen entsprechend betrieben werden können.

In Anbetracht der Vielzahl möglicher technischer Lösungen und deren Interaktionen auf die einzelnen Verfahrenselemente sowie des damit verbundenen Rechenaufwandes zur Ermittlung der optimalen Lösungsvariante wird deshalb in dieser Arbeit aufbauend auf den grundlegenden Optimierungsansätzen
- Steigerung der Abbauleistung,
- Minimierung des Schlammbehandlungsaufwandes,
- Erhöhung des Energiedeckungsgrades

ein bioverfahrenstechnisches, integrierbares Optimierungskonzept für bestehende Kläranlagen entwickelt und mit Hilfe mathematischer Modelle bzgl. der Jahreskosten optimiert.

1.3.1 Systemanalytischer Ansatz

Systemanalytische Ansätze zur Optimierung des Kläranlagenbetriebes wurden bislang in der Planungspraxis sehr skeptisch betrachtet und deshalb kaum eingesetzt. Gründe hierfür sind in erster Linie darin zu suchen, daß
- der Kläranlagenbau in einer starken Nachholphase steckte, die kaum Zeit zur planerischen Optimierung ließ, und es allen Beteiligten darum ging, ein funktionierendes Verfahren, nicht aber ein optimiertes einzusetzen,
- empirische Bemessungsvorschriften erhebliche Sicherheitsreserven implizieren,
- keine Verfahrensalternativen gegenüber einer konventionellen Abwasserbe-

handlung - abgesehen von Extremfällen - bei der bisherigen Aufgabenstellung angezeigt waren,

- die Aufsichtsbehörden gegenüber unbekannten Verfahrensweisen zurückhaltend sind,
- die Kläranlagenplaner bewährte Verfahren immer wieder einsetzen,
- die Honorarordnung Bemühungen um Kosteneinsparungen nicht honoriert,
- ein erheblicher Aufwand für die Datenerhebung für Vergleichsrechnungen zu leisten ist,
- die staatlichen Zuschüsse an die Höhe der Anschaffungsausgaben gekoppelt sind, wodurch höheren Investitionen und geringeren Betriebskosten gegenüber dem umgekehrten Fall auch bei niedrigeren Jahreskosten der Vorzug gegeben wird.

Die Situation hat sich inzwischen jedoch - wie zuvor erläutert - gründlich verändert. Die Voraussetzungen für die Optimierung der Abwasserreinigung mittels systemanalytischer Methoden sind sowohl aus Gründen der Komplexität der anstehenden Aufgaben als auch aus Gründen der Verbreitung von Rechnern heute als wesentlich günstiger zu beurteilen als dies noch vor etwa zehn Jahren in der Wachstumsphase der Fall gewesen war. In der deutschsprachigen Literatur gibt es bislang jedoch nur wenige Beispiele für Optimierungsansätze von Kläranlagenelementen: IRMER (1977) und DICKGIESSER (1981) beschäftigen sich mit der optimalen Auswahl von Anlagen zur Schlammbehandlung im Hinblick auf eine kostengünstige Entsorgung; THEOPHILOU et al. (1981), BRAHA (1985a) und WIESMANN (1986) modellierten die Abbaukinetik von komplexen Substraten im Hinblick auf die Auslegung von bestimmten Belebungsreaktoren, LA COUR-JANSEN und HARREMOES (1984) sowie WANNER und GUJER (1984) von Biofilmreaktoren. In der angelsächsischen Literatur (s.d. im einzelnen Kapitel 5) hat man sich dagegen schon länger mit der optimalen Auswahl von Verfahrenselementen befaßt.

Da jedoch die Auslegung einzelner Klärelemente auf maximale Leistung nicht notwendigerweise zu einem Optimum der Gesamtanlage führen muß, ist eine ganzheitliche Betrachtung des Optimierungsproblems Bedingung. In Abbildung 1-6 ist der Versuch unternommen, das Problem grafisch ausgehend von der Schlammentsorgung (bottle neck) darzustellen: Angesichts der wachsenden Schwierigkeiten bei der Schlammentsorgung darf die Entsorgungsfrage nicht offen gelassen werden; sie determiniert das Abwasserreinigungsverfahren, wobei auch die Möglichkeiten der Energiedeckung Entscheidungsbedeutung bekommen können.

1.3.2 Zielsetzung und methodische Vorgehensweise

Ziel dieser Arbeit ist es, aufbauend auf den Erfahrungen aus der Praxis und den Ergebnissen der grundlegenderen Arbeiten zur Reaktionskinetik verfahrenstechnische Optimierungsmöglichkeiten - vor allem bestehender - Kläranlagen aufzuzeigen, wobei Gegenstand der Optimierung die gesamte Kläranlage, also Abwasserreinigung und Schlammbehandlung inklusive Energieversorgung, und Ziel der Optimierung die sichere Einhaltung der gesteckten Reinigungsziele bei minimalen Jahreskosten ist. Nur in dieser Gesamtbetrachtung ist es z.B. möglich, das wirtschaftlichste Klärverfahren im jeweiligen Anwendungsfeld zu ermitteln.

Da für eine Optimierungsbetrachtung eines mehrfach verknüpften Verfahrenskomplexes, wie ihn eine Kläranlage darstellt, eine Vielzahl von Vergleichsrechnungen anzustellen sind, wird in Anbetracht der heute verfügbaren Datenverarbeitungstechniken und Lösungsalgorithmen für mathematische Modelle auf diese Techniken zurückgegriffen. Aufbauend auf die grundsätzlich zu beachten-

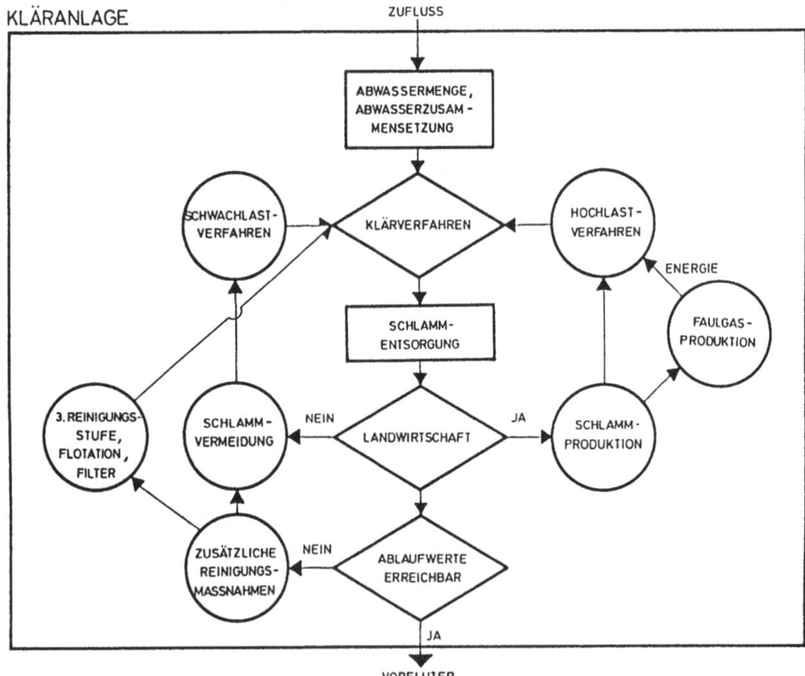

Abb. 1-6: Auswahl einer technisch optimalen Abwasserbehandlung in Abhängigkeit der Entsorgungsmöglichkeiten des Klärschlammes

den biologischen Merkmale und verfahrenstechnischen Möglichkeiten ihrer Nutzung wird in dieser Arbeit ein Verfahrenskonzept vorgestellt, mit dem vor allem zur Sanierung anstehende Kläranlagen technisch optimiert werden können. Dieses Verfahrenskonzept im besonderen, aber auch andere in der Literatur beschriebene Verfahrensweisen, mit denen ebenfalls nachträglich eine Verbesserung der Reinigungsergebnisse möglich ist, werden in ihren funktionalen Zusammenhängen beschrieben und in ein mathematisches Modell transformiert. Damit ist es nun möglich, unter Verwendung von existierenden Lösungsalgorithmen die Prozeßführung und den Betriebsaufwand von Kläranlagen unter ökonomischen Gesichtspunkten zu optimieren.

Hierbei interessieren zum einen die optimalen Reaktorgrößen, zum anderen die optimale Verfahrensstruktur, die aus einer Vielzahl unterschiedlicher Verfahrensprinzipien bzw. deren Modifikationen auszuwählen sind. Gegenüber der heutigen Planungspraxis bietet dieser Weg auch die Möglichkeit, in einfacher Weise durch Variation der Eingangsgrößen zu überprüfen, ob die gefundene optimale Prozeßführung unter Einbezug der Schlammbehandlung und des jeweiligen Energiebedarfes auch bei unterschiedlicher Auslastung noch günstig ist oder ob nicht eine Verfahrensmodifikation zu günstigeren Jahreskosten führt.

Die in dieser Arbeit zusammengestellten mathematischen Verfahren zur Kläranlagenoptimierung sollen einen Einstieg in die rechnergestützte Planung von Kläranlagen ermöglichen; deshalb werden auch Planungselemente bisheriger Prägung benutzt. Mittels dynamischer Optimierung werden in einem Beispiel die günstigsten Reaktorengrößen ermittelt. Das Rechenprogramm hierzu ist auf einem Personal-Computer (PC) implementiert. Ausgehend von in der angelsächsischen Literatur dokumentierten, mathematischen Modellen und einem von der EPA (ROSSMAN, 1980) zur Verfügung gestellten Rechenprogramm werden außerdem mögliche Programmstrukturen für die Ermittlung der kostengünstigsten Verfahrenskombinatioenn untersucht. Darauf aufbauend wird ein eigenes Konzept vorgestellt, das ein erweitertes Branch and Bound-Verfahren verwendet. Mit diesem Konzept ist es möglich, explizit auch bestehende Kläranlagen auf ihre Effektivität hin zu überprüfen und technisch-wirtschaftlichere Verfahrensalternativen zu ermitteln. Im Rahmen der Durchrechnung werden dabei auch bereits die Auslegungsdaten ermittelt.

2. EINFLUSSFAKTOREN AUF REINIGUNGSWIRKUNG UND PROZESSSTABILITÄT VON BIOLOGISCHEN ABWASSERREINIGUNGSANLAGEN

Einer Kläranlage fließt Abwasser, bestehend aus einer Vielzahl geogener, biogener und anthropogener Verbindungen in ständig wechselnden Konzentrationen zu. Deshalb gleicht kein Abwasser einem anderen. Neben den nichtanthropogenen Einflußfaktoren determinieren die Siedlungsstruktur, die sozioökonomischen Verhältnisse und die Art des angesiedelten Gewerbes (deren Abwasserbehandlung bzw. Anwendung emissionsarmer Produktionsverfahren) die Abwasserzusammensetzung und die biologische Behandelbarkeit, worunter zum einen die Verwertbarkeit der Abwasserinhaltstoffe durch Mikroorganismen, zum anderen der Ausschluß einer hemmenden oder abtötenden Wirkung dieser Stoffe auf die mikrobielle Lebensgemeinschaft einer Abwasserbehandlungsanlage zu verstehen ist. Zwischen Abwasserbehandlung und -reinigung ist korrekterweise zu unterscheiden, da unter Behandlung lediglich die Umwandlung der Abwasserinhaltstoffe (Stoffwechsel), unter Reinigung aber auch die Elimination der Stoffwechselendprodukte und Sekundärverschmutzungen zu verstehen ist.

Aufgabe der biologischen Abwasserreinigungsanlagen ist es, die im Abwasser enthaltenen Schmutzstoffe organischer Natur auf organismischem Wege ab- und umzubauen, so daß die verbliebenen Restverschmutzungen unschädlich für die Gewässer und die mit ihnen verbundenen Nutzungen sind (HARTMANN, 1985). Hatte man bis vor kurzem die Verminderung der stark sauerstoffzehrenden, leicht abbaubaren Kohlenstoffverbindungen als Aufgabe definiert, sind inzwischen die biologische Nitrifikation, teilweise auch Phosphorelimination und der insgesamt verbesserte Rückhalt an Feststoffen, an die oft ein erheblicher Teil der Restverschmutzung gebunden ist, in den Vordergrund gerückt (s. 36b WHG, Bewirtschaftungspläne; Bodenseeabkommen).

Aufgabe des Kläranlagenplaners ist es, ideale Bedingungen für die Mikroorganismen zu schaffen, die imstande sind, diese Aufgaben zu erfüllen. Diese Aufgabe kann jedoch nur optimal gelöst werden, wenn die Einflußfaktoren aus den technischen Randbedingungen hinsichtlich der Leistungsfähigkeit der Organismen bekannt sind. Der Zweck dieses Kapitels ist es, den Stand des Wissens hierzu zusammenzustellen und aufzuzeigen, wo Ansatzpunkte zur besseren Nutzung dieses Wissens in der Kläranlagenpraxis bestehen bzw. wie sie im Rahmen der Kläranlagenplanung berücksichtigt werden können.

2.1 PRINZIP DER BIOLOGISCHEN ABWASSERBEHANDLUNG UND SEINE ANWENDUNG IN DER PRAXIS

Das Prinzip der biologischen Abwasserbehandlung basiert auf dem Nährstoffcharakter der Abwasserinhaltsstoffe für Mikroorganismen. Im einfachsten Fall besteht diese Nahrung aus biologisch leicht abbaubaren, organischen Substanzen, die von chemoorganotrophen Bakterien durch deren Stoffwechseltätigkeit z.T. in körpereigene Substanz umgewandelt (Assimilation), z.T. zur Energiegewinnung benötigt (Dissimilation) und z.T. als Stoffwechselprodukte, die für ihre Produzenten keinen Nährstoffcharakter mehr haben, ausgeschieden werden. Die biologische Abwasserbehandlung kann Stoffe nicht vernichten, sondern lediglich umwandeln in eine andere, weniger problematische Erscheinungsform (wie z.B. CO_2 und N_2). Dadurch werden bestimmte Eigenschaften des Abwassers - bzw. des Sauerstoffbedarfs - verändert.

Da jeder Stoffwechsel wieder zu einem Stoffwechselprodukt führt, das in irgendeiner Form auch wieder Nährstoff für eine andere Organismengruppe ist, können die Abwasserinhaltsstoffe weitgehend metabolisiert werden, wenn die Eingangs- und Stoffwechselendprodukte für Organismen jeweils verwertbar sind (physiologische Grenzen), die benötigten Organismen im System angesiedelt und gehalten werden können (biocoenotische Grenzen) und die umzuwandelnden Substanzen mit den Organismen in Kontakt kommen (technologische Grenzen). Der biologischen Umwandlung von Abwasserinhaltsstoffen werden also durch das gewählte System Grenzen gesetzt: Zum Beispiel führt eine Systemvergrößerung zu einer vergrößerten Aufenthaltszeit des Abwassers und Verweilzeit des Schlammes, aber auch zu einer Abnahme der Nährstoffkonzentration, wodurch die mikrobielle Lebensgemeinschaft (Biocoenose) in ihrer Zusammensetzung (s. Abschnitt 2.1), in ihrer Aktivität und Störempfindlichkeit (s. Abschnitt 2.2) und in ihrer Steuerbarkeit (s. Abschnitt 2.3) verändet wird.

Das Ziel einer biologischen Abwasserbehandlung kann somit sein, gelöste organische Abwasserinhaltsstoffe mit Nährstoffcharakter (gewässereutrophierende Stoffe) so umzuwandeln, daß sie diese Eigenschaft weitestgehend verlieren, bzw. Bedingungen zu schaffen, daß diejenigen mit Schadstoffcharakter für ein Gewässer mikrobiell in unschädlichere Verbindungen metabolisiert und weitgehend zurückgehalten werden. Das Ziel einer biologischen Abwasserreinigung geht darüber hinaus: Hier steht zusätzlich die weitestgehende Entnahme der im Abwasser bereits vorhandenen und bei der biologischen Behandlung gebildeten Feststoffe (freischwimmende Bakterien und Bakterienflocken) im Vordergrund.

2.1.1 Mikrobiologische Prozesse im Abwasser

Alle natürlichen, organischen Substanzen werden im Laufe der Zeit von Mikroorganismen abgebaut, d.h. hochmolekulare, energiereiche Stoffe werden umgewandelt in CO_2, H_2O (also niedermolekulare, energiearme Verbindungen) und in Biomasse. Aufgrund der Zusammensetzung des kommunalen Abwassers (C:N:P etwa 100:25:8) sind an diesem Abbauprozeß vor allem heterotrophe Organismen beteiligt (heterotrophe Organismen verwerten den Kohlenstoff aus der organischen Substanz, benötigen aber O_2 als terminalen Wasserstoffakzeptor).

Innerhalb der heterotrophen Organismen unterscheidet man Destruenten, die tote organische Substanz verwerten, Primärfresser, die als erste Glieder einer Freßkette direkt von pflanzlichem Material oder Bakterien leben, sowie Sekundärfresser und Räuber, die die Folgeglieder in der Freßkette darstellen. Für die biologische Abwasserbehandlung sind vor allem die Destruenten (Bakterien, Pilze) und Primärfresser (z.B. Ciliaten) von Bedeutung; für die biologische Abwasserreinigung auch die Folgeglieder in der Freßkette (z.B. Rotatorien), die die Anzahl der Destruenten und Primärfresser - vor allem die freischwimmenden - dezimieren und damit den Feststoffgehalt im Ablauf vermindern.

Da der Abwasserzufluß in Menge und Konzentration sowohl täglichen als auch sehr viel längerfristigen Schwankungen unterliegt, ist die Biocoenose ständigen Schwankungen unterworfen. Nach HARTMANN (1960) erfolgt die Anpassung der Lebensgemeinschaft an die veränderten Umweltbedingungen nicht so sehr durch eine qualitative Umschichtung der Arten, sondern vielmehr durch eine Erhöhung der Populationsdichte einzelner Formen, z.B. bei leicht abbaubaren Verbindungen durch euryöke Formen, die keine ausgeprägte Spezialisierung aufweisen. Da die Anpassung an Veränderungen von der Vermehrungsrate der vorhandenen Organismen abhängt, weist ein biologisches System immer eine systembedingte Trägheit auf. Schwer abbaubare Verbindungen gibt es somit nicht: es gibt nur Verbindungen, die in einem biologischen System in der für eine Reaktion zur

Verfügung gestellten Zeit abbaubar oder nicht abbaubar sind.

Mit diesem Hintergrund ist auch der in der Abwassertechnik in der Praxis überwiegend verwendete Biochemische Sauerstoffbedarf in 5 Tagen (BSB_5) zu sehen: Der BSB_5 einer Abwasserprobe im Zulauf zur Kläranlage zeigt eine andere Charakteristik der Sauerstoffzehrung als der aus einer Ablaufprobe, da innerhalb von 5 Tagen durch die veränderte Zusammensetzung der Nährlösung unterschiedliche Mikroorganismen Sauerstoff zehren. Die Beschreibung einer Verschmutzungsintensität durch biologische Parameter (Sauerstoffbedarf) setzt immer auch die Kenntnis der wirksamen Größen voraus (s. WILDERER, 1981). In Abbildung 2-1 ist qualitativ dargestellt, wie sich der BSB_5 im Verlauf der Abwasserbehandlung ändert und wodurch er verursacht wird.

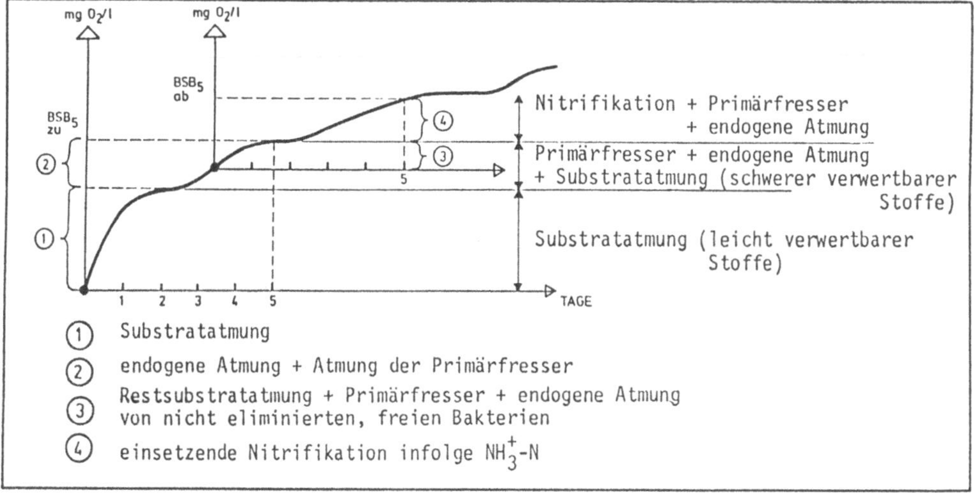

Abb. 2-1: Qualitative Darstellung des BSB_5 eines kommunalen Abwassers im Verlauf einer Abwasserbehandlung ohne Nitrifikation (B_{TS} um 0,3)

Bevor im einzelnen die eigentlichen biologischen Abbauprozesse im Abwasser beschrieben werden können, muß noch auf die Eliminationsvorgänge von Stoffen insgesamt im Abwasser im allgemeinen eingegangen werden. Die Substratelimination aus der gelösten Phase erfolgt nämlich bedeutend schneller als der Abbau. Wie verschiedene Autoren (z.B. HARTMANN, 1960; SCHULZE-RETTMER, YAWARI, 1978) experimentell nachgewiesen haben, wird ein bedeutender Anteil des Substrates durch physikochemische Vorgänge wie Flockung und Sorption an die Biomasse - zumindest vorübergehend - entfernt. Das Ausmaß dieser Schlammbeladung, wie sie von THEOPHILOU et al. (1981) bezeichnet wurde, hängt dabei von der Art des Substrates wie von der Art des Schlammes ab, wobei sich beide - wie oben erwähnt - gegenseitig beeinflussen (z.B. die Beladung beeinflußt die Vermehrungsrate der Population direkt). Durch die Veränderung des technischen Systems zu hohen Schlammengen oder hoher aktiver Biomasseanteile hin kann die Höhe der Schlammbeladung aktiv beeinflußt werden.

Dies soll im folgenden an einem Beispiel erläutert werden: Die Elimination von abbaubaren Detergentien (s. HARTMANN, 1981) erfolgt zunächst abhängig von den Gleichgewichtsbeziehungen durch Adsorption an den Schlamm und anschließend, wenn die Substanz als Nährstoff verwertet werden kann, durch den mikrobiellen Stoffumsatz. Maßgeblich für den Grad der Elimination ist dabei die Geschwindigkeit des Stoffumsatzes in den Zellen und die Zeitdauer des Kontaktes. Da zunächst leicht verwertbare Substanzen abgebaut werden und schwerer verwertbare nur mit Verzögerung, können zwischenzeitlich auch Rücklösungen stattfinden, wodurch die Eliminationsrate geringer wird. Ein wirksames Verfahren, adsorbierbare Stoffe aus dem Abwasser zu entfernen, besteht somit darin, einen hohen Stoffumsatz zu erzielen, um Beladungsfläche zu erzeugen, und den substratbeladenen Schlamm möglichst rasch aus dem System zu entfernen. Dieses Prinzip wird in hochbelasteten Belebungsverfahren (WILDERER, HARTMANN, 1978), in der A-Stufe (BÖHNKE, 1978) bzw. bei der Schlammwiederbelüftung (THEOPHILOU et al., 1980) in der Praxis mit unterschiedlichem Erfolg angewendet.

Die Elimination verwertbarer Stoffe durch Mikroorganismen erfolgt nach ihrer Fixierung an der Oberfläche der Mikroorganismen über eine Zerlegung der Makromoleküle durch sogenannte Exoenzyme, so daß die Nährstoffbruchstücke in das Innere der Zelle gelangen können, wo sie über verschiedene Teilschritte mineralisiert werden. Maßgeblich für die Kinetik des Gesamtvorganges sind also die Kinetiken der Teilsysteme (z.B.: Nitrifikation= Summe aus Ammonifikation und Nitritation), die durch die physikalischen, chemischen und biologischen Mechanismen beeinflußt werden (z.B. durch die Temperatur, den pH-Wert und die Verweildauer des Schlammes im System).

Ein Stoffwechsel in der Zelle erfolgt unter der Voraussetzung, daß die Zelle einen Energiegewinn erfährt. Da die Reaktion von Wasserstoff und Sauerstoff mit einer hohen Energiefreisetzung verbunden ist, muß die Zelle den Substrat abbau und damit die Energieverwertung in kleinen Schritten vornehmen. Gesteuert wird der Vorgang durch Enzyme, so daß für den Abbau eines einzigen Stoffes eine Vielzahl von Enzymen in der Reaktionskette notwendig ist. Fehlt ein Enzym, ist der Stoff - zumindest von dieser Organismenart - nicht abbaubar.

Häufig braucht aber die Zelle nur eine Anlaufphase (Verweildauer!), bis sie ein entsprechendes Enzym gebildet hat. Damit schwerer verwertbare Verbindungen abgebaut werden können, müssen dazu befähigte Organismen, die praktisch in jedem Abwasser vorhanden sind, in die Lage versetzt werden, entsprechende Enzyme bereitzustellen. Dies setzt voraus, daß einerseits der abzubauende Stoff lange genug im System verbleibt oder ständig eingeleitet wird und andererseits die Spezialisten sich entsprechend vermehren können. Die Generationszeit der Mikroorganismen muß deshalb kürzer sein als die Verweildauer des Schlammes (Schlammalter) im System.

Durch ein hohes Schlammalter wird das Wachstum der Spezialisten ermöglicht, in gleicher Weise aber auch das der Proto- und Metazoen, die als Sekundärfresser die Anzahl der Bakterien, also auch der Spezialisten dezimieren. Eine Elimination freier Bakterien ist in jedem Fall anzustreben, da deren Atmung im Ablauf-BSB_5 ebenfalls als Verunreinigung erfaßt wird. So gesehen sind Protozoen als biomechanisches Filter durchaus erwünscht; andernfalls muß das Abwasser technisch gefiltert werden, um eine wirkungsvolle BSB_5-Reduktion zu erreichen.

Ein weiterer Gesichtspunkt bei der Elimination schwerer verwertbarer Verbindungen ist die vorrangig ablaufende Verwertung leicht abbaubarer Verbindungen (Diauxie). In einem einstufigen System, in dem alle Reaktionen gemeinsam ablaufen sollen, muß ein großes Reaktorvolumen geschaffen werden, während in mehrstufigen Systemen durch höhere, von Stufe zu Stufe abnehmende Substratkonzentrationen die unterschiedlichen Abbauleistungen (Enzymaktivitäten, Stoffwechsel- und Wachstumsgeschwindigkeiten) der am Abbau beteiligten Organismen besser genutzt werden können und dabei Reaktorvolumen eingespart werden kann (BRAHA, 1985b).

Es sind aber nicht nur Leistungskriterien, die erfüllt sein müssen; die Organismen müssen auch die für den Betrieb des Verfahrens erforderlichen morphologischen Strukturen bilden: Für Belebungsverfahren (s. Abschnitt 2.1.3)heißt das, daß von den vielen, miteinander konkurrierenden Mikroorganismenarten sich diejenigen durchsetzen können sollen, die besonders leistungsfähig sind, aber auch über Fähigkeiten zur Flockenbildung verfügen (WILDERER, SCHROEDER, 1986), um in den konventionellen Absetzbecken abgetrennt werden zu können. Fädige Organismen behindern den Absetzvorgang und können durch Schlammabtrieb (abgesehen vom Problem der Restverschmutzung) zur Beeinträchtigung der Funktionstüchtigkeit führen, da das Belebungsverfahren auf der Biomasserückführung basiert. Vor allem auf dem Gebiet der Blähschlammkontrolle wurden in den letzten Jahren Erfolge bei der Anwendung von "Kontrollstrategien" (Selektionsmechanismen) erzielt (s. CHUDOBA et al., 1973 u. 1985; GÜDE, 1979 u. 1982; van den EYNDE et al., 1983), die im wesentlichen die Biocoenose einem periodischen Wechsel von Nährstoffversorgung und -mangel unterwerfen. Dadurch wird die Bildung von extrazellulären Polymeren, die als Baumaterial für die Flockenverbände dienen, gefördert. In entsprechender Weise lassen sich durch Sauerstoff- und Nährstoffwechsel Nitrifikanten und Denitrifikanten und auch Phosphor-akkumulierende Bakterien im selben Lebensraum anreichern (s. im einzelnen WILDERER, SCHROEDER, 1986).

Neben diesen primären Systemparametern haben aber auch Abwasserzusammensetzung (Nähr-, Störstoffe) und sekundäre Umgebungsbedingungen (wie pH-Wert und Temperatur) Auswirkungen auf die Zusammensetzung der Biocoenose und damit auf die Leistungsfähigkeit und Schadstoffempfindlichkeit (s. Abb. 2-2). Grundsätzlich gilt für alle Biocoenosen, daß jede einzelne Organismenart nur die Populationsdichte erreichen kann, die ihr durch ihre eigenen physiologischen Fähigkeiten, durch die Stoffwechseltätigkeiten der vergesellschafteten Arten sowie durch Art und Umfang des Nährstoffangebotes und der physikalisch-chemischen Einflußgrößen ermöglicht wird. Jede Störung wirkt sich in unterschiedlichem Maße auf die Lebensgemeinschaft aus, wobei es völlig ungestörte Systeme nicht gibt. Eine Art innere Störung ist beispielsweise die genetische Veränderung der Organismen innerhalb der Lebensgemeinschaft (HARTMANN, 1983) oder die allmähliche Selbstvergiftung durch die eigenen Abbauprodukte. Neben den chemoorganotrophen Bakterien sind im Abwasser auch mehrere Gruppen von Bakterien zu finden, die anorganische Verbindungen oder Ionen (Ammonium, Nitrit-, Schwefel- und Eisen(II)-Ionen) als Wasserstoff- bzw. Elektronendonatoren verwerten und durch deren Oxidation Energie gewinnen können. Die Energiegewinnung erfolgt i.d.R. durch Atmung mit Sauerstoff als terminalen Wasserstoffakzeptor; die meisten Bakterien, die diesem Stoffwechseltyp zugehören (Chemolithoautrophie), wachsen vorwiegend mit Kohlendioxid als Kohlenstoffquelle für den Zellaufbau (s.d. im einzelnen SCHLEGEL, 1985, aber auch BOCK, 1978).

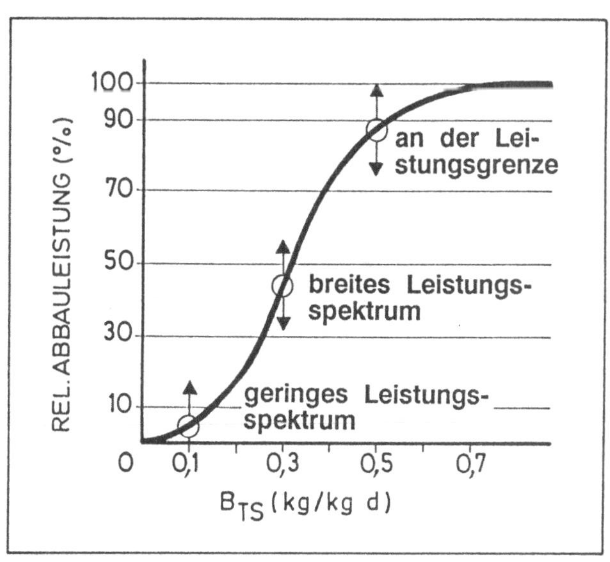

Abb. 2-2: Relative Abbauleistung in Abhängigkeit von der Schlammbelastung (MUDRACK, KUNST, 1985)

Die bekanntesten chemolithotrophen Mikroorganismengattungen im Abwasser sind Nitrosomonas (Ammoniumoxidierer) und Nitrobacter (Nitritoxidierer). Beide Arten sind jeweils nur in der Lage, das eine Substrat zu verwerten. Nitrobacter ist auf die Tätigkeit von Nitrosomonas angewiesen. Neben der Produktion des Nährsubstrats vermindert Nitrosomonas auch die Aktivität und damit die pH-abhängige, Dissoziation des Ammonium zu toxischem Ammoniak. Die chemolithotrophen Bakterien befinden sich in energetischer Hinsicht in einer äußerst ungünstigen Lage, da ihre Substrate ein stark positives Redoxpotential aufweisen. Der Energiegewinn ist entsprechend gering, so daß lange Wachstums- und Generationszeiten benötigt werden. Für die Abwasserreinigungstechnik ist dies von Vorteil, da mit einer relativ kleinen Bakterienmenge (Überschußschlammproduktion) hohe Stoffumsätze erzielt werden können. Allerdings dauert es sehr lange, bis sich nach einer Störung das System wieder erholt hat. Die als Denitrifikation bezeichnete Respiration oxidierten Stickstoffs (Nitrit, Nitrat) entspricht biochemisch der Sauerstoffatmung; der Stickstoff wird dabei reduziert in die leicht abscheidbare Gasform. Für die Nitrat-Respiration sind Elektronendonatoren in Form organischer Kohlenstoffverbindungen erforderlich. Da die Denitrifikation weitgehend mit dem aeroben Stoffwechsel der Bakterien vergleichbar ist, sind auch die Einflußfaktoren dieselben: Im wesentlichen ist ein möglichst neutraler pH-Wert (6 bis 7,5; EPA, 1975) und ein BSB_5/NO_x-N Verhältnis von größer 3 (KRAUTH, 1986) erforderlich; der Temperatureinfluß wird gering eingeschätzt (ERMEL, 1983). Da die Affinität der Elektronen zum molekularen Sauerstoff sehr viel größer ist als zum Nitratsauerstoff, kann eine wirkungsvolle Denitrifikation nur bei Abwesenheit von gelöstem Sauerstoff stattfinden. Die Reaktionskinetik der Nitratreduktion ist unmittelbar von der Atmungsaktivität des Belebtschlammes abhängig; damit bestimmt die Umsetzungsgeschwindigkeit der Kohlenstoff-Atmer die Reaktionsgeschwindigkeit in einer Denitrifikationszone. Bei der Denitrifikation werden im Überschuß OH^--Ionen gebildet, die den pH-Wert des Abwassers anheben, so daß die pH-Absenkung bei Nitrifikation durch eine Denitrifikation teilweise kompensiert werden kann (KAPP, 1986).

2.1.2 Formalkinetik der Stoffwechselvorgänge

Jede chemische oder biologische Reaktion ist zeitabhängig; die langsamste Teilreaktion bestimmt die Geschwindigkeit des Gesamtvorganges. In allen Fällen, in denen durch genügend Turbulenz ein ausreichender Stofftransport vorliegt (mit zunehmender Flockengröße wird die Diffusion der Substrate im Biofilm geschwindigkeitsbestimmend), ist der geschwindigkeitsbestimmende Schritt die enzymatische Reaktion (HARTMANN, 1985). Da die enzymkatalysierten Reaktionen außerhalb der Bakterien, an ihrer Oberfläche und im Innern ablaufen, Abwasser eine bekanntlich nicht detailliert zu beschreibende Nährstoffvielfalt aufweist und auch die bei der Abwasserbehandlung beteiligten Bakterienstämme nicht eindeutig ermittelt werden können, sind exakte, mathematische Beschreibungen der Stoffumwandlung nicht möglich. Man ist daher auf starke Vereinfachungen (Formalkinetik) und die Verwendung von Summenparametern (z.B. BSB_5 oder CSB = Substrat; TS oder oTS = Biomasse) angewiesen.

Die unterschiedlichen Ansätze für die Reaktionskinetik des aeroben Substratabbaus können hier nicht diskutiert werden (s. MOSER, 1981; BRAHA, 1985a; WIESMANN, 1986); am häufigsten wird der durch HERBERT (1958) erweiterte, von MONOD (1949) vorgeschlagene Reaktionsgeschwindigkeitsansatz verwendet, der formal der Gleichung von MICHAELIS-MENTEN (1913) entspricht. Er gilt sowohl für das Wachstum chemoheterotropher Bakterien als auch für Nitrifikanten. Aus der Wachstumskinetik kann die Kinetik des Substratabbaus durch Biosynthese und Energiestoffwechsel abgeleitet werden, wobei von einer stöchiometrischen Beziehung zwischen Substrat und Bakterien ausgegangen werden kann (Yi, 1985). So ergibt sich z.B. bei fehlender Sauerstofflimitierung und starker Substratlimitierung eine Reaktion 1. Ordnung in bezug auf die Substratkonzentration. Der Übergang von der 0. zur 1. Ordnung wird durch den Sättigungskoeffizienten K (Index S: Substrat) charakterisiert. Er kennzeichnet jene Substratkonzentration, bei der die halbmaximale Reaktionsgeschwindigkeit erreicht wird. Der Ertragskoeffizient Y_s (Biomasse / abgebautes Substrat) hängt dabei von der Art der Organismen bzw. des Substrates ab: Bei den heterotrophen Bakterien muß der Kohlenstoffabbau durch Assimilation und Dissimilation, bei den autotrophen Nitrifikationen der Stickstoffverbrauch durch Oxidation im Energiestoffwechsel berücksichtigt werden.

Die im Chemostaten gewonnenen Ergebnisse der Überprüfung der formalkinetischen Ansätze und die Bestimmung der Koeffizienten ist zwar nicht unmittelbar auf die Praxis übertragbar (Belastungsschwankungen, keine ideale Durchmischung, Kurzschlußströmungen mit wachsenden Flockungsdurchmessern, Sauerstofflimitierung u. dgl.), doch ergeben sich recht brauchbare Anhaltspunkte für die Auslegung und den Betrieb von biologischen Anlagen. In Tabelle 2-1 sind die Ergebnisse einiger diesbezüglicher Untersuchungen zusammengestellt.

Aus Tabelle 2-1 ergeben sich für die Praxis der kommunalen Abwasserreinigung, die in besonderem Maße durch unterschiedliche Substrate aus Haushaltungen, Kleingewerbe und industriellen Verarbeitungsprozessen gekennzeichnet ist, folgende wichtige Ansatzpunkte für eine Prozeßoptimierung:

- Rückhaltung der Nitrifikanten beim gleichzeitigem Substratabbau, da heterotrophe Bakterien eine um eine Zehnerpotenz größere maximale Wachstumsrate aufweisen.
- Spezielles Augenmerk auf die Ammoniumoxidierer, da die Nitritoxidation mit einer um den Faktor 4 größeren spezifischen Geschwindigkeit abläuft und die Nitrifikation durch die Ammoniumoxidation limitiert wird.
- Da die K_s-Werte beim Abbau unterschiedlicher Substrate durch Mischkulturen zwischen 30 und 400 mg CSB/l liegen, läuft der Kohlenstoffabbau nicht mehr im Bereich 0. Ordnung, sondern substratlimitiert, wenn ein weitgehender

Substratabbau erfolgen soll. Wegen der höheren mittleren Substratkonzentration in Systemen mit eingeschränkter Längsvermischung (Rohrreaktoren, Mischbecken-Kaskaden) können höhere Raum-Zeit-Ausbeuten erwartet werden.

- Hingegen wird bei Ammonium-Konzentrationen von etwa 40 mg NH_4-N/l in kommunalen Kläranlagen, von denen Ammoniumablaufwerte von 2 bis 4 mg erwartet werden, der Bereich der Stickstofflimitierung kaum erreicht (K_s kleiner 1 mg/l bei T kleiner 20 °C), weshalb durch eine Einschränkung der Längsvermischung keine nennenswerten Vorteile erreicht werden.
- In Zeiten hoher Substratangebote ist der Bakterienverfall gering (k_d = 0,01 pro Stunde bei T = 20 °C); er liegt in diesem Fall in der Größenordnung von etwa 3 % der Bakterienmasse. Bei einer längeren Verweilzeit im Belebtschlammreaktor und einer damit einhergehenden Verminderung der Substratkonzentration vermindert sich die spezifische Wachstumsrate der Bakterien (z.B. bei 10 % von μ_{max}:μ auf 0,03 pro Stunde); gleichzeitig wird die Bakterienmasse um 30 % reduziert.

Tabelle 2-1: Kinetische Koeffizienten für den Substratabbau (WIESMANN, 1986)

Koeffizienten	Bakterien		
	chemo-heterotrophe Mischpopulation	Nitrosomonas	Nitrobacter
maximale Wachstumsrate μ max (h^{-1})			
bei 20° C (im Mittel)	0,3	0,032	0,045
bei 10° C (im Mittel)	0,2		
10 <T <70° C/5 <T <30° C	$5{,}17\cdot10^5 \exp(-\frac{14222}{T+273})$	0,0075 exp (0,12 (T-15))	0,00125 exp (0,062 (T-15))
Ertragskoeffizienten Y_S (im Mittel)	0,48 (gTS/gCSB)	0,14 (gTS/gNH_4^+-N)	0,05 (gTS/gNO_2^--N)
Sättigungskoeffizient K_S [a)]	$7{,}8\cdot10^7 \exp(-\frac{5420}{T+273})$	exp (0,1174 T - 2,666)	exp (0,145 T - 2,646)
Verfallskoeffizienten K_d (h^{-1}) 10 <T <66° C	$8{,}85\cdot10^7 \exp(-\frac{6741}{T+273})$	-	-
spezifische Substratabbaugeschwindigkeit μ max/Y_S bei 20° C	0,625 (gCSB/gTS·h)	0,23 (gNH_4^+-N/gTS·h)	0,94 (gNO_2^--N/gTS·h)

a) gBSB_5/m^3 bzw. gNH_4^+- N/m^3 bei 8 bis 30° C

HENZLER und BAUMGARTEN (1986) konnten zeigen, daß trotz erschwerter Bedingungen durch Industrieabwässer mit schwer abbaubaren Sulfonsäuren sowie Chlor- und Nitroverbindungen und sich ständig ändernden Belastungen infolge Durchsatz- und Konzentrationsänderungen die gemessenen Ergebnisse in befriedigender Weise formalkinetisch beschrieben werden können. Interessant für den Betrieb von Abwasserbehandlungsanlagen ist, daß in der o.a. Untersuchung nachgewiesen werden konnte, daß eine relativ konstante bzw. ansteigende Zulaufkonzentration zu einer Zunahme der Biomassekonzentration führt, geringfügige Störungen aber, wie z.B. die Reduzierung der Zulaufkonzentration, das Sedimentationsverhalten der Zellagglomerate infolge Unterversorgung der Mikroorganismen ungünstig beeinflussen. Sank das Substratangebot unter einen Wert, der zur Aufrechterhaltung des Erhaltungsstoffwechsels erforderlich war, ging der oTS-Gehalt zurück und die Restverschmutzung stieg an.

Es steht außer Zweifel, daß der Rohrreaktor reaktionstechnische Vorteile gegenüber dem Rührkessel aufweist (s. METCALF and EDDY, 1979; MOSER, 1977, BRAHA, 1983a), weil beim Rohrreaktor ein Abbau längs des Fließweges erfolgt, während beim total durchmischten Becken durch den quasi parellelen Verlauf der Eliminationsprozesse auch Reste von leicht verwertbaren Substraten im Ablauf zu erwarten sind. Aufgrund der Rückführung von Biomasse mit dem Rücklaufschlamm (BRAHA, 1983b) und der nicht eingeschränkten Längsvermischung (HECKERSHOFF und WIESMANN, 1981) bei langgestreckten bzw. Kaskadenbecken verschlechtert sich allerdings die Reinigungswirkung gegenüber dem idealen Rohrreaktor. Positiv an der Längsvermischung ist, daß toxische Stoßbelastungen besser verteilt werden.

Während bei den kinetischen Betrachtungen des Belebungsverfahrens i.d.R. nicht unterschieden wird zwischen Abbauleistungen suspendierter oder in einer Flocke angesiedelter Organismen und nur das Resultat daraus in den Reaktionskonstanten berücksichtigt wird, beschäftigt sich die Biofilmkinetik zur Beschreibung der Abbauvorgänge in Festbettsystemen mit dem Prozeß des diffusionslimitierten Stoffwechsels im Biofilm. Die Eigenschaften eines Biofilmreaktors ergeben sich aus dem Zusammenwirken folgender Faktoren:

- Hydraulische Verhältnisse (Durchströmung und Vermischung, Konzentrationsdifferenzen).
- Substratumsetzung (Diffusion aus der Wasserphase, bakterielle Umsetzungskinetik, molekulare Diffusion des Substrates in die Zelle, Ausschleusung der Stoffwechselprodukte).
- Biomassezuwachs (Wachstumskinetik, Substratlimitierung und hydraulische Verhältnisse).

Charakteristisch für den Biofilm ist die Diffusion der Substrate in den Biofilm hinein. Für den Fluß durch die Oberfläche gilt das Ficksche Diffusionsgesetz. Die Herleitung der Reaktionsgeschwindigkeit je Oberflächeneinheit ist bei HARREMOES, 1986, nachzulesen; daraus ergibt sich bei einer vollständigen Penetration des Biofilms Proportionalität zwischen Substratabbau und Bakterienkonzentration; bei einer teilweisen Penetration, bei der die verminderte Reaktionsgeschwindigkeit in Folge einer nur teilweisen Beteiligung der Biomasse am Abbauprozeß berücksichtigt ist, handelt es sich um eine Reaktion der Ordnung 1/2.

HARREMOES (1986) konnte zeigen, daß auch die Biofilmschichten denitrifizierender Festbetten (1 bis 2 mm in der Praxis bei Tauchkörpern, RIEMER et al., 1980) oder nitrifizierender Festbetten (2 bis 5 mm in der Praxis bei Scheibentauchkörpern, PÖPEL, 1964) nur teilweise am Abbauprozeß teilnehmen und damit die Reaktionsgeschwindigkeit ebenfalls nach obiger Beziehung ermittelt werden kann. Zusammenfassend kann man festhalten, daß bei den üblichen Vorgängen der Abwasserbehandlung der Biofilm so dick ist, daß in den meist vorkommenden Konzentrationsbereichen nur eine teilweise Penetration des Biofilms erfolgt. Die Wirksamkeit des Biofilmreaktors hängt somit nicht von der gesamten Biomasse ab, sondern von der exponierten Biofilmoberfläche.

2.1.3 Verfahrenstechnische Merkmale von Festbett- und Belebungsreaktoren

Aus der Beobachtung der Selbstreinigungsvorgänge in Gewässern hatte man erkannt, daß die "biologische Abwasserbehandlung" einerseits von sessilen, auf festen Oberflächen siedelnden und andererseits von freischwimmenden, suspendierten Organismen bewerkstelligt wird. Da es notwendig geworden war, die zunehmenden Abwassermengen und steigenden Belastungen vor Einleitung in die Gewässer entsprechend zu behandeln, um die Selbstreinigungskraft der Gewässer zu erhalten, lag es nahe, den natürlichen Prozeß in einer intensivierten Form anzuwenden. Eine Intensivierung ist möglich, indem man Bedingungen geschaffen werden, die die Mikroorganismen zu schnelleren Stoffumsätzen anregen oder indem man die Anzahl der am Abbauprozeß beteiligten Organismen erhöht (MUDRACK, KUNST, 1985). Letzteres ist der einfachere Weg; man hat lediglich darauf zu achten, daß der erhöhte Sauerstoffbedarf abgedeckt wird.

Die Versorgung der Mikroorganismen mit Sauerstoff ist dabei weniger ein Problem des Lösens von Luft oder Reinsauerstoff in Wasser als vielmehr des

Transportes des Sauerstoffes zu den Mikroorganismen. Je größer beispielsweise eine Bakterienflocke oder ein Biofilm ist, desto höher muß der Gehalt an gelöstem Sauerstoff sein, damit auch die tiefer angesiedelten Bakterien noch mit Sauerstoff versorgt werden (vgl. Abb. 2-3). Der Eintrag von Sauerstoff in Wasser erfolgt über die Grenzfläche Wasser-Luft; das Lösungsvermögen ist unter anderem umso größer, je niedriger die Temperatur und je geringer die Sauerstoffkonzentration ist. Eine Erhöhung der Sauerstoffeintragsleistung kann durch Erhöhung der Austauschfläche, zum Beispiel in Tropfkörpern durch Verrieseln von Abwasser über das Füllmaterial oder durch die Verteilung von möglichst kleinen Luft-/Gasbläschen in einem bewegten Wasserkörper erreicht werden.

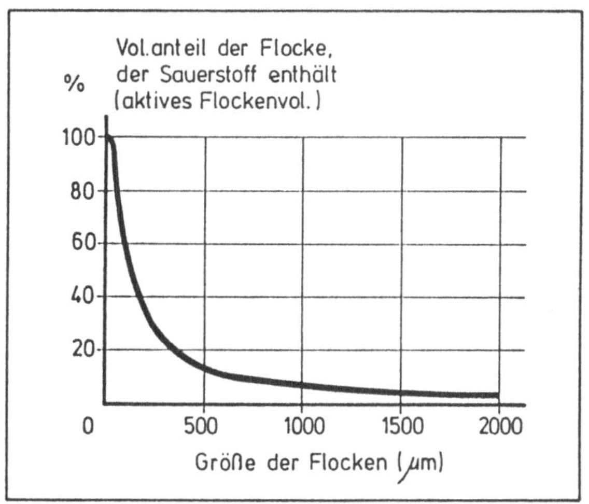

Abb. 2-3: Aktiver Anteil einer Belebtschlammflocke in Abhängigkeit vom Flockendurchmesser (PASVEER, 1958)

Beim Tropfkörperverfahren, als dem lange Zeit wichtigsten Festbettreaktor, wird ein zylindrischer Körper mit Lavaschlacke oder wegen der noch größeren Oberfläche mit Kunststoffkörpern über einem Lochboden aufgefüllt und das Abwasser über einen Drehsprenger auf der Oberfläche verteilt (s. Abb. 2-4a). Entlang des Fließweges des Abwassers im Reaktor nimmt die Verschmutzung bei ausreichendem Luftsauerstoff ab. Je schwächer ein Tropfkörper organisch und hydraulisch belastet ist, umso deutlicher wird die Zonierung der Mikroorganismen längs des Fließweges. Anaerobe Zonen führen zur Reduktion des gebildeten Nitrats oder Sulfats; bei Mangel von leicht abbaubaren Substraten siedeln in manchen Zonen auch Organismen, die sich an die Verwertung schwer verwertbarer Verbindungen adaptiert haben (Schönungstropfkörper). Wenn die Nitrifikationszone schmal ist, treten im Ablauf des Tropfkörpers sowohl Ammonium als auch Nitrit und Nitrationen auf. Dies ist je nach Spülwirkung der Fall, wobei durch die Rückführung der Nitrationen mit dem Rücklaufwasser ein Teil des Nitrats denitrifiziert wird.

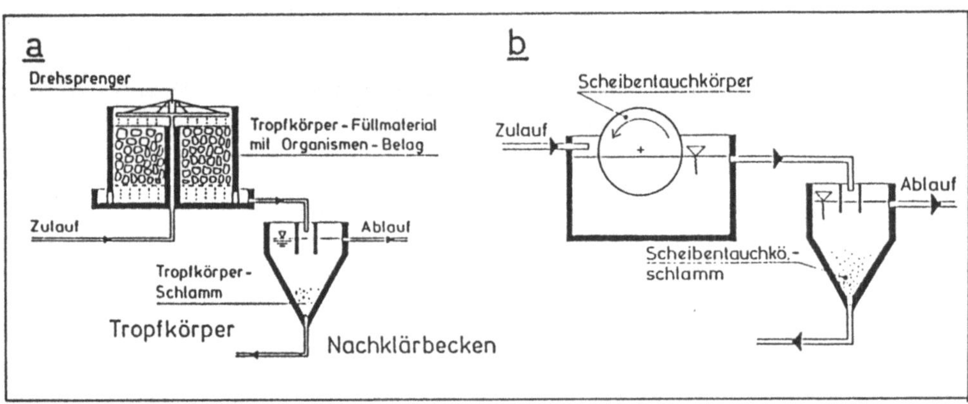

Abb. 2-4: Prinzipschaubild einer Tropfkörper (a) bzw. einer Scheibentauchkörperanlage (b)

Ein entscheidendes Problem beim Einsatz von Festbetten ist die Verstopfungsgefahr, die einmal auftritt, wenn die Abtrennwirkung der Vorklärung ungenügend ist, und zum anderen, wenn infolge hohen Nährstoffangebots die Schichtdicke des Biofilms schneller zunimmt, als aufgrund der hydraulischen Scherkräfte eine Abspülung der Biomasse erfolgt. Um ein biologisches Verstopfen zu verhindern, muß deshalb die Konzentration der leicht abbaubaren Verbindungen begrenzt werden. Dies erreicht man, indem mit gereinigtem Abwasser der Zulauf zum Festbett verdünnt wird (Spülwirkung). Mit zunehmender Spülwirkung wird der Bewuchs gleichmäßig bzw. die Biocoenose einheitlich.

Ein Extrembeispiel einer einheitlichen Biocoenose stellt der Bewuchs der Scheibentauchkörper dar (vgl. Abb. 2-4b). Dieser Festbettreaktor besteht meist aus mehreren, auf einer Welle sitzenden Scheiben oder Waben, die zeitweise in eine mit Abwasser gefüllte Wanne eintauchen, zeitweise in der Umgebungsluft sind, so daß sich die Mikroorganismen wechselweise mit Nährstoffen und mit Sauerstoff versorgen können. Eine ausführliche Erörterung der Verfahrensmerkmale gibt ANTONIE (1976).

Außer Tropf- und Scheibentauchkörpern zählen zu den Festbettreaktoren Biofilmreaktoren oder Tauchkörper, die vorwiegend voll eingestaut betrieben werden. Durch eine Erhöhung der inneren Oberfläche (z.B. Füllkörper mit einer spezifischen Oberfläche größer 150 m^2/m^3) kann eine Aufkonzentrierung der Biomasse von spezialisierten Mikroorganismen zur Nitrifikation, Denitrifikation und CSB-Reduktion im Reaktor erreicht werden (SEKOULOV et al., 1979). Eine Verbesserung der Absetzeigenschaften und eine Erhöhung des Schlammalters ist durch den Einbau von Tauchkörpern unmittelbar in zwangsbelüftete Reaktoren möglich (HIROSE, 1983; EBERHARDT et al., 1984). Die Betriebserfahrungen mit diesen Systemen decken sich mit den Erkenntnissen aus Tropfkörper-Belebungsanlagen ohne Zwischenklärung. Die gleichen Ergebnisse wie beim Einbau von Festbetten in Belebungsbecken können auch mit dem Einsatz von schwimmenden Trägermaterialien (Schwebebettverfahren) erreicht werden (SEKOULOV, 1985).

Festbettverfahren können also in unterschiedlicher Weise im Rahmen der Abwasserbehandlung eingesetzt werden: Vorteilhaft beim Tropfkörper ist seine selbstregulatorische Potenz (s.o.); problematisch ist, daß die Abbauprozesse nur über die Konzentration des Substrates durch die hydraulische Beaufschlagung gesteuert werden können. In Ermangelung besseren Wissens werden in der Praxis derzeit Tropfkörper nur insoweit in ihrem Reinigungsvermögen beeinflußt, als Verstopfungen durch Veränderung des Rücklaufstromes vermieden werden. Problematisch ist, daß toxische Stoffe ohne Verdünnung auf die Mikroorganismen treffen und aufgrund des hohen Luftanteils sich auch niedrige Außentemperaturen auf die Stoffwechselleistung im Winter negativ auswirken.

Demgegenüber lassen sich Abbauprozesse in Tauchkörpern, zwangsbelüfteten Festbetten oder bei schwimmenden Aufwuchskörpern wesentlich einfacher beeinflussen, weil der Fließweg des Abwassers bzw. die Kontaktzeiten kürzer sind als beim Tropfkörper und toxische Konzentrationen sowie die Außenlufttemperaturen keine entscheidende Rolle spielen. Allerdings zeigen erste Erfahrungen in der Praxis (SCHLEGEL, 1986a,b), daß ihre Anwendung eine entsprechende Einbindung in den biologischen Reinigungsprozeß erfordert, damit bspw. nicht anstelle von Nitrifikanten bakterienfressende Protozoen angesiedelt werden.

Eine Steuerung auf bestimmte Stoffwechselleistungen ist jedoch einfacher möglich als bei anderen Verfahren, da schwankende hydraulische Belastungen durch die Fixierung an Bedeutung verlieren und schwankende organische Belastungen besser verkraftet werden (RITTMANN, 1984). Zudem kann über die mechanische Beanspruchung durch Scherung Einfluß auf die Zusammensetzung der Biocoenose genommen werden.

Trotz mangelnder breiter Erfahrung sind nach SEKOULOV (1985) heute schon folgende Vorteile der in Belebungsbecken eingebauten Biofilmreaktoren nachgewiesen:
- Erhöhung der Belebtschlammkonzentration (Verbesserung des Schlammindexes).
- "Erhöhung" des Schlammalters durch Protozoenaktivität.
- Erhöhung der Prozeßstabilität (verminderte Ausschwemmung von Organismen).
- Verminderung der Schlammproduktion.

Im Gegensatz zum biologischen Rasen (Biofilm) der Festbettreaktoren vollzieht sich beim Belebtschlamm- oder <u>Belebungsverfahren</u> der biologische Abbauprozeß in einem Belebtschlamm-Wasser-Gemisch. Dabei werden die Organismen über Oberflächenbelüfter oder Druckluftfilterkerzen eingetragenen Sauerstoff "belebt". Da die Belebtschlammflocken überwiegend frei in suspendierter Form im Reaktor bewegt werden, werden sie auch ständig aus dem Belebungsreaktor ausgetragen. Zur Erhöhung der Biomassekonzentration ist deshalb die Rückführung des ausgetragenen Belebtschlammes erforderlich. Im Gegensatz zu Festbettreaktoren, in denen die Nachklärung lediglich der Reinigung des behandelten Abwassers von Feststoffen dient, ist die Nachklärung bei Belebungsverfahren integraler Bestandteil (vgl. Abb. 2-5).

Wenngleich auch in der Nachklärung noch eine Reihe von mikrobiologischen Umsetzungsprozessen stattfindet, die weitgehend unerwünscht sind, weil sie im Absetzbecken zur Flotation des Schlammes und damit zum Feststoffabtrieb führen können, dient sie primär der Abtrennung der im Belebungsreaktor gebildeten Biomasse vom gereinigten Abwasser und deren Aufkonzentrierung (sekundär auch der Feststoffrückhaltung). D.h., daß bereits im Ablauf des Belebungsbekkens bzw. bei totaler Durchmischung im gesamten Belebungsbecken die Ablaufkonzentration (in der abgesetzten Probe) erreicht sein muß. Durch den BSB_5-Zulauf erfolgt nur eine geringfügige Konzentrationserhöhung im Einlaufbereich. Um hohe Abbauleistungen zu erreichen (vgl. Abschnitt 2.1.2), muß andererseits die BSB_5-Zulauf-Konzentration, bezogen auf die Biomasse des Belebungsreaktors, hoch sein, so daß zwangsläufig zwischen Hochleistungs-Belebungsbecken und Nachklärung noch ein oder mehrere Verfahrensschritte eingebaut werden müssen, wenn hohe Abbauleistungen und hohe Reinigungswirkungen gemeinsam erreicht werden sollen.

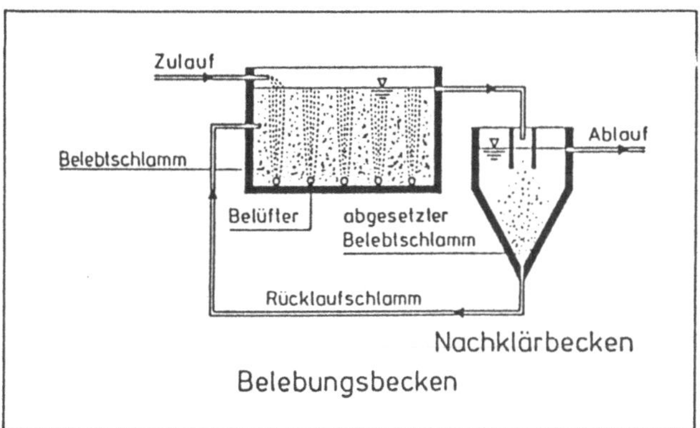

Abb. 2-5: Prinzipschaubild des Belebungsverfahrens

In Abbildung 2-6 wurde der Versuch unternommen, die Vielfalt der in der Praxis anzutreffenden Systeme auf wenige verfahrenstechnische Grundtypen zurückzuführen: in der ersten Spalte sind die ideal durchmischten Verfahren gezeigt, bei denen Ablauf- und Reaktorkonzentration nahezu gleich groß sind. Demgegenüber ergibt sich in der Rührkesselkaskade (2. Spalte) ein abnehmendes Substratkonzentrationsgefälle zum Ablauf des Belebungsreaktors, wobei in jedem Reaktorelement die Vorteile einer vollständigen Durchmischung ausgenutzt werden, während in Spalte 3 die im Grunde rückvermischungsfreie Pfropfenströmung ausgenutzt wird, was aber nur leidlich der Fall ist, da über die Rücklaufschlammführung auch hier eine Durchmischung erfolgt, die mit zunehmendem Rücklaufverhältnis zunimmt.

Mikrobiologisch unterscheiden sich die Belebungsverfahren nach der Belastung der abbauenden Mikroorganismen durch die Schmutzfrachtbeaufschlagung, die in der Siedlungswasserwirtschaft als Schlammbelastung bezeichnet wird: Die Schlammbelastung ist definiert als Verhältnis von Substrat (kg BSB_5/d) zu Biomasse (ermittelt als kg TS). Da die Schlammbelastung lediglich auf die Trockensubstanz bezogen wird und nicht auf den tatsächlich aktiven Biomasseanteil, ist sie ein nur näherungsweise geeigneter Parameter. So können Anlagen mit hohen TS-Gehalten aufgrund von hohen Anteilen inerter Substanz eine niedrige Schlammbelastung vortäuschen. Wenn trotzdem im folgenden die Angaben mehrfach auf die Schlammbelastung bezogen werden, hängt das damit zusammen, daß diesbezüglich die meisten Ergebnisse in der Literatur vorliegen und bei einigermaßen vergleichbaren Bedingungen (wie mit oder ohne Vorklärung) sich auch in etwa vergleichbare aktive Biomasseanteile einstellen; schließlich wird bei der Bemessung von Anlagen nach ATV die Schlammbelastung zugrundegelegt, so daß für die Praxis durch eine andere Darstellung (bspw. des organischen Stickstoffs; s. HARTMANN, 1960) der Zugang zu den hier dargestellten Optimierungsüberlegungen unverhältnismäßig erschwert würde.

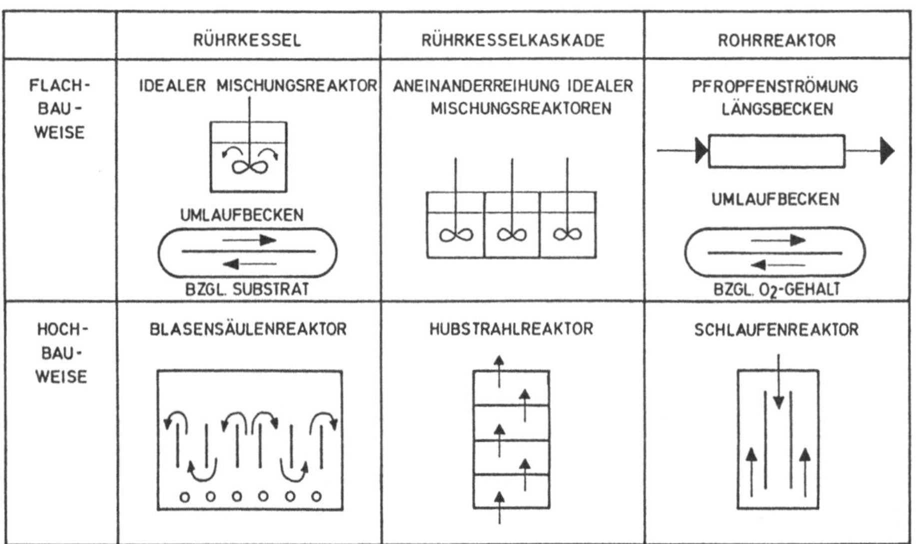

Abb. 2-6: Verfahrensmerkmale von Belebungsverfahren

Eine hohe Schlammbelastung impliziert - unter den o.a. Voraussetzungen - eine hohe Abbauleistung, aber auch eine höhere Restverschmutzung. Im Zuge erhöhter Anforderungen an die Reinigungswirkung ist man deshalb in den letzten Jahren dazu übergegangen, einstufige Belebungsverfahren, die den Regelfall in der kommunalen Praxis darstellen (vgl. STROHMEIER, 1986), mit sehr geringen Schlammbelastungen zu bauen (Schwachlast- und Stabilisierungsanlagen). Aufgrund der geringen Belastung der Biomasse findet eine Reihe von Prozessen im Abwasser derartig schwachbelasteter Kläranlagen statt, die letztendlich zur

Mineralisierung der Biomasse führen (d.h. der aktive Anteil an der Trockensubstanz im Belebungsbecken wird vermindert).

Da die Schlammbelastung einer Abwasserreinigungsanlage nicht konstant ist (Frachtschwankungen im Zulauf einerseits, "Verschiebung" der Biomasse durch hydraulische Schwankungen in die Nachklärung andererseits), sind die funktionalen Grenzen nicht exakt feststellbar. So kann es durchaus sein, daß eine Abwasserreinigungsanlage mit gemessener hoher Schlammbelastung zeitweise nitrifiziert, obwohl die Schlammbelastung nicht in dem Bereich liegt, in dem Nitrifikation zu erwarten ist (i.a. geht man davon aus, daß zur Nitrifikation eine Schlammbelastung von 0,15 einzuhalten ist, während eine aerobe, simultane Stabilisierung des Schlammes bei Schlammbelastungen um 0,05 erreicht wird). Während in einstufigen Anlagen eine Bemessung nach der Schlammbelastung noch vertretbar scheint, treffen bei abgestuften kaskadenartigen Verfahren die unterstellten Abhängigkeiten von der Schlammbelastung nicht mehr zu (WIESMANN, 1986), die Kaskadenanlagen werden bei Zugrundelegung der Schlammbelastung überdimensioniert (TEICHMANN, 1986).

Gegenüber den Festbettverfahren, aber auch den Verfahren ohne Biomasserückführung (Teiche, Abwasserlandbehandlung) liegt der Vorteil des Belebungsverfahrens darin, daß die Biomassekonzentration in gewissen Bereichen durch den Schlammabzug beeinflußt werden kann (s. Abschnitt 2.3). Nachteilig bei den bisherigen Anwendungen des Belebungsverfahren ist, daß die Biomasse in eine absetzbare Form gebracht werden muß. Bei den bisherigen Verfahren muß man deshalb weitgehend Kompromisse zwischen der Leistungsfähigkeit und Absetzbarkeit schließen (MUDRACK, KUNST, 1985). In Belebungsanlagen ist eine Anpassung der Biomasseaktivitäten an schwankende Belastungen und unterschiedliche Substrate schneller möglich als in Tropfkörperanlagen, allerdings zeigen niedrig belastete Anlagen, von denen man eine verringerte Restverschmutzung erwartete, verstärkt Blähschlammentwicklung und/oder schlecht entwässerbare Schlämme. Neben den physiologischen Unterschieden der dominierenden Lebensgemeinschaften in Festbettreaktoren und Belebungsbecken unterscheiden sich diese beiden Verfahren auch wesentlich in der Art der Sauerstoffversorgung (abgesehen von zwangsbelüfteten Festbettanlagen): Während im Falle des Tropfkörpers durch Kamineffekte und beim Scheibentauchkörper durch das ständige Auftauchen der einzelnen Scheibensegmente die Umgebungsluft genügt, muß beim Belebungsverfahren auf mechanischem Weg für eine ausreichende Sauerstoffversorgung der Mikroorganismen gesorgt werden. Die Sauerstoffversorgung stellt in Belebungsanlagen einen zentralen Punkt dar, der die Kosten des Verfahrens entscheidend bestimmt. Obwohl der Übergang des O_2 in die Bakterienzelle schon bei geringen Konzentrationen erfolgt, (0,1 bis 0,2 mg O_2/l genü gen), muß der Sauerstoff in die Flocke hineindiffundieren. Wie Abbildung 2-3 zeigt, muß also der O_2-Konzentrationsgradient (in Abhängigkeit von der Temperatur) mit wachsendem Flockendurchmesser zunehmen und demzufolge auch umso mehr Sauerstoff eingetragen werden, je größer die Flocken sind. Kleinere Flocken benötigen demzufolge einen geringeren Sauerstoffüberschuß. Durch eine Erhöhung der O_2-Konzentration kann somit der aktive Anteil der Belebtschlammflocken größer werden, sofern keine Substratlimitierung vorliegt; die Aktivität der einzelnen Organismen läßt sich aber damit nicht steigern (MUDRACK, KUNST, 1985).

2.1.4 Bemessung von Abwasserbehandlungsanlagen

Die Bemessung von Kläranlagen erfolgt in der Regel nach Erfahrungswerten, die im Regelwerk der ATV bzw. den ATV-Handbüchern zusammengestellt sind. Kinetische Betrachtungen haben bislang nur selten Eingang in die Bemessungspraxis gefunden (ausgenommen die Abwasserbehandlung in der chemischen Industrie). Im neuesten ATV-Handbuch zur biologischen Abwasserbehandlung (ATV, 1985) haben jedoch erste diesbezügliche Ansätze Eingang gefunden; allerdings sind kinetische Betrachtungen gerade bei mehrstufigen und Kaskadenanlagen, wo sie am interessantesten sind, ausgespart. Um dem planenden Ingenieur den Einstieg in die computergestützte Planung von Kläranlagen zu erleichtern, wurden bei den hier vorgestellten Modellen sowohl die von der ATV empfohlenen Bemessungsparameter als auch kinetischen Beziehungen berücksichtigt (s. Abschnitt 5.4).

2.1.5 Ansatzpunkte für eine technisch-wirtschaftliche Optimierung

Wie eingangs erwähnt, ist es Aufgabe des Verfahrenstechnikers, ein effizientes Klärsystem zu erstellen, mit dem die angeführten Ziele der Abwasserreinigung (Restverschmutzung auf konstant niedrigem Niveau) sicher erreicht werden können. Eine technische Optimierung des Systems ist durch die Ausnutzung der unterschiedlichen Leistungsfähigkeiten der mikrobiellen Lebensgemeinschaften möglich; sie kann jedoch nur gelingen, wenn die physiologischen und ökologischen Grenzen der durch die technische Ausgestaltung und den Betriebsablauf selektierten Mikroorganismen berücksichtigt werden. Außer der Implementierung der genannten biologisch-technischen Merkmale (Begünstigung sessiler oder mobiler Formen, flocken- oder fadenbildender Organismen) sind dabei auch die betrieblichen Belange zu beachten (s. Abschnitt 2.2), da im rauhen Betriebsalltag planungtechnisch optimierte Systeme rasch zu einer teuren Lösung werden können, wenn auf veränderte Randbedingungen mit Zusatzaufwendungen reagiert werden muß oder das Verfahren zeitweise die geforderten Leistungen nicht erbringt (z.B. weil Blähschlamm im Sommer auftritt).

Das wirtschaftliche Optimum wird nur dann erreicht werden, wenn die technische Lösung auch bei veränderten Ausgangsbedingungen immer noch das geeignetste Verfahren zu sein verspricht (Stabilität der Lösung). Die beiden Extremfälle: großvolumige, ungesteuerte und kompakte, gesteuerte Anlagen sind daher zunächst immer vergleichend zu betrachten, da die Einsparungen an Bau- und Betriebskosten bei der kompakten Anlage eine Steuerung/Regelung erforderlich machen (s. Abschnitt 2.3), so daß nicht per se ein Nettoertrag bei Ausnutzung höherer Leistungsfähigkeiten zu erwarten ist. Ökonomisches Kriterium ist in jedem Fall die Minimierung der Jahreskosten, das bedeutet z.B. kleine Reaktionsräume, geringe Kreislaufwassermengen, wenig Sauerstoffbedarf, gute Schlammbehandlungseigenschaften, geringe Schlammproduktion, hohe Nettoenergieausbeuten u. dgl. bei Einhaltung der Reinigungserfordernisse.

Es genügt also auch nicht, nur das Abwasserreinigungsverfahren einer Kläranlage in die Optimierung einzubeziehen; vielmehr müssen alle Elemente, wie die gesamte Schlammbehandlung und Energieversorgung bzw. die dazu notwendigen maschinentechnischen Einrichtungen und deren Verfügbarkeit (fallweise auch der sehr unterschiedliche Personalbedarf), berücksichtigt werden. In Anbetracht der unterschiedlichen Abwässer ist es klar, daß es nicht ein allgemein gültiges Konzept für alle Anlagen geben kann und daß eine biologische Optimierung in einer Abwasserreinigungsanlage mit Mischsubstrat nicht in gleicher Weise möglich ist wie bei biotechnologischen Produktionsprozessen oder Versuchen im Labormaßstab. Von daher ist man in der Abwassertechnik gezwungen, Kompromisse einzugehen und Sicherheiten einzubauen. Allerdings macht es einen erheblichen Unterschied, ob man einen bestimmten Sicherheitsfaktor einbaut (bspw. wie in der Baustatik) oder nur auf empirisch gefundene Kennwerte zurückgreifen kann, in denen die Bemessungsunsicherheiten im Regelfall in nicht bekannter Größenordnung implizit enthalten sind.

Die biologisch-technisch wichtigsten Merkmale zusammenfassend kann man festhalten:

- Die vielseitigen Stoffwechselleistungen und eine rasche Adaptation an wechselnde Substrate sind bei hohen Substratkonzentrationen günstig, die Ablaufkonzentrationen sind aber ebenfalls noch hoch; flockenbildende Bakterien erhalten Selektionsvorteile.
- In Systemen mit hoher Biomasseverweildauer (Schlammalter) sind Spezialisten in der Lage, auch schwer verwertbare Substanzen zu metabolisieren; die Spezialisten sind oft sessile Organismen, die sich in Belebtschlammflocken einnisten oder feste Flächen besiedeln.
- Der Wechsel von nährstoffreichen und Hungerphasen führt zur Bildung von Biopolymeren, die entscheidend für die Flockenbildung bzw. den Flockenzusammenhalt sind.
- Der Wechsel von anaeroben und aeroben Zonen führt bei den Mikroorganismen zu einer verstärkten Reservestoff- (vor allem P-)Einlagerung, wobei in anaeroben Zonen die Abwasserinhaltsstoffe zum Teil hydrolisiert und damit leichter verwertbar werden.
- Der aktive Teil der Biomasse nimmt mit wachsenden Flockengrößen ab, da die Diffusion des Substrates (Nährstoffe und O_2) den Stoffwechsel limitiert.

Die technische Umsetzung dieser Merkmale ist in verschiedener Weise möglich; in wesentlichen Punkten läuft es jedoch darauf hinaus, wenn das System optimiert werden soll, daß die einzelnen Teilschritte der Abwasserbehandlung für sich intensiviert und entlang einer Zeitachse voneinander getrennt ablaufen müssen. Folgende Optimierungsansätze sind in der Literatur beschrieben:

Aufwuchskörper/Festbettreaktoren

Das Volumen eines Belebungsbeckens wird durch die gewählte Raumbelastung bestimmt. Sobald diese festliegt, hängt das Reinigungsergebnis in erster Näherung nur noch von der Schlammbelastung ab, die über die Steuerung des Trockensubstanzgehaltes, genauer des biologisch aktiven Teils der Trockensubstanz, im Belebungsbecken eingestellt werden kann. Umgekehrt gilt, daß bei einer Steigerung der aktiven Biomassekonzentration der Bedarf an Reaktorvolumen kleiner wird.

Beim üblichen Betrieb von Nachklärbecken sind der Schlammeindickung jedoch

Grenzen gesetzt, da der Schlamm im Nachklärbecken sich nicht beliebig aufkonzentrieren läßt. Eine Steigerung der Biomassekonzentration kann aber technisch durch die Bereitstellung von Aufwuchsflächen realisiert werden, die Biocoenose ist dann aber eine andere.

Nach HEGEMANN und ENGLMANN (1983) kann die Biomassekonzentration beim Einsatz von Schaumstoffwürfeln auf das Zwei- bis Dreifache des üblichen Wertes angehoben werden. HIROSE (1983) berichtet neben einer allgemein feststellbaren Verbesserung der Schlammindizes beim Einsatz von Kunststoffplatten auch von einer je nach Jahreszeit zwischen 22 und 34 % schwankenden Verringerung der Überschußschlammproduktion wegen Mineralisierung und Protozoenaktivität. Schlämme aus Festbettreaktoren weisen i.d.R. auch geringe Schlammvolumenindizes auf. Ebenfalls verbessert sich die Ausnutzung des eingetragenen Sauerstoffes geringfügig (Koaleszenzverminderung; SCHLEGEL, 1986a), so daß eventuell die Belüfterleistung gesenkt werden kann. Festbettreaktoren sind vor allem dort angezeigt, wo Spezialisten zum Zuge kommen sollen, wobei entsprechende Prozeßbedingungen eingehalten sein müssen, damit sich die Spezialisten im System auch halten können. Dies ist auch dort von Bedeutung, wo die Nährstoffsituation stark schwankt, was im Mischsystem zu einem raschen Verlust an angepaßten Destruenten führen würde.

Kaskaden

Da - wie oben erläutert wurde - die Abbauleistung von der Nährstoffkonzentration abhängt, liegt es nahe, vergleichbar dem Abbauverhalten in einem Tropfkörper, den biologischen Reaktionsraum aufzuteilen und in jeweils kleineren Reaktionsräumen bei hohen Nährstoffkonzentrationen hohe Umsetzungsraten zu erzielen, um in der letzten Stufe nach Sedimentation oder Flotation die angestrebte Restverschmutzung zu erreichen. Auch wenn keine getrennten Schlammkreisläufe eingerichtet sind, verringert sich durch eine Kaskadenschaltung die Rückvermischung. Da die Ordnung der Bruttoabbau-Reaktion größer als Null ist (MOSER, 1981; BRAHA, 1983b), verkürzt sich die erforderliche Verweilzeit und in gleichem Maße das benötigte Volumen, wodurch entweder Baukosten eingespart oder im vorhandenen Reaktionsraum ein weitergehender Abbau herbeigeführt werden kann. Nach WOLFBAUER et al. (1979), KASHABIAN (1982) und TEICHMANN (1986) ist ein positiver Einfluß dieser Verfahrensweise auf das Entwässerungsverhalten des Schlammes festzustellen.

Kompakt-Reaktoren

Völlig andere Ansätze, die biologische Stufe zu betreiben, liefert eine aus der chemischen Verfahrenstechnik kommende Betrachtungsweise. Der geschwindigkeitsbestimmende Schritt bei der konventionellen Behandlung ist selten die Sauerstoffversorgung, sondern die Diffusion von Substrat in die Flocke hinein. Der Stoffübergang kann bei freischwebenden Einzelorganismen beschleunigt werden, wenn im Reaktor neben einer ausreichenden Sauerstoffversorgung eine vollständige Durchmischung ohne Toträume und Kurzschlußströmungen und große Phasengrenzflächen sowohl zwischen Wasser und Gasbläschen als auch zwischen Bakterien und Wasser (Transportmedium) erreicht werden.

Derartige Überlegungen haben zu Abwasserreinigungssystemen der sogenannten dritten Generation geführt, wie etwa der von BRAUER und HENNIG (1986) beschriebene Hubstrahlreaktor, der Bio-Hochreaktor (LEISTNER et al., 1981), der als Schlaufenreaktor betrieben werden kann, oder der Kompaktreaktor (RÄBIGER, NAUNDORF et al., 1983). Mit diesen Reaktortypen wird das traditionelle Konzept der großvolumigen Belebungsbecken verlassen. Die Raum-Zeit-Ausbeuten werden erheblich gesteigert, so daß nur noch Bruchteile des Behandlungsvolumens herkömmlicher Belebungsstufen benötigt werden. Die Leistungssteigerung wird durch eine Verbesserung des Stoffübergangs (intensive Durchmischung) erreicht. Die hierbei auftretenden Scherkräfte zerkleinern sowohl die Luftbläschen als auch die Schlammflocken und erzeugen so vergleichsweise große spezifische Oberflächen. Da das Oberflächen-Volumenverhältnis wesentlich größer ist als bei konventionellen Schlammflocken, ergibt sich auch eine höhere Sorptions- und damit Eliminationskapazität für ungelöste, als auch gelöste Stoffe. Beim Deep-Shaft-Verfahren (HESSE, 1985) wird zusätzlich vor allem das Sauerstoff-Lösevermögen bei erniedrigten Drücken ausgenützt. Die Schlammflocken sind gut absetzbar (VOGELPOHL, 1986), lassen sich aber auch günstig flotativ abtrennen (ZLOKARNIK, 1985). Die Kompaktreaktoren stellen meist nur die erste Stufe in zwei- oder mehrstufigen Anlagen dar.

Mehrstufige Verfahren

Nur bei getrennten Schlammkreisläufen spricht man von zwei- oder mehrstufigen biologischen Reinigungsverfahren (wobei zu beachten ist, daß unter der 3. Reinigungsstufe einer Kläranlage die chemische Stufe - beispielsweise zur

Phosphatelimination - verstanden wird). Zwei- oder mehrstufige Reinigungsverfahren können in beliebiger Reihenfolge der oben erläuterten Verfahrensprinzipien Belebungsbecken (BB) - Festbettreaktor als Tropfkörper (TK) oder Scheibentauchkörper (STK) angeordnet werden. Es gibt sowohl zweistufige BB-BB- und TK-TK-Anlagen als auch TK-BB-, BB-TK-und BB-STK-Anlagen, um nur die häufigsten Kombinationen anzuführen.

Zu den zweistufigen Verfahren wurde bislang übergegangen, wenn eine bestehende einstufige Anlage nur noch erhöhte oder stark schwankende Ablaufwerte aufwies oder wenn von vornherein sehr hohe Reinigungsanforderungen festgelegt wurden. I.a. kann man davon ausgehen, daß zwei- oder mehrstufige Anlagen gegenüber einstufigen Anlagen auch eine erhöhte Prozeßstabilität aufweisen. Neben den konventionellen zweistufigen Verfahren (WILDERER, HARTMANN, 1978), deren erste Stufe als Hochlaststufe (d.h. hohes Nährstoffangebot bezogen auf den aktiven Biomasseanteil und geringes Schlammalter) mit einer Raumbelastung B_R um 1,0 kg BSB_5/m> d bzw. als Spültropfkörper gefahren wird, befinden sich derzeit Verfahren in der Anwendung, die als erste Stufe eine - so bezeichnete - Adsorptionsstufe mit einer Höchstlast-Belebung bei einer Raumbelastung von bis zu 10 kg BSB_5/m> d betrieben werden (BÖHNKE, 1978). Die Adsorptionsstufe ist dabei häufig in einem belüfteten Sandfang oder anstelle einer mechanischen Vorklärung in bestehenden Kläranlagen installiert.

<u>Anaerobe Stufen</u>

Die anaerobe Abwasserbehandlung wird in einigen Kläranlagen der Nahrungs- und Genußmittelindustrie (s. MIELICKE et al., 1985; OSWALD SCHULZE, 1986) und der chemischen Industrie (VCI, 1986) als erste Stufe zum Abbau hoher Substratkonzentrationen eingesetzt, eine aerobe Weiterbehandlung ist in der Regel erforderlich. Anaerobe Verhältnisse erfordert aber auch der Prozeß der Denitrifikation bzw. das Prinzip zur biologischen Phosphorelimination, das GREENBURG et al. (1955) beschrieben haben.

Grundlage des Verfahrens der Denitrifikation ist die Verwertung des im Nitrat gebundenen Sauerstoffs durch Denitrifikanten in Ermangelung gelösten Sauerstoffs. In der siedlungswasserwirtschaftlichen Literatur wird dieser Zustand häufig auch als anoxisch bezeichnet. Wichtig ist, daß genügend Elektronendonatoren, also organische C-Quellen, verfügbar sind. Von daher ist die vorgeschaltete Denitrifikation und Rückführung nitrathaltigen Abwassers in die Denitrifikationszone angezeigt. Die simultane Denitrifikation verspricht zukünftig an Bedeutung zu gewinnen, während eine nachgeschaltete (mit Zugabe von C-Quellen) wohl nur selten wirtschaftlich und technisch angezeigt sein dürfte (Meß- und Regelaufwand).

Während die Bakterien im aeroben Milieu zunächst bevorzugt gelöste Substrate aufnehmen, begünstigen anaerobe Verhältnisse vermutlich stark die Hydrolyse von hochmolekularen zu niedermolekularen Verbindungen (s. dazu z.B. WINTER, 1985; BRAUN, 1982). Dabei werden offensichtlich auch Polyphosphate hydrolisiert, die im Energiestoffwechsel eine entscheidende Rolle spielen, da in anaeroben Phasen erhöhte Phosphorkonzentrationen im Wasser gemessen werden. Die für die Stoffaufnahme benötigten Polyphosphate werden von den zur Phosphorakkumulation befähigten Organismen jedoch ausschließlich unter aeroben Milieubedingungen, die Voraussetzung für ihre Vermehrung sind, aufgenommen. Ein Wechsel von anaeroben-aeroben Verhältnissen schafft somit ideale Verhältnisse für die vermehrte biologische P-Elimination, sofern der Schlamm nicht aerob mineralisiert wird. Beim BARDENPHO- und Pho-Strip-Verfahren wird dieses Prinzip technisch angewendet.

2.2 FUNKTIONSTÜCHTIGKEIT VON ABWASSERREINIGUNGSANLAGEN

Aufgrund der verbesserten Meßtechniken und der dadurch möglichen intensivierten Ablaufüberwachung ist zu beobachten, daß selbst schwachbelastete Anlagen (s. Abb. 2-7), denen eine hohe Prozeßstabilität nachgesagt wird (s. DAMIECKI, 1982), im Tages- und Wochenverlauf zum Teil erhebliche Schwankungen in der Ablaufqualität aufweisen. Die Ursachen für Störungen dieser Art werden mit den in der Praxis angewandten Überwachungsmethoden kaum oder meist viel zu spät erkannt, weshalb die Probleme latent bleiben und effiziente Maßnahmen zur Verringerung der Restverschmutzung selten ergriffen werden; sie haben z.T. ihre Ursachen in der geringen Leistungsfähigkeit der selektierten Mikroorganismen (vgl. Abb. 2-2).

Zielsetzung dieses Abschnittes ist es deshalb, deutlich zu machen, wodurch die Reinigungswirkung einer Kläranlage beeinträchtigt wird, um zu erläutern, welche Möglichkeiten zur präventiven Erhöhung der Prozeßstabilität bestehen und welche Maßnahmen bei der Planung bereits vorgesehen müssen, damit beginnende oder eingetretene Störungen wirkungsvoll beseitigt werden können.

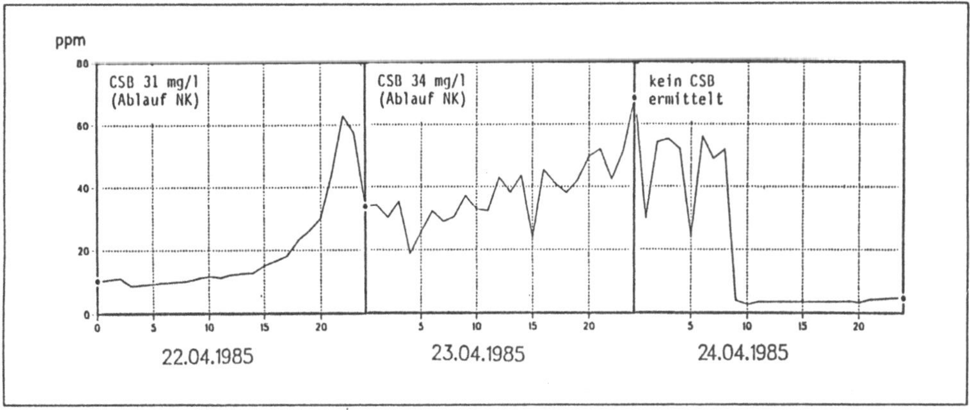

Abb. 2-7: Beispiel einer Veränderung der Auslauftrübung des gereinigten Abwassers in Folge interner Störungen (KUNZ et al., 1985)

Es versteht sich von selbst, daß einmal erkannte Ursachen einer Störung, die auf einen eingrenzbaren Verursacher oder Verursacherkreis zurückgeführt werden können, am Ort der Entstehung abgestellt werden müssen (BÖHM, KUNZ, 1982); Gegenmaßnahmen in der Kläranlage können die von einem Verursacher eingeleiteten Maßnahmen nur ergänzen und allenfalls verbliebene Belastungen abfangen; sie können emissionsarme Produktionsverfahren nicht ersetzen.

2.2.1 Funktionstüchtigkeit und Prozeßstabilität

In Anbetracht der häufig synonym gebrauchten Begriffe ist zunächst zu definieren, was die Funktionstüchtigkeit einer Kläranlage einerseits und die Prozeßstabilität andererseits ausmacht (Abb. 2-8): Während das Reinigungsergebnis die momentane Höhe der Restverschmutzung im Ablauf einer Kläranlage wiedergibt, ist unter Prozeßstabilität die Bandbreite der streuenden Reinigungsergebnisse - z.B. quantifiziert als Standardabweichung bzw. als Variationsbreite der gemessenen Ablaufwerte - zu verstehen. Je kleiner die Streuung, desto höher ist die Prozeßstabilität. Demgegenüber ist die Funktionstüchtigkeit einer Kläranlage im wesentlichen determiniert durch die Verfügbarkeit und Leistungsfähigkeit des Abwasserbehandlungsverfahrens bzw. durch das Leistungsvermögen der Nachklärung. Beim Belebungsverfahren ist die Funktionstüchtigkeit der Nachklärung in zweifacher Hinsicht von ausschlaggebender Bedeutung, da die Rückführung von Schlamm in den Mischungsreaktor das Leistungsvermögen der Behandlungsstufe beeinflußt (s. Abschnitt 2.1.3).

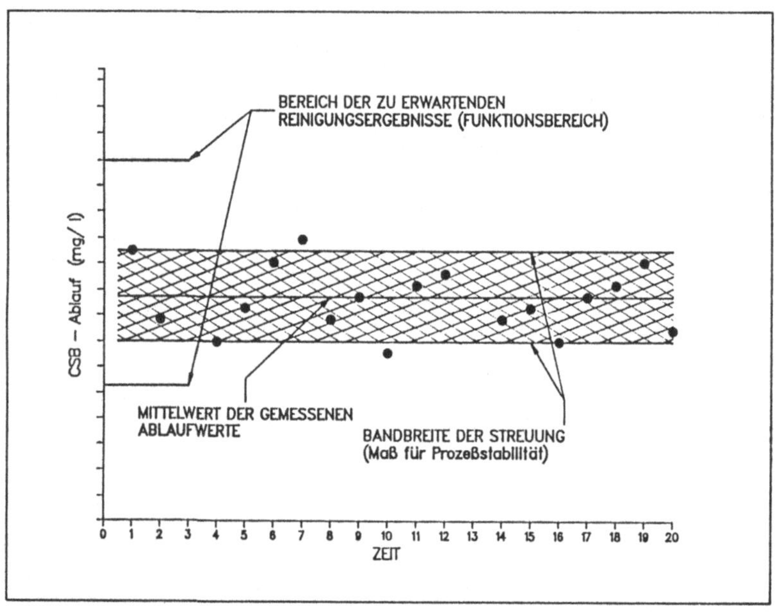

Abb. 2-8: Zusammenhang zwischen Reinigungsergebnis, Prozeßstabilität und Funktionstüchtigkeit (KUNZ, 1986a)

Andere Autoren (z.B. KOPPE, STOZEK, 1978; DAMIECKI, 1982) definieren die Prozeßstabilität als Steilheit der Summenlinien von gemessenen Reinigungsergebnissen im Wahrscheinlichkeitsnetz (vgl. Abb. 1-5), was, abgesehen von einem größeren Ermittlungsaufwand, keinen Unterschied zur Methode der oben angegebenen Standardabweichung darstellt. Vorsicht ist nur geboten bei einer prozentualen Angabe von Abweichungen vom Mittelwert der Reinigungswirkungen, da die prozentuale Abweichung mit kleiner werdendem Mittelwert wächst, obwohl die absolute Streubreite gleich groß ist. Die häufig auch anzutreffende Angabe eines 50 bzw. 80 %-Wertes gemessener Ablaufwerte (z.B. KUGEL, 1986) bezieht sich dagegen ebenfalls auf die Summenliniendarstellung und gibt den Medianwert (50 %) bzw. den Wert an, der in 80 % aller (gemessenen) Fälle unterschritten wird.

Wichtig bei allen Darstellungsarten der Prozeßstabilität ist in jedem Fall, daß ein vernünftiges Zeitintervall für die Mischprobe zugrunde gelegt wird: Durch eine Verlängerung des Probenahmezeitraums werden zeitweise erhöhte Ablaufkonzentrationen durch Mittelung geglättet (faktisch ist das eine Verdünnung mit weniger konzentrierten Abläufen (s. Abb. 2-9). Ein 24-h-Mischproben-Vergleich mit Ergebnissen aus 2-h-Mischproben derselben Abwasserreinigungsanlage stellt sich im Summenlinien-Diagramm steiler dar und spiegelt so eine höhere Prozeßstabilität wider, die tatsächlich aber nicht vorhanden ist.

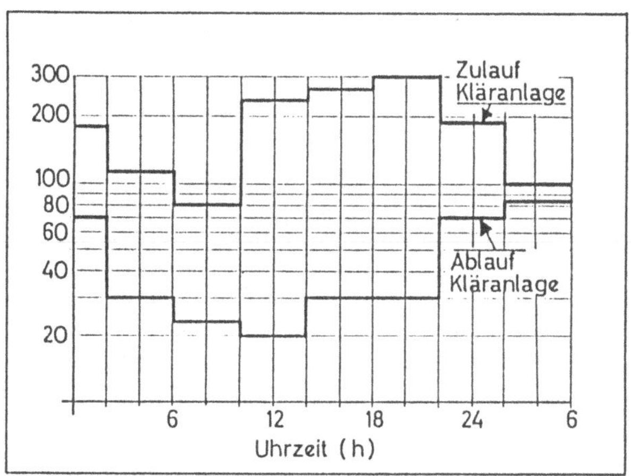

Abb. 2-9: BSB_5-Konzentrationen im Tagesverlauf im sedimentierten Rohabwasser und im Ablauf (KOLLATSCH, GOWASCH, 1981)

Reinigungswirkung und letztendlich die Prozeßstabilität hängen ganz entscheidend - abgesehen von der Probenahme - vom Klärverfahren, von der Art der Nachklärung und von der Betriebsweise der Kläranlage ab. So müssen tages-, wochen- oder jahreszeitliche Schwankungen der Zulauffracht an Nähr-, Stör- und Schadstoffen sich nicht unbedingt in schwankenden Ablaufergebnissen bemerkbar machen. Bekanntlich dämpfen ideale Mischbeckenreaktoren Stoßbelastungen - abgesehen vom Einlaufbereich, in dem höhere Konzentrationen unvermeidlich sind - durch Verdünnung ab, da die erhöhten Zuläufe in kurzer Zeit gleichmäßig im gesamten Becken verteilt werden. Mit zunehmenden Beckenvolumina nimmt die Verdünnung zu; allerdings sinkt auch die Leistungsfähigkeit der Mikroorganismen bei abnehmendem Substratkonzentrationsgefälle (s.o.), so daß die Restverschmutzung im Beckenablauf (die nach Sedimentation bei einstufigen Ein-Becken-Anlagen bereits das Reinigungsergebnis darstellt) sich auf diese Weise nicht beliebig herabsetzen läßt. Dies ist nur in Anlagen möglich, in denen der Abbau entlang des Fließwegs durch jeweils andere Organismen bewerkstelligt wird (z.B. Tropfkörper, Abschnitt 2.1.3); bei diesen Anlagen wirken sich aber die unterschiedlichen Eingangskonzentrationen vor allem an Nähr- und hemmenden Stoffen auf die am weitesten vorne angesiedelten Organismen aus (dies gilt auch für die erste Zone bei Kaskaden u. dgl.), so daß der vorhandene Reaktionsraum zeitweise nicht vollständig am Abbau beteiligt ist. Von daher ist es klar, daß einstufige Anlagen, in denen nur das eine oder andere Prinzip zum Einsatz kommt, schwankendere Ablaufwerte aufweisen müssen, als Anlagen, in denen die genannten Prinzipien kombiniert werden (wie es bspw. bereits durch die Trennung von Schlammkreisläufen bei zweistufigen Belebungsanlagen verwirklicht ist).

Mehrstufigen Anlagen sagt man i.a. auch deshalb eine sehr hohe Prozeßstabilität nach (BISCHOFSBERGER, 1984; DAHLEM, 1986), weil in jeder Stufe eine funktionelle Ausbildung der mikrobiellen Lebensgemeinschaft erfolgt. Darüber hinaus werden Stör- und Schadstoffe zum großen Teil adsorptiv durch "Bioadsorption" (PORT, 1978; KUNZ, FRIETSCH, 1986) bereits in der ersten Stufe eliminiert, in der aufgrund einer hohen Nährstoffkonzentration ein starkes Biomassewachstum stattfindet. Weiterhin werden hydraulische Stöße stärker abgepuffert und kolloidale, suspendierte Partikel durch die Protozoenaktivität in den Folgestufen entfernt. Da im Reinigungsergebnis neben der Stoffwechselleistung der Mikroorganismen auch die nicht zurückgehaltenen, ungelösten Stoffe, an die z.T. ein erhebliches Restverschmutzungspotential geknüpft ist, erfaßt werden, spielt die Funktionstüchtigkeit der Nachklärung eine wichtige Rolle bei der Prozeßstabilität einer Abwasserreinigungsanlage.

2.2.2 Einflußfaktoren auf die Prozeßstabilität

Als wichtigste Einflußgrößen auf die Prozeßstabilität von Abwasserreinigungsanlagen werden immer wieder Schwankungen von Abwassermengen (Regenwasser) und von im Abwasser enthaltenen Frachten genannt, obwohl - wie oben erläutert - Konzentrationsschwankungen aufgrund der Vermischung mit dem Rücklaufschlamm bzw. Kreislaufwasser und bei idealen Mischbecken ohnehin stark gedämpft werden. Es dürften also vielmehr die Randbedingungen (s. Abb. 2-10), wie

- das gewählte Abwasserreinigungsverfahren,
- die Auslastung und die organische sowie anorganische Grundlast,

- die Anpassungsmöglichkeiten im Betrieb und die vorhandenen Reserven,
- die Wartung, Instandhaltung und die Fahrweise der Anlage
- sowie die Rückkopplungen aus der Schlammbehandlung

sein, die sich wesentlich auf die Prozeßstabilität auswirken.

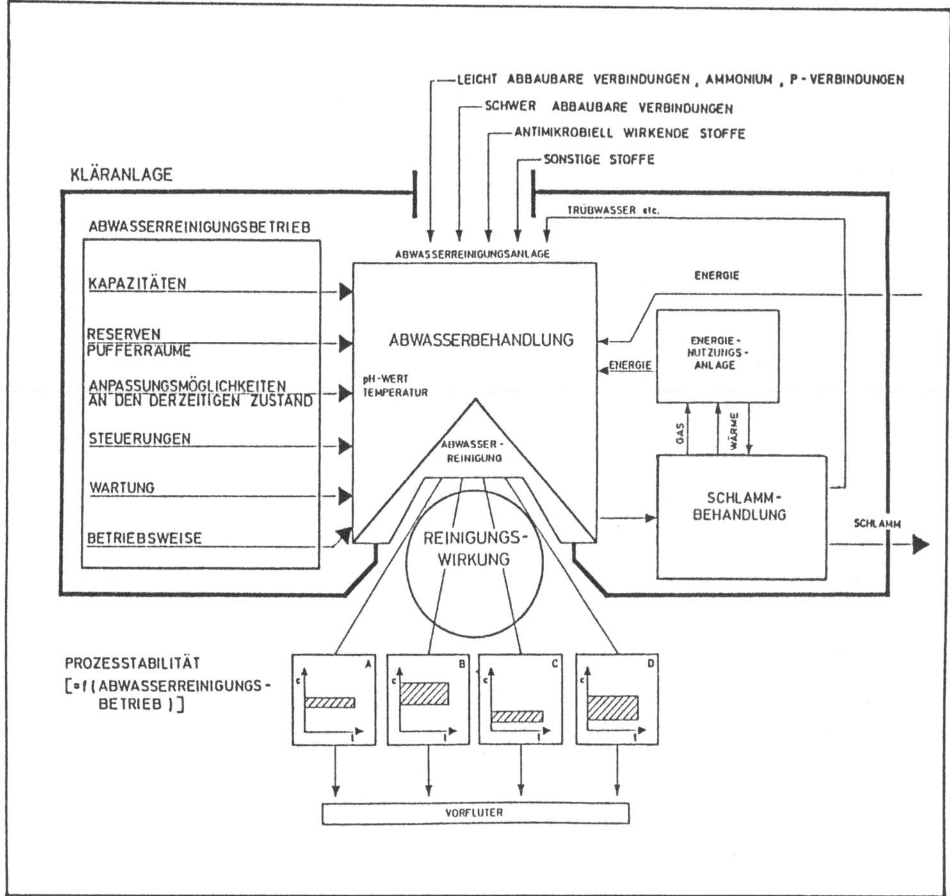

Abb. 2-10: Einflußfaktoren auf die Prozeßstabilität von Abwasserreinigungsanlagen

In herkömmlichen Abwasserreinigungsanlagen sind stark schwankende BSB_5- oder CSB-Ablaufwerte meist mit erhöhten Feststoffgehalten verbunden. Die Ursachen für erhöhte Feststoffgehalte im Auslauf können sein:

- hydraulische Überlastung (Absetzanlagen),
- einseitig zusammengesetzte Abwässer und/oder ungünstige Schlammbelastungsbereiche (Schwimm- und Blähschlammbildung),

- Störung der Protozoen, die als biomechanisches Filter die Elimination freischwimmender Bakterien und kolloidaler Partikel bewirken.

Der Anlaß für diese Art von Prozeßinstabilitäten kann von außen aufgeprägt sein, er kann aber auch intern in der Kläranlage durch falsche Bedienung, mangelnde Wartung oder ungünstige Betriebsweisen ausgelöst werden. Überspitzt ausgedrückt, paßt sich in diesen Fällen die Biocoenose im Klärbecken mehr dem Kläranlagenbetrieb an und weniger dem Abwasser, das behandelt werden soll.

Neben der Abtrennung der gebildeten Biomasse bzw. der partikulären Feststoffe vom gereinigten Abwasser wirken sich Störungen der Abbauleistungen der Mikroorganismen auf die Prozeßstabilität aus. Sieht man einmal von Extremfällen durch meist unerlaubt eingeleitete Stoffe bzw. unerlaubt hohe Konzentrationen von Stoffeinleitungen ab, können auch bestimmungsgemäß (nach Ortsentwässerungssatzung geduldete Einleitungen, z.B. wenn die eingeleiteten Konzentrationen unterhalb von Einleitungsgrenzwerten liegen) eingeleitete Substanzen sich auf das Reinigungsergebnis negativ auswirken. Das ist dann der Fall, wenn gleichzeitig mehrere Einleiter gleichartige oder synergistisch wirkende Substanzen einleiten (Beispiele: räumliche Konzentration von metall- oder nahrungsmittelverarbeitenden Betrieben), bei Regenereignissen und evtl. auch bei Einleitung von Deponiesickerwässern. Toxische Konzentrationen einer ansonsten nicht toxischen Stoffeinleitung können auch durch den Abbau einer weniger biozid wirsamen Ausgangsverbindung oder durch Akkumulation in Lipidbestandteilen der Organismen bei permanenter Einleitung (bspw. Trübwasser, Preßflüssigkeit aus der Schlammentwässerung) und über die Freßkette bzw. bei der Remobilisierung von Reservestoffen auftreten (s. KUNZ, 1986a).

Allerdings erfahren die in die Kanalisationen eingeleiteten Stoffe bereits dort wie auch in den mechanischen Stufen einer Kläranlage z.T. weitreichende Veränderungen; in Abbildung 2-11 sind die einzelnen Vorgänge grafisch veranschaulicht. Es ist jedoch nicht von vornherein auszuschließen, daß durch sie die Stabilität des biologischen Prozesses auch herabgesetzt werden kann. Hierbei spielen die sekundären Umweltbedingungen (Temperatur, Sauerstoff, pH-Wert, Karbonathärte und die Anwesenheit organischer sowie anorganischer Begleitstoffe) eine wichtige Rolle. Bekanntlich erhöht sich die Umsetzungrate von Mikroorganismen mit zunehmender Temperatur bis hin zum Temperaturoptimum; neben der Substratkonzentration ist der Sauerstoffgehalt ein limitierender Faktor für die Umsetzungsrate. pH-Wert und Karbonathärte sind wichtig, was die toxische Wirkung abwasserrelevanter Chemikalien (z.B. wirken manche Stoffe nur im sauren oder alkalischen Milieu toxisch) bzw. die Pufferkapazität im Hinblick auf säurebildende Reaktionen anbelangt (z.B. besteht bei der Nitrifikation und weichem Wasser die Gefahr der Bildung salpetriger Säure). Die Anwesenheit von leicht abbaubaren Kohlenstoffquellen ermöglicht häufig erst die Adaptation zum Abbau befähigter Mikroorganismen an schwer verwertbare Stoffe (Co-Metabolismus). Dagegen bewirken noch aktive Tenside den Transport antimikrobiell wirkender Verbindungen an die Hülle der Mikroorganismen und ermöglichen damit erst deren Hemmung oder Abtötung.

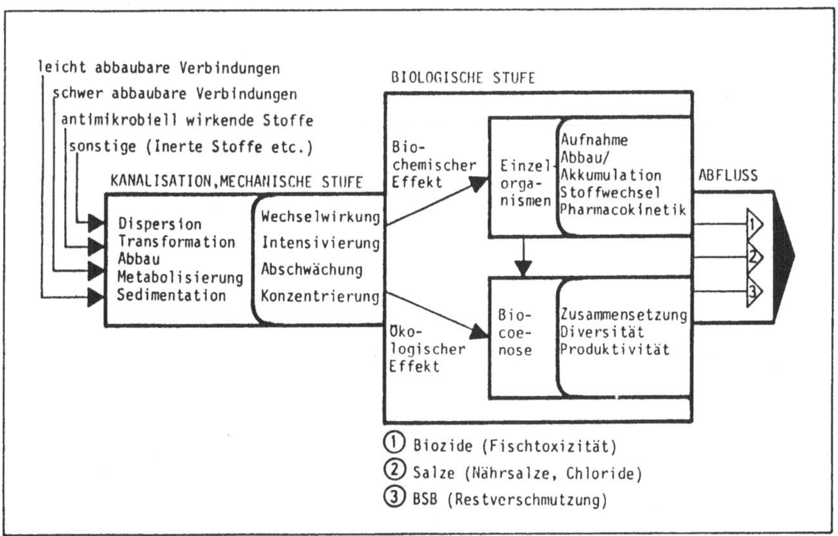

Abb. 2-11: Ökologische und biochemische Effekte von Abwasserinhaltsstoffen auf die biologische Stufe von Kläranlagen (KUNZ, FRIETSCH, 1986)

Eine Vielzahl möglicher synergistischer und antagonistischer Effekte wirkt sich somit auf die aktuelle Beschaffenheit und Zusammensetzung der jeweiligen Biocoenose aus und determiniert von daher das Reinigungsvermögen. Im Labor ermittelte Grenzkonzentrationen akuter Toxizitäten verschiedener Stoffe haben allenfalls orientierenden Charakter (NEUMANN, 1984), weil die im Belebtschlamm enthaltenen Mikroorganismen sehr unterschiedlich - u.a. aufgrund der o.g. abiotischen Effekte - auf die einzelnen Stoffe reagieren und die Funktion der Kohlenstoffumsetzung von resistenteren Mikroorganismen, die durch die störenden Substanzen einen Selektionsvorteil erlangen, übernommen werden kann. Eine wichtige Voraussetzung für eine hohe Funktionstüchtigkeit ist von daher, daß das Klärfahren eine Vermehrung von resistenteren Mikroorganismenstämmen zuläßt und die begünstigenden Faktoren im Klärbetrieb auch genutzt werden, um den Abbau schwerer verwertbarer Verbindungen voranzutreiben.

Eine deutliche Veränderung im Betriebsgeschehen einer Abwasserreinigungsanlage macht sich beim Auftreten von Bläh- und Schwimmschlämmen durch Fadenbildner optisch rasch bemerkbar. Allerdings zeigen diese Erscheinungen nur, daß die Organismen sich der veränderten Abwasserzusammensetzung angepaßt haben. Nachweislich ist der Abbau der gelösten Substanz durch Fadenbildner nicht schlechter als der durch die flockenbildenden Organismen. Herkömmliche Abwasserreinigungsverfahren sind aber auf derartige Schlämme nicht eingestellt (in den meisten Fällen wird deshalb versucht, die Biocoenose der Kläranlage anzupassen, indem der schwimmende Schlamm beschwert oder durch Chlor zerstört wird). Nach bisherigem Verständnis wird die ans Abwasser angepaßte Biocoenose als eine Beeinträchtigung der Funktionstüchtigkeit der Abwasserreinigungsanlage aufgefaßt; tatsächlich wird aber die mit Chlor "angepaßte" Biocoenose in ihrer Funktionstüchtigkeit entscheidend beeinträchtigt. Von daher ist also die technische Optimierung der Abtrennung angezeigt.

2.2.3 Möglichkeiten der verbesserten Abtrennung von Feststoffen aus Abwasser

Aus den zuvor erläuterten Zusammenhängen wird deutlich, daß es nicht eine einzige Maßnahme geben kann, die das Problem verschlechterter Ablaufergebnisse beseitigen könnte. Da mit erhöhten Feststoffgehalten im Ablauf einer Kläranlage i.d.R. erhöhte BSB_5-, CSB-, N- und P-Gehalte verbunden sind, liegt der Schritt nahe, zuerst die Abtrennwirkung Fest-Flüssig durch den Einsatz steuerbarer Abtrenneinrichtungen (Flotation, Filteranlagen) zu verbessern.

Absetzbecken werden allgemein als wirtschaftlicher angesehen als alle anderen Abtrenneinrichtungen; HÜPER (1985) konnte jedoch auch im regulären Betrieb nachweisen, daß anstelle der Erweiterung einer bestehenden Absetzanlage eine nachgeschaltete Filteranlage Kostenvorteile aufweist. Entscheidend für die Auswahl eines Nachklärverfahrens dürfte in jeden Fall die Größenverteilung und das Schlammvolumen der abzutrennenden Suspension sein (ROTH, 1978). Beide hängen in hohem Maß von der Art der biologischen Abwasserbehandlung und von den Betriebsbedingungen ab. Da letztere nicht konstant sind und erstere bislang nur in Ausnahmefällen steuerbar sind, können auch die Eingangsbedingungen für die Nachklärung nicht konstant sein. Die anpaßbare Nachklärung ist somit nur logisch.

Die Nachklärung hat im wesentlichen zwei Funktionen: Phasentrennung und Eindickung der Feststoffe. RESCH und DENZOL (1979) weisen noch auf die Schlammspeicherung bei erhöhtem Abwasserzufluß hin: Dies ist von Bedeutung bei Belebungsanlagen, macht aber auch ein großes Problem des konventionellen Belebungsverfahrens deutlich, weil der Schlamm, der aus der Belebung infolge erhöhten Abwasserzuflusses in die Nachklärung verdrängt wird und dort gespeichert werden muß, erst wieder bei abklingender Belastung über den Rücklaufstrom in die Belebung zurückgeleitet werden kann.

Die Wirkung des Absetzens wird u.a. bestimmt durch die Eindickbarkeit des Schlammes (Schlammvolumenindex) und die hydraulischen Einflußfaktoren (Flächenbeschickung und Rücklaufverhältnis). Abhängig von der Wasserführung unterscheidet man horizontal- und vertikaldurchflossene Absetzbecken (vgl. Abb. 2-12). Vertikale, tiefe Becken weisen gegenüber flachen, horizontalen zwei wesentliche technische Vorteile auf: Zum einen bildet sich ein Flockenfilter aus, der zu einer zusätzlichen Feststoffentnahme und zur Dämpfung bei hydraulischen Schwankungen führt, weshalb die Flächenbeschickung bei diesen Beckentypen höher angesetzt werden kann (s. RESCH, 1982); zum anderen wirkt sich die Variation des Rücklaufstroms auf tiefe Becken nicht so stark aus (KRAUTH, 1986).

Umfangreiche Untersuchungen von RESCH (1982), BILLMEIER (1982) und GÜNTHERT (1984) an Nachklärbecken lassen erkennen, daß die Feststoffretention in Absetzbecken auf bestimmte Endfeststoffgehalte hin dimensioniert werden können, wenn die Schlammvolumenbeschickung, Flächenbeschickung und Durchflußzeit bekannt sind. Da diese drei Parameter sich aber laufend ändern und die Variationsbreite der Änderung (additive oder gegenläufige Wirkung auf die Suspensaentnahme) nicht bekannt ist, wird die Nachklärung bislang in der Praxis weit überdimensioniert. Eine andere Art oder eine kombinierte Abtrennung dürfte die Funktionstüchtigkeit erhöhen und müßte nicht per se zu höheren Jahreskosten führen. Der Betriebsaufwand (geeignetes Personal) darf allerdings nicht unterschätzt werden. Absetzbecken mit Fällung zu betreiben, was eine Möglichkeit der Steuerung sein könnte, erhöht aber in jedem Fall die Jahreskosten.

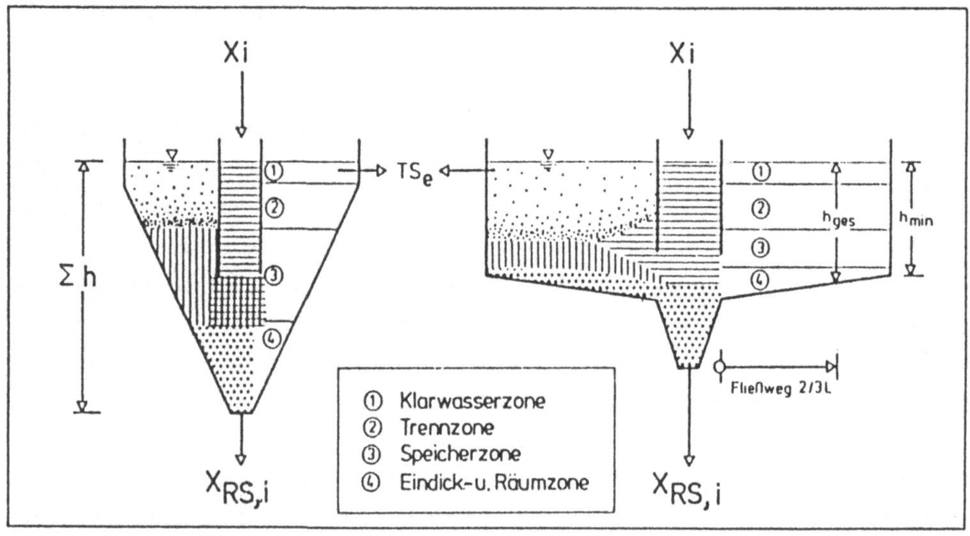

Abb. 2-12: Vertikal- und horizontaldurchflossene Absetzanlagen

Bei Kläranlagen mit hohem Schlammvolumenindex bietet sich die Entspannungsflotation anstelle herkömmlicher Nachklärbecken an (JEDELE, 1985). Das Verfahren beruht darauf, daß die Menge der in der Flüssigkeit lösbaren Gase direkt proportional dem Druck ist, unter dem die Flüssigkeit steht. Durch eine Entspannung treten die Gase in Form kleinster Bläschen aus der Flüssigkeit aus und nehmen auf ihrem Weg zur Wasseroberfläche durch verschiedene Mechanismen die im Wasser vorhandenen Feststoffe mit. In biologisch arbeitenden Systemen wird nach dem Recyclingverfahren ein Teil des weitgehend feststofffreien Ablaufs unter Druck mit Luft gesättigt und unmittelbar vor dem Flotationsbecken entspannt. Durch den einstellbaren Druck ist (abhängig von der Wassertemperatur, dem barometrischen Druck und der erzielbaren Luftsättigung) das Luftvolumen festgelegt, durch die zurückgeführte Wassermenge wird die eingetragene Luftmenge gesteuert. Die Größe der Luftblasen, die maßgebend für die Abscheidewirkung ist, hängt von der wählbaren Druckreduktion ab.

Wie JEDELE (1985) gezeigt hat, sind auch ohne Flockungsmittel Feststoffgehalte im Ablauf unter 10 mg/l erreichbar. Mit Hilfe von Flockung/Fällung lassen sich die Reinigungsergebnisse stabilisieren (KIEFHABER, 1982; WEBER, HAHN,

1984). Abbildung 2-13 zeigt, wie eine Flotation nachträglich in ein bestehendes, längsgestrecktes Nachklärbecken integriert werden kann. Da bei der Flotation von Überschußschlamm wesentlich höhere Feststoffgehalte im Schlamm als bei Absetzanlagen zu erzielen sind, lassen sich mit kleineren Rücklaufverhältnissen gleiche oder höhere Biomassenanteile in Belebungsanlagen erzielen, bei der Schlammbehandlung kann die wenig effektive Voreindickung entfallen, so daß sich in der Summe durchaus kostenmäßige Vorteile für eine derartige Lösung ergeben können.

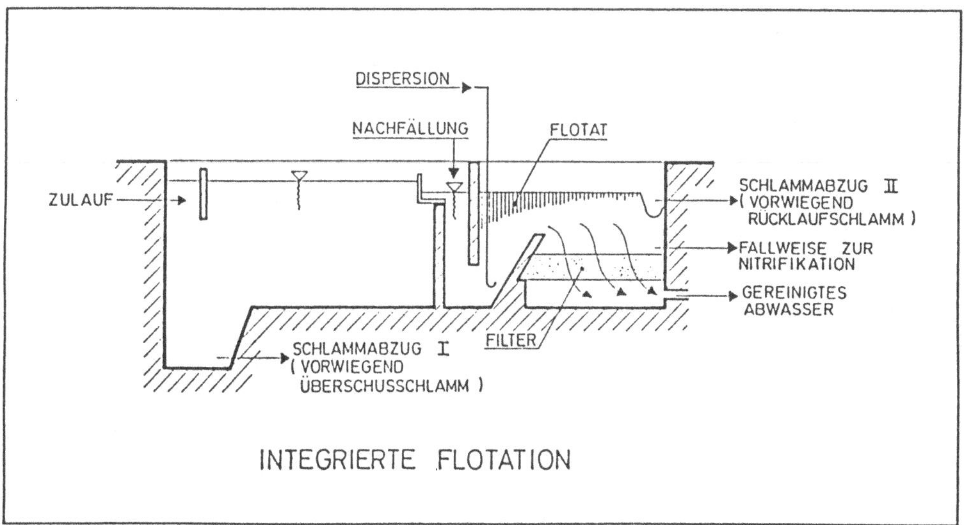

Abb. 2-13: Integration einer Flotationsfiltration in ein bestehendes Nachklärbecken (ROSEN, 1986)

Bei der Mikrosiebung (Trommelfilter) werden Feststoffpartikel mechanisch unter Verwendung mikroskopisch feiner Gewebe aus dem Abwasser getrennt. Im Unterschied zu Sand- und Mehrschichtenfiltern ist das Mikrosieb ein Flächenfilter. Allerdings bildet sich auch hier auf dem Filtergewebe ein Feststoffkuchen, der zur Erhöhung des Feststoffrückhalts beiträgt. Die Entnahmewirkung wird im wesentlichen durch die Eigenschaften des Filtermediums bestimmt, wobei die hydraulischen Einflußfaktoren (Belastung, Rückspülung) und die Filtrierbarkeit der zufließenden Abwassersuspension maßgebenden Einfluß auf den quantitativen Rückhalt haben. Der wichtigste Betriebsparameter ist der Betriebsdruckverlust, der zwischen 5 und 10 mbar die beste Entnahme erwarten läßt (ROTH, 1982). Durch einfache Kontrolle und Regelung nach der Wasserspiegeldifferenz bzw. Trommelgeschwindigkeit (sofern die Trommel rotiert) kann die spezifische Belastung und damit die Entnahmeleistung auch bei schwankenden Abwassermengen und Feststoffgehalten konstant gehalten werden (SEYFRIED, 1986). SCHERB (1984) stellte fest, daß die Entnahmeleistung stark von der Schlammbelastung der vorangegangenen biologischen Abwasserbehandlung und insgesamt von der Suspensakonzentration abhängt. Die Mikrosiebung wird im Ausland sehr häufig - vor allem nach Festbettverfahren - angewendet, in der Bundesrepublik sind nur wenige Einsatzfälle - meist in Kombination mit Scheibentauchkörpern - bekannt.

Neben den Gewebefiltern spielen bei der Abwasserreinigung im industriellen, aber auch im kommunalen Bereich die Raumfilter aus geschüttetem, körnigen Material in zunehmenden Maße eine Rolle. Während einfache Sandfilter und Anschwemmfilter nur eine geringfügige räumliche Wirkung aufweisen, bestehen echte Raumfilter aus mehreren Schichten, bei denen der größere Teil aus - fallweise abgestuftem - gröberem Korn (Hydroanthrazit, Blähschiefer) und das Ende des Filters aus feinerem Material (Quarzsand, Basalt) besteht. Die Mechanismen der Filtration werden ausführlich von STUMM und O·MELIA (o.J.) und DOHMANN (1975) beschrieben (Transportphase und Anlagerungsphase). Der Einsatz von offenen Schnellfiltern wird in England seit über 30 Jahren praktiziert, die Filterbetthöhen sind relativ gering (1,0 m), die Filterbelastungen relativ hoch (5 bis 10 m^3/m^2 h); in der Schweiz kamen in den letzten Jahren die Filter mit kontinuierlicher Reinigung des Filtersandes vor allem in kleineren und mittleren Kläranlagen zum Einsatz (SEYFRIED, 1986). Bei Filtergeschwindigkeiten um 5 m/h werden Suspensagehalte kleiner 5 mg/l genannt. Die unvermeidliche Ansiedlung von Mikroorganismen auf Sandfiltern wird inzwischen bei der Technik der Trockenfiltration (DOHMANN, 1986) bzw. Naßfiltration (FIRK, 1986) gezielt genutzt. Die Filtration wird häufig auch als Flockungsfiltration (evtl. mit vorgeschalteter Sedimentations- oder Flotationsstufe zur Erhöhung der Filterstandzeiten) betrieben.

2.2.4 Ansatzpunkte für die Stabilisierung der Reinigungswirkung

Da das Ausmaß einer Beeinträchtigung der Mikroorganismen - wie gezeigt - wesentlich von den Prozeßbedingungen abhängt, müssen die Maßnahmen zur Erhöhung der Prozeßstabilität bei der Konzeption des Abwasserreinigungsverfahrens bereits vorgesehen werden. Ein Hauptgewicht bei der Vermeidung von Beeinrächtigungen liegt jedoch immer bei den Vorsorgestrategien (Berücksichtigung potentieller Störfaktoren). Wichtige Voraussetzungen für einen störungsarmen Betrieb sind, daß interne Stoßbelastungen vermieden werden und der Handlungsspielraum des Klärpersonals zur Ausnutzung leistungsverbessernder Maßnahmen und zur Anpassung des Betriebes an den Bedarf entsprechend groß ist (KUNZ, LEMMER, 1987).

In gewissem Umfang besteht dann die Möglichkeit, durch einen gezielten Belastungswechsel in der biologischen Stufe die Aktivität der Mikroorganismen zu erhöhen und fallweise eine gezielte Selektion von Organismen mit hoher Vermehrungsrate herbeizuführen, so daß bei toxischen Einleitungen die Abtötungsrate oder Hemmungsrate kleiner wird als die Vermehrungsrate. Eine Erhöhung des Nährstoffangebotes bspw. durch maßvolle Zudosierung von Faulwasser, organischen Säuren oder organisch hochbelasteter Abwässer aus der Nahrungs- und Genußmittelindustrie unterstützt diesen Effekt. Fallweise kann eine Reaktivierung des Systems durch Zugabe von ausgefaultem Schlamm herbeigeführt und das System vor einem Zusammenbruch bewahrt werden. Allerdings wird damit in einstufigen Anlagen die Restverschmutzung im Ablauf ansteigen. Wichtig ist jedoch nur, daß die gestörte Anlage rasch wieder ihre alte Leistungsfähigkeit erreicht.

Durch die Erhöhung der Biomasse im System wirkt auch das von PORT (1978) vorgeschlagene Prinzip der Bioadsorption (Rücknahme von Überschußschlamm ins Belebungsbecken oder in die Vorklärung), hinter dem die Überlegung steht, daß die Hemmstoffkonzentration im freien Wasser durch Festlegung von Hemmstoffmolekülen bzw. -ionen an die Organismen herabgesetzt wird. Fällungs- und Flokkungsmittel können eingesetzt werden, wenn der Schadstoff sich aufgrund des eingesetzten Mittels auch ausfällen läßt bzw. wenn die Schadstoffe überwiegend an schwebende Partikel adsorbiert sind und dadurch aus dem System entfernt werden, bevor sie in die biologische Stufe gelangen. Die Zugabe adaptierter Organismen wird z.T. kritisch betrachtet (KUNST, 1984; s. d. im einzelnen KUNZ, FRIETSCH, 1986).

Eine Erhöhung der Prozeßstabilität von Abwasserreinigungsanlagen, die durch Zuflüsse unerwünschter Stoffe in ihrer Leistungsfähigkeit potentiell beeinträchtigt werden kann, wird nach den obigen Ausführungen weniger in einer Schwachlastanlage (Schlammaktivität, Organismendichte) denn in einer mehrstufigen Abwasserreinigungsanlage möglich sein. Verschiedene Verfahrenskombinationen (s. Abschnitt 2.1) bieten sich in derartigen Fällen je nach der jeweiligen Art der zu erwartenden Störstoffe an. Da ein biologisches System immer eine zeitliche Anpassungsphase benötigt, wird man stabilere Reinigungsergebnisse nur erreichen können, wenn zumindest die Feststoffe aus dem Ablauf sicher abgetrennt werden. Da eine wichtige Voraussetzung für den wirtschaftlichen Betrieb der Filteranlagen die Filterbeladung ist, kommt der frühzeitigen Abtrennung der Feststoffe aus dem Abwasser eine besondere Bedeutung zu (s. dazu Abschnitt 2.4).

2.3 MÖGLICHKEITEN DER GESTEUERTEN PROZESSFÜHRUNG ZUR OPTIMIERUNG DES BETRIEBSAUFWANDES

Der Trend zur Automatisierung begann in der Abwasserreinigung schon zu Beginn der 70er Jahre - bedingt durch die technischen Möglichkeiten auf der einen und die gestiegenen Personalkosten auf der anderen Seite. Im wesentlichen wurden aber nur die Bedienung einzelner Aggregate automatisiert und der Sauerstoffeintrag bei Belebungsanlagen gesteuert (vgl. Abb. 2-14 und HRUSCHKA, 1983); von einer Prozeßautomatisierung kann dabei - abgesehen von einigen Fällen, die im folgenden erläutert werden - kaum gesprochen werden. Sie war bislang auch kaum angezeigt, weil die Intensität der konventionellen Abwasserbehandlung nicht den schwankenden Anfallmengen oder Zusammensetzungen entsprechend "nachgeführt" wird, sondern die Systeme auf Dämpfung (Mengenausgleich und Konzentrationsverminderung im Reaktor; Extrembeispiel: Stabilisierungsanlage) ausgelegt sind. Da das "Dämpfungsvolumen" in einem solchen Fall die Steuergröße ist, müßte das Reaktorvolumen gesteuert werden, was in der Praxis kaum möglich ist (Ausnahme: mehrstraßige Anlagen).

Da die wesentlichen Einsparungen durch geregelte Bedarfsanpassungen bislang sich somit nur bei den Betriebsmitteln (Energie, Flockungsmittel) auswirken können, der Betriebsmittelbedarf häufig aber stark durch die baulichen Gegebenheiten determiniert wird, andererseits eine Automation wiederum Investitionen erfordert und der Wartungs- und Instandhaltungsbedarf anwächst, ist erklärbar, daß in der Kläranlagenpraxis - gerade in kleineren Kläranlagen,

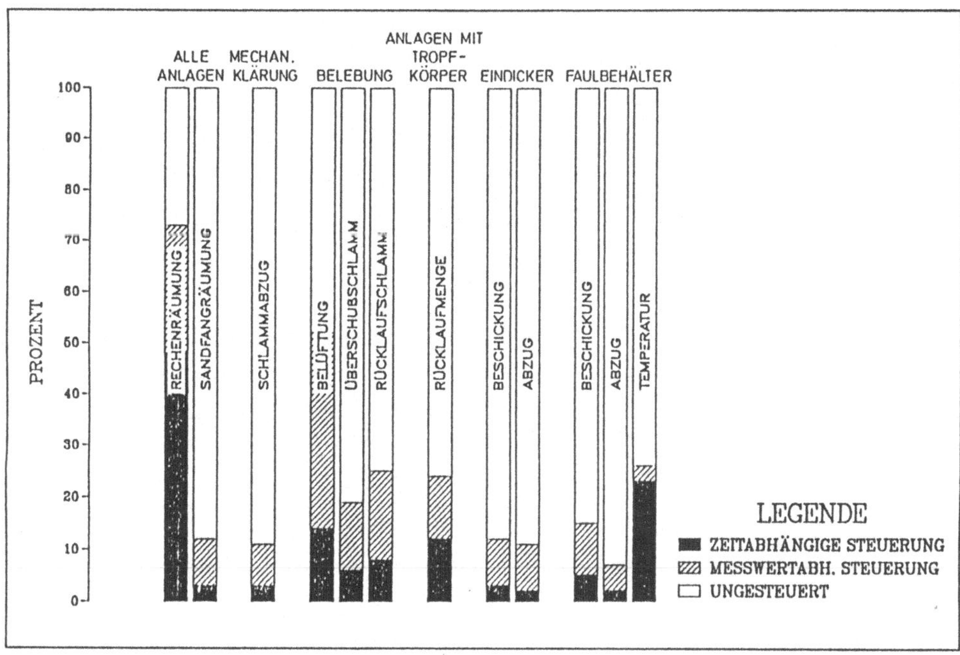

Abb. 2-14: Prozentualer Anteil von Steuerungen bei einzelnen Verfahrensschritten (bezogen auf die Anzahl der Kläranlagen mit entsprechenden Verfahrensschritten; MARR, 1981)

obwohl diese nur sporadisch betreut werden - die Umsetzung von Steuerungen und Regelungen weit hinter dem Möglichen zurückbleibt (MARR, 1981).

2.3.1 Voraussetzungen für eine Automation

Eine effiziente Prozeßautomation setzt

- die Kenntnis prozeßcharakterisierender Größen (Führungsgrößen),
- die Verfügbarkeit von geeigneten Meßwertaufnehmern (Sensoren) und
- geeignete Steuerungsprinzipien und Regelkonzepte

voraus. Darüber hinaus ist aber auch sicherzustellen, daß adäquate Stellmöglichkeiten (Aktoren/Stellglieder) und variable und zuverlässige mathematisch-technische Einrichtungen (Regler) für die jeweilige Regelung vorhanden sind (s. im einzelnen HRUSCHKA, 1983; KUNZ, MÜLLER, 1985).

Als Führungsgrößen für automatische Regel- bzw. Steuereinrichtungen sind ausschließlich kontinuierlich bzw. quasi kontinuierlich erfaßbare Meßgrößen geeignet. Im Bereich der Abwassertechnik und speziell zur Regelung von Wasser- bzw. Schlammpumpen sowie Lufteintragsaggregaten bieten sich dafür die Messung von Ionen oder Partialdrücken (O_2), von Durchfluß und Niveauhöhen, der Extinktion (Trübung) und von biochemischen Summenparametern (z.B. TOC, Kurzzeit-BSB) an.

Für die korrekte Führungsgrößenermittlung ist z.B. bei der Bestimmung der Sauerstoffkonzentration in einem Belebungsbecken eine Mindestanströmgeschwindigkeit erforderlich; der Temperatureinfluß muß kompensiert werden. Die eindeutige Ermittlung der tatsächlichen Sauerstoffkonzentration im Belebungsbecken einer Kläranlage wird jedoch durch verschiedene Einflüsse erschwert. Dabei sind die Verschmutzung der Meßsonde, die eine sorgfältige Wartung erforderlich macht, schwierige Nullpunkt- und Steilheiteinstellungen, mangelnde Anströmgeschwindigkeiten und die Wahl des Einsatzortes als Haupteinflußgrößen zu nennen. Sauerstoffmeßsonden geben nur die Konzentrationsverhältnisse in unmittelbarer Nähe der Meßstelle wieder. Da die meisten Belüfter ein charakteristisches Sauerstoffkonzentrationsprofil im Belebungsbecken erzeugen (z.B. bei Oberflächenbelüftern höhere Konzentration in den oberen Schichten), ist im Hinblick auf die Regelstrategie die richtige Wahl des Meßortes von ausschlaggebender Bedeutung für die Effektivität des Sauerstoffeintrages.

Die automatische Messung der Trübung ist für die Überwachung einer Kläranlage als Trendkontrolle von besonderer Bedeutung (s. Abschnitt 2.2.2 und LOHMANN, 1981). Mit der Trübungsmessung können auch Schlammniveaumessungen durchgeführt werden, die als Führungsgröße für eine entsprechende Schlammengenregelung einsetzbar ist; bislang bestehen jedoch noch praktische Probleme bei der Einbindung in Regelkreise, da die Schlammspiegel z.B. durch umlaufende Räumerbrücken oder unterschiedliche hydraulische Belastungen verändert und damit Fehlsteuerungen ausgelöst werden. Störungen des Reinigungsverlaufs (s. Abschnitt 2.2.2) lassen sich in verhältnismäßig einfacher Weise über Trübungsmeßgeräte kontinuierlich identifizieren.

Im Gegensatz zur Sauerstoffgehaltsbestimmung, die lediglich eine grobe Indikatorfunktion für die im Belebungsbecken stattfindenden biochemischen Vorgänge hat, weil die aktiven Biomassegehalte nicht bekannt sind, zielt eine Vielzahl meßtechnischer Entwicklungen darauf ab, sowohl die Menge und Art der zulaufenden Schmutzfracht als auch die biochemischen Vorgänge im Belebungsbecken direkt kontinuierlich bzw. quasi kontinuierlich zu messen. Da eine vollständige Analyse von Einzelstoffen zu aufwendig und kontinuierlich nicht durchführbar ist, können nur Summenparameter (DOC, TOC, BSB-M3) herangezogen werden. Der BSB-M3 ist darunter eine der interessantesten Prinzipien (in einem kleinen Bioreaktor mit konstanter Biomassekonzentration wird innerhalb von 3 Minuten die Sauerstoffzehrung einer verdünnten Abwasserprobe repräsentativ für die Zulauffracht an leicht verwertbaren Substraten ermittelt). Das Problem einer Regelung des Sauerstoffeintrages aufgrund derartig gemessener Parameter liegt jedoch darin, daß der Sauerstoffverbrauch für die Nitrifikation bzw. sonstiger Oxidationsvorgänge nicht berücksichtigt werden kann, der Schlamm nicht dem Belebtschlamm der betreffenden Kläranlage und damit dem Leistungsvermögen der dort angesiedelten Organismen entspricht (KUNZ, FRIETSCH, 1986) und der Anteil des Substrates, der durch Adsorption an Belebtschlammflocken eliminiert, aber nicht abgebaut wird, unberücksichtigt bleibt. Der BSB-M3 dürfte jedoch eine hinreichende Lösung für die Bestimmung einer zu erwartenden Sauerstoffzehrung sein (RIEGLER, 1983; KÖHNE et al., 1986).

2.3.2 Anwendungen von Steuerungen zur Prozeßführung

Wie die Praxis zeigt, "funktionieren" konventionelle Kläranlagen weitgehend ohne Automatisierung, weil bei allen Funktionen große Reserven eingebaut sind. So sind zwar zum Teil erhebliche Belastungsschwankungen im Zulauf einer Kläranlage festzustellen, aufgrund der o.a. Zusammenhänge ändern sich in konventionellen Anlagen die Konzentrationen in einem volldurchmischten Belebungsbecken i.d.R. nur in kleinen Bereichen, so daß nur selten eine extreme Stellgrößenänderung zur Aufrechterhaltung des Prozesses überhaupt erforderlich wird. Wie aus Abbildung 2-14 zu ersehen ist, wird bislang bei Belebungsanlagen - wenn überhaupt - nur der Sauerstoffeintrag, der Überschußschlammabzug und die Rücklaufschlammenge gesteuert. Abgesehen vom Fall der Sauerstofflimitierung und vom Denitrifikationsprozeß, wenn anaerobe Prozeßbedingungen nicht eingestellt werden können, wirkt sich die Höhe des Sauertoffüberschusses nicht wesentlich (s. Abschnitt 2.1.3) auf die Leistungsfähigkeit des Systems aus, sehr wohl aber auf die Höhe der Energiekosten, die progressiv ansteigen (vgl. LOHMANN, SCHLEGEL, 1983). Dem Problem der schwankenden Schlammmengen im Belebungsbecken haben sich zwar in der Literatur schon etliche Autoren angenommen (RINCKE, 1970; ATV-FA 2.13, 1981), in der Kläranagenpraxis mangelt es trotzdem bislang allein an einer nur adäquaten Rückführung des Schlammes (gezielte Veränderung des Rücklaufverhältnisses) oder einer aus prozeßtechnischen Erwägungen heraus praktizierten Überschußschlammentnahme (vgl. z.B. Abb. 2-15).

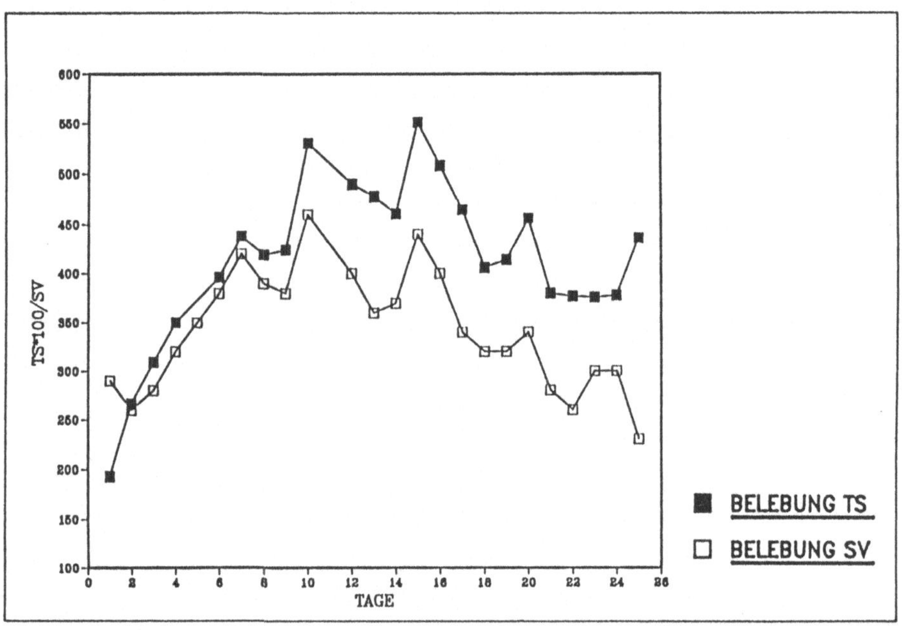

Abb. 2-15:Entwicklung von Belebtschlamm in einer Anfahrphase und Veränderung des Schlammvolumens (SV) durch den Klärbetrieb (KUNZ, LEMMER, 1987)

Die Biomasserückführung aus der Nachklärung in die biologische Behandlungsstufe ist elementare Voraussetzung für die Funktionstüchtigkeit von Belebungsanlagen. Bei konstanten Rücklaufferdermengen - wie sie in den meisten kleineren und mittleren Kläranlagen die Regel sind, findet dabei mit steigender Zulaufwassermenge eine Verlagerung des Belebtschlammes in die Nachklärung statt. Bezogen auf den verfügbaren Belebtschlamm im Belebungsbecken nimmt damit die Schlammbelastung kontinuierlich zu bzw. bei zurückgehender Abwassermenge ab. Dies dürfte, wie WILDERER und SCHROEDER (1986) vermuten, unbeabsichtigt ausschlaggebend für die Selektion flockenbildender Organismen in konventionellen Anlagen sein; die Ereignisse sind aber zufällig und laufen unkontrolliert ab. Anders dagegen verhält es sich, wenn durch Aufkonzentrierung über Mikrosiebe und Zwischenspeicherung von Schlamm belastungsabhängig Rücklaufschlamm dem Belebungsbecken zugeführt und damit eine konstante Schlammbelastung möglich wird (STEINECKE, WAPPLER, 1981). Diesbezügliche Untersuchungsergebnisse zeigten, daß bei Aufenthaltszeiten unter einem Tag durch die Speicherung nur geringfügig Aktivitätseinbußen zu verzeichnen waren. Als Eingangsgrößen für die Rückführung des eingedickten Schlammes wurden die zufließende Substratfracht (über TOC) und die Feststoffkonzentration des rückgeführten Schlammes verwendet. Das Steuerungskonzept ist allerdings sehr aufwendig und störanfällig.

Auch das Prinzip des variablen Reaktorvolumens, bei dem Belebungsbecken entsprechend der Zulauffracht zu- und abgeschaltet werden (WILDERER, HARTMANN, 1978; STAUD, 1982), bewirkt eine konstantere Schlammbelastung. Gegenüber konventionellen Betriebsweisen konnte durch Aufteilung in vier parallele Belebungsstraßen der Reaktionsraum der aktuellen Zulauffracht angepaßt werden, wobei insbesondere die Belastungssenken in lastschwachen Zeiten vermieden werden konnten. Das Konzept sieht vor, zu Zeiten niedriger Belastung Reaktionsvolumen stillzulegen, und nur einen Teil der Anlage mit Abwasser zu beaufschlagen, so daß die in diesem Teil siedelnden Mikroorganismen konstanter mit Nährstoffen versorgt werden. Im nicht beaufschlagten Teil der Kläranlage lagert der Schlamm unter anaeroben Bedingungen im Belebungsbecken, wobei die Leistungsfähigkeit der Mikroorganismen während der anaeroben Phase nahezu vollständig erhalten bleibt. Die Schlammbelastung konnte insgesamt angehoben werden, jedoch setzte die hydraulische Belastbarkeit der Nachklärbecken einer frachtabhängigen Steuerung Grenzen, wodurch der Energieverbrauch der Belüftungsaggregate nicht im theoretisch möglichen Umfang (20 bis 40 %) vermindert werden konnte.

Beide Verfahrensweisen stellen eine Form der biologischen Steuerung des Reinigungsprozesses dar, da die Leistungsfähigkeit der Biocoenosen nicht durch unnötige, aerobe Mineralisierung des Belebtschlammes in belastungsschwachen Zeiten herabgesetzt wird. Inwieweit aber die Flockenbildung begünstigt oder eher behindert wird, wäre noch zu klären. Die Steuerung des Belebungsverfahrens über eine konstante Schlammbelastung stellt hohe meßtechnische Ansprüche (STEINECKE, WAPPLER, 1981; STAUD, 1982). Bedenkt man, daß bislang die erste

Näherung einer Konstanthaltung der Schlammbelastung durch einen gezielten Abzug von Überschußschlamm nur in sehr wenigen Kläranlagen gesteuert vorgenommen wird und auch eine Änderung des Rücklaufschlammverhältnisses an die Zuflußverhältnisse nicht die Regel ist, kann man absehen, daß aufwendige Steuerungskonzepte nur langsam Eingang in die Kläranlagenpraxis finden werden; zumal, wenn damit nur Energie eingespart, nicht aber Reinigungswirkung und Prozeßstabilität erhöht werden können.

Ein sehr interessanter Weg, den Prozeßablauf von der Beeinflussung durch hydraulische Zulaufschwankungen unabhängig zu machen, ist das Sequencing-Batch-Reaktor-Verfahren (SBR; s. WILDERER, SCHROEDER, 1986). Es beruht darauf, daß sich die Stoffwechselprozesse entlang einer Zeitachse durch diskontinuierliche Betriebsweise fortentwickeln können, so daß durch Veränderung der Prozeßparameter (Befüllen, Umwälzen ohne und mit Belüften, Dekantieren) eine Anpassung an geänderte Ausgangsbedingungen jederzeit möglich wird. Das Zeitprogramm für die einzelnen Prozeßparameter wird aufgrund kontrollstrategischer Vorgaben (periodische Nährstoff- und Hungerphasen) eingestellt. Ein vereinfachtes Prinzip wird bei den Einbecken-Kompaktanlagen (BIOGEST, o.J.) angewandt; auch die wechselseitige Beschickung von Oxidationsgräben (BUNDGAARD, 1986) weist Merkmale in diese Richtung auf. Eine Regelung des Prozeßablaufs erfolgt bislang jedoch nur beim SBR, wobei es auch in den anderen Fällen durchaus möglich wäre, z.B. den Ammoniumgehalt als Führungsgröße zu verwenden (s. SPIESS, 1986).

Die Steuerung von Nitrifikations- und Denitrifikationsprozessen ist inzwischen in den Vordergrund gerückt. Bei einer vorgeschalteten Denitrifikation läßt sich z.B. über den Nitratgehalt im Ablauf der Denitrifikationsstufe das Reaktorvolumen und die Kreislaufwassermenge regeln, um die Funktionen Denitrifikation und weitgehenden Kohlenstoffabbau zu optimieren. Die Nitrifikation kann z.B. über den Ablauf an Ammonium ebenfalls über das Reaktorvolumen gesteuert werden (KUNZ, ERMEL, 1986).

2.3.3 Ansatzpunkte für eine Prozeßautomatisierung

Sämtliche Bestrebungen zur Anpassung der Betriebsbedingungen an den eigentlichen Bedarf führen zu einer Verminderung der Betriebsmittel; bei einer Amortisation der dafür notwendigen Aufwendungen innerhalb der Lebensdauer auch zur Senkung der Jahreskosten. Finanzielle Einsparungen in großem Umfang werden aber nur möglich sein, wenn die Leistungsfähigkeit der Systeme gesteigert wird, um auch die festinstallierten Einrichtungen besser auszunutzen (Senkung der spez. Fixkosten). Hier wird die Automation aus prozeßtechnischen Gründen erforderlich.

In gewissem Umfang gilt das heute schon für Hochleistungsreaktoren, in denen Sauerstofflimitierung vermieden werden soll, aber auch für kommunale Kläranlagen, die weitgehend nitrifizieren und denitrifizieren müssen, da der Erfolg beider Prozeßziele von aktuellen Verschmutzungsparametern abhängt. In ähnlicher Weise - nur nicht vom Ablauf, sondern vom Zulauf kontrolliert - sind Prozeßsteuerungen zu sehen, bei denen Prozeßparameter gezielt verändert werden, um optimale Verhältnisse für die biologische Stoffumwandlung zu schaffen (sog. biologische Steuerungen), wie bei den genannten Verfahren zum variablen Reaktorvolumen oder dem SBR. Eine andere Möglichkeit hierzu wird im folgenden Abschnitt diskutiert. Eine Automation zur Vergleichmäßigung der Reinigungsergebnisse - bspw. gemessen am BSB_5 im Ablauf - auf ein bestimmtes Reinigungsergebnis hin, wäre denkbar durch variable Rückführung und Zuschaltung von Reaktionsräumen. Schließlich kommen auch Steuerungen in Betracht, um bei Ablaufwerten über einer bestimmten Grenze zusätzliche Behandlungsschritte einzuleiten (z.B. Nachflotation/-filtration; KUNZ, LEMMER, 1987).

2.4 IMPLEMENTATION AM PRINZIP DER BIOLOGISCHEN VORKLÄRUNG

Die anstehenden Aufgaben der Abwasserreinigung sind - wie gezeigt - nicht in einer einzigen Verfahrensstufe oder in einem Verfahrensprinzip zu finden: Die unterschiedlichen Aufgabenfelder erfordern die Kombination einzelner, eventuell auch suboptimaler Lösungen, die in ihrer gegenseitigen Funktionsübernahme bei wechselnden Belastungsfällen insgesamt einen angepaßteren Betrieb erlauben. Durch die Ausnutzung unterschiedlicher biologischer Gesetzmäßigkeiten ist eine Intensivierung der Gesamtreinigung in der bestehenden Bausubstanz erreichbar, wenn man die unterschiedlichen Reaktionsbedingungen volldurchmischter Becken, von Becken mit Propfenströmung oder Kaskadenanordnungen ausnutzt und an entsprechener Stelle die geeignetsten Verfahrenselemente vorsieht.

Interessante Möglichkeiten zur Intensivierung der biologischen Abwasserreinigung bieten auch die Festbettreaktoren (Tropfkörper, Tauchkörper, Scheibentauchkörper), in denen Organismen mit langen Generationsraten günstige Lebensbedingungen vorfinden. Wie SCHLEGEL (1986a) gezeigt hat, ist der Nutzeffekt jedoch gering, wenn sich anstelle der erwünschten Bakterien (Spezialisten) Bakterienfresser ansiedeln. In der technischen Ausgestaltung sind somit biologische Naturgesetzlichkeiten zu berücksichtigen, was über eine strikte Trennung der Lebensräume der Biocoenosen durchaus möglich ist.

Auch die Schlammentsorgung ist im Gesamtzusammenhang zu sehen: Eine gezielte Schlammentnahme zur landwirtschaftlichen Verwertung von zumindest einer Teilmenge oder die Faulgasproduktion auf der Primärschlammseite kann angezeigt sein, die weitgehende Mineralisierung des Sekundärschlammes aber ebenso. Die sich selbst überlassenen Systeme Oxidationsgräben oder Teiche sind im Sinne einer technisch-wirtschaftlichen Abwasserbehandlung eine nicht von vornherein zu verwerfende Alternative, wenngleich ein weitergehender Gewässerschutz von diesen Systemen wohl doch nicht geleistet werden kann (Algenbildung und -abtrieb).

Auch wenn die Lösung der künftigen Aufgaben bei der Abwasserreinigung im wesentlichen nur Einzelfallösungen - angepaßt an die jeweilige Kläranlagensituation - darstellen können, gibt es verfahrenstechnisch übergreifende Aspekte, die zu einer Intensivierung der Abwasserbehandlung führen können. Ein Konzept in diesem Sinne ist die nachstehend beschriebene und in ihren Auswirkungen auf den gesamten Kläranlagenbetrieb diskutierte biologische Vorklärung. Das Konzept basiert auf den in den vorangestellten Abschnitten dieses Kapitels erläuterten biologisch-technischen Merkmalen und orientiert sich an den genannten technisch-wirtschaftlichen Optimierungskriterien.

2.4.1 Verfahrenstechnische Merkmale

Der Grundgedanke des Verfahrens der biologischen Vorklärung besteht darin, eine i.d.R. bestehende, mechanische Vorklärung gezielter zu nutzen und als Vorbehandlungsstufe stärker in den Abwasserbehandlungsprozeß zu integrieren: Zum einen sieht dieses Konzept deshalb vor, die Vorklärwirkung zu intensivieren, indem entsprechend der eigentlichen Aufgabe einer Fest-Flüssig-Trennungsstufe die entnehmbaren Feststoffe weitgehender abgetrennt und nicht -

wie bislang - nur die gerade, von den hydraulischen Verhältnissen abhängigen, absetzbaren Stoffe entnommen werden. Zum anderen wird in der Vorklärung gezielt eine biologische Vorbehandlung des Abwassers eingeleitet, um die Behandlung des Abwassers in der bisherigen Hauptstufe zu effektivieren bzw. eine weitergehende Reinigung in der bestehenden Bausubstanz zu ermöglichen.

Deshalb ist bei dem hier vorgestellten Verfahren der biologischen Vorklärung einerseits die Möglichkeit vorgesehen, das durch Absetzung (Grobentschlammung) vorgereinigte Abwasser zu filtern, andererseits werden in das Vorklärbecken Aufwuchsflächen (Tauchkörper) eingebaut, die unterschiedlich - gesteuert über eine kontinuierliche Meßgröße, die die Schmutzfracht repräsentiert (z.B. BSB-M3, s. Abschnitt 2.3.1) - mit Abwasser beaufschlagt werden und damit einen unterschiedlichen Primärabbau bewirken. Die Aufwuchskörper können dabei anaerob als Hydrolysestufe, denitrifizierend durch Rückführung von nitrathaltigem Abwasser oder auch aerob betrieben werden (s. Abschnitt 2.4.3).

In Abbildung 2-16 ist qualitativ gezeigt, in welcher Weise die biologische Vorklärung im Idealfall auf die nachfolgende Behandlungsstufe wirkt: Im Gegensatz zu einer intensivierten mechanischen Vorklärung, die im wesentlichen nur die Konzentration an ungelösten Stoffen um einen nahezu gleichen Betrag herabsetzt, ist mit einer biologischen Vorklärung auch die verstärkte Entnahme von gelösten Verbindungen in Zeiten erhöhter Belastungen möglich, so daß die nachfolgende Behandlungsstufe mit gedämpften Belastungsschwankungen betrieben werden kann, was sich auf die Abbaucharakteristik nachfolgender Festbettreaktoren günstig auswirkt (WILDERER, RUBIO, 1986). Aber auch gezielte Veränderungen des Nährstoffzuflusses in die nachfolgende biologische Behandlungsstufe zur Selektion flockenbildender Organismen sind damit möglich.

Die Elemente der biologischen Vorklärung (Aufwuchsflächen und Filter) werden vorzugsweise als drehbare Scheiben oder Waben, Scheibenfilterkassetten oder als Trommelfilter ausgelegt, wobei Umdrehungsgeschwindigkeit (und Eintauchtiefe bei der aeroben Variante) variabel sind. Abstreifer mit variablem Abstand zur Filterscheibe oder Absaugeinrichtungen beim Trommelfilter begrenzen die Schichtdicke des Filterkuchens, so daß der Filterwiderstand beeinflußt werden kann. In Kläranlagen mit Druckluftbelüftung können die Filterelemente mit Luft freigeblasen, ansonsten in Abhängigkeit von der durch den Filterwiderstand hervorgerufenen Wasserspiegeländerung mit bereits filtriertem Wasser

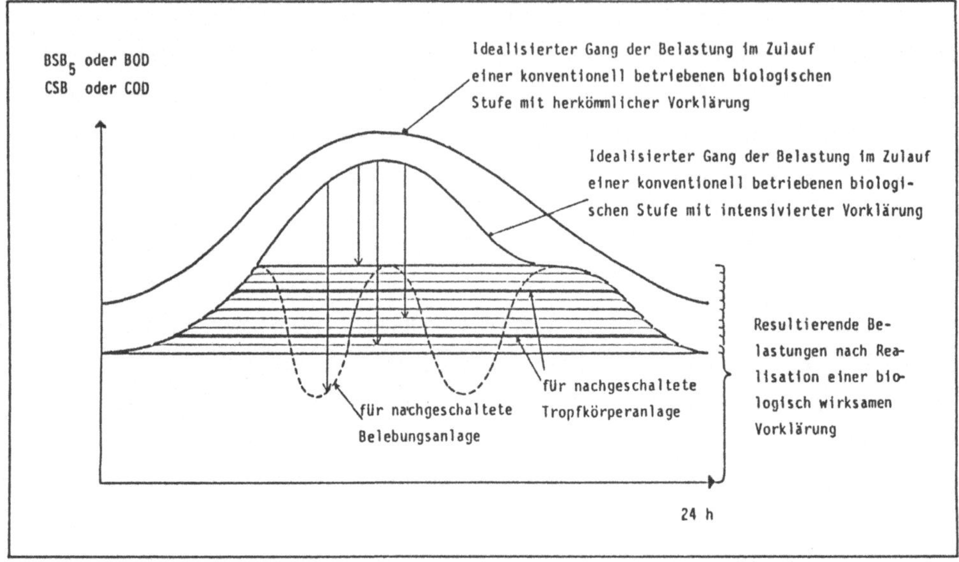

Abb. 2-16: Schematische Darstellung der Wirkung einer intensivierten (filternden) und zusätzlich biologischen Vorklärung im Vergleich zu einer herkömmlichen Vorklärung.

freigespült werden. In allen Fällen rutscht der am Filter zurückgehaltene Schlamm bzw. der von den Aufwuchsflächen abfallende Schlamm in den Einzugsbereich des in der Vorklärung installierten Schlammräumers. Das Filter wird nach Möglichkeit im vorhandenen Vorklärbecken eingebaut und zwar in der Weise, daß das gesamte Abwasser das Filter passieren muß. Alternativ zum Einbau des Filters im Vorklärbecken ist auch die Zwischenschaltung einer Filteranlain einer zusätzlichen Stufe im Anschluß an die Vorklärung möglich (s. MATSUMOTO, 1980). Das Filter ist zur Verwirklichung des Prinzips nicht unbedingt erforderlich; es kann aber prinzipiell von Vorteil sein, wenn die nachfolgende Stufe weitgehend feststofffrei betrieben werden soll (Nitrifikation in Tauchkörpern).

Abbildung 2-17 zeigt eine Ausführungsform, bei der Filter und Aufwuchsfläche ein Bauteil sind, Abbildung 2-18 ein Beispiel für eine Aufteilung der Funktionen in eine Scheibentauchkörper- und eine Trommelfilteranlage als biologische Vorklärung.

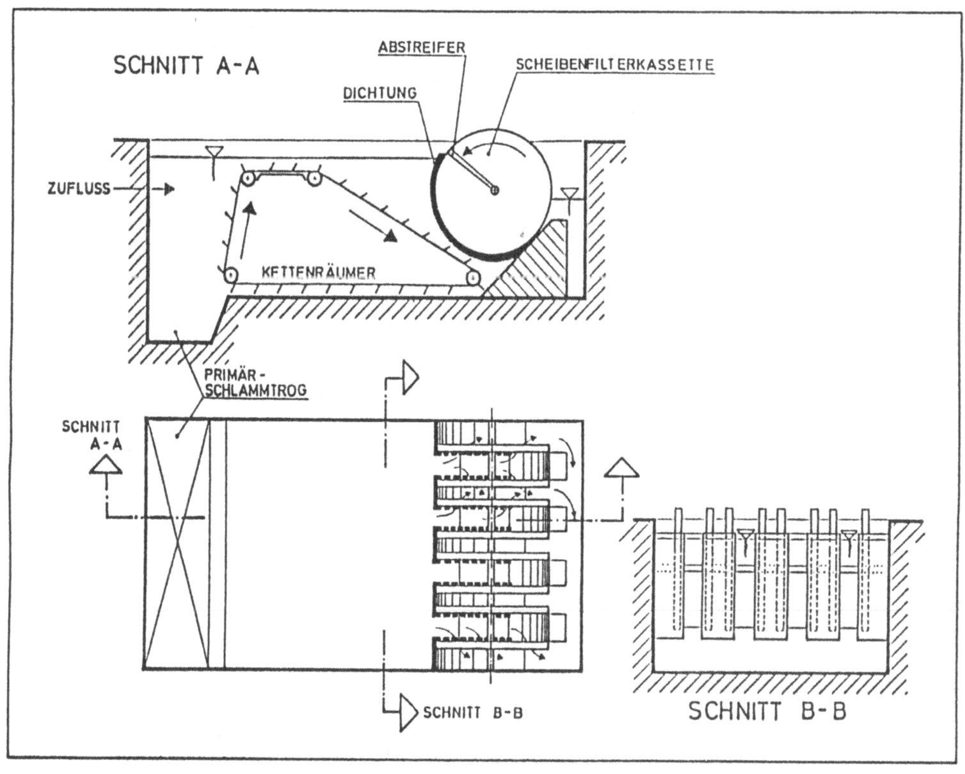

Abb. 2-17: Einbau einer Scheibenfilterkassette zur biologischen Filtration in ein längsgestrecktes Vorklärbecken

Die biologische Vorklärung soll im Regelfall zwei Funktionen erfüllen: Einen verbesserten Feststoffrückhalt vor den nachfolgenden biologischen Hauptstufen und einen Primärabbau in variierender Größenordnung.

Das Problem der Abtrennung geringer Feststoffmengen aus großen Volumenströmen ist beispielsweise aus der Faserabtrennung in der Papierindustrie bekannt. Die dort eingesetzten Filter mit Lochweiten von ca. 60 bis 100 µm (Scheiben- oder Trommelfilter) erlauben Durchsätze von etwa 6 m^3/m^2h (CZAUDERNA, 1986). Auch für die in der Abwassertechnik anstelle oder in Ergänzung einer Nachklärung eingesetzten Trommelfilter mit 20 µm Filterdurchgang können bei einem Feststoffgehalt von bis zu 0,5 g TS/l 6 m^3/m^2h Abwasser angesetzt werden (HÜ-

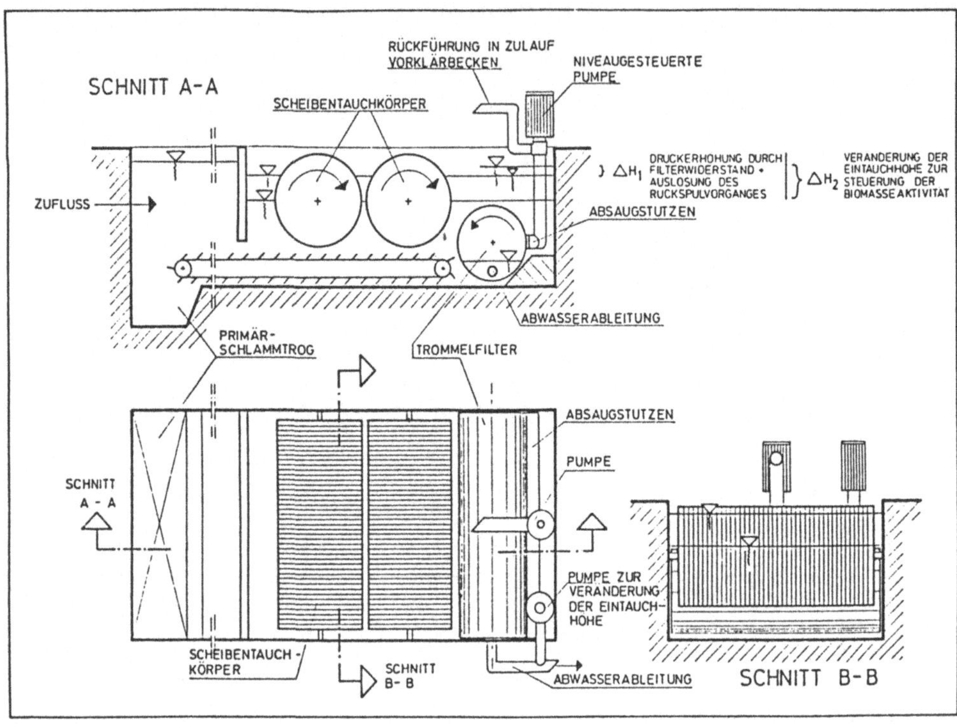

Abb. 2-18: Biologische Vorklärung über Scheibentauchkörperelement und Trommelfilteranlage nach einer Grobentschlammung

PER, 1985). Die Filtration im Falle der Faserabtrennung setzt jedoch eine zunächst ablaufende Anschwemmung von Fasern voraus. Beim Einsatz in der Vorklärung ist davon auszugehen, daß die Funktion des Anschwemmfilters vom biologischen Bewuchs übernommen wird. Allerdings liegen hierüber noch keine Erfahrungen vor, so daß man in einer ersten Näherung nur auf die bekannten Ergebnisse aus der Papierindustrie bzw. aus der Nachfiltration zugreifen kann.

Erfahrungen mit Sieben als mechanische Vorstufe anstelle von Feinrechen und Vorklärung liegen jedoch in der Abwasserreinigung vor (SEYFRIED, 1985). Bei einer Siebweite von 150 µm werden Durchsätze von 25 m³/m²h genannt (ESPEY, 1986); bei einem Überdruck von 1 bar sind Durchsätze von bis zu 120 m³/m²h möglich (CZAUDERNA, 1986). Da Druckunterschiede durch das Filter bei einem

Einbau in ein Vorklärbecken (möglich wäre auch eine separate Filterstation) nur im Bereich von 0,1 bar zu realisieren sind, soll im folgenden von dem kleineren Wert vom 6 m^3/m^2h ausgegangen werden. Eine allgemein gültige Bemessungsgleichung für den biologischen Filter ist derzeit jedoch nicht angebbar, da die benötigte Filterfläche nur unter Berücksichtigung der Filtercharakteristiken, die vom Filtertyp und von den Filtermaterialien abhängen, ermittelt werden kann.

Theoretisch müßten sich von den Stoffen, deren Dichte größer als die von Wasser ist, alle Teilchen bis zu einem mittleren Durchmesser von ca. 7 μm absetzen lassen (ATV, 1983). D.h., daß von den eigentlich absetzbaren Stoffen durch die Filtration bei den technisch realisierbaren Lochweiten von 20 bis 150 μm keine weitere Verminderung des Feststoffgehaltes zu erwarten wäre (abgesehen von hydraulischen Stoßbelastungen, bei denen der Absetzvorgang gestört ist). Die Wirkung des Filters beruht jedoch überwiegend nicht auf der Abtrennung von Teilchen aufgrund entsprechender Lochweiten, sondern auf der Porenweite des sich aufbauenden Filterkuchens und auch auf der Sorption von kleineren Partikeln durch den biologischen Bewuchs. Das Filter trennt aber auch noch die Schwimm- und Schwebeteilchen ab. Für eine theoretische Berechnung der Wirkung des Filters müssen also die Dichte und die Korngrößenverteilung des im Abwasser nach dem Absetzvorgang noch enthaltenen Partikelkollektivs bekannt sein. Da diese Parameter fallspezifisch sind, kann die Wirkung der biologischen Vorklärung im Planungsstadium nur qualitativ ermittelt werden. Die im folgenden wiedergegebenen Angaben beruhen auf Literaturangaben, die in Zusammenhang mit der Wirkung einer Vorklärung auf die biologische Stufe ausgewertet wurden (s. Abschnitt 2.4.2). Da auch die für die Bemessung von Kläranlagen üblicherweise angenommenen Werte (z.B. 60 g BSB_5/EGW d) nur überschlägigen Charakter haben, dürften die hier getroffenen Annahmen von ausreichender Genauigkeit sein. In der Praxis muß auf jeden Fall eine Analyse der abfiltrierbaren Feststoffe in Beziehung zu den BSB-Gehalten vor einer Bemessung der Anlage erfolgen, wie sie in ATV (1985) empfohlen wird.

Da die biologische Vorklärung im Extremfall nur als Filter wirkt, soll zunächst die Filterwirkung abgeschätzt werden: Nach Untersuchung von HUNKEN (1960) zur "Anfangsabnahme" der organischen Belastung bzw. von SCHULZE-RETTMER und YAWARI (1978) zur Bissorption und von LEVINE et al. (1984) zur Partikelgrößenverteilung der Abwasserinhaltsstoffe kann davon ausgegangen werden, daß durch Filtration etwa 70 bis 90 % der nicht absetzbaren Feststoffe (10g BSB_5/EGW d gelten als ungelöst, aber nicht absetzbar; BISCHOF, 1984) zusätzlich zurückgehalten werden können. Da nach 5 Tagen auch die organischen, absetzbaren Stoffe vom BSB_5 erfaßt werden, soll vereinfachend der gleiche Prozentsatz der BSB_5-Elimination angesetzt werden, so daß die nachfolgende biologische Stufe um durchschnittlich 7 bis 9 g BSB_5/EGW d entlastet wird. Die Filterfläche wird bemessen als Funktion des Durchsatzes, wobei die zweifache Trockenwetterzuflußmenge zugrundegelegt wird, um den Regenwasserfall mitzuberücksichtigen. Gegenüber einer Bemessung der biologischen Stufe (Dimensionierung des Filters und der biologischen Stufe s. Anhang) ausgehend von 40 g BSB_5/EGW d ist nach dem Filter (reine Filtration ohne Biologie) nur noch mit 31 bis 33 g BSB_5/EGW d zu rechnen, was die Raumbelastung der nachfolgenden biologischen Stufe um 20 % senkt oder bei gleicher Raumbelastung ein Fünftel des vorhandenen Belebungsraumes einspart bzw. für andere Zwecke nutzbar werden läßt. Von diesen Annahmen auszugehen, ist gerechtfertigt (abgesehen davon, daß bislang bemessungstechnisch so gerechnet wird), wenn man unter Berücksichtigung heute üblicher Schlammbelastungen, die Abbaubarkeit kolloidaler und suprakolloidaler Feststoffe in Belebungsverfahren mit einbezieht (s. Abb. 2-19).

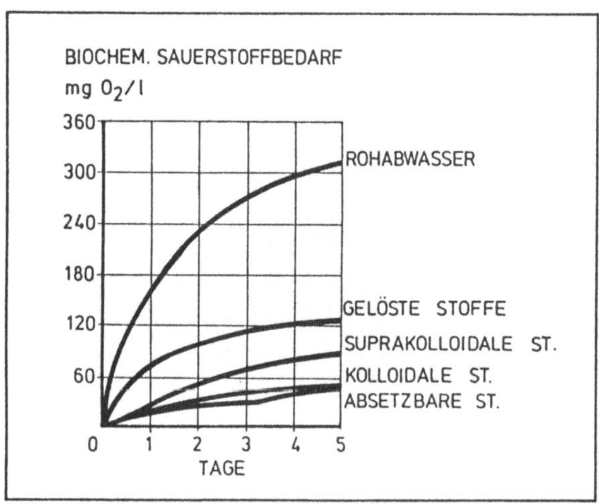

Abb. 2-19: BSB-Abbau einzelner Abwasserfraktionen (BALMAT, 1957)

Die Höhe der BSB_5-Abnahme ist abhängig von der Zusammensetzung des Abwassers, den chemischen Eigenschaften der Abwasserbestandteile und der Biomasseaktivität. Insgesamt können z.B. bei häuslichem Abwasser bis über 80 % der organischen Verunreinigungen - gemessen als BSB_5 - durch die Anfangsabnahme innerhalb von 10 Minuten in einem Belebungsbecken entfernt werden (ATV, 1985). Da bei der biologischen Vorklärung gerade die hierfür ausschlaggebenden Mechanismen zur Anwendung kommen, ist mit einer hohen Elimination von organischen Verbindungen zu rechnen.

Das zweite Kriterium der Dimensionierung der biologischen Vorklärung bezieht sich auf das biologische Element. Feste Einbauten werden von den im Abwasser reichlich vorhandenen Bakterien - insbesondere bei Anwesenheit leicht abbaubarer Stoffe - rasch besiedelt. Sie können, da sie als Aufwuchsflächen für die Mikroorganismen dienen und rotierend bewegt werden, somit wie ein Scheibentauchkörper bemessen werden. Nach LOLL (1979) kann durch die Umfangsgeschwindigkeit der Bewuchs der Scheiben gesteuert werden (größer 20 m/min wird sich nur ein dünner Bewuchs bilden), so daß die biologische Aktivität und damit der Abbaugrad gezielt beeinflußt werden kann. Andererseits kann über die Eintauchtiefe (Veränderung der Wasserspiegellage durch Abpumpen) oder durch die Rückführung an nitrathaltigem, gereinigten Abwasser gesteuert werden, inwieweit das Aufwuchselement eine Abbaufunktion übernimmt.

In Anbetracht der hohen spezifischen Kosten eines Filters (beim Scheibenfilter ist mit ca. 4000 DM/m² Filterfläche (EICKHOLT, 1986) und beim Trommelfilter mit ca. 3800 bis 4500 DM/m² (SOLARI, 1986) zu rechnen) gegenüber 12 bis 18 DM/m² Scheiben- bzw. Tauchkörperfläche (SOLARI, 1986) ist eine Trennung der biologischen und mechanischen Wirkung des Biofilters angezeigt, wenn man in der biologischen Vorklärung einen relevanten Abbaugrad erreichen will.

Für die Bemessung des Scheibentauchkörpers ist die Menge des vorhandenen belebten Schlammes maßgebend. Da die Dicke des Bewuchses durch die Umfangsgeschwindigkeit begrenzt werden kann, so daß die Biomasse weitgehend aktiv gehalten wird, sind günstige Voraussetzungen für eine hohe spezifische Stoffwechselleistung geschaffen. Nach ATV (1985) ist mit einer Scheibentauchkörperanlage jeder Reinigungsgrad möglich. Die BSB_5-Abnahme in der biologischen Vorklärung läßt sich nach HARREMOES (1984) ermitteln (s. Anhang: Modell: Transformationsfunktionen).

Um ausgehend von einer Belastung von 200 mg BSB_5/l eine BSB_5-Elimination von ca. 80 % (entsprechend einem Plateau BSB von 100 %, wie er einer vollkommenen ersten biologischen Stufe entspricht) zu erreichen, müssen z.B. pro Kubikmeter Abwasser und Tag bei konventionellen Scheibentauchkörperanlagen 10,3 m^2 Aufwuchsfläche zur Verfügung gestellt werden; da die Prozeßführung jedoch so gewählt ist, daß die Biomasse weitgehend aktiv ist, kann mit einer höheren Reaktionskonstanten gerechnet werden, wodurch sich die erforderliche Aufwuchsfläche vermindert. Da die Scheibenbelastung aber immer über 15 g/m^2d liegt und der Tauchkörper auch als Feststoffadsorber wirkt, ist nach CHEUNG et al. (1980) mit einer Schlammproduktion in der Größenordnung von 1.5 kg/kg BSB_5 zu rechnen. Für den Energiebedarf einer Scheibentauchkörperanlage ist lediglich die Überwindung der Reibungsverluste der sich drehenden Bewuchsflächen und bei aerober Betriebsweise die Überwindung der Gewichtsdifferenz zwischen auftauchenden und eintauchenden Bewuchsflächen anzusetzen (ATV, 1985); für das Filter ist auch der Energiebedarf für die zeitweise Freispülung bzw. Absaugung zu berücksichtigen. Die Anhebung des Wasserspiegels braucht dabei nicht berücksichtigt zu werden, da der Zufluß zur Vorklärung i.d.R. höher liegt als die Oberkante des Vorklärbeckens.

2.4.2. Konsequenzen für den Abwasserreinigungsbetrieb und die Schlammbehandlung

Die Auswirkungen einer Erhöhung der Feststoffentnahme und des Teilabbaus von leicht abbaubaren Stoffen im Bereich der Vorklärung auf die folgenden Prozeßstufen einer Kläranlage sind in Abbildung 2-20 grafisch veranschaulicht. Vorteile, aber auch zu bedenkende Nachteile dieser Verfahrensweise auf den Klärbetrieb sind in einer Übersicht in Abbildung 2-21 zusammengestellt und teilweise erläutert; sie werden im folgenden diskutiert.

Von primärer Bedeutung für die Abwasserbehandlung ist zunächst, welche Auswirkungen die zwischengeschaltete biologische Stufe auf die Leistungsfähigkeit der Mikroorganismen in der nachfolgenden biologischen Stufe bzw. auf die Abtrennbarkeit der gebildeten Feststoffe hat. Während eine Reihe von Autoren (MEYER, 1975; VEITS, 1977; WILDERER, 1977a; WILDERER, HARTMANN, 1978) sich geradezu für den Verzicht einer Vorklärung aussprechen, weil die Einsparungen bei der Vorklärung den Mehraufwand in den übrigen Prozeßstufen überwiegen (verbesserte Absetzbarkeit durch die Beschwerung der zusätzlich eingetragenen

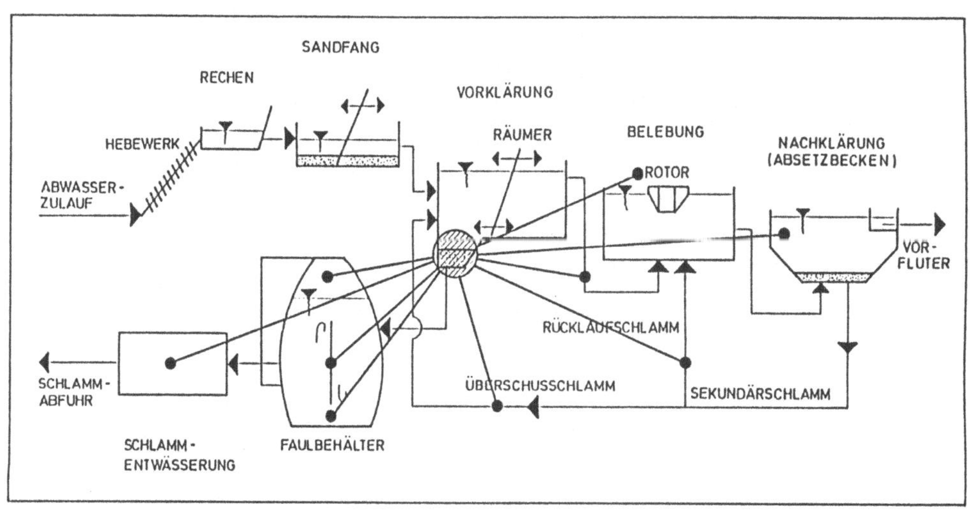

Abb. 2-20: Auswirkungen einer Erhöhung der Vorklärwirkung auf andere Prozeßstufen einer Kläranlage

Feststoffe, geringeres Rücklaufverhältnis aufgrund erhöhter Feststoffgehalte, schnellere Erholung der Abbauleistung durch die von außen ständig eingetragenen Fäkalbakterien), werden von der ATV (1975 u. 1985), von BEUTHE (1970) und von HACKENBERGER (1968) der Mehrverbrauch an Sauerstoff bei der Umwandlung ungelöster organischer Feststoffe in Biomasse und die Verringerung der Schlammaktivität als Argumente für eine Vorklärung ins Feld geführt. SEDZIKOWSKI (1972) und HAGEN (1974) ermittelten dementsprechend auch die größte Wirtschaftlichkeit bei Vorklärzeiten kleiner 0,5 h bzw. geringste Schlammbehandlungskosten bei Aufenthaltszeiten zwischen 0,5 und 1,5 h.

Entscheidendes Argument für oder gegen eine Vorklärung dürfte jedoch, wie u.a. WILDERER (1977a) ausführt, die Schlammbelastung sein: Bei Schlammbelastungen unter 0,2 kg BSB_5/kg TS d - wie sie für die Nitrifikation noch unterschritten werden - werden ungelöste organische Feststoffe katabolisiert und anschließend unter Sauerstoffbedarf in Biomasse umgewandelt. Dies ist nicht Sinn und Zweck der biologischen Abwasserreinigung; es sei denn, die simultane aerobe Schlammstabilisierung ist das gleichzeitig angestrebte Ziel. Für den zukünftigen Ausbau von Kläranlagen mit dem Ziel der Nitrifikation ist es u.a.

aus diesem Grund angezeigt, daß in einer ersten Stufe die eliminierbaren Feststoffe herausgeholt werden und überwiegend nur noch gelöste Verbindungen in die nitrifizierende (mineralisierende) Stufe gelangen.

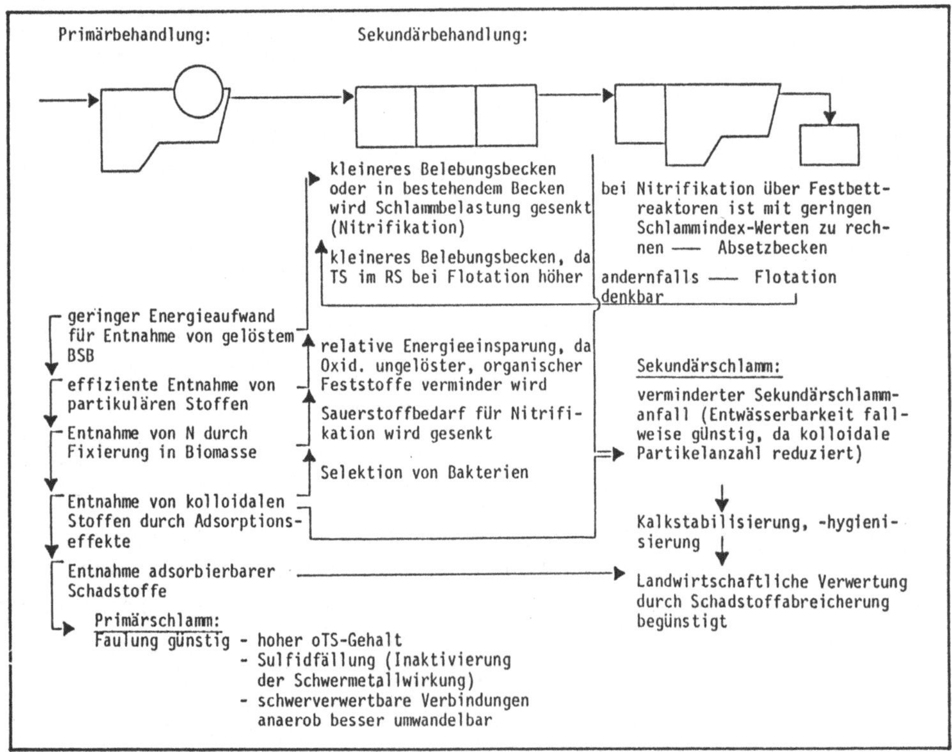

Abb. 2-21: Folgen einer Erhöhung der Vorklärwirkung auf den Abwasserreinigungs- und Schlammbehandlungsprozeß

Diese erste Stufe muß dabei nicht notwendigerweise eine intensivierte Vorklärung sein (MATSUMOTO et al., 1980), sie kann auch wie von WILDERER und HARTMANN (1978) oder BÖHNKE (1978) vorgeschlagen, eine hoch- oder höchstbelastete biologische Stufe sein. Einer derart ausgestalteten Stufe fällt dabei die Aufgabe zu, die absetzbaren und teilweise die leicht abbaubaren Stoffe aus dem Abwasser zu entnehmen - unter Ausnutzung der sorptiven Eigenschaften des

Primärschlammes bzw. der ständig von außen eingetragenen Bakterien. In gleicher Weise wirkt aber auch die hier vorgeschlagene, biologische Vorklärung, wobei sich die in Tabelle 2-2 aufgeführten Unterschiede ergeben. Der darüber hinausgehende Vorteil der biologischen Vorklärung ist die Steuerbarkeit der Entnahme an Stoffen, die mit dem BSB_5 erfaßt werden bzw. die Aufschlußwirkung (Hydrolyse) schwerer verwertbarer Substanzen. Die biologische Hauptstufe wird somit durch den Einbau einer biologischen Vorklärung biologisch gesteuert, weil sich in der Hauptstufe nun gezielt Prozeßbedingungen für bestimmte Mikroorganismen schaffen lassen (s. WILDERER, SCHROEDER, 1986), während bei den anderen Verfahren z.B. die Gefahr besteht, daß bei niedrigen Schmutzfrachten die zweite Stufe unterbelastet und die benötigte Biomasse mineralisiert wird oder - wie BÖHNKE (1984) ausführt - die A-Stufe zeitweise überlastet wird, so daß auch die B-Stufe hohe Stoffwechselaktivitäten erreichen kann.

Tabelle 2-2: Vergleich der drei Verfahrensalternativen: A-Stufe (BÖHNKE, 1978), hochbelastete Belebungsstufe (WILDERER, HARTMANN, 1978) und biologische Vorklärung

	A-Stufe	Hochlast-Belebung	biologische Vorklärung
Reinigungsziel	Elimination der sehr leicht abbaubaren Verbindungen und Aufschluß der schwer abbaubaren Stoffe (45-70 % des BSB_5)	Elimination des BSB-Plateau (≡ 80 % des BSB_5)	Elimination der Schwebstoffe und der adsorbierbaren bzw. leicht abbaubaren Stoffe (20-80 % des BSB_5)
Prinzip	Adsorption an Belebtschlamm	Oxidation durch Bakterien	Filtration und Oxidation durch Bakterien
Verfahrensweise			
Schlammbelastung	∿ 5 kg BSB_5/kg TS d	0,6-2,0 kg BSB_5/kg TS d	∿ 60 g BSB_5/m^2 d
Sauerstoffzufuhr	Druckluft	Oberflächenbelüfter Druckluft	Außenluft
Biomasserückführung	Schlammkreislauf	Schlammkreislauf	entfällt
Integration in bestehende Kläranlagen	Ausbau des belüfteten Sandfangs, Vorklärung wird zur Zwischenklärung	Verzicht auf Vorklärung und Verwendung der bestehenden Belebung (Anbau einer zweiten biologischen Stufe)	Einbau in die bestehende Vorklärung

Die Vorteile einer biologischen Vorklärung liegen insbesondere in der Steuerbarkeit der Vorklärwirkung bzgl. des Abbaugrades an organischen Stoffen und einer grundsätzlichen Erhöhung der Eliminationswirkung (Adsorption und Abbau) ungelöster und teilweise auch gelöster organischer Verbindungen, mit geringem energetischen Aufwand. Die biologische Steuerung (z.B. wird bei abnehmender Belastung im Zulauf oder periodisch durch Veränderung der Umdrehungsgeschwindigkeit und der O_2-Versorgung die Bakterienaktivität auf den festen Flächen "gedrosselt" und anschließend bei zunehmender Belastung wieder erhöht) zielt darauf ab, in der Hauptstufe jene Organismen, die besonders erwünscht für den Abbauprozeß sind, zu selektieren.

In Abhängigkeit von der aktuellen Abwasserzuflußsituation und der biologisch wirksamen Filterfläche ist mit einer Entnahme an BSB_5 von etwa 20 % (Filtration) bis zu durchaus 80 % des biologisch leicht abbaubaren Substrates (vollständiger Abbau des BSB-Plateau) durch die biologische Vorklärung zu rechnen. Gegenüber bisherigen Verfahren der alleinigen Schwerkraftabsetzung in einer vorhandenen Abwasserreinigungsanlage kann entsprechend der installierten Aufwuchs- und Filterfläche die nachfolgende biologische Stufe soweit entlastet werden, daß zum Beispiel aus einer Mittellastanlage mit Schlammbelastung (B_{TS} um 0,3) eine nitrifizierende Anlage mit einer Schlammbelastung unter 0,15 wird.

Ein in diesem Zusammenhang wichtiger, prozeß- und betriebstechnischer Aspekt der biologischen Vorklärung ist die konsequente Trennung der für die einzelnen Reinigungsaufgaben charakteristischen Biocoenosen. Durch die Steuerung der Abbau- und Eliminationswirkung im Vorklärbecken läßt sich dabei die Art der sich einstellenden Lebensgemeinschaft (Destruenten und Konsumenten) in der nachfolgenden biologischen Stufe beeinflussen, was besonders beim Belebungsverfahren wichtig ist. Infolge der gezielten Entnahme von Abwasserinhaltsstoffen lassen sich z.B. gezielt mobile Mikroorganismen (jene Mikroorganismen, die in fließenden Gewässern in der schwebenden Welle den Abbau und die Umwandlung der vorhandenen Kohlenstoffquellen in Biomasse bewirken; GREISER, 1985) oder aufgrund einer verbleibenden geringen Nährstoffkonzentration Fadenbildner, die zur Flotation neigen, fördern. Andererseits lassen sich durch gezielte Nährstoff- und Hungerphasen Flockenbildner selektieren (vgl. WILDERER, SCHROEDER, 1986). Auch bei hohen Schlammaltern ist bei häufigen Wechseln der Biomasse zwischen Belebung und Nachklärung nach Untersuchungen von FAZELI (1971) und PAVONI et al. (1972) mit einer guten Flockung zu rechnen.

Bei einem weitgehenden Primärabbau in einer ersten biologischen Stufe würden in der zweiten ähnliche Phänomene wie in konventionellen, einstufig nitrifizierenden Belebungsanlagen auftreten, in denen der Schlamm überwiegend hungert und von daher kaum zur Einlagerung von Reservestoffen animiert wird, von denen man vermutet, daß von ihnen die Bildung von Biopolymeren bzw. des flokkenbildenden Schleimes ausgeht. Daraus erklärt sich auch der hohe Schlammindex und die schlechte Abtrennbarkeit dieser Schlämme (FORSTER, 1968). Eine geeignete Lösung dieses Problems besteht jedoch in der Fixierung der Nitrifikanten auf festen Aufwuchsflächen. Wie WILDERER und RUBIO (1986) gezeigt haben, kommt Festbettreaktoren eine konstante Belastung entgegen, wie sie über eine Vergleichmäßigung der Belastung durch die unterschiedlich starke Entnahmewirkung der biologischen Vorklärung möglich ist. Der Biofilm wächst dann verhältnismäßig gleichmäßig auf der Aufwuchsfläche. Eine Filtration kann dabei von zusätzlichem Vorteil sein, weil durch Vorabbau und Nährstoffreduktion der Anteil räuberischer, nitrifkantenfressender Protozoen in einer nachfolgenden Tauchkörperanlage stark vermindert werden kann, so daß die Aufwuchsflächen auch tatsächlich von Nitrifikanten besiedelt werden können.

Die Verminderung mineralischer Schwebestoffe durch den Biofilter wirkt sich auf die Abtrenn- bzw. Eindickbarkeit des Sekundärschlammes aus: Einerseits fehlen die beschwerenden Stoffe des Schlammes, andererseits wird die Konzentration der kolloidalen Schwebstoffe, die ansonsten nicht in die Flocken eingebaut werden und in den Ablauf gelangen, herabgesetzt. In welchem Ausmaß sich die Absetzleistung durch die fehlende Beschwerung vermindert bzw. der Anteil kolloidaler Partikel verringert, ist bislang nicht quantifizierbar aufgrund der komplexen Wechselwirkungen beim Abtrennvorgang. Die Verminderung kolloidaler, mineralischer Partikel im Sekundärschlamm dürfte aber zu einer verbesserten Entwässerbarkeit bzw. zu Einsparungen beim Flockungsmitteleinsatz führen, weil die kolloidalen Stoffe ein extrem hohes Waserbindungsvermögen aufweisen (MÖLLER, 1985a). Darüber hinaus setzen sie die Filterporen der Entwässerungmaschinen zu, wodurch der Filtrationswiderstand anwächst und die Filterleistung verringert wird. Eine weitgehende Entnahme von Feststoffen wirkt sich auch auf den Einsatz von Fällungs- und Flockungsmitteln aus, die simultan zur Elimination von Phosphaten oder von Farbstoffen sowie ausfällbaren Rückständen aus Industrieabwassereinleitungen eingesetzt werden, weil der Verlustanteil durch Reaktionen mit der ansonsten wesentlich größeren Bakterienmasse und den partikulären Feststoffen vermindert wird.

Eine Problemlösung für die Abtrennung leichter Schlammflocken, mit denen möglicherweise nach einer biologischen Vorklärung gerechnet werden muß, stellt der Einsatz einer Nachflotation anstelle oder in Ergänzung einer herkömmlichen Absetzanlage dar (s. Abschnitt 2.2.3). Die Flotation hat ohnehin Vorteile, weil die Abtrennleistung der Nachklärung beeinflußbar wird, was bei den herkömmlichen Absetzanlagen nicht möglich ist. Aufgrund der großen Sekundärschlammengen und dem Prinzip der "schweren" Flocken kommt bis heute - selbst bei extrem Blähschlamm-belasteten Kläranlagen - eine Nachflotation wirtschaftlich kaum in Betracht (ZLOKARNIK, 1985); aufgrund des geringeren Schlammanfalls nach einer biologischen Vorklärung und bei gezielt oder zu erwartenden, höheren Schlammindizes (leichterer Belebtschlamm) wird die Nachflotation aufgrund ihrer Selbstgängigkeit in diesem Fall wirtschaftlich interessant.

Für den ordnungsgemäßen Betrieb einer Kläranlage ist aber nicht nur eine funktionierende Abwasserreinigungsanlage mit konstant niedrigen Ablaufwerten zu gewährleisten, sondern auch eine effiziente Schlammbehandlung ausschlaggebend. Dazu gehört eine betriebssichere Schlammstabilisierung, eine geeignete Schlammentwässerung, die den Betriebsbedingungen angepaßt ist, und die gesicherte Entsorgung möglichst stark im Volumen verminderter Schlammengen. Durch die Einrichtung einer biologischen Vorklärung läßt sich eine sinnvolle Trennung von Primär- und Sekundärschlamm erreichen, wobei bereits das Schlammvolumen des insgesamt produzierten Schlammes durch dieses Verfahrens prinzip (Vermeidung der Umwandlung ungelöster, organischer Substanz in voluminöseren Biomasse-Schlamm bei geringen Schlammbelastungen) gegenüber herkömmlichen Verfahrensweisen vermindert wird. Außerdem wird das Primär-Sekundärschlamm-Verhältnis erheblich zugunsten des besser entwässerbaren Primärschlammes verschoben. Damit lassen sich auch für jeden Schlamm adäquate Behandlungswege finden, die unter dem Aspekt des Behandlungsaufwandes wiederum in sich optimiert werden können (s. dazu Kapitel 3).

Der bei der biologischen Vorklärung produzierte Primärschlamm weist gegenüber einem Primärschlamm aus konventionell betriebenen Vorklärbecken ein erhöhtes Faulgaspotential auf, weil in ihm ein höherer Anteil organischer Substanzen - entsprechend der um einiges höheren sorptiven BSB_5-Entnahme - enthalten ist. Bei der anaeroben Schlammbehandlung spielt bekanntlich die organische Masse des zu stabilisierenden Schlammes eine entscheidende Rolle, da vom Gehalt an organischer Substanz die im Schlamm enthaltene nutzbare Energiemenge abhängt. Durch die Trennung der Schlammströme kann damit die Schlammfaulung günstiger betrieben werden, weil mit weniger Energieeinsatz (hauptsächlich Wärme zur Aufheizung und Erhaltung der Betriebstemperatur des Schlammes) mehr Energie in Form von nutzbarem Faulgas zur Verfügung gestellt wird.

Die verstärkte Rückhaltung von Schwermetallen, schwer abbaubaren oder gar toxischen Verbindungen vor der schwachbelasteten, zweiten biologischen Stufe, die neben einer Entlastung des Sekundärschlammes im Hinblick auf eine landwirtschaftliche Verwertung auch die eher störanfällige Schwachlast-Biocoenose vor Beeinträchtigungen schützt (KUNZ, FRIETSCH, 1986; wobei nur die Schwachlast-Biocoenose die Metabolisierung der in die zweite Stufe gelangenden, abbaubaren Schadstoffe erst einleiten bzw. ermöglichen kann), verlagert natürlich das Schadstoffproblem auf die Primärschlammseite. Die Schwermetallfrachten sind in den letzten Jahren im Zuge der Klärschlammaufbringungsverordnung (AbfKLÄRVO, 1982) bzw. den Indirekteinleiterrichtlinien (ATV-A115, 1983) aufgrund verstärkter Rückhaltemaßnahmen bei der industriellen und gewerblichen Anwendung zurückgegangen (BÖHM, KUNZ, 1982). Trotzdem enthält das Abwasser immer noch Anteile an Schwermetallen aus natürlichen und diffusen Quellen. In den Konzentrationen, die auch über die Aufkonzentrierung im Schlamm einer landwirtschaftlichen Verwertung nicht entgegenstehen, ist eine Störung der Faulung durch Schwermetalle nicht zu erwarten. Auch bei höheren Konzentrationen (Anhaltswerte geben SCHERB, STEINER, 1981) muß noch keine Hemmung der anaeroben Biocoenose auftreten, da bei der anaeroben Fermentation praktisch immer Schwefelwasserstoff durch Sulfatreduktion entsteht und dieser mit den meisten Schwermetallen zu sehr schwer löslichen Metallsulfiden reagiert (PLAHL-WABNEGG, KROISS, 1984).

Aufgrund der üblicherweise langen Aufenthaltszeiten des Rohschlammes in einer Faulung (15 bis 20 Tage) ist trotz der vergleichsweise geringen Stoffumsatzraten gegenüber einer aeroben Behandlung auch nicht unbedingt mit negativen Auswirkungen durch Hemmstoffe zu rechnen; auf eine aerobe Biocoenose toxisch wirkende Stoffe müssen für eine anaerobe Biocoenose nicht ebenso toxisch sein (s. KANDLER et al., 1983; WINTERHALDER, 1985). Nicht zuletzt deshalb, aber auch wegen der langen Verweilzeiten werden Umweltchemikalien verstärkt anaerob behandelt (DECHEMA, 1984; VCI, 1986).

2.4.3 Einsatzmöglichkeiten und Einsatzgrenzen

Es liegt in der Natur der Sache, daß nachträgliche Veränderungen einer Abwasserreinigungskonzeption nicht problemlos auf bestehende Systeme angepaßt werden können, zumal sich auch die konventionellen Verfahren voneinander z.T. erheblich unterscheiden. Wie angedeutet, gibt es für die biologische Vorklärung eine Reihe von baulichen Konzeptionen gerade für den nachträglichen Einbau. In gewisser Weise kommt die biologische Vorklärung aber auch beim Neubau einer Kläranlage in Betracht. Etwas aufwendiger dürfte sich der Einbau einer Flotations- oder Flotationsfilteranlage zur Abtrennung der Feststoffe aus dem Abwasser gestalten, wobei man bei längsgestreckten Nachklärbecken in den vorhandenen Becken eine zweistufige Abtrennung vorsehen kann. Bei kreisförmigen Nachklärbecken käme ein zusätzliches Becken in Betracht.

Mögliche Einsatzgebiete für die biologische Vorklärung zur Verbesserung der Abwasserbehandlung, zur Erhöhung der Prozeßstabilität und der Schaffung günstiger Voraussetzungen für eine optimale Schlammbehandlung sind zu sehen bei der

- Sanierung von Anlagen, die zeitweise oder ständig mit Bläh- oder/und Schwimmschlammbildung konfrontiert sind,
- Ausbau von Anlagen im Hinblick auf eine Nitrifikation,
- Intensivierung des bestehenden Abwasserreinigungsverfahrens durch die Aufteilung der Abbauvorgänge unter Ausnutzung der vorhandenen Reaktionsräume und Anwendung leistungsfähigerer Verfahrensweisen,
- Verbesserung der Leistung von Regenklärbecken, deren Rückhalteleistung durch den Filtereinbau verbessert werden kann.

Das Gesamtkonzept für eine Belebungsanlage ist exemplarisch in Abbildung 2-22 dargestellt.

Der Regenwasserfall stellt in jeder Kläranlage eine - meist hydraulische - Extrembelastung dar. Durch die biologische Vorklärung werden die Unzulänglichkeiten der Absetzbecken bei hohen Flächenbeschickungen weitgehend kompensiert. Durch den günstiger einsetzbaren Flotationsfilter am Schluß der Behandlung wird auch hier eine weitergehende Entnahme von Feststoffen aus den biologischen Reaktoren sichergestellt, da die Flotationsfilter hydraulisch wesentlich weniger anfällig sind (ROSEN, 1981), so daß insgesamt der Feststoffaustrag bei Regenzufluß gegenüber reinen Absetzanlagen vermindert wird.

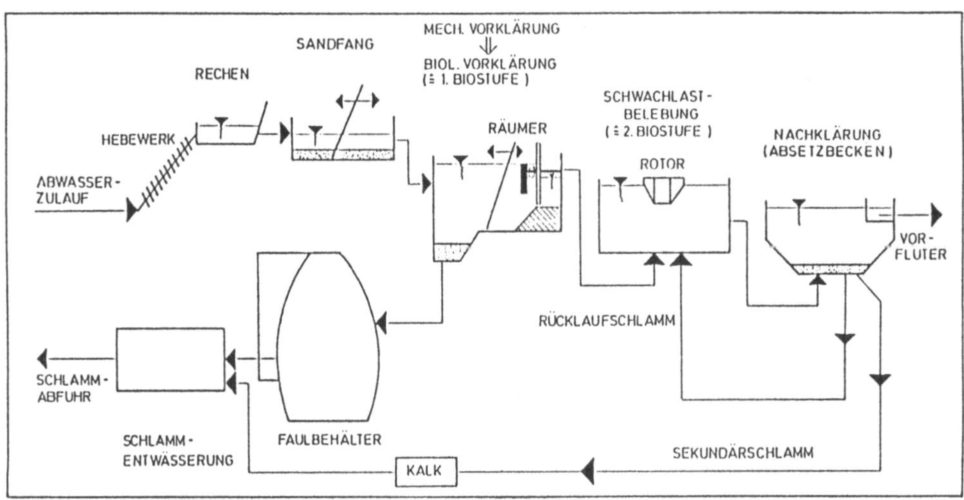

Abb. 2-22: Integration einer biologischen Vorklärung in eine mechanisch-biologische Kläranlage nach dem Belebungsverfahren

Ein zweites Problem stellen erhöhte Konzentrationen gelöster, leicht abbaubarer organischer Verbindungen dar, da in diesem Fall nicht die volle Belastung durch die biologische Vorklärung abgefangen werden kann. Bei einem nachfolgenden, vollständig durchmischten Becken könnte die verbleibende organische Belastung infolge hoher Sauerstoffzehrung für die Kohlenstoffumwandlung zu einer zurückgehenden Nitrifikationsleistung führen. Eine derartige Einbuße in der Reinigungswirkung könnte wohl vermieden werden, wenn die Nitrifikation über Tauchkörper vorgesehen wird, wodurch die Biocoenosen stärker voneinander getrennt werden.

Wie weiter oben ausgeführt, ist das hier vorgestellte Verfahren der biologischen Vorklärung auch im Hinblick auf eine wirtschaftliche Verminderung von Feststoffen im Ablauf von Kläranlagen durch die Nachschaltung steuerbarer Abtrenneinrichtungen gedacht, wobei über die höhere Entnahme von Feststoffen auch die daran gebundenen oder adsorbierten C-, N- und P-Moleküle stärker entfernt werden. Weitergehende Entnahmen dieser Stoffe können in Reaktionsräumen, die durch die Entlastung der ursprünglichen biologischen Stufe frei werden, durchgeführt werden. Die im folgenden beschriebenen Verfahrensweisen lassen sich in Verbindung mit der Einrichtung einer biologischen Vorklärung in einer bestehenden Kläranlage also auch nachträglich realisieren.

Nitrifikation über Scheibentauchkörper

Die Nitrifikation über Scheibentauchkörper ist ein ebenso einfaches, wie angepaßtes Verfahren, da der relativ hohe Sauerstoffbedarf günstig über den Luftsauerstoff gedeckt werden kann und den sessilen Nitrifikanten auf den Scheiben ideale Aufwuchs- und Vermehrungsbedingungen geschaffen werden. Aus Abbildung 2-23 geht hervor, daß eine prozentuale Ammonium-Stickstoff-Entnahme von über 90 % bei einer Scheibenbelastung von kleiner 5 g BSB_5/m^2 d zu erwarten ist. CHEUNG und KRAUTH (1982) empfehlen für eine weitgehende Nitrifikation (kleiner 3 mg/l Ammonium-N) eine zweikaskadige Anlage mit einer Scheibenbelastung von 4 g BSB_5/m^2 d, wobei dieser Bemessungsvorschlag für die gleichzeitige Elimination von C- und N-Verbindungen gilt. Die beiden Autoren kommen weiterhin zu dem Schluß, daß bei ausreichender Säurekapazität die Nitrifikationsleistung unabhängig von der Ammoniumkonzentration ist. Ein Temperatureinfluß auf die Nitrifikationsleistung innerhalb des Temperaturbereichs von 5°-22° C konnte bei diesen Scheibenbelastungen nicht festgestellt werden, sehr wohl aber bei zunehmender Scheibenbelastung. Für die Schlammproduktion ist mit 0,4 kg/kg BSB_5-Abnahme zu rechnen.

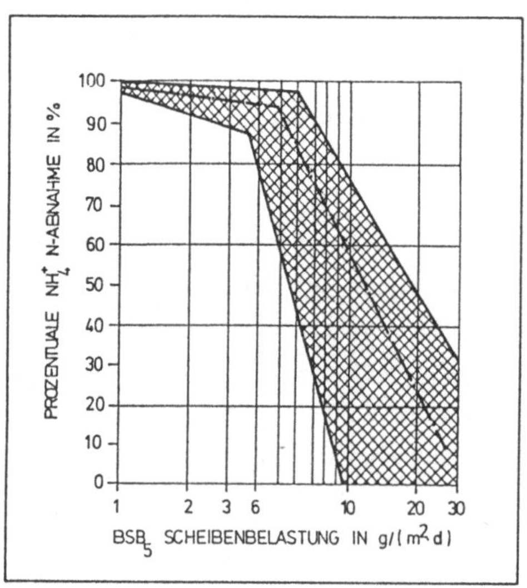

Abb. 2-23: Prozentuale Abnahme des NH_4^+-N (CHEUNG, KRAUTH, 1982)

Denitrifikation in der biologischen Vorklärung

Die Elimination der oxidierten Stickstoffverbindungen ist bei Rückführung des gereinigten, nitrathaltigen Abwassers dadurch möglich, daß die Aufwuchsflächen vollständig eingetaucht werden. Hierfür sollte jedoch nach ATV (1985) die Scheibenbelastung zwischen 25 und 40 g/m² d liegen. Der erzielbare Denitrifikationsgrad hängt von der Menge des rückgeführten, nitrathaltigen Abwassers ab. Abbildung 2-24 zeigt die Gesamtkonzeption einer optimierten Prozeßführung über denitrifizierende-nitrifizierende Festbetten als Nachrüstung einer bestehenden Anlage mit vier zuvor parallel beschickten Belebungsbecken.

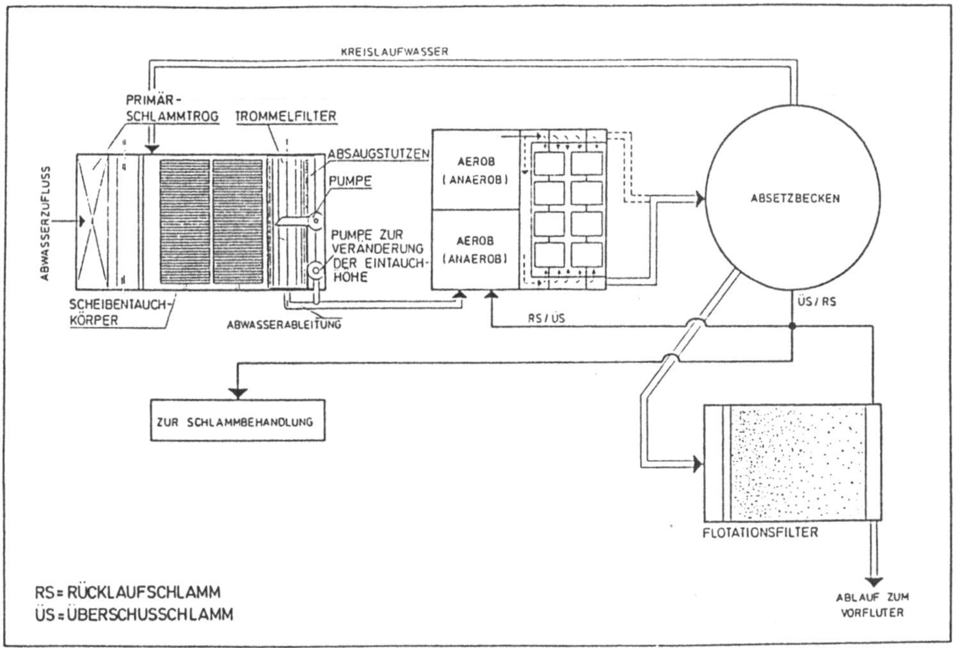

Abb. 2-24: Vorgeschaltete Denitrifikation über getauchte Festbetten und Nitrifikation über wechselseitig beaufschlagte Scheibentauchkörper

Denitrifikation nach der biologischen Vorklärung

Besonders bei hohen, gelösten organischen Zuflußkonzentrationen oder bei sehr hohen Flächenbelastungen des biologischen Elementes der biologischen Vorklärung ist auch eine zwischengeschaltete Denitrifikation möglich. Im ersten Teil der zweiten biologischen Stufe wird dazu außer dem Rücklaufschlamm das Kreislaufwasser aus dem Ablauf der Nitrifikationsstufe eingeleitet. Der Bekkeninhalt wird lediglich umgewälzt; der Sauerstoff des Nitrats wird durch dazu befähigte Mikroorganismen, die über das Kreislaufwasser bzw. über den Rücklaufschlamm eingetragen werden, über die Reduzierung des Nitrats zu elementarem Stickstoff, der gasförmig entweicht, genutzt.

Im Anschluß an die Denitrifikationszone werden in einem belüfteten Reaktor die verbliebenen gelösten Kohlenstoffverbindungen abgebaut, wobei die Betriebsbedingungen so gewählt werden, daß gerade noch keine Nitrifikation auftritt. Die aerobe Stufe stellt somit einen Puffer dar. Die Sauerstoffeintragsleistung bzw. eine Verlängerung der Denitrifikationszone (entlang des Fließweges) in den belüfteten aeroben Teil der zweiten biologischen Stufe kann über eine Nitratmessung im Ablauf der ersten unbelüfteten Zone geregelt werden.

Biologische Phosphatelimination

Die Einlagerung von Polyphosphaten als Reservestoff erfolgt im aeroben Bereich dann besonders stark, wenn die Mikroorganismen zuvor anaerobe Phasen überstehen müssen. Dazu wird entweder in ein zwischengeschaltetes Becken der Rücklaufschlamm mit dem filtrierten Abwasser aus dem Vorklärbecken eingeleitet und lediglich zur Vermeidung von Absetzvorgängen in Bewegung gehalten oder das biologische Element in der Vorklärung anaerob betrieben. Im folgenden Becken wird dann das Kreislaufwasser zur Denitrifikation dazugegeben und wie zuvor beschrieben weiterverfahren (vgl. Abb. 2-25). Eine derartige Verfahrensweise ist jedoch nur bei sehr hohen, gelösten organischen Belastungen sinnvoll.

Chemische Phosphor-Elimination

Das hier vorgestellte Beispiel einer intensivierten Abwasserreinigungskonzeption durch Vorschaltung eines biologischen Elements läßt sowohl eine Vorfällung in der Vorklärung als auch eine Simultanfällung in der Belebungsstufe oder/und im Einlauf zum Flotationsfilter bzw. bei zweistufiger Abtrennung eine Nachfällung nach dem ersten Absetzbecken zu.

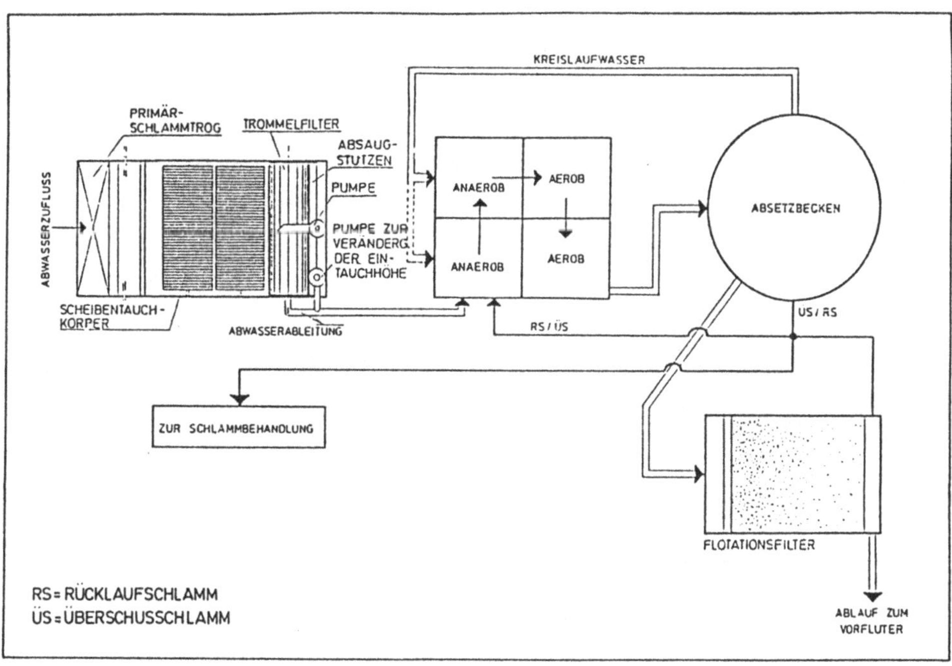

Abb. 2-25: Anaerobe biologische Vorklärung oder anaerobe erste biologische Hauptstufe zur verstärkten Inkorporation von Phosphat auf biologischem Wege

3. SCHLAMMBEHANDLUNG UND ENERGIEVERSORGUNG ALS INTEGRALER BESTANDTEIL DER ABWASSERREINIGUNG

Der Erfolg einer Optimierung respektive Sanierung eines Abwasserbehandlungsverfahrens ist eng verknüpft mit der Frage der geeigneten Schlammbehandlung und kostengünstigen Entsorgung des produzierten Schlammes bzw. der Nutzung der in Kläranlagen vorhandenen Energien. Die biologische Abwasserbehandlung ist zunächst immer gekennzeichnet durch die Umsetzung der gelösten organischen Verbindungen in Biomasse, die es anschließend weiterzuverarbeiten gilt. Die Art der Schlammbehandlung steht in enger Beziehung zur Art des Abwasserreinigungsverfahrens, da je nach Verfahren andere Schlammstrukturen entstehen oder z.B. beim Belebungsverfahren mit abnehmender Schlammbelastung der Schlamm mineralisiert und damit in seiner Struktur verändert wird und zum Teil wieder in Lösung geht. Erstaunlich ist, daß über die Strukturveränderungen und den gezielten Einsatz von Schlammbehandlungstechniken nur sehr spärliche Kenntnisse vorhanden sind (s. MÖLLER, 1983). Im allgemeinen weiß man nur, daß Primärschlämme mäßig bis gut entwässerbar sind und Sekundärschlämme wesentlich schlechter aufgrund des größeren gebundenen Wasseranteils, was auf die organischen und kolloidalen Teilchen zurückgeführt wird (s. Abschnitt 3.1).

Neben der Struktur ist beim Schlamm der organische Feststoffgehalt von Bedeutung, der bekanntlich ein Energieträger ist. Chemisch betrachtet wird der Kohlenstoff der gelösten Abwasserinhaltsstoffe durch die Biosynthese aufkonzentriert, wobei neben dem nicht abgebauten und adsorbierten Kohlenstoff, der über den Ablauf die Kläranlage verläßt, rund 50 % des gelösten, organischen Kohlenstoffs durch den Energiestoffwechsel der Mikroorganismen verbraucht wird und als CO_2 vorliegt. Mit zunehmendem Mineralisierungsgrad (sinkender Schlammbelastung und vermehrter endogener Atmung) erhöht sich die Kohlenstoffatmung, so daß immer weniger organische Substanz übrigbleibt. Bei der aeroben Schlammstabilisierung ist dieser Effekt erwünscht, bei einer getrennten aeroben oder anaeroben Stabilisierung aber weniger, da für die Selbsterwärmung im einen bzw. für die Faulgasproduktion im anderen Fall gerade hohe organische Anteile Voraussetzung sind. Da die Mineralisierung Sauerstoffverbrauch bedeutet und Sauerstoff unter Energieeinsatz in die biologische Stufe eingetragen werden muß, wird also bei niedrigen Schlammbelastungen mit Hilfe von Energie das Energiepotential vermindert.

Die technisch-wirtschaftliche Optimierung einer Kläranlage kann also nur unter gleichzeitiger Berücksichtigung der beiden Komponenten, Abwasser- und Schlammbehandlung, erfolgen, wobei der Grad der eigenen Energieversorgung einer Kläranlage Rolle unter betriebswirtschaftlichen Gesichtspunkten zu berücksichtigen ist. Beispiele für eine mangelnde Abstimmung einzelner Komponenten der Abwasser- und Schlammbehandlung bzw. der Energieversorgung untereinander gibt es in der Praxis überreichlich, in der Literatur sind sie nur selten (z.B. WOLF, 1981) dokumentiert. Es ist jedoch nicht Ziel dieser Arbeit, fehlerhafte Dimensionierungen aufzulisten, die im Rahmen der eigenen Untersuchungen in großer Zahl augenscheinlich geworden sind; vielmehr soll auf der Basis konventioneller, funktionierender Lösungen gezeigt werden, wie optimierte Lösungsansätze durch Integration der drei Komponenten Abwasserreinigung, Schlammbehandlung und Energieversorgung aussehen können.

3.1 ZIELE UND KRITERIEN DER SCHLAMMBEHANDLUNG

Die aus dem Abwasser entnommenen Stoffe müssen in eine Form gebracht werden, von der keine Belästigung für den Menschen mehr ausgeht oder eine Beeinträchtigung ökologischer oder bodenmechanischer Art entstehen kann. Neben Rechen- und Sandfanggut, die nicht den Schlämmen zugerechnet werden, werden in Kläranlagen Primär- und Sekundär- (Überschuß-)schlämme, fallweise auch Tertiärschlämme aus dritten Reinigungsstufen "produziert". Vor einer Verwertung (in kleineren Einzugsgebieten und bei unbedenklichen Schadstoffgehalten meist landwirtschaftlich als Naßschlamm, in großen Kläranlagen zunehmend energetisch durch Verbrennung) oder Deponierung, die wegen des Anfalls von Deponiesickerwasser nur eine vorübergehende Beseitigung darstellt, müssen die Schlämme stabilisiert, d.h. in eine indifferente Form überführt werden. Teilweise muß landwirtschaftlich zu verwertender Schlamm hygienisiert werden (Grünland). Vor einer Entwässerung wird der Schlamm i.d.R. konditioniert; für eine Deponierung müssen entsprechende Festigkeiten im Schlammkuchen erreicht werden.

Ziel der Schlammbehandlung ist es, den anfallenden Schlamm mit dem geringsten, betrieblich vertretbaren Aufwand in eine entsorgungsfähige Form zu bringen. Voraussetzung hierfür ist es, Schlamm nach betriebswirtschaftlichen Gesichtspunkten zu produzieren, d.h. den Schlammanfall zu minimieren, wenn eine landwirtschaftliche Verwertung eingeschränkt und Deponiekapazitäten knapp sind, sowie die Entwässerbarkeit durch eine entsprechende Verfahrensweise der Abwasserreinigungsanlage günstig zu beeinflussen und einen positiven Deckungsbeitrag aus einer anaeroben Stabilisierung mit Faulgasproduktion zu erzielen.

3.1.1 Flockenbildung und -zerfall

Die Aggregation von suspendierten Teilchen im Abwasser ist bereits als erste Stufe der Schlammbehandlung zu betrachten, da eine intensivierte Abwasserbehandlung größtmögliche, stoffwechselaktive Oberflächen voraussetzt, wie sie suspendierte Organismen aufweisen, während die Flockenbildung mit wachsendem Flockendurchmesser zu immer kleiner werdenden Oberflächen, dafür aber zu besseren Abtrenn- und Eindickeigenschaften führt. Flockenwachstum und -größe werden stark von biologischen Randbedingungen, die vor allem durch die Schlammbelastung charakterisiert werden können, und durch mechanische Beanspruchung (Scherkräfte infolge Turbulenz beim Transport der gebildeten Schlammflocken) beeinflußt. Die vorausgegangenen "Behandlungen" des Schlammes wirken sich vornehmlich im Verbrauch von Konditionier- und Flockungsmittel bei der Schlammentwässerung sowie auf die Größe der benötigten Entwässerungsaggregate, aber auch auf das benötigte Faulraumvolumen und damit auf die Kosten der gesamten Schlammbehandlung aus.

Allerdings sind heute weder die Mechanismen der Zellaggregation vollständig bekannt, noch ihre genetischen Bedingtheiten und ihre Abhängigkeit von den momentanen Umweltfaktoren (ESSER, KÜES, 1983). Insofern ist nicht eindeutig zu bewerten, ob in der Kläranlagenpraxis ein Schlamm "richtig" behandelt wird, d.h. mit dem geringst möglichen Aufwand an Betriebsmitteln. Es ist auch nicht damit zu rechnen, daß die derzeit noch geübte Praxis des Probierens bei der Auswahl von Entwässerungseinrichtungen und Konditionierhilfen in Bälde durch auf Gesetzmäßigkeiten basierenden Bemessungsvorschriften abgelöst werden könnte. Trotzdem gibt es eine Reihe interessanter Erkenntnisse, die bei ihrer Umsetzung in die Praxis eine günstige Schlammbehandlung erwarten lassen.

Aus den Untersuchungen zum Auftreten von Bläh- und Schwimmschlamm (RENSINK, 1982; LEMMER, 1985) sind einige wichtige Erkenntnisse über die Entwicklung spezieller Mikroorganismenstämme unter bestimmten Umweltfaktoren, wie Nährstoffangebot und -zusammensetzung oder Sauerstoffversorgung hervorgegangen, die ein deutliches Bild der Anpassungsfähigkeit von Mikroorganismen an die gerade vorherrschenden Lebensbedingungen wiedergeben (vgl. KUNZ, FRIETSCH, 1986; s. auch Abschnitt 2.1.1). Bläh- und Schwimmschlämme entwickeln ein intensiv verzweigtes Netzwerk, das kaum absetzbar, dafür aber gut eindickbar ist (ZLOKARNIK, 1985). Flotierende Schlämme stellen den einen Extremfall - nämlich den der großvolumigen Flocken - dar, während den anderen die zunächst suspendierte Einzelbakterie darstellt.

Grundsätzlich gibt es zwei Wege, auf denen eine Flocke gebildet werden kann: zum einen durch Aggregation mehrerer Organismen, zum anderen durch die Vermehrung einzelner, freier Bakterien in einem Zellverband. Ohne hier auf die Grundlagen im einzelnen eingehen zu können, ist davon auszugehen, daß bei den üblichen Randbedingungen die Biokolloide - physikalisch betrachtet - relativ stabil sind, sowohl was die Aggregation von Bakterien untereinander als auch mit Mineralien anbelangt (EPPLER, 1980; BUSCH, STUMM, 1968). Für das Zustandekommen einer Mikroflocke (Größenordnung zwischen 1 und 100 µm) müssen also vielmehr biologische Effekte eine Rolle spielen: Darunter ist die Brückenbildung durch Biopolymere, den Zellwänden und den sie umgebenden Schleimhüllen, die von den Mikroorganismen in Abhängigkeit von den klärtechnischen Randbedingungen gebildet werden, zu verstehen (TENNEY, STUMM, 1965; PAGGA, 1975; ATKINSON, DAOUD, 1976). Insbesondere dürfte der Wechsel von Nährstoffreichen- und Hungerphasen für die Flockenbildung (WILDERER, SCHROEDER, 1986) sowie die Schlammbelastung bzw. deren zeitliche Änderung für das Flockenbildungspotential die entscheidende Rolle spielen.

Nach Untersuchungen von HARTMANN (1960) entsteht die Belebtschlammflocke durch peripheres Wachstum einzelner Keime zu Bakterienkolonien. Infolge der Nährstoffzufuhr bilden sich aus unterschiedlichen Arten zusammengesetzte Bakterienkolonien in den Randzonen der Belebtschlammflocke aus. Die Belebtschlammflocke wächst unregelmäßig und ist gekennzeichnet durch die verminderte Stoffwechselaktivität der innen angesiedelten Organismen, die über die Entphosphorilierung und Calciumphosphatbildung (anaerobe Degeneration der im Innern der peripher wachsenden Flocke unterversorgten Zonen) zu einer Verdichtung und Beschwerung der Flocke führt. Derartige Belebtschlämme, wie sie aus hochbelasteten Belebungsverfahren resultieren, lassen sich - empirisch erwiesen - in der Regel gut absetzen und entwässern. Diese Art der Inaktivierung der Biomasse tritt aber nur bei hoher Schlammbelastung ein, bei niedriger Belastung wachsen die Bakterien nur langsam und bilden kleine Flocken.

Inwieweit für die Absetzbarkeit von Belebtschlammflocken suspendierte Ton- und Quarzpartikel ausschlaggebend sind, ist bislang nicht geklärt. Neben der plausiblen Vorstellung, daß die im Abwasser vorhandenen Mikroorganismen überwiegend sessilen Charakter haben (Darmflora, Destruenten in Oberflächengewässern) und Aufwuchsflächen benötigen, ist aufgrund der o.a. hohen Stabilität von Kolloiden eher denkbar, daß die Belebtschlammflocken auf die suspendierten Feststoffe wie ein Wirbelbettfilter wirken und die freischwimmenden Teilchen erst in die größeren Belebtschlammflocken eingebettet werden. Die beim Kompaktreaktor gemachten Erfahrungen (VOGELPOHL, 1986) unterstreichen die zweite These: durch hohe Scherkräfte werden die Flocken klein gehalten, trotzdem bildet sich eine sehr gut absetzbare Schlammflocke in der Nachklärung aus. Demzufolge ist weiterhin zu vermuten, daß nicht so sehr die Größe der Belebtschlammflocke in der Belebung für eine wirkungsvolle Abtrennung in der Nachklärung ausschlaggebend ist, als vielmehr das Potential der Flocke zur Vernetzung mit anderen Flocken.

Voraussetzung für eine weitgehende Entnahme der Feststoffe aus dem Abwasser ist eine ausreichende Teilchengröße (s. d. im einzelnen BENDER, KOGLIN, 1986). Nach SEYFRIED (1976) liegt diese für die Sedimentation bei dem vorhandenen Dichtespektrum des Abwasserschlammes von 1,0 bis 2,5 g/cm³ oberhalb von 100 µm. Für die Flotation sind ähnliche - eventuell etwas kleinere - Größenordnungen anzunehmen. Für eine wirkungsvolle Klärung des Abwassers müssen aber auch die verbliebenen suspendierten Teilchen aus dem Abwasser entfernt werden. In Anlagen mit hohem Schlammalter und der damit verbundenen Ansiedlung von Sekundärfressern erfolgt die Elimination über eine biomechanische Filtration; deshalb ist im Ablauf derartiger Anlagen die Anzahl der freischwimmenden Bakterien gering. Problematisch ist jedoch die geringe Stabilität des Sekundärschlammgebildes. Die schlechte Entwässerbarkeit von aerob simultan stabilisierten Schlämmen bzw. von Schlämmen aus nitrifizierenden Anlagen, die teilweise auch stabilisieren, ist bekannt (vgl. LOLL, 1984b).

Es ist zu vermuten, daß bei der Anwendung synthetischer Flockungsmittel die gleichen Mechanismen ablaufen, wie sie durch natürlich gebildete Biopolymere hervorgerufen werden. Umgekehrt dürften dann auch die Modelle zur Beschreibung der Flockung auf die Vorgänge bei der natürlichen Flockenbildung anwendbar sein. In der Literatur werden das Brücken-, das Mosaik-, das Gelbildungs- und das Reaktionsbrückenbildungsmodell (Abb. 3-1; SMELLIE, LA MER, 1958; STAUFF, 1960; SMOLUCHOWSKI, 1917; VINCENT, 1974; AKERS, 1978) diskutiert. In allen Fällen geht es um eine ensprechende Destabilisierung der Dispersion und um die Ausbildung eines Netzwerks.

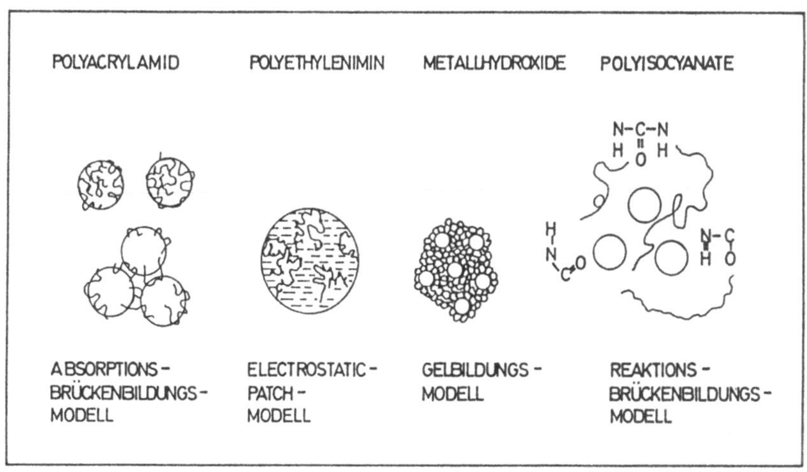

Abb. 3-1: Flockungsmodelle (BURKERT, HORACEK, 1986)

Aus der resultierenden Belastung aus Schub- und Torsionskräften, die auf die Belebtschlammflocken wirken, stellt sich ein strömungstechnisch günstiges Flockengebilde ein (s.d. im einzelnen die Zusammenstellung der Flocken-zerstörenden Kräfte, z.B. LAUBENBERGER, 1970; KUNZ, 1981). Mit der Verfrachtung dieser Belebtschlammflocken in die Nachklärung wird eine zweite Phase des Flockenwachstums eingeleitet, die nunmehr im Gegensatz zur ersten vorwiegend durch die Vernetzung von Flocken untereinander zustande kommt. Für die spätere Eindickbarkeit und Entwässerbarkeit ist weiterhin die Porosität (s. KOGLIN, 1977) und Stabilität der Sekundärschlammflocken von Bedeutung. Von Einfluß hierauf dürfte sein, welche Fädigkeit die Belebtschlammflocke aufweist (BARBER, VEENSTRA, 1986; vgl. Abb. 3-2) und wie aktiv die Biopolymere an der Zelloberfläche sind.

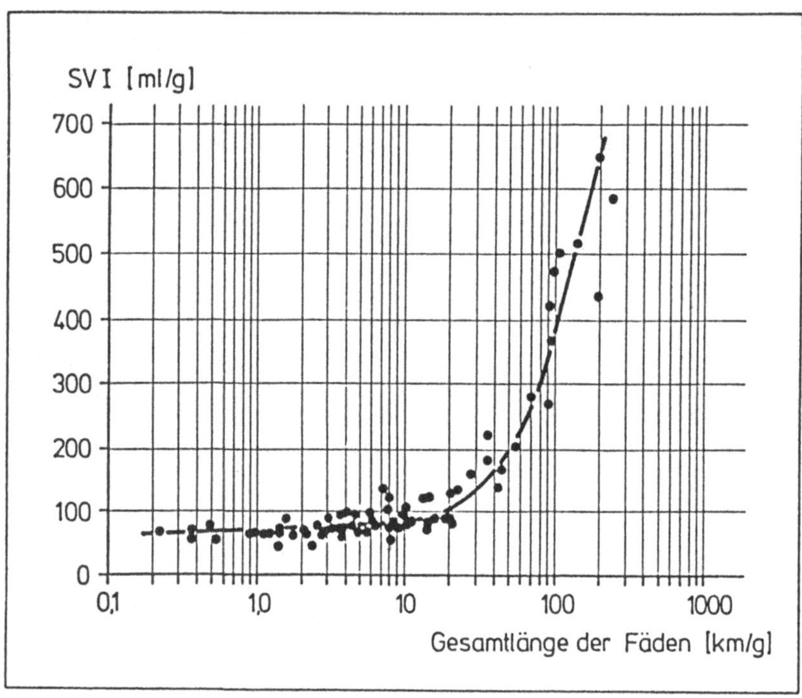

Abb. 3-2: Einfluß der aus den Flocken herausragenden Fäden auf die Absetzeigenschaften von Belebtschlamm (BODE et al., 1982)

Es liegt nahe, daß mit zunehmender Fadenlänge die Vernetzung der Flocken früher beginnt, wodurch die Absetzbarkeit behindert, die Flotierbarkeit verbessert wird. Während für den Absetzvorgang kompakte, schwere Flocken günstig sind, können leichte, zu Netzwerken neigende Flocken vorteilhaft in Flota tionsanlagen abgetrennt werden. Nach JEDELE (1985) ist ab einem Schlammvolumenindex von etwa 150 ml/g die Flotation günstiger als die Sedimentation (Erhöhung des Feststoffgehaltes im Rücklaufschlamm, vermindertes Schlammvolumen in der Sekundärschlammbehandlung).

3.1.2 Eindickung und Entwässerung

Auf die Eindickung und Entwässerung von Schlamm soll im Rahmen dieser Arbeit nur soweit eingegangen werden, wie für die Auswahl eines wirtschaftlichen Schlammbehandlungsverfahrens notwendig ist. Die große Bedeutung der Eindikkung liegt darin, daß mit wenig Aufwand eine große Volumenverminderung erreicht werden kann, sofern die vorausgegangene "Behandlung" des Schlammes die Struktur der Flocken nicht nachteilig verändert hat. Besonders die Erhöhung des Anteils kolloidaler Partikel beim Transport des Schlammes vergrößert das Wasserbindungsvermögen der Schlämme (MÖLLER, 1985b). Da das Eindick- und Entwässerungsvermögen der Schlämme sich verschlechtert, steigt der Energieaufwand zur Trennung von Feststoffen und Flüssigkeit. Mit der Volumenverminderung (s. Abb. 3-3) ändert sich auch die Schlammbeschaffenheit (BASERGA, 1984).

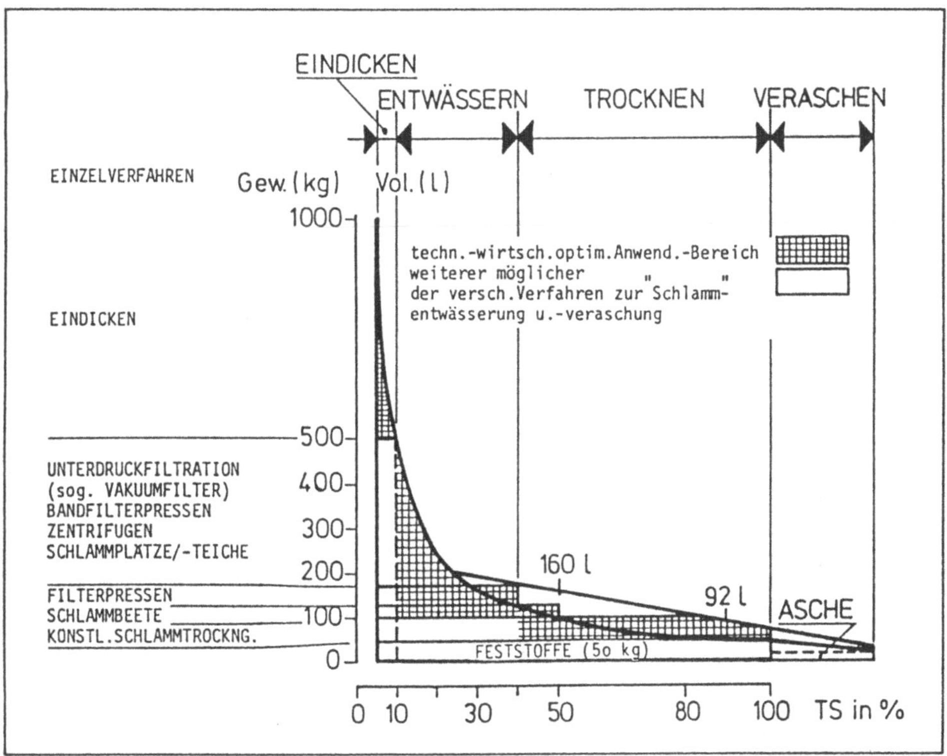

Abb. 3-3: Anwendungsbereiche sowie optimale Wahl, Zuordnung und Kombination verschiedener Schlammbehandlungsverfahren (ATV, 1978)

Von ausschlaggebender Bedeutung für die durch Eindickung unter Schwerkraft, durch Auftrieb oder maschinell in Dekantierzentrifugen bzw. Siebtrommelreaktoren erzielbaren Feststoffgehalte (bzw. resultierenden Schlammvolumina) ist die Beschaffenheit des Schlammes, die durch

- die Aufenthaltszeit des Schlammes im Eindicker (durch Anfaulen und Gasbildung vermindert sich der Kompressionsdruck),
- die Art und Häufigkeit der Schlammförderung und
- eine fallweise Vorkonditionierung (meist mit Polyelektrolyten als Flokkungshilfsmittel)

beeinflußt wird. In Tabelle 3-1 sind einige Erfahrungswerte hierzu zusammengestellt. Unter Berücksichtigung der Energiekosten, der erzielbaren Feststoffgehalte und der Rückbelastung der Abwasserreinigungsanlage ist nach SEYFRIED und HEPCKE (1984) die Flotation des Überschußschlammes im Bereich der heute üblichen Schlammbelastungen das wirtschaftlichste Eindickverfahren; für besonders hohe Feststoffgehalte und schlecht entwässerbare Schlämme hat die maschinelle Eindickung betriebswirtschaftliche Vorteile.

Tabelle 3-1: Erreichbare Feststoffkonzentrationen durch Eindickung (nach KALBSKOPF, 1971 und SEYFRIED und HEPCKE, 1984)

Schlammart	erreichbare Feststoffkonzentrationen ohne Konditionierung in (%)	
	Eindickung	Flotation
Primärschlamm		
Glühverlust über 65 %	5 - 7	5 - 12
Glühverlust unter 65 %	7 - 12	-
Primär- u. Sekundärschlamm aus Belebung		
mit Index über 100 ml/g	3 - 5	5 - 8
mit Index unter 100 ml/g	4 - 8	-
Sekundärschlamm		
bei Vorklärung u. B_{TS} 0,3	max. 2	3 - 6
ohne Vorklärung u. B_{TS} 0,05	max. 3	-
Faulschlamm		
aus VKB	8 - 14	-
aus Belebung	6 - 9	-

Vor eine Schlammentwässerung wird in aller Regel eine Konditionierung, d.h. eine physikalische, biologische oder chemische Vorbehandlung (biologisch = Stabilisierung in Abschnitt 3.1.3) zur Erleichterung des Wasserentzugs vorgeschaltet. Durch die Konditionierung werden die oberflächenchemischen Eigenschaften der Schlammbestandteile noch einmal so verändert, daß einerseits das restliche, durch die Eindickung nicht abgetrennte Zwischenraumwasser besser abfließen bzw. das Haft- oder Adhäsionswasser überhaupt abfließen kann (vgl. Abb. 3-4). Das Wasserbindungsvermögen der Schlammsuspension wird von den darin enthaltenen Stoffen bestimmt: organische Inhaltsstoffe haben ein sehr großes, die kolloidalen und gelartigen Bestandteile in Sekundärschlämmen aus Belebungsanlagen und Hydroxidschlämmen ein extrem großes Wasserbindungsvermögen (MÖLLER, 1985b).

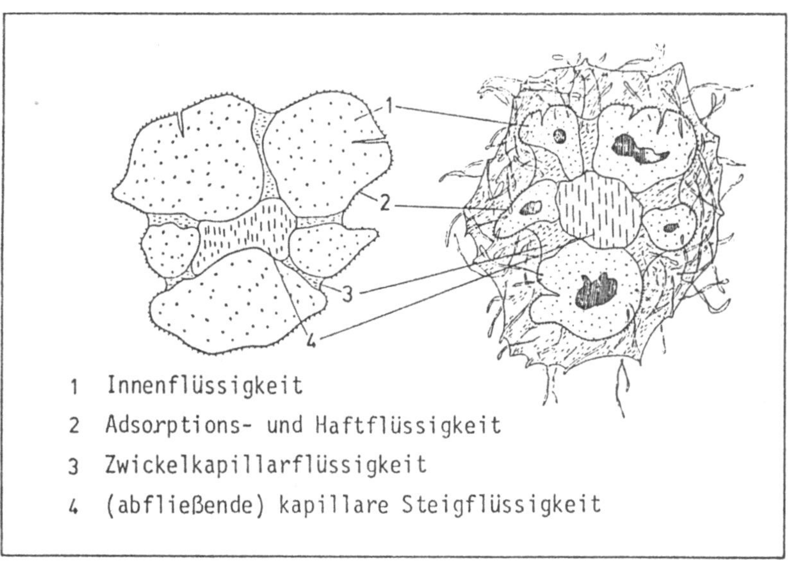

Abb. 3-4: Schematische Darstellung des im Schlamm gebundenen Wassers (BATEL, 1961 links und eigene Darstellung)

Die benötigten Konditioniermittelmengen hängen von der Art und Struktur des Konditioniermittels (anorganische Metallsalze, organische Polyelektrolyte, Kalk, Flugasche, Kohle bei Verbrennung), besonders aber von der Schlammbeschaffenheit, von der zu flockenden Oberfläche vom Feststoffgehalt ab: Mit zunehmendem Feinanteil der Schlammpartikel in der Suspension (häufige Transportvorgänge, hohe mechanische Beanspruchungen) werden wachsende Mengen Flockungsmittel benötigt. Auch die vorausgegangene biologische Behandlung (s.o.) beeinflußt die Flockungsneigung über das Maß an noch vorhandenen, aktiven Biopolymeren (NOVAK, HAUGEN, 1978). Eine Regelung der Flockungsmitteldosierung (SANDER, 1979 und 1980; ENGLMANN und HEGEMANN, 1985) ist aus wirtschaftlichen Gründen und zur Vermeidung einer Restabilisierung bei Überdosierung angezeigt.

Die mechanische Flüssigkeitsabtrennung aus Klärschlämmen wird im wesentlichen durch die Korngröße und Dichte der suspendierten Teilchen beeinflußt. Die Abtrennung wird mit kleiner werdenden Teilchen (geringere Porosität des Kuchens) bzw. geringeren Dichteunterschieden zwischen Feststoff und Flüssigkeit schwieriger. Voraussetzung für einen hinreichend hohen (d.h. wirtschaftlichen) Abscheidegrad ist jedoch eine ausgewogene Größenverteilung, hohe Porosität und hohe Festigkeit der Agglomerate, da eine dichte Packung des Schlammkuchens nur zustande kommt, wenn schon zu Beginn der Kuchenbildung der Aufbau eine hohe Porosität aufweist, damit das abgetrennte Wasser auch abfließen kann. Mit zunehmender Festigkeit der Agglomerate ist ein geringer Filtrationswiderstand auch bei großer Druckdifferenz gewährleistet. Die Abscheideleistung ist nur solange gut, wie die Agglomerate in der Nähe des Filtermittels den hohen Scherbeanspruchungen standhalten (KOGLIN, 1984). Bei den maschinellen Entwässerungsprinzipien, die in Bandfilter-, Kammerfilterpressen und Dekantierzentrifugen angewendet werden, spielen die drei genannten Parameter eine unterschiedliche Rolle, weshalb nicht jedes Aggregat für jeden Schlamm gleichermaßen geeignet ist (s. im einzelnen HEINRICH, 1977).

3.1.3 Stabilisierung und Hygienisierung

Der Zweck der Stabilisierung des Schlammes, die aerob oder anaerob, aber auch chemisch durch Naßoxidation bzw. chemisch-physikalisch mittels Branntkalk oder thermisch durch Verbrennung erfolgen kann, ist die Mineralisierung der organischen Substanz, so daß anschließend biologische oder chemische Umsetzungsprozesse nur noch sehr begrenzt und sehr langsam ablaufen. Durch die Verminderung der organischen Anteile wird der Schlamm auch konditioniert, da - wie erwähnt - die organischen Bestandteile ein hohes Wasserbindungsvermögen aufweisen. Der Grad der Stabilisierung wird bei der anaeroben Behandlung am Gehalt an oTS und an organischen Säuren beurteilt (KAPP, 1984a).

Aufgrund der Verschärfung der Klärschlammaufbringungsverordnung bzgl. einer Gründland-Verwertung und der nach wie vor anzustrebenden Rückführung von Klärschlamm in den natürlichen Stoffkreislauf (SCHENKEL, 1985; KUNZ, BÖHM, 1984) sind die möglichen Klärschlammstabilisierungsverfahren auch im Zusammenhang mit einer Hygienisierung zu sehen. Obwohl fallweise infolge unwirtschaftlicher Transportentfernungen (maximale Ausbringung: 5 t TS/ha 3a) oder erhöhter Schwermetallgehalte (Richtwerte nach AbfKlärV, 1982) die landwirtschaftliche Verwertung für den gesamten Schlammanfall nicht mehr in Betracht kommt, stellt die Verwertung von Teilmengen eine wirtschaftlich interessante Ergänzung dar. Eine entsprechende Verwertung ermöglicht folgende Verfahren, die in der angegebenen Literatur eingehend beschrieben sind.

- Mesophile Faulung (ROEDIGER, 1967; SIXT, 1985) in Kombination mit einer
  - -- Nachkalkung (GEHRKE, 1984),
  - -- aerob thermophilen Vorpasteurisierung (RIEGLER, 1981; MEYER, REIMANN, 1982; DICHTL, 1984; WECHS, 1985),
  - -- thermischen Vorpasteurisierung (ROEDIGER, 1985a).
- Aerob thermophile Stabilisierung (LOLL, 1984a).
- Flüssigkalkung (nur Teilhygienisierung; GEHRKE, 1984).

Mit dem Vergleich der einzelnen Verfahren im Hinblick auf ihre Praktikabilität und Wirtschaftlichkeit haben sich vor allem RIEGLER (1981) und ROEDIGER (1985a) sowie LESSEL (1986) unter dem Gesichtspunkt der Hygienisierung beschäftigt.

Bei der mesophilen Faulung, die als Standardverfahren der Schlammstabilisierung ab mittleren Kläranlagenausbaugrößen angesehen werden kann, vermindert sich der Feststoffgehalt im Faulschlamm gegenüber dem Rohschlamm um rund ein Drittel durch Umwandlung der ungelösten organischen Substanz in gelöste und gasförmige (CH_4, CO_2) Verbindungen. Bei einer Kalkbehandlung (rund 350 g CaO/kg TS) wird die Verminderung des Feststoffgehalts wieder ausgeglichen. Problematisch bei allen biologischen Stabilisierungsverfahren ist jedoch, daß die im Zuge der Abwasserbehandlung bzw. Eindickung entstandenen Flocken durch den mikrobiellen Abbau der Feststoffe teilweise wieder zerstört werden, zumal auch die Bindeglieder (Biopolymere) abgebaut werden dürften. Erstaunlich ist, daß RIEGLER (1981) kaum Unterschiede in der Entwässerbarkeit zwischen aerob-thermophil stabilisierten und mesophil ausgefaulten Klärschlämmen feststellen konnte, obwohl bei der gleichartigen simultanen aeroben Stabilisierung in Belebungsbecken (vgl. Abschnitt 3.1.1) schlecht entwässerbare Schlämme entstehen. LOLL (1984b) berichtet jedoch - wie aufgrund obiger Überlegungen zu erwarten ist - davon, daß aerob thermophil stabilisierter Schlamm schlecht eindickbar ist, was auch für die Entwässerbarkeit angenommen werden kann.

Von daher ist die aerob-thermophile Stabilisierung als alleiniges Verfahren bzw. als Vorpasteurisierung in Kombination mit einer nachgeschalteten Faulung dann wirtschaftlich interessant, wenn der Klärschlamm flüssig entsorgt werden kann. Nach ROEDIGER (1985a) ist die wirtschaftliche Obergrenze der aeroben Stabilisierungsverfahren bei etwa 20.000 EGW oder 1600 kg TS/d zu ziehen. Darüber ist die Faulung mit Vorpasteurisierung oder Nachkalkung wirtschaftlicher. Die Vorpasteurisierung vor einer Faulung erwies sich zwar kostenmäßig ungünstiger als die Nachkalkung jedoch die Eindickeigenschaften des Faulschlammes werden günstig beeinflußt. Ob durch die Vorpasteurisierung der Faulprozeß intensiviert werden kann, ist umstritten (WECHS, 1985; KELLER, BERNINGER, 1984). ROEDIGER (1986) empfiehlt in jedem Fall - auch bei intensiver Umwälzung - die Faulung auf 15 Tage Faulzeit zu dimensionieren (s.a. KUNZ, TOUSSAINT, 1987).

3.1.4 Ansatzpunkte zur Optimierung der Schlammbehandlung

Da die Auswahl des Abwasserreinigungsverfahrens, wie in Kapitel 1 erläutert wurde, von den Möglichkeiten der Schlammentsorgung abhängig gemacht werden muß, ergeben sich von daher in der Rückkopplung Prämissen, die eine ganz bestimmte Schlammbehandlungslinie vorteilhaft erscheinen lassen. In Abbildung 3-5 sind die für kleinere und mittlere Kläranlagenausbaugrößen in Frage kommenden Elemente einer Schlammbehandlung zusammengestellt. Aus diesen sieben Behandlungslinien ist die auszuwählen, die die geringsten Jahreskosten erwarten läßt. Problematisch dabei ist, daß meistens die Beschaffenheit des zu behandelnden Schlammes in der Planungsphase nicht bekannt ist und - was noch gravierender sein kann - die Möglichkeiten der Entsorgung und Anforderungen an die Schlammqualität sich ändern können, wenn z.B. Landwirte aus der Umgebung den Klärschlamm nicht mehr oder nicht mehr flüssig abnehmen, so daß größere Transportentfernungen in Kauf genommen werden müssen, oder Schwermetallgehalte, Hygienisierungserfordernisse entsorgungsrelevant werden bzw. Deponieanforderungen erfüllt werden müssen.

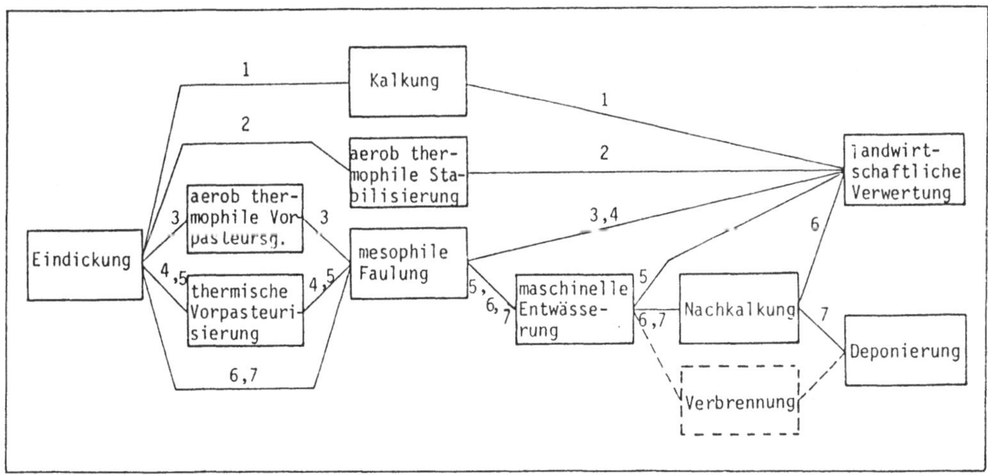

Abb. 3-5: Schlammbehandlungsketten für eine vorteilhafte Schlammbehandlung

Vor allem der zuletzt genannte Gesichtspunkt macht eine flexible Handhabung der installierten Schlammbehandlungselemente notwendig. Wichtig ist, daß im Grunde eine Änderung der zuvor aufgeführten Parameter auch automatisch zu einer Veränderung der optimalen Schlammbehandlungskette führen kann. Da man jedoch in der Praxis die Verfahren nicht grundsätzlich gegeneinander austauschen kann, muß im Grunde das gewählte Verfahren gegenüber anderen so vorteilhaft sein (Sensitivitätsanalyse), daß auch mögliche Schwankungen der Eingangsgröße nicht grundsätzlich andere Verfahren günstiger werden lassen.

Wie man aus Abbildung 3-5 sehen kann, stellt die mesophile Faulung ein sehr flexibles Element dar, dem je nach Bedarf und Schlammbeschaffenheit im Hinblick auf das Entsorgungsziel verschiedene Elemente hinzugefügt werden können. Neben dem Flexibilitätsaspekt spielt auch der Speicheraspekt bei der Faulung eine wichtige Rolle (Verfügbarkeit, s. DICKGIESSER, 1981), vor allem aber auch die Möglichkeit, einen Teil des organischen Kohlenstoffs des Abwassers in einen speicherfähigen Energieträger umwandeln und damit zumindest teilweise den Energiebedarf einer Kläranlage abdecken zu können.

Nach der Auswahl einer geeigneten Schlammbehandlungskette (s. Abb. 1-6), die mit dem Verfahren von IRMER (1977) erfolgen kann, ist nun in ähnlicher Weise, wie das im Rahmen dieser Arbeit für die Abwasserreinigung gezeigt wird, die Schlammbehandlungskette in sich zu optimieren: Zum Beispiel ist zu prüfen, ob das erforderliche Faulbehältervolumen durch die Vorschaltung einer maschinellen Eindickung sinnvoll verkleinert werden kann (s. KAPP, 1984a). In Anbetracht der zur Zeit der Planung häufig unbekannten und auch bei bestehenden Anlagen wechselnden Schlammbeschaffenheiten haben derartige Optimierungsrechnungen jedoch nur einen begrenzten Informationswert.

Im Rahmen dieser Arbeit wird aus diesem Grund ein etwas anderer Ansatz verfolgt, zumal in den meisten Kläranlagen inzwischen bereits Investitionen für Schlammbehandlungsanlagen getätigt sind. Und zwar werden im folgenden Gesichtspunkte zur Optimierung einer bestehenden Schlammbehandlungsanlage erläutert. Zielsetzung ist es dabei, die am besten geeigneten Verfahren so miteinander zu kombinieren, daß der produzierte Schlamm mit dem geringsten Mitteleinsatz in eine entsorgungsfähige Form gebracht werden kann. Kriterien der Optimierung einer Schlammbehandlung sind dabei im wesentlichen
- die Ausfaulbarkeit und
- die Eindick- und Entwässerbarkeit (möglichst ohne Zusätze).

Bei dem in Abschnitt 2.4 beschriebenen Verfahren sind z.B. diese Kriterien bereits berücksichtigt.

Getrennte Behandlung von Primär- und Sekundärschlamm

Bisher versucht man in vielen Kläranlagen die Entwässerungsmöglichkeiten von Sekundärschlamm dadurch zu verbessern, daß er in die Vorklärung gegeben und mit dem Primärschlamm vermischt wird. Dadurch werden die Strukturen der beiden unterschiedlichen Schlämme verändert, vor allem aber werden vermutlich die kolloidalen Teilchen ausgeschwemmt (wie bei der Schlammwaschung). Sie gelangen dann erneut in die Belebungsstufe, wo die Möglichkeit besteht, daß sie in Belebtschlammflocken eingebunden werden. Teilweise gelangen sie aber wohl auch als suspendierte Teilchen in den Ablauf.

Ein Optimierungsansatz, bei dem die spezifischen Merkmale der unterschiedlich produzierten Schlämme besser berücksichtigt werden (KUNZ, 1986c), besteht darin, den gut entwässerbaren Primärschlamm vollkommen getrennt vom Sekundärschlamm zu behandeln, und dabei auch den Primärschlammanfall zu steigern, indem weitgehend die nicht absetzbaren, ungelösten Stoffe vor der Sekundärschlammstufe aus dem System herausgenommen werden (Vorteil: Vermeidung der Umwandlung von Feststoffen in Biomasse). Aufgrund der schlechteren Entwässerbarkeit des Sekundärschlammes ist es außerdem angezeigt, nur noch so wenig wie möglich Sekundärschlamm überhaupt zu produzieren (z.B. durch gezielte Ansiedlung von Bakterienfressern). Dabei ist sogar zu prüfen, ob nicht eine vollständige Mineralisierung (d.h. "keine" Überschußschlammproduktion) günstiger ist als eine weitgehende Schlammentwässerung zur Deponierung.

Die Wirkung einer Erhöhung des Primärschlammanfalls auf andere Prozeßstufen einer Kläranlage ist in Abschnitt 2.4 diskutiert. Aus der Auftrennung der Schlammbehandlungswege für Primär- und Sekundärschlamm ergeben sich folgende Gesichtspunkte für die Schlammbehandlung:

- Kompakter, gut entwässerbarer Primärschlamm; evtl. leichter, flotierbarer Sekundärschlamm aus Belebungsstufen.
- Hoher organischer Anteil im Primärschlamm (Faulgaspotential) und geringer im Sekundärschlamm infolge Mineralisierung.
- Günstige Auswirkungen auf die Nettoenergiebilanz versus steigender Betriebsmittelaufwand für die Stabilisierung des Sekundärschlammes.
- Trennung in schwermetallangereicherten Primär- und abgereicherten Sekundärschlamm zur landwirtschaftlichen Verwertung, zumindest einer Teilmenge.

Mehrstufige Eindickung und Entwässerung

Durch Sedimentation oder Flotation lassen sich mit verhältnismäßig geringen Kosten große Wassermengen aus dem Schlamm abtrennen (Abb. 3-6). Eine weitgehende Eindickung (Begrenzung: maximal möglicher Feststoffgehalt in einer Faulung, Transportierbarkeit in Rohrleitungen) vermindert die Kosten nachfolgender Behandlungsstufen, da die Reaktoren kleiner und die Mengen, die aufgeheizt und transportiert werden müssen, geringer werden. Mit steigenden Feststoffgehalten sind zwar auch spezifisch höhere Flockungsmittelmengen erforderlich, absolut nimmt aber der Chemikalienbedarf ebenfalls ab.

Ein Ansatz zur Optimierung - auch einer bestehenden - Schlammbehandlungskette besteht nun in einer mehrstufigen Schlammwasserabtrennung unter Verwendung möglichst derselben oder austauschbarer Aggregate, wie in Abbildung 3-7 am Beispiel Dekantierzentrifuge und Kammmerfilterpresse gezeigt. Dabei wird der Rohschlamm zunächst auf 8 bis 12 % TS (s. BAUER, BÖWE, 1984; entsprechend bis

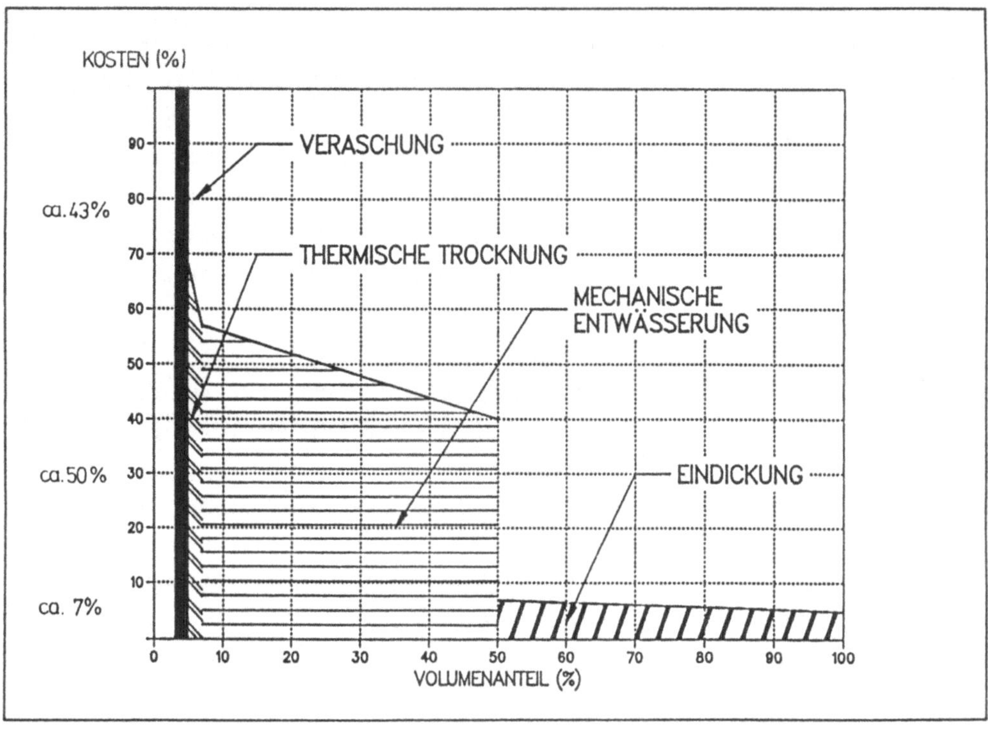

Abb. 3-6: Kostenrelation für verschiedene Volumenverminderungsstufen von Klärschlamm (SEYFRIED, HEPCKE, 1984)

etwa 9 % oTS, s. KAPP, 1984a) vorentwässert/voreingedickt und nach der Faulung nochmals nachentwässert/nacheingedickt. Auf die Zugabe von Flockungsmitteln kann bei Dekantierzentrifugen verzichtet werden, wenn es nur um eine möglichst weitgehende Eindickung geht (TOUSSAINT, 1984). Ein Feststoffgehalt im eingedickten Faulschlamm von etwa 16 % ist dann erreichbar, wenn bereits der Rohschlamm nur noch geringe Mengen kolloidaler Teilchen enthält und die verbliebenen Kolloide bei der Faulung abgebaut werden. Zentrifugen neuerer Bauart sind bzgl. Drehzahl und Differenzdrehzahl über einen ausreichenden Bereich regelbar, so daß beide Trennaufgaben mit dem gleichen Aggregat bewältigt werden können. Bei Verwendung anderer Eindickmaschinen (z.B. Filtertrommeln) müssen auf jeden Fall polymere Flockungsmittel zugesetzt, beim nachgeschalteten Aggregat kann auf die Zugabe von Flockungsmitteln teilweise verzichtet werden (DAUCHER, SANDER, 1985).

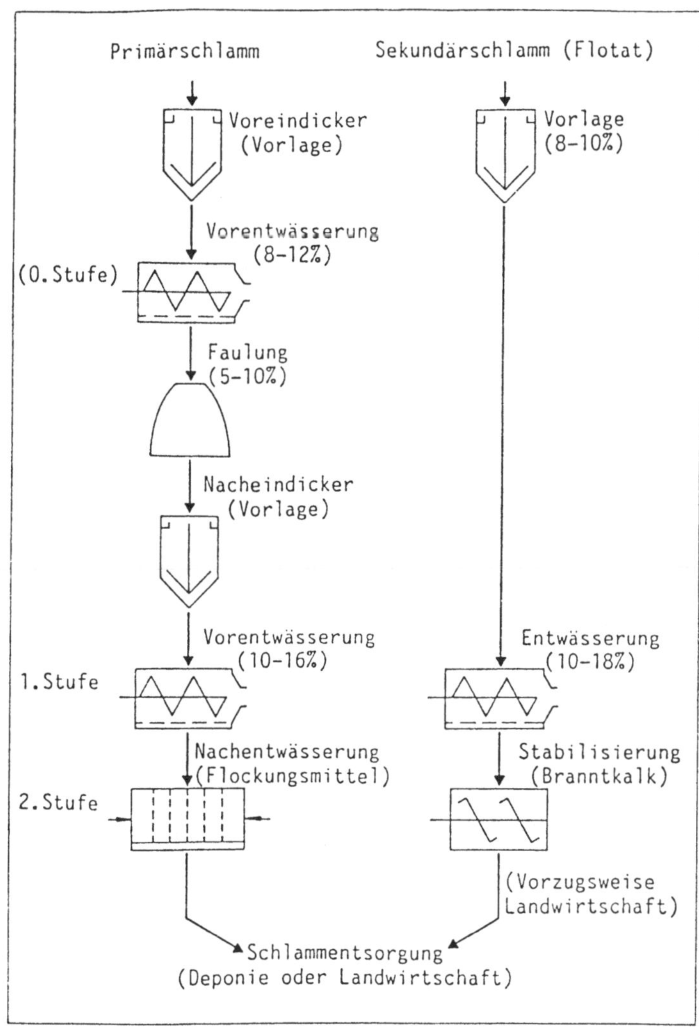

Abb. 3-7: Mehrstufige Schlammentwässerung/-eindickung bei getrennter Schlammbehandlung (KUNZ, 1986c)

Hintergrund der Überlegungen für eine mehrstufige Schlammentwässerung ist es, durch Verfahren, die an das Entwässerungsverhalten des jeweiligen Schlammes angepaßt sind, das im Schlamm gebundene Wasser (vgl. Abb. 3-4) von den Feststoffen mit dem geringstmöglichen Aufwand abzutrennen. Dazu ist die Kenntnis der jeweiligen Trenncharakteristik und der Schlammbeschaffenheit Voraussetzungen zung. Ein wesentlich kleinerer Mengenstrom läßt sich gezielter mit entsprechenden Struktur- oder Flockungsmitteln versetzen und entwässern. Dabei kann es unter Umständen von Vorteil sein, wenn die maschinelle Eindickleistung nur auf etwa 20 bis 25 % Feststoffgehalt ausgelegt wird und eine Nachbehandlung z.B. mit Branntkalk erfolgt. Im Hinblick auf die inzwischen stärker zu berücksichtigenden Festigkeiten des Schlammes als Deponiererfordernis dürfte fallweise auch diese Art der Nachbehandlung besonders geeignet sein. Ein zwischenzeitliches "Absitzenlassen" des eingedickten bzw. vorentwässerten Schlammes wirkt sich meist günstig auf die Entwässerungsleistung der zweiten Entwässerungsphase aus (OTTE-WITTE, 1986).

Vorteile einer mehrstufigen Schlammeindickung/-entwässerung sind:

- Aufsplittung der Funktionen einer Schlammentwässerung in Abtrennung von Hohlraum- und Zwickelwasser.
- Unterschiedliche Einsetzbarkeit der einzelnen Aggregate zur Primär-/Sekundär-/Faulschlammentwässerung.
- Von der Investition und dem Betrieb her teurere Aggregate können kleiner gewählt und spezifischer eingesetzt werden.
- Verringerter Flockungsmittelverbrauch.
- Höhere Feststoffgehalte sind im Endeffekt möglich.

Die möglichen Einsparungen durch verringerte Volumenströme und Reaktorengrößen können jedoch in der Praxis nicht voll realisiert werden, wenn man auch die Systemverfügbarkeit als Kriterium berücksichtigt (DICKGIESSER, 1981). Durch die Verkleinerung der Reaktionsräume wird natürlich auch die Pufferkapazität kleiner, so daß schwankende Schlammanfallmengen zu einer nicht mehr ordnungsgemäßen Schlammbehandlung führen könnten. In der Praxis wird man dem nur Rechnung tragen können, wenn man den Ansatz von DICKGIESSER (1981) benutzt oder mit Sicherheitszuschlägen arbeitet. Trotzdem dürfte nicht nur gegenüber den bislang häufig überdimensionierten Schlammbehandlungsanlagen (vor allem Faulung, LOLL, 1980) mit Kostenvorteilen zu rechnen sein, so daß die als Schlammbehandlungslinien 6 + 7 in Abbildung 3-5 gezeigten Verfahrensweisen auch bei kleineren Ausbaugrößen Wirtschaftlichkeit erwarten lassen.

Einordnung neuerer Entwicklungen zur Intensivierung der Schlammfaulung

Unter der Intensivierung der Schlammfaulung ist die schnellere Erreichung der technischen Faulgrenze nach ROEDIGER (1967) zu verstehen. Sie dürfte bei einem Gehalt an organischen Säuren von in der Summe unter 500 mg/l in der Regel erreicht sein (KAPP, 1984a). Durch eine Intensivierung der Faulung kann das Reaktorvolumen verkleinert werden, allerdings steigen die Betriebsaufwendungen und dabei insbesondere der Energiebedarf, da eine Beschleunigung des Stoffumsatzes nur über eine Temperaturerhöhung im Reaktor möglich ist. Bei thermischen Verfahren der Intensivierung werden also Investitionen durch Energie substituiert, was volkswirtschaftlich nicht unbedingt wünschenswert ist. Eine Alternative zur Beschleunigung des Stoffumsatzes besteht in der Biomasserückhaltung; hierzu liegen diesbezüglich noch keine Erfahrungen vor.

3.2 ELEMENTE EINES INTEGRIERTEN ENERGIEVERSORGUNGSKONZEPTES FÜR KLÄRANLAGEN

Das Ziel der Energieoptimierung besteht darin, eine möglichst vollständige Deckung des Energiebedarfs der Kläranlage durch vorhandene oder erzeugte Energieträger zu erzielen (Energieautarkie). In der Literatur wird häufig darauf hingewiesen, daß nur ein Teil - etwa 60 % (HOFFMANN, 1982a) - des Energiebedarfs eigengedeckt werden kann, wenn man die jährliche Energieproduktion und den jährlichen Energiebedarf einwohnerspezifisch einander gegenüberstellt. HAHN und KORDES (1984) argumentieren mit einer differenzierteren Betrachtung der zeitlichen Verteilung von maximalem Energieangebot und maximalem Bedarf. Alle Autoren gehen jedoch davon aus, daß der Energiebedarf für die Abwasserbehandlung (Sauerstoff!) und Schlammbehandlung (Wärme!) auf der in der Praxis festgestellten Höhe von 17,5 kWh/EGW a (Stand 1976; HOFFMANN, 1982b) bzw. 20,2 kWh/EGW a (Stand 1984; KUNZ, MÜLLER, 1985) uneingeschränkt benötigt wird.

Tatsächlich aber können die o.a. wesentlichen Determinanten für den Energiebedarf ohne Einbußen an der Reinigungswirkung erheblich beeinflußt werden, wenn mit energiesparenderen Technologien (vgl. Abschnitt 2.1.4 und 2.4) das Abwasser behandelt und der Schlamm spezifischer behandelt wird. Daneben ist natürlich auch darauf zu sehen, daß der Energiebezug auf den tatsächlichen Bedarf reduziert und die Faulgasproduktion gesteigert wird. Die schwierigste Aufgabe in einem integrierten Energieversorgungskonzept ist jedoch die flexible, zeitliche Anpassung der Energieproduktion an den in der Praxis zum Teil sehr unterschiedlichen Energiebedarf (z.B. bei Regenereignissen).

3.2.1 Energiehaushalt von Kläranlagen

Unter dem Begriff Energiehaushalt ist die Bilanzierung über alle in das System Kläranlage eingetragenen, darin genutzten und daraus ausgetragenen Energiemengen zusammengefaßt. Neben dem Strom, der vom örtlichen Energieversorgungsunternehmen bezogen wird, und Heizöl oder Erdgas sind dabei auch jene Energiemengen zu berücksichtigen, die mit dem Abwasser zu- bzw. abfließen. Dabei handelt es sich zum einen um die Abwasserwärme, die i.d.R. beim Einsatz einer Wärmepumpenanlage ausreicht, um den gesamten Wärmebedarf der jeweiligen Kläranlage zu decken (vgl. KUNZ et al., 1985 oder WOLF, 1986); zum anderen um die organische Substanz im Abwasser, die nach Aufkonzentrierung bei der Schlammbehandlung anaerob teilweise zu Methan umgewandelt werden kann. Zur Energiedeckung des Kläranlagenbetriebs kann dieses Faulgas in einem Blockheizkraftwerk zur Eigenstromerzeugung mit Abwärmenutzung, in einer gasmotorisch betriebenen Wärmepumpe oder in einer kombinierten Anlage oder auch zum Direktantrieb von Aggregaten (meist Belüftern) eingesetzt werden. Eine ausführliche Erörterung über den derzeitigen Stand der Faulgasnutzung und der dabei eingesetzten Anlagen ist in den Arbeiten von GÖRIKE (1979) und MEYER et al. (1983) nachzulesen.

Strom- und Wärmebedarf

Für die Abwasserreinigung wird nahezu ausschließlich elektrische Arbeit zum Fördern und Belüften (abgesehen von gasgetriebenen Aggregaten), für die Schlammbehandlung auch Wärmeenergie benötigt (mesophile Ausfaulung, thermische Schlammkonditionierung). Aufgrund der gestiegenen Anforderungen an die Reinigungswirkung der Kläranlagen und den erhöhten Anschlußgrad der Bevölkerung an Kanalisation und Kläranlage und dem damit verbundenen, vermehrten Schlammanfall ist der Strombedarf der Kläranlagen in den letzten Jahrzehnten erheblich gestiegen. Seit 1980 ist jedoch infolge der maschinen- und elektrotechnischen Entwicklungen der spezifische Strombezug eher gesunken (HOHMANN, 1986).

Der Strombedarf für die gesamte Abwasserbehandlung machte 1981 rund 0,73 % am Bruttostrombedarf der Bundesrepublik Deutschland und der Bereich der kommunalen Abwasserbehandlung 7,75 % am Strombedarf öffentlicher Einrichtungen aus (berechnet auf der Basis 20 kWh/EGW a bei 200 l Abwasser/EGW d und einer gesamten behandelten Abwassermenge von 9,9 · 10^6 m^3/a, wovon 7,24 · 10^6 m^3 in kommunalen Kläranlagen behandelt wurden; STATISTISCHES BUNDESAMT, 1979 und 1981, UBA, 1984). Der überwiegende Teil des Strombedarfs von Kläranlagen wird fremdbezogen, wenngleich durch die Entwicklung der Strompreise und der Förderung der rationellen Energienutzung durch Bund und Länder der Einsatz von Eigenstromerzeugungsanlagen in Kläranlagen zugenommen hat.

Die Bedeutung der Wahl des Klärverfahrens für den spezifischen Strombedarf wird aus den Abbildungen 3-8 und 3-9 deutlich. Bei in etwa gleichem Reinigungsergebnis unterscheiden sich die Verfahren beim Energiebezug um den Faktor 3, bei der simultan ablaufenden Schlammbehandlung, die nicht exakt vergleichbar ist mit den anderen Verfahren, sogar um den Faktor 6. Abbildung 3-9 zeigt im Detail, wie sich der spezifische Strombedarf in Abhängigkeit der Schlammbelastung bei Belebungsanlagen zusammensetzt. Dabei wurde von einem konstanten Sauerstoffgehalt von 2 mg O_2/l ausgegangen (KORDES, 1986).

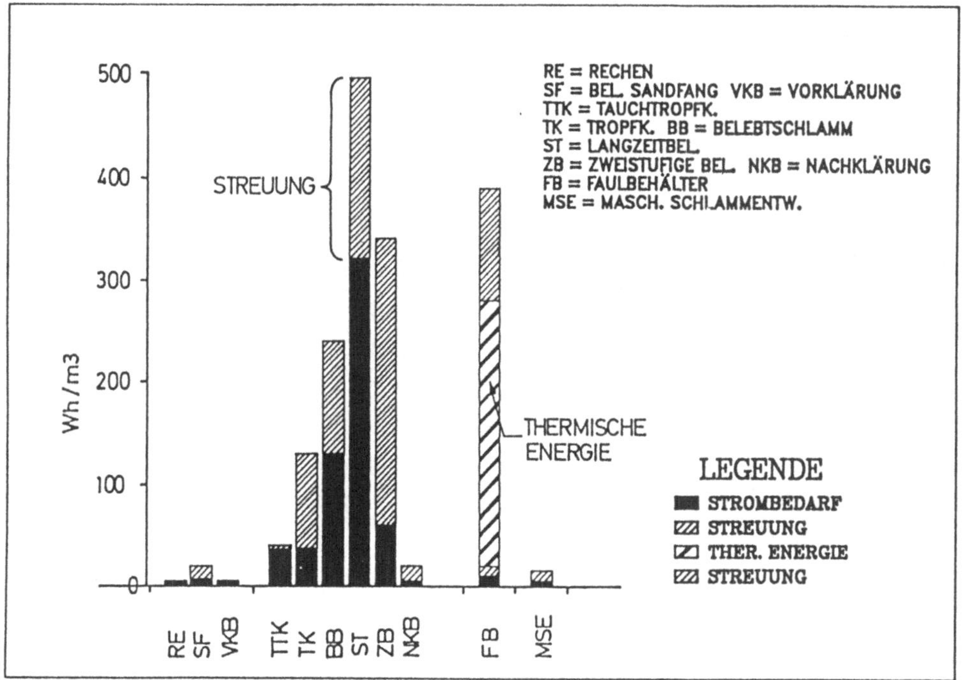

Abb. 3-8: Strombedarf unterschiedlicher Klärverfahren (KORDES, HAHN, 1984)

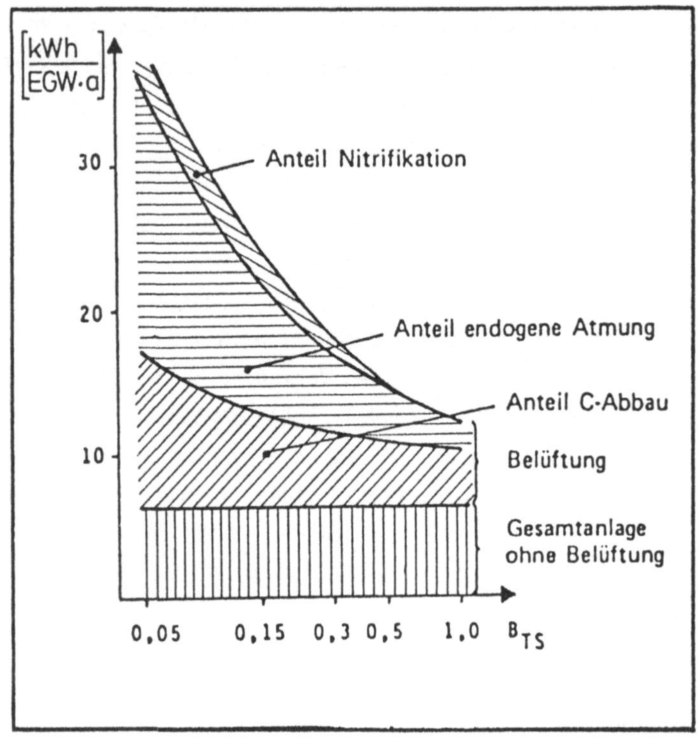

Abb. 3-9: Strombedarf als Funktion der Schlammbelastung von Belebungsanlagen (KORDES, HAHN, 1984)

Neben dem Strombedarf für die gerade ausreichende Sauerstoffversorgung der Mikroorganismen ist der Strombezug für den eingetragenen Sauerstoffüberschuß von Bedeutung. Er steigt exponentiell mit zunehmenden Sauerstoffgehalten im Abwasser an, da mit zunehmender Sauerstoffkonzentration das Löslichkeitsvermögen rapide abnimmt. In Abhängigkeit des Typs der Belebungsanlage werden unterschiedliche Sauerstoffkonzentrationen benötigt. SCHLEGEL (1983) gibt für hochbelastete Anlagen einen Bereich von 1 bis 2 mg O_2/l und für nitrifizierende und stabilisierende Anlagen von 0,5 bis 1,0 mg O_2/l als Richtwerte an. Da wie in Abschnitt 2.1.1 gezeigt wurde - der Sauerstoffbedarf von der Größe der Flocken abhängt, und die Flockengröße mit abnehmender Schlammbelastung abnimmt (vgl. Abschnitt 3.1.1), dürften diese Angaben in der Praxis einen funktionsfähigen Betrieb ermöglichen, vorausgesetzt die Meßsonde sitzt an einem repräsentativen Ort und der angezeigte Wert stimmt mit den Verhältnissen im Becken überein.

In der Praxis werden jedoch häufig weit höhere Sauerstoffgehalte als die o.a. Werte gemessen (KUNZ, MÜLLER, 1985), da i.d.R. die Auslegung der Sauerstoffeintragsaggregate in Unkenntnis der tatsächlich zu erwartenden Sauerstoffzehrung erfolgt und eine Abstufung der Antriebsleistung der Belüfter nur selten eine adäquate Anpassung an die Belastungsschwankungen ermöglicht; häufig sind die kleinsten Antriebsleistungen für den größten Teil des Tagesbedarfs noch zu groß dimensioniert. Dies ist besonders dann der Fall, wenn die Kläranlage unterausgelastet ist. MEYER (1982) hatte ermittelt, daß bei einer Halbierung der Auslastung der Mehrbedarf bei 42 % liegt (LENGYEL, 1980; KUNZ, 1982).

Neben der Belüftung des Abwassers (er liegt bei 67 % in Belebungsanlagen zwischen 10 und 50.000 EGW ohne Berücksichtigung der Einlaufhebewerke; KUNZ, MÜLLER, 1985) spielt der Strombedarf der Schlammbehandlung eine Rolle. Bei aerob thermophiler Stabilisierung und bei mechanischer Schlammentwässerung verschieben sich die Verhältnisse; die Anteile der Schlammbehandlung am Gesamtstrombedarf machen dann bis zu 50 % aus (vgl. DICKGIESSER, 1981). In vielen Kläranlagen wirken sich auch die topographischen Verhältnisse auf den Strombedarf aus, da das Abwasser zunächst auf Anlagenniveau gehoben werden muß.

Der Wärmebedarf eines Klärwerks macht insbesondere bei anaerober Schlammfaulung - in Energieeinheiten betrachtet - zwar einen wesentlichen Anteil am Gesamtenergiebedarf einer Kläranlage aus (vgl. Abb. 1-4), da die Energieträger Strom und Faulgas für die Eigenstromerzeugung jedoch anders zu bewerten sind als Heizöl und Faulgas für Beheizungszwecke ist die unterschiedliche Wertigkeit aus betriebswirtschaftlichen Gesichtspunkten von Belang (Abb. 3-10).

Energiepotentiale

Wie eingangs erwähnt, sind die organischen Abwasserinhaltsstoffe und die Wärme des Abwassers Energieträger, die in Kläranlagen genutzt werden können. Der organischen Substanz gilt dabei besonderes Augenmerk, da bei ihrer anaeroben Mineralisierung ein Faulgas entsteht, das im Mittel 65 % Methan enthält (LOLL et al., 1979). Voraussetzungen für einen hohen Faulgasanfall und hohe Methananteile (s.d. im einzelnen Abschnitt 3.4.3) sind, daß die organische Substanz nicht bereits bei der aeroben Abwasserbehandlung minimiert wird und daß auch die Ausfauldauer nicht zu knapp angesetzt wird, da beim letzten Schritt der

Methanisierung auch CO_2 in CH_4 umgewandelt wird. In Abbildung 3-11 ist für die Zeit von 1966 - 1980 der Klärgasanfall in NordrheinWestfalen insgesamt - unter Angabe der Nutzungsarten - aufgetragen. Sie zeigt, daß trotz der "Energiekrisen" noch erhebliche Anteile des im Rahmen der Schlammbehandlung produzierten Faulgases nur unbefriedigend (Beheizungszwecke) oder überhaupt nicht (Fackel) genutzt wird. Darüber hinaus werden häufig infolge ungenügender Betriebsbedingungen die erreichbaren Gasmengen nicht erzielt (HOFFMANN, 1982).

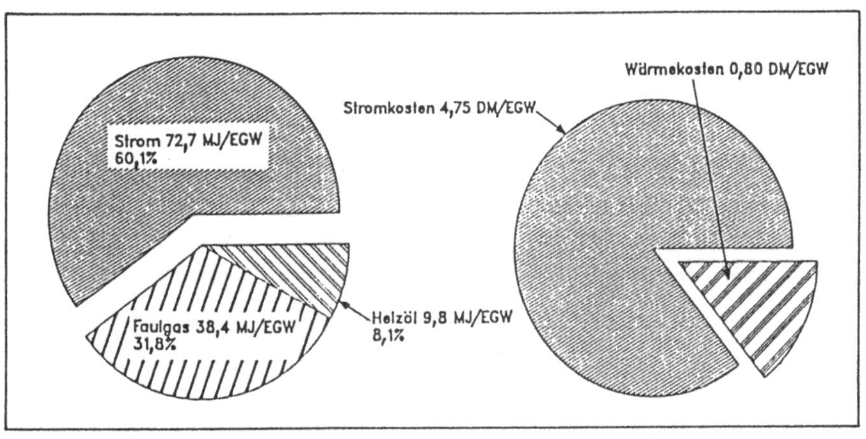

Abb. 3-10: Energieträgeranteil und -wertigkeit im Vergleich bei vollständigem Faulgaseinsatz zu Beheizungszwecken (KUNZ, MÜLLER, 1986)

Ausschlaggebend für hohe Faulgasanfallraten sind aber neben Einflußfaktoren, die sich unmittelbar aus dem Klärverfahren ergeben, optimale Verhältnisse im Faulbehälter (intensiver Kontakt, Faulraumbelastung u. dgl.; s. KUNZ, TOUSSAINT 1986). Der Gasanfall ist im wesentlichen eine Funktion des organischen Trockensubstanzgehalts im Rohschlamm (Abb. 3-12), wobei allerdings die unterschiedliche Verwertbarkeit der organischen Verbindungen oder die Anwesenheit hemmender oder toxischer Verbindungen eine Rolle spielen.

In der kommunalen Abwasserwärme finden sich ca. 10 bis 15 % der in den Haushalten eingesetzten Energie. Der Temperaturverlauf des Abwassers im Vergleich zu Oberflächenwasser und Grundwasser liegt über das Jahr meist sehr günstig (FLOHRSCHÜTZ et al., 1979). Mit Hilfe von Wärmepumpen kann die im Abwasser

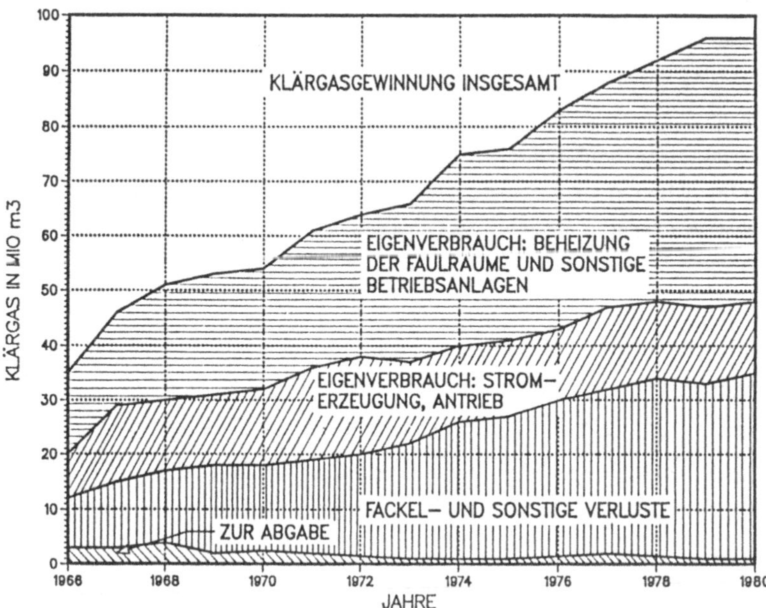

Abb. 3-11: Klärgasgewinnung in Nordrhein-Westfalen 1966 - 1980 (LANDESAMT FÜR DATENVERARBEITUNG UND STATISTIK, 1981)

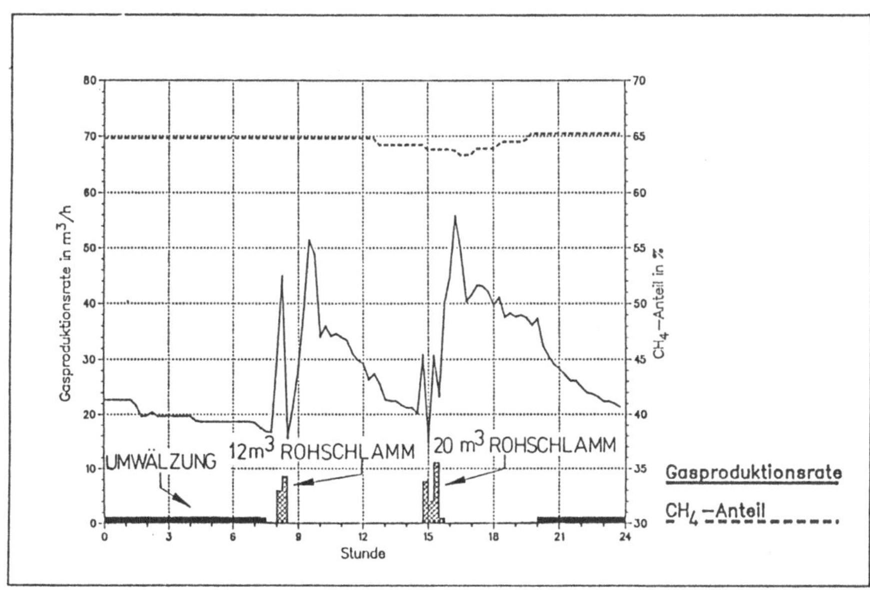

Abb. 3-12: Tagesgang der Gasproduktion und der Primärrohschlammbeschickung (KUNZ, TOUSSAINT, 1986)

enthaltene Wärme zur Niedertemperaturheizung, bei Kläranlagen zur Wärmebedarfsdeckung der Schlammfaulung, zurückgewonnen werden. Der Wärmepumpeneinsatz am Ort des Anfalls oder im Kanalnetz ist wegen des diskontinuierlichen Anfalls und der zum Teil hohen Schmutzlast problematisch und läßt bei hoher Abkühlung eine Einschränkung der biochemischen Abbauprozesse in der biologischen Stufe der Kläranlage erwarten. Diese Nachteile können durch einen Wärmeentzug im Ablauf einer Kläranlage umgangen werden.

Die Grenzen für die dem Wasser ständig entziehbare Wärme ergeben sich durch:

- Die niedrigste Abwassermenge, wobei tägliche, insbesondere nächtliche, so wie jahreszeitliche Schwankungen zu berücksichtigen sind.
- Die tiefste Abwassertemperatur im Auslauf, die je nach Sammlerlänge und Fremdwasserzufluß bei 6 bis 10 °C liegt (MEYER et al., 1983; KUNZ et al., 1985).

Für den wirtschaftlichen Betrieb einer Wärmepumpe ist ausschlaggebend, daß neben einem minimalen Temperaturangebot eine ausreichende Abwassermenge gerade in den Zeiten vorhanden ist, in denen der größte Wärmebedarf besteht. Für die interne Wärmeversorgung dürften i.d.R. die zufließenden Abwassermengen ausreichen (4,2 kJ/m³ · °C), für eine Nah- oder Fernwärmeversorgung reichen aber häufig an kalten Wintertagen in den frühen Morgenstunden die Zuflüsse nicht aus. Eine Entkoppelung von der Zuflußmenge (und von der Restverschmutzung, die auch immer zu einem Belag der Wärmetauscher führt, wodurch aufwendige Reinigungs- und Rückspülmaßnahmen erforderlich werden) läßt sich erreichen, wenn mit einem Absorbersystem gearbeitet wird, das in die Beckenwände integriert werden kann (KUNZ et al., 1985). Eine höhere, nutzbare Abwasser temperatur selbst an sehr kalten Tagen ist zu erreichen, wenn die Abstrahlung vermindert, die Verdunstungswärme durch Verminderung der Windgeschwindigkeiten erniedrigt und die Konvektion verringert werden. Die Lösung einer Verringerung von Auskühlungsverlusten (und einer Erhöhung der Erwärmungsgewinne) besteht in einer Abdeckung zumindest der Belebungsbecken.

Da der spezifische Wärmebedarf einer Kläranlage - zumal bei der o.a. optimierten Schlammbehandlung (die Aufheizung des Schlammes benötigt den überwiegenden Anteil des Wärmebedarfs) - wesentlich niedriger liegt als Wärme vorhanden ist (bei einer Abkühlung von 5 K und einem minimalen Abwasseranfall von 5 l/EGW h, lassen sich je 1000 angeschlossene Einwohner rd. 100 kJ/h nutzen), sind Abwärmenutzungskonzepte vor allem dann angezeigt, wenn die Wärme außerhalb der Kläranlage genutzt werden kann. Es sei denn, man nutzt die Abwasserwärme zur Erwärmung des Abwassers in der biologischen Stufe (wie man Wärme entziehen kann, kann man sie auch hineinbringen) zur Erhöhung der Stoffumsatzwerte der Mikroorganismen (die Enzymkinetik ist direkt temperaturabhängig), da hierdurch das Schlammalter im nitrifizierenden Anlagenteil wesentlich herabgesetzt werden kann. Auch wenn dieser Gesichtspunkt heute noch wenig praxisnah erscheint, können im Zuge erhöhter Anforderungen an die Nitrifikation auch im Winter gezielte, prozeßstabilitätsfördernde Maßnahmen erforderlich werden.

3.2.2 Möglichkeiten der Energieeinsparung und Vergleichmäßigung des Energiebezugs

Ein erster Schritt zur Energieeinsparung in der Praxis bei bestehenden Anlagen ist das Vermeiden unnötigen Verbrauchs, der durch Leerlauf von Aggregaten oder erhöhte Prozeßtemperaturen, also generell dann entsteht, wenn die eingesetzte nutzbare Energie keinerlei zusätzliche Reinigungswirkung oder Prozeßverbesserung erbringt. Hier ist mit technischen Mitteln wenig, mit Aufklärung des Einzelnen über grundlegende physikalische Zusammenhänge recht viel zu erreichen (SCHAEFER, 1986).

Sehr entscheidend für das Erreichen hoher Nutzungsgrade ist die energetisch richtige Betriebsweise der Aggregate und ihr zweckmäßiger Einsatz. Ein erheblicher Teil des gesamten Energieaufwands ist nicht von der Belastung abhängig, sondern wird nur durch die Größe und Art der Aggregate bestimmt. Voraussetzung für die richtige Auslegung ist eine hinreichend exakte Bilanz bzw. die Erstellung von Energiebedarfsprofilen (KLAUWER, RUMPF, 1980; STEINBORN, 1983). Anhand einer Analyse des Energiebedarfs einzelner Funktionen einer Kläranlage läßt sich auch später rasch erkennen, an welchen Stellen eine Überprüfung vorrangig angezeigt ist. Trotz der z.T. hohen Energiebezüge von Kläranlagen (s. Abschnitt 3.2.1) existieren bislang nur wenige systematische Untersuchungen zu den prozeßtechnischen Grundlagen des Energiebedarfs, obwohl hier unmittelbare Zusammenhänge zur Prozeßstabilität und Funktionstüchtigkeit einer Kläranlage gegeben sind.

Die Literatur zu Einsparmöglichkeiten von Energie bei der Abwasserbehandlung beschränkt sich auf die Substitution von Fremdenergie (Senkung der Energiekosten, nicht des Energiebedarfs) und die Optimierung des Sauerstoffeintrages bzw. seiner Regelung; verfahrenstechnische Aspekte und Veränderungen bei bestehenden Kläranlagen werden meist nur am Rande diskutiert. Diese dürften zukünftig jedoch an Bedeutung gewinnen, weil man davon ausgehen kann, daß sich zukünftige Maßnahmen an der vorhandenen Bausubstanz orientieren müssen. So ist auch der Erlaß zum sparsamen Energieverbrauch in der Siedlungswasserwirtschaft in Baden-Württemberg (MELUF, 1978) eher grundsätzlich zu verstehen. Das Merkblatt des BAYERISCHEN LANDESAMTES für Wasserwirtschaft (1979) zum sparsamen und rationellen Energieverbrauch (s.d. WOLF, 1980) orientiert sich dagegen auch stark an betrieblichen Aspekten.

Wie bereits weiter vorne gezeigt, sind von den Kosten her Stromeinsparungen primär angezeigt, die Absenkung des Wärmebedarfs vor allem der Faulräume und die Einstellung eines günstigen Temperaturniveaus bei der Faulung (bei überdimensionierten Faulbehältern kann z.B. die Prozeßtemperatur gesenkt werden) wird im folgenden Abschnitt diskutiert. Die Höhe des Strombedarfs und die Möglichkeiten zur Bearfsanpassung werden bereits bei der Planung eines Klärwerks durch das gewählte Verfahren und durch die maschinelle Ausstattung festgelegt (s. Abschnitt 2.1).

Da in der kommunalen Klärtechnik Belebungsanlagen weit verbreitet und der Sauerstoffeintrag meist der energieintensivste Prozeß ist, soll hier kurz auf die Belüftung eingegangen werden; in der Regel werden Oberflächen- und Druckbelüfter eingesetzt. Ihr Sauerstoffertrag ist begrenzt steigerungsfähig durch die Verbesserung der Wirbelbildung (Kegelstumpfbelüfter, NESTMANN, 1984), durch die Verkleinerung der Blasen (feinblasige Belüftung) bzw. durch Einbauten zur Verlängerung der Verweilzeit der Gasblasen im Wasser oder durch den Übergang von linien- auf flächenhafte Belüftung (SCHLEGEL, 1986a). Diese Maßnahmen sind beim Austausch einzelner Aggregate oder Elemente auch nachträglich noch, mitunter auch relativ schnell und ohne großen Aufwand realisierbar.

Jüngste Entwicklungen - vor allem im industriellen Kläranlagenbau - haben jedoch gezeigt, daß durch die Veränderung der Beckengeometrie (Turmbiologie, Biohochreaktoren, deep-shaft-Verfahren) bzw. der Strömungsführung (Hubstrahlreaktor oder Kompaktreaktor) eine erheblich bessere Ausnutzung der eingesetzten Energie möglich ist (ZLOKARNIK, 1982). Allerdings finden alle Systeme, die mit Lufteintrag arbeiten, eine Begrenzung durch den abnehmenden Sauerstoffpartialdruck in den Gasblasen, so daß allein durch eine Verlängerung der Aufenthaltszeit der Gasblase im Wasser nicht unbedingt mehr Sauerstoff gelöst werden kann. Bei der Belüftung mit technisch reinem Sauerstoff nutzt man den gegenüber Luft etwa fünffach erhöhten Partialdruck in abgedeckten Kaskadenanordnungen, wodurch die Ausnutzung des eingeblasenen Sauerstoffs bis zu 90 % möglich ist. Eine Übertragung dieser Erkenntnisse in den kommunalen Kläranlagenbau ist teilweise angezeigt und wird - wo mit einer Sauerstofflimitierung (z.B. im ersten Becken einer Mischbeckenkaskade) zu rechnen ist - in Zukunft auch Eingang in die kommunale Klärtechnik finden. Die größten Einsparungen an elektrischer Energie wird man zunächst jedoch in einer besseren Anpassung des Sauerstoffeintrags an den tatsächlichen Bedarf erreichen (vgl. Abschnitt 2.3). Hierzu gehören vor allem die Abstufung von Antriebsleistungen (z. B. durch Ergänzung eines kleinen Gebläses, s. KUNZ, MÜLLER, 1986), die Einrichtung von Drehzahlregelungen anstelle von Drosseln oder Überdruckventilen, die Umschaltung von Dreieck- auf Sternschaltung bei Betrieb unter 30 % der Nennleistung u. dgl. (s. MOOG, 1983; HENKE, MAACK, 1985). Einsparungen an Belüfterstrom von bis zu 20 % erscheinen nicht zu hoch gegriffen (LOHMANN, 1986).

Neben dem Strombedarf wirkt sich seine Verteilung im Tagesverlauf (Leistungsgang bzw. die jeweilige Leistungsspitze) auf die Stromkosten aus (s. im einzelnen KUNZ, MÜLLER, 1986). Grundsätzlich gibt es für die Vergleichmäßigung des Strom- und damit Leistungsbedarfs einer Kläranlage zwei unterschiedliche Konzeptionen:

- o Vergleichmäßigung des Betriebsgeschehens
  - durch Schaffung großer Pufferzonen (Stabilisierungsanlage) oder Speicherbecken und nahezu kontinuierlichen Betrieb aller vorhandenen Aggregate.
- o Absenkung der Strombedarfsspitzen in Zeiten relativ erhöhten Strombedarfs
  - durch Verlegen einzelner Aufgaben des Klärbetriebes (wie z.B. die Schlammentwässerung) auf lastschwache Zeiten durch die Einrichtung leistungsstarker, diskontinuierlich betriebener Aggregate;
  - durch Verschiebung bestimmter Aufgaben in lastschwächere Zeiten auf organisatorischem Weg,
  - durch Abwurf einzelner Aggregate (Abschaltung) über eine kurze Zeit des der Leistungsermittlung zugrundegelegten Meßintervalls über ein Lastabwurfsystem.

Die praktizierte Implementation eines Anlagenfahrplanes zur Stromvergleichmäßigung in einer mittelgroßen Kläranlage hat ergeben, daß auf organisatorischem Wege über ein Anlagenfahrplankonzept erhebliche Stromkosteneinsparungen möglich sind (30 % in einem speziellen Fall; KUNZ, MÜLLER, 1986). Ausschlaggebend hierfür war die verbesserte Transparenz des Betriebsgeschehens für das Klärpersonal und eine dadurch hohe Akzeptanz des gemeinsam aufgestellten Anlagenfahrplans. Da organisatorischen Maßnahmen Grenzen beim Eingriff in bestehende Regelkreise gesetzt sind und auch unvorhersehbare Ereignisse zu Leistungspitzen führen, die vom Klärpersonal nicht ohne weiteres rechtzeitig erkannt und vermieden werden können, sind i.d.R. automatische Lastabwurfsysteme zur sicheren Einhaltung der bestellten Vorhalteleistung notwendig.

3.2.3 Aspekte der Faulgasproduktion

Bisherige Maßnahmen zur Ausschöpfung des Energiepotentials in Kläranlagen (organische Abwasserinhaltsstoffe, Faulgas, Motorenabwärme, Abwasserwärme) haben sich meist an Einzelelementen (Optimierung der Faulbehälter, energieautarke Schlammtrocknung) vor allem in größeren Anlagen orientiert. Das Faulgas wird dabei meist so verwendet, wie es gerade anfällt. Quasi alle Firmen, die Faulgasanlagen liefern, bieten inzwischen auch Steuerungsprogramme für Kessel und Verbrennungsmaschinen an, die eine optimale Verwertung in Abhängigkeit des Anfalls von Faulgas ermöglichen (MEYER et al., 1983). Kostengünstiger ist es jedoch, wenn der Faulgasanfall so gesteuert wird, daß er dann am größten ist, wenn man ihn auch optimal nutzen kann (Faulgasproduktion). Allgemein bedeutet eine gezielte Faulgasproduktion die Bereitstellung definierter Gasmengen zu bestimmten Zeiten (z.B. Spitzenzeiten, HT-Zeit).

Meistens sind jedoch die Faulgasnutzungsanlagen (Heiz- oder Austreiberkessel, Gasmotoren in BHKW's oder direkt angetriebene Belüftungsanlagen) basierend auf empirischen Werten des einwohnerspezifischen, täglichen Gasanfalls dimensioniert; ohne Berücksichtigung der tatsächlichen Auslastung und der täglichen, wöchentlichen oder jahreszeitlichen Schwankungen und ohne Berücksichtigung der Veränderung des Energiepotentials bei der vorangegangenen Abwasser- und Schlammbehandlung (KUNZ, 1986d). Heute zeigt sich, daß in vielen Fällen die prognostizierten und für einen wirtschaftlichen Betrieb von Gasmotorenanlagen benötigten Faulgasmengen im praktischen Betrieb nicht erreicht werden bzw. der Gasanfall stark schwankt, so daß die Amortisationszeiten sich fallweise über die Lebensdauer der eingesetzten Anlagen hinaus verlängern und Wirtschaftlichkeit nicht gegeben ist.

Neben der Schaffung günstiger Prozeßbedingungen (z. B. geeignetes N/C-Verhältnis für die Biosynthese; s. KALTWASSER, 1980) können jedoch vor allem die Prozeßparameter Beschickung (Nährstoffmenge), Umwälzung (Kontaktrate) und Temperatur (Stoffwechselrate) in gewissen Grenzen so verändert werden, daß Gasanfall und -bedarf unter Berücksichtigung einer Gasspeicherung im Rahmen eines Gasmotoren-Betriebskonzeptes weitgehend zur Deckung gebracht werden können (KUNZ, TOUSSAINT, 1987); fallweise ergänzt durch die Zugabe externer Substrate zur Erhöhung des Nährstoffangebotes.

In kleineren Kläranlagen kann die Rohschlammbeschickung der Faulräume aufgrund minimaler Rohrdimensionierungen und Mindestfließgeschwindigkeiten des Schlammes nur diskontinuierlich erfolgen. Die chargenweise Substratzufuhr hat aber Auswirkungen auf die stündliche Gasproduktion, die von der Beschickungsmenge und von der Güte der Impfung, also der Einmischung des Rohschlammes in den Faulschlamm abhängt (ROEDIGER, 1967 und 1985b). Da die Gasproduktionsrate nach 2 bis 3 Stunden nach der Beschickung ihr Maximum erreicht und danach ständig zurückgeht, muß die täglich auszufaulende Schlammenge auf 3 bis 5 Beschickungsvorgänge aufgeteilt werden, so daß der Gasanfall über die Arbeitszeit des Klärpersonals, in der ohnehin ein erhöhter elektrischer Energiebedarf besteht, gleichmäßig erhöht wird. Da in dieser Zeit auch die BHKW-Anlagen HT-Strom substituieren und infolge der Schlammbeschickung Wärme für die Faulbehälterheizung benötigt wird, lassen sich Gasanfall und Wärme- bzw. Strombedarf in etwa zur Deckung bringen, wobei der Gasspeicher nur eine Reservefunktion hat. Da infolge des "nachlaufenden" Sauerstoffverbrauchs (Veratmung der gespeicherten Nährstoffmoleküle) auch in den Abendstunden noch ein erhöhter Belüfterstrombedarf besteht, kann durch eine Faulraumbeschickung am Ende der Arbeitszeit auch dieser Bedarf noch berücksichtigt werden; eine Begrenzung dürfte jedoch die zur Verfügung stehende Schlammenge darstellen.

Eine relativ problemlose Möglichkeit der Anhebung der organischen Trockensubstanz im Faulbehälter besteht dann in der Zufuhr externer Biomasse. In Betracht kommen hierfür aufkonzentrierte Gülle, Schlempe, Trester und konzentrierte Abwässer, aber auch stapelbare Substrate wie Gras, Stroh, Fette u. dgl. nach einer so zu wählenden Aufbereitung, daß Verbackungen im Reaktor oder Störungen bei den Umwälzpumpen nicht zu befürchten sind. Die Zugabe dieser Stoffe wird in jedem einzelnen Fall in ihren Auswirkungen auf die Schlammfaulung, Gasproduktion und Gaszusammensetzung kontrolliert werden müssen, wobei auch Eingangskontrollen vorzunehmen sind, um anhand von Stoffbilanzen zu erwartende Probleme (evtl. toxische Inhaltsstoffe) vermeiden zu können.

Derartige Abwasserkonzentrate können, sofern der Aufwand zur separaten Erfassung vertretbar ist, mit dem Ziel, die Faulgasproduktion zu erhöhen, zusammen mit dem Rohschlamm direkt der Faulung zugeführt werden. Aus Abwässern, die ursprünglich dem biologischen Teil der Kläranlage zugeführt wurden und einen entsprechenden Sauerstoffbedarf verursachten bzw. fallweise zu Betriebsproblemen führten, wird somit Gas gewonnen. Der nicht abgebaute Rest gelangt mit dem Faulwasser in die biologische Stufe zur Nachbehandlung. Im Rahmen eines ländlichen Entsorgungskonzeptes ist auch - zumindest im Winterhalbjahr - die Mitbehandlung von Gülle aus der landwirtschaftlichen Produktion sinnvoll. Neben der steigenden Strom- und Wärmeerzeugung kann so das Ausbringen von Gülle während der vegetationslosen Zeit und die damit einhergehende langfristige Gefährdung des Grundwassers (Nitrate) eingeschränkt werden.

Weiterhin kann die Wahl des Zeitpunktes und die Intensität der Schlammumwälzung im Faulbehälter zur gezielten Faulgasproduktion genutzt werden. Die Umwälzung setzt bei ihrer Inbetriebnahme Gas, das in Form von kleinen Blasen im Schlamm gebunden ist, frei. Wenn im Faulturm keine Umwälzung erfolgt, verlangsamt sich der Stoffumsatz. Damit sinkt auch die Gasproduktionsrate ab. Dieser Effekt kann dadurch nutzbar gemacht werden, daß bei geringer Gasnachfrage die Umwälzeinrichtung außer Betrieb genommen wird. In Zeiten hoher Nachfrage ließe sich dann der Substratumsatz durch den Betrieb der Umwälzung wieder intensivieren und damit die Gasproduktion kurzfristig erhöhen.

Zur Aufrechterhaltung eines stabilen Faulprozesses ist nach Ansicht von KAPP (1984) keine permanente Durchmischung erforderlich. Es muß nur eine ausreichende Umwälzung des gesamten Schlammes von insgesamt 1 bis 1,5 d^{-1} erreicht werden (JONKANSKI, 1985). Dabei darf die Rührintenistät jedoch nicht so hoch sein, daß es zu einer Beeinträchtigung der Bakterientätigkeit kommt (TEMPER et al., 1981). Unter der Voraussetzung, daß nicht nur die kontinuierliche sondern auch die kürzere, dafür aber intensivere Umwälzung den Anforderungen der Faulung genügt, kann der Betriebszeitpunkt der Umwälzeinrichtung in Zeiten geringer Energienachfrage oder in die Niedertarifzeit gelegt werden (Vergleichmäßigung des Strombezugs, Senkung des Arbeitspreises).

Die Prozeßtemperatur hat Einfluß auf die Effizienz der Faulung. Die Stoffwechselaktivität und damit die Produktionsrate der Mikroorganismen wird direkt davon beeinflußt. Mit zunehmender Faultemperatur steigt in gewissen Grenzen die Gasproduktionsrate, aber es wird auch mehr Prozeßenergie benötigt, außerdem sinkt der Methangehalt und die Gasqualität (JONKANSKI, 1985). Die in der Literatur (z.B. WENZLAFF, 1984; JONKANSKI, 1985) beschriebenen Versuchsergebnisse lassen Steigerungen des Gasertrags von 3 bis 5 % pro Grad Temperaturerhöhung erwarten (abhängig vom verwendeten Substrat). Bei Überschreiten des Temperaturoptimums sinkt die Gasproduktion rasch ab. Zur Verringerung des Heizenergiebedarfs kann die Temperatur des beheizten Faulbehälters abgesenkt werden. Dadurch werden die Abstrahlungsverluste sowie der Energiebedarf zur Rohschlammaufheizung gesenkt (aus einer überschlägigen Berechnung ergaben sich die möglichen Einsparungen für den Wärmebedarf der Schlammfaulung für ein Winterhalbjahr bei einer Beschickung von 40 m³ Rohschlamm pro Tag und 1600 m³ Faulraumvolumen bei einer Außentemperatur von 0 °C und einer Temperatur des Rohschlammes von 5 °C von immerhin 16 %, wenn die Temperatur von 35 auf 30 °C im Faulbehälter abgesenkt wird; KUNZ, TOUSSAINT, 1986).

Bei kurzzeitig verringertem Wärmeangebot und den damit verbundenen Temperaturabsenkungen, die im Bereich von 1 bis 2 °C liegen (vgl. KUNZ et al., 1986), wird der Faulprozeß kaum beeinträchtigt werden (BRAUN, 1982). Auswirkungen auf die Gasproduktion, die über das Maß der üblichen Schwankungen hinausgehen, sind nicht zu erwarten. Die Absenkung der Faulbehältertemperatur hat neben der Verringerung des Wärmebedarfs auch Auswirkungen auf den Prozeßverlauf. Bei ausreichend langen Verweilzeiten im Faulbehälter wird die Gasproduktion zwar nur unwesentlich absinken, jedoch wird sie infolge der geringeren Aktivität der Mikroorganismen weniger steil ansteigen, ein weniger stark ausgeprägtes Maximum erreichen und langsamer abfallen.

3.2.4 Kriterien für die Optimierung der Energieversorgung

Wie in den vorangestellten Abschnitten dargelegt wurde, sind Energieversorgungskonzepte nur einzelfallabhängig integriert zu lösen, wobei ein wichtiges

Kriterium für die eingesetzten Techniken deren flexible Anpassung an wechselnde Betriebsbedingungen darstellt, da ein starres Konzept durch Veränderungen im Kläranlageneinzugsgebiet (z.B. durch die Schließung eines größeren Betriebes) oder durch Änderung des Stromlieferungsvertrages eine ursprünglich vorhandene Optimalität schnell einbüßt. Grundlage jedes Energieversorgungskonzeptes ist zunächst ein Energiebedarfskonzept für die Abwasserreinigungs- und Schlammbehandlungsanlage. Hauptkriterium für das Energiebedarfskonzept ist in jedem Fall die Funktionstüchtigkeit der Klärelemente. Ergebnisse eines Energiebedarfskonzeptes können Prozeßveränderungen sein, die bei gleichen Reinigungsergebnissen Energieeinsparungen erwarten lassen (s. Abschnitte 2.1.1, 2.4 und 3.2.2) oder Betriebskonzepte, die eine günstige Ausnutzung der Stromlieferverträge beinhalten.

Auf diese Betriebskonzepte bzw. betrieblichen Abhängigkeiten muß das Energieversorgungskonzept im Detail abgestellt sein. So kann es z.B. in einem Fall angezeigt sein, über kurze Zeit eine hohe Leistung selbst zu erzeugen (z.B. bei einer eingeschränkten Leistungsmessung) oder aber mehrere kleine BHKWs abgestuft über die Hochlastzeit zu betreiben. Insofern sind pauschale Angaben über die Wirtschaftlichkeit einer Eigenstromerzeugung (z.B. in Abhängigkeit der Ausbaugröße der Kläranlage; WOLF, 1981; RIEGLER, 1981) nur bedingt, für eine erste Orientierung, verwendbar. In gleicher Weise sind auch die in der Literatur immer wieder genannten, möglichen Gasproduktionsraten von z.B. 30 l/EGW d wenig praxisnah, da die Bezugsgröße zu unspezifisch ist (eine Auslastung der Anlage von 100 % ist selten), aber vielmehr noch die Auslegung einer Energieanlage auf den Durchschnittswert die zeitliche Verteilung und Höhe der Schwankungen von Gasproduktion und -qualität unberücksichtigt läßt.

Dem kann man zwar teilweise begegnen durch eine gezielte Gasproduktion, wie zuvor beschrieben; trotzdem müssen die Energienutzungs- und Speicheranlagen dahingehend dimensioniert werden, daß auch in kritischen Fällen ein hoher Nutzungsgrad aus der Energieanlage resultiert. Beispielsweise dürfte sich bei einem Tandemkonzept (BHKW-WP) eine elastische Kopplung über die Stromleitung trotz eines zusätzlichen Wirkungsgradverlustes über den zusätzlichen Elektromotor und höherer Kosten im Betrieb gegenüber einer starren Kopplung aufgrund der Verfügbarkeit der Aggregate wie auch der Gasverfügbarkeit letztendlich als günstiger erweisen.

4. KOSTEN DER ABWASSERREINIGUNG UND SCHLAMMBEHANDLUNG UND DEREN EINORDNUNG

Während das Hauptkriterium für eine Investitionsentscheidung im industriellen Bereich der voraussichtliche Gewinn eines Projektes (monetäre Bewertung) ist, ist diese Zielgröße im staatlichen und gemeinnützigen Bereich als einziges Kriterium für die Entscheidungsfindung häufig unzureichend; ganz abgesehen davon, daß eine Zielgröße bei komplexen Projektalternativen oft nicht angegeben werden kann (z.B. Prozeßstabilität einzelner Verfahrensalternativen). In diesen Fällen sind für eine Bewertung Verfahren wünschenswert, mit deren Hilfe die Vielfalt der entscheidungsrelevanten Zielkriterien (z.B. Bedienungsfreundlichkeit, Zuverlässigkeit, Möglichkeit der Anpassung an verschärfte Anforderungen) berücksichtigt und die in den unterschiedlichsten Größen indizierten Zielerträge von Projektalternativen zu einer eindeutigen Aussage über den gesamten Projektwert zusammengefaßt werden können (Abb. 4-1).

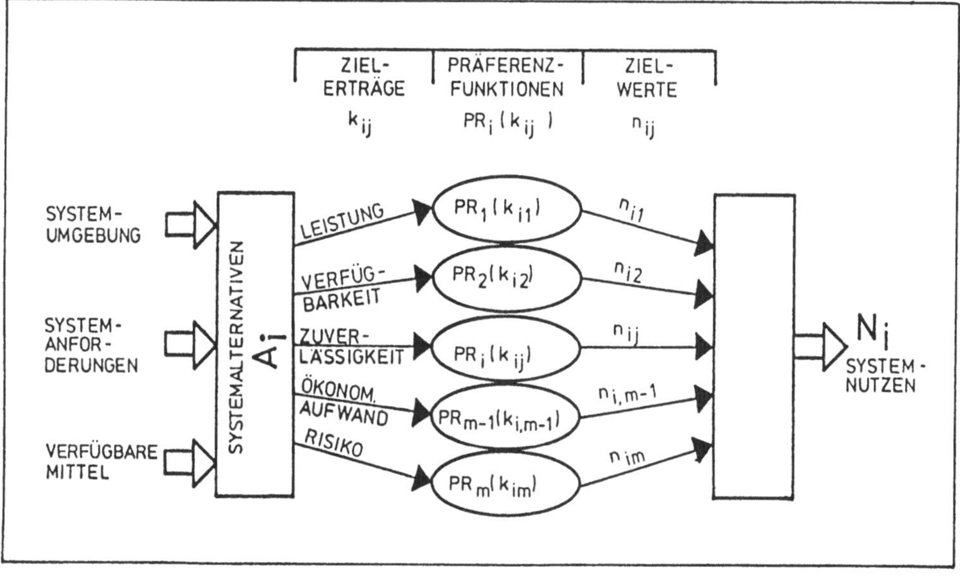

Abb. 4-1: Problem der optimalen Auswahl von Systemalternativen unter Beachtung eines multidimensionalen Zielsystems (ZANGEMEISTER, 1972)

Voraussetzungen für derartige Entscheidungsanalysen (z.B. Kosten-Nutzen-Analyse oder Nutzwertanalyse) sind jedoch der wirtschaftstheoretische Ansatz (Ermittlungsmodelle; im engeren Sinn Investitionsrechnungen) bzw. die auf dem operations-research-Ansatz beruhenden Optimierungsmodelle. Da die Ermittlung von Projektalternativen und die Erstellung von Kostenvergleichsrechnungen manuell außerordentlich zeitaufwendig sind, besteht von vornherein eine subjektive Ausrichtung - gewöhnlich erfolgt sie gedanklich subjektiv und nicht nachvollziehbar in der Präferierung einzelner Verfahren durch den Planer - auf ein bestimmtes Ergebnis. Hier kann durch die Einführung von Planungsmodellen, in denen die Auswirkungen von Verfahrensalternativen oder veränderten Eingangsgrößen aufgrund von Vereinfachungen sichtbar gemacht werden können, eine Objektivierung der Planungskriterien erfolgen.

Für den Kläranlagenbetreiber stellen sich die über längere Zeiträume veränderlichen Ziele der Abwasser- und Schlammbehandlung als zeitlich akutes Problem dar, verschärfte Reinigungsanforderungen durch den Ausbau der Anlagen und Maschinen, durch zusätzlichen Energie-, Hilfsstoff- sowie Personalaufwand zu erfüllen, wobei das Reststoffproblem ebenfalls gelöst werden muß. Neben der technischen Optimierung handelt es sich in Anbetracht der häufig begrenzten finanziellen Mittel primär um eine betriebswirtschaftliche Optimierung. Hierfür sind die maßgeblichen Kosten zu ermitteln und in entsprechender Weise miteinander zu verknüpfen und Alternativen miteinander zu vergleichen.

4.1 KOSTENRECHNUNG IN DER SIEDLUNGSWASSERWIRTSCHAFT UND DIE FINANZIERUNG VON ABWASSERANLAGEN

In der Siedlungswasserwirtschaft ist es üblich, vor einer Detailplanung verschiedene Reinigungsverfahren bzw. Verfahrensvarianten im Entwurf einander gegenüberzustellen (GASSEN, 1982). Zur Minimierung des Zeitaufwandes begrenzt der Planer aufgrund seiner praktischen Erfahrung in der Regel bereits in diesem Stadium die Variantenanzahl. Grundsätzlich ist jedoch mit allen im ATV-Handbuch (1985) beschriebenen Verfahren eine vollbiologische Abwasserreinigung zu erreichen, so daß - theoretisch - unendlich viele Möglichkeiten zu untersuchen wären, da mit z.B. jeder Variation der Schlammbelastung biologisch ein anderes Verfahren vorliegt. Auch bei Sanierungsfällen, bei denen verschiedene Bauwerke bereits bestehen und nach Möglichkeit weiter genutzt werden sollen, sind noch eine Vielzahl von technischen Alternativen zu berücksichtigen, wobei die Varianten natürlich hinsichtlich ihrer technischen Zielsetzung vergleichbar sein müssen.

Entscheidendes Auswahlkriterium ist in der Regel - vorausgesetzt die Varianten erfüllen die Voraussetzungen und lassen sich räumlich und technisch integrieren - die Wirtschaftlichkeit des Verfahrens. Üblicherweise wird eine solche Problemstellung mit den normalen Hilfsmitteln der Investitionsrechnung gelöst; im einfachsten Fall werden die Kosten als Jahreskosten mittels einer Kostenvergleichsrechnung minimiert. Verschiedene Beispiele aus der Literatur wie auch eigene Erfahrungen aus der Planungspraxis zeigen, daß auch heute noch bei der Kläranlagenplanung häufig der vereinfachte Wirtschaftlichkeitsvergleich auf der Grundlage von statischen Berechnungsmethoden der Jahreskosten angewendet wird. Und dies, obwohl z.B. ORTH et al. (1981) aufgezeigt haben, daß gravierende Fehleinschätzungen durch die Anwendung dynamischer Berechnungsmethoden (LAWA, 1979) vermieden werden können.

Ergebnisse von Wirtschaftlichkeitsrechnungen oder ganz allgemein quantitative ökonomische Aussagen sind aufgrund unterschiedlicher Randbedingungen in der Regel nicht von einem Fall auf einen anderen übertragbar. Sie sind zudem gewissermaßen subjektiv durch die Gewichtung von Preissteigerungen und damit sind sie im Grunde immer anfechtbar. Wirtschaftlichkeitsrechnungen können lediglich die Kostenentwicklung eines Verfahrens unter dem Gesichtspunkt plausibilisierter Preisentwicklungen wiedergeben bzw. den Vergleich verschiedener Verfahren auf dieser Basis ermöglichen. Es steht außer Frage, daß bei den komplexen Verfahren und den unterschiedlichen Kostenarten nur dynamische Berechnungsverfahren in Betracht zu ziehen sind. Hierfür sind jedoch umfangreiche Vorarbeiten bei der Datenermittlung notwendig, um zu hinreichend verläßlichen Ergebnissen zu kommen. Dazu ist auch erforderlich, daß über eine Parametervariation die Stabilität der Lösungen (Sensitivitätsanalyse) ermittelt werden kann. Im Endeffekt bedeutet das, daß eine technisch-wirtschaftliche Optimierung, bei der ein Gesamtsystem - wie Abwasserreinigung, Schlammbehandlung und Energieversorgung - betrachtet wird, nur mit Hilfe der elektronischen Datenverarbeitung sinnvoll möglich ist. Wie in Kapitel 5 beschrieben, liegt es nahe, dann aber auch die Datenverarbeitungsanlage dazu zu nutzen, aus der Vielzahl der möglichen Lösungen bereits die - unter den eingegebenen Prämissen - wirtschaftlichste Variante herauszusuchen.

4.1.1 Grundlagen von Wirtschaftlichkeitsbetrachtungen

Die Planung und Projektierung einer Anlage ist eine äußerst anspruchvolle

Aufgabe, da infolge des großen Zeitabstandes zwischen den ersten Planungen und der Inbetriebnahme in der Regel mehrere Jahre vergehen. Die Projektbearbeitung muß sich daher neben der Lösung der gestellten verfahrenstechnischen Aufgabe mit den zu erwartenden Ausgaben über den Lebenszyklus des Projektes von der Investitionsentscheidung bis zum Ende der erwarteten technischen Lebensdauer befassen und auch mögliche Veränderungen in der Zielsetzung (hier vor allem in verschärften Reinigungsanforderungen) berücksichtigen.

Da Kläranlagen kostendeckend zu betreiben sind (vgl. BROD, STEENBOCK, 1984 und Abschnitt 4.1.5), sind im Grunde nicht nur dynamisierte Anschaffungsausgaben der einzelnen Varianten, z.B. auf Basis der Jahreskosten, miteinander zu vergleichen, sondern auch Einnahmen und Ausgaben über die Lebensdauer der Anlage (Abb. 4-2). Unter die Ausgaben zählen also Ingenieurleistungen in der Planungsphase sowie in der Bauphase z.B. Personal-, Energie-, Sach- und War-

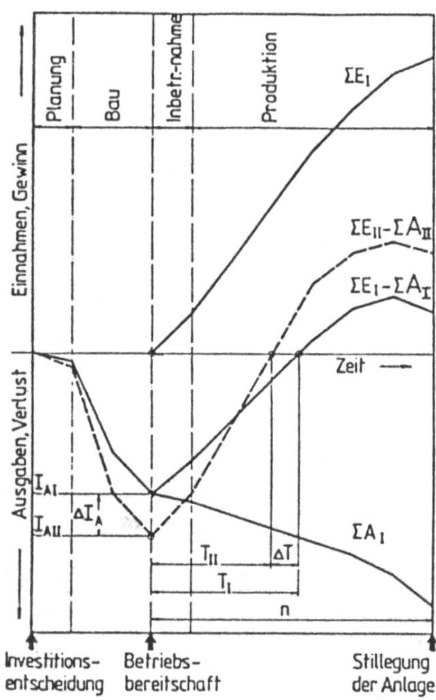

Abb. 4-2: Verlauf der kumulierten Ausgaben (und Einnahmen) bzw. der Gewinn- und Verlustkurven zweier Alternativen von der Planung bis zur Stillegung (NILL, 1986)

tungskosten bzw. Ergänzungsinvestitionen während des Betriebs. Als Einnahmen kommen im Bereich der Siedlungswasserwirtschaft im wesentlichen die einmaligen Umlagen (in Abb. 4-2 nicht eingezeichnet) und die Abwassergebühren in Betracht, wobei die Einnahmen sich im Verlauf der Betriebsdauer ändern können, wenn verstärkt Wassereinsparungen oder dezentrale Frachtverminderungen über den Anreiz einer Senkung von Verschmutzungszuschlägen im Einzugsgebiet der Kläranlage durchgeführt werden.

In Abbildung 4-2 sind neben den Kurvenverläufen der Einnahmen und Ausgaben bzw. der Betriebskosten der Variante I auch die Gewinn-/Verlustkurven einer Alternative II zu Variante I eingezeichnet. Trotz höherer Investitionen amortisiert sich Variante II schneller als I (Nulldurchgang auf der Zeitachse weiter links), weil in diesem Beispiel die Summe der Betriebsausgaben geringer ist. Ohne Berücksichtigung der Einnahmen würden sich in diesem Beispiel die Summenlinien der Ausgaben schneiden und die Summenlinie A_{II} flacher verlaufen als A_{I}, so daß die Einnahmenentwicklung nicht unbedingt mitberücksichtigt werden muß, um verschiedene Varianten ökonomisch miteinander vergleichen zu können; diese können jedoch bei Maßnahmen z.B. zur Energieeinsparung ausschlaggebend für die Beurteilung sein, weshalb man hier vermiedene Ausgaben als Einnahmen werten muß, um die wirtschaftliche Vorteilhaftigkeit der Varianten entsprechend beurteilen zu können.

Bei Anlagen der Siedlungswasserwirtschaft kann die Ermittlung der Wirtschaftlichkeit einzelner Verfahrensalternativen folgendermaßen erfolgen:
- Ermittlung geeigneter Grundoperationen (Aggregate, Prozeßstufen).
- Entwicklung eines Verfahrenskonzeptes (basic-engineering)
- Entwicklung eines Verfahrens-break down (s. Abb. 4-3).
- Ermittlung der Investitionshöhen (s. Abschnitt 4.3).
- Entwicklung eines Mengengerüstes für Betriebs- und Hilfsmittel.
- Ermittlung eines Preisgerüstes zur Vorabschätzung der Betriebsausgaben.
- Durchführung von Investitionsrechnungen.

Da die Betriebskostenvorausschätzungen nur auf plausibilisierten, meist an vergangenen Preisentwicklungen orientierten Annahmen (aber auch ohne Berücksichtigung technologischer Entwicklungen zur Kostensenkung im Planungszeitraum) basieren, können Wirtschaftlichkeitsrechnungen nur ein Entscheidungshilfsmittel sein. Das bedeutet jedoch nicht, daß dann auch nur überschlägige

Berechnungen der Sache genügen würden; vielmehr kann eine Entscheidung, die über mehrere Jahre erhebliche Zahlungsströme verursacht, nur dann gut vorbereitet werden, wenn die zukünftige Entwicklung und der Zeitwert des Geldes berücksichtigt werden.

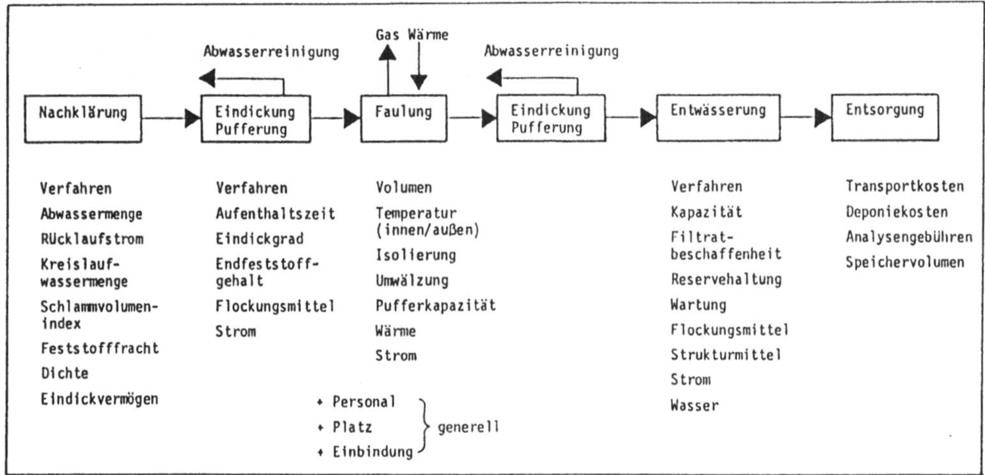

Abb. 4-3: Kostenrechnerisches Verfahrens-break down - Kriterien zur Kostenaufteilung am Beispiel eines Schlammbehandlungsverfahrens

4.1.2 Anlegbare Kriterien

Während im industriellen Bereich der finanzielle Erfolg einer Investition meist an der Rentabilität, der Liquidität und an der Effektivität bewertet wird, spielen beim Umweltschutz auch nicht-monetär erfaßbare, also nicht einem bestimmten Geldwert zurechenbare Kriterien (z.B. Betriebssicherheit, Verfügbarkeit, Flexibilität einer Anlage) eine wichtige Rolle. RIEGLER (1981) zeigt hierzu beispielhafte Wertungen bei der Verfahrensgegenüberstellung von Klärschlammstabilisierungsanlagen auf. Allerdings lassen sich auch häufig zunächst nicht quantitativ bewertbar erscheinende Kriterien dadurch berücksichtigen, daß alle Verfahrensvarianten ein vergleichbares "Produkt" (z.B. seuchenhygienisch einwandfreien Klärschlamm mit 40 % TS, vgl. Abschnitt 3.1) erbringen müssen oder Maßnahmen zur Stabilisierung der Reinigungsergebnisse (z.B. durch Filtration) oder zur Erhöhung der Anlagenverfügbarkeit bereits in den Planungsvarianten enthalten sein müssen.

Da die Anwendung von Nutzen-Kosten-Analysen (z.B. EWERS et al., 1983) bzw. deren Erweiterungen durch mehrdimensionale Bilanzrechnungen (RUDOLPH, 1980b) oder Methoden der Nutzwertanalysen (Verfahren der Projektbewertung und deren Grenzen sind z.B. in DVWK, 1984, ausführlich diskutiert) für die eingangs genannte betriebswirtschaftliche Fragestellung zu breit angelegt sind, wird im folgenden der Weg gegangen, die in Frage kommenden, technischen Lösungen so zu dimensionieren, daß mit ihnen das vorgegebene Ziel nahezu gleichwahrscheinlich erreicht wird; die nicht monetär bewertbaren Einflüsse werden also durch monetär bewertbare, unterschiedlich hohe Aufwendungen in die Rechnung aufgenommen.

4.1.3 Methoden der Investitionsrechnung

Die in der Praxis noch häufig angewandten statischen Verfahren (Gewinnvergleichs-, Kostenvergleichs- oder Amortisationsrechnung) genügen den Anforderungen an Wirtschaftlichkeitsberechnungen in der Siedlungswasserwirtschaft nur bedingt, allenfalls für erste überschlägige Rechnungen (vgl. LAWA, 1979; ORTH et al., 1981; GASSEN, 1982 u.a.). Die entscheidenden Nachteile der statischen Verfahren sind alle in der Nichtberücksichtigung des Zeitfaktors begründet (Aufwand und Erlös werden als konstante Größen während der Nutzungsdauer angenommen; Verzinsungen bleiben unberücksichtigt); vor allem aber die Tatsache, daß Zahlungen, die in der Zukunft anfallen, auf den heutigen Tag bezogen weniger wert sind als Zahlungen in gleicher Höhe, die sofort fällig sind.

In der Literatur werden eine Vielzahl von dynamischen Verfahren beschrieben. Tabelle 4-1 zeigt in einer Übersicht die wichtigsten Verfahren unter Angabe ihrer spezifischen Eigenschaften. Eine besonders übersichtliche, aber trotzdem sehr praxisnahe Form ist die Kapitalwertmethode (DICKOPP, 1985). Die Gesamtsumme sämtlicher durch eine Investition hervorgerufenen Ausgaben und Einnahmen werden dabei mit dem Kalkulationszinsfuß auf einen Zeitpunkt unmittelbar vor der Investition (= Barwert) oder auf das Ende der Planperiode (= Endwert) diskontiert; im folgenden wird der Barwert verwendet. Der Kapitalwert ist ein Maß für die Wirtschaftlichkeit; die Variante mit dem höchsten Kapitalwert ist die wirtschaftlichste. Sofern eine Investition nicht zu Erlösen führt (z.B. im Umweltschutz) , ist der Kapitalwert immer negativ, hier ist dann die am wenigsten negative Lösung zu bevorzugen.

Tabelle 4-1: Dynamische Verfahren der Investitionsrechnung

Dynamische Verfahren			
Vermögenswertmethoden		Zinssatzmethoden	
Verfahren zur Ermittlung des Vermögenzuwachses während der Planperiode bei gegebenen Zinssätzen		Verfahren zur Ermittlung eines Zinssatzes bei gegebenen Vermögenszuwachs von Null während der Planperiode	
Kapitalwertmethode[a]	Vermögensendwertmethode[a]	Sollzinssatzmethode[a]	Interne Zinssatzmethode[a]
_ Annuitätenrechnung _ Dynamische Amortisationsrechnung		TRM-Methode VR-Methode Baldwinmethode	

[a] siehe z.B. KRUSCHWITZ (1978)

In der Siedlungswasserwirtschaft ist jedoch weniger der Kapitalwert von Interesse als vielmehr die Höhe der Jahreskosten bzw. bei Einrichtungen der rationellen Energienutzung die Dauer der Amortisation (Annuität bzw. break even point). Die Annuität K einer Investition I_{ij} berechnet sich nach (4-1)

$$K = \frac{1}{BF} I_{ij} = \frac{iq^D}{q^D - 1} I_{ij} \qquad (4\text{-}1)$$

mit

BF = Barwertfaktor,

q = (1+i) Diskontierungsfaktor (i = Kalkulationszinsfuß),

D = Periodenzahl (z.B. 15 Jahre).

4.1.4 Eingangsgrößen in die Investitionsrechnung

Eine der wichtigsten Eingangsgrößen ist die Lebens- bzw. wirtschaftliche Nutzungsdauer der baulichen Anlagen und Maschinen. Diese wird meist überschätzt (STEENBOCK, 1984), aber auch der Planungszeitraum ist häufig kürzer als angenommen: So geht man in der Siedlungswasserwirtschaft davon aus, daß Klärwerke auf 15 bis 20 Jahre geplant werden können (PECHER, 1981), zwischen den beiden letzten Novellierungen des WHG (1976 und 1986) lagen aber nur 10 Jahre. Die Lebensdauer der Bauwerke (25 bis 30 Jahre; PECHER, 1981) wird also im Rahmen ihrer ursprünglichen Funktion nur in Einzelfällen erreicht, teilweise können sie aber einer anderen Bestimmung zugeführt werden (Restwert). Für die maschinelle Ausrüstung werden in der Regel 6 bis 12 Jahre angesetzt, sie muß - zumindest teilweise - im Verlauf der Lebensdauer der Gesamtanlage ersetzt werden (Re- oder Ergänzungsinvestitionen).

Aufgrund der langen Lebensdauer siedlungswasserwirtschaftlicher Anlagen verändern sich auch die Geldströme durch Inflation. Bei einer jährlichen Inflation von λ vergrößert sich ein Geldstrom in t Jahren um den Faktor $(1+\lambda)^t$; diskontiert mit dem Kalkulationszinssatz i ergibt sich daraus der diskontierte Inflationsfaktor $(1+\lambda)^t/(1+i)^t$. Bei der Verwendung des Realzinssatzes (Nominalzins abzüglich Inflationsrate) werden sämtliche Zahlungen auf den Bezugszeitpunkt diskontiert (Realzinssatz = Kalkulationszinssatz); es müssen lediglich die Kalkulationspreise des verwendeten Basisjahres auch bei den Wiederbeschaffungen veranschlagt werden (d.h. mit der Inflationsrate auf den Bezugszeitpunkt diskontiert werden).

Nach ORTH (1983) ist die Benutzung des Realzinssatzes in der Differenzform aufgrund der nicht konstanten Kostensteigerungen für die diversen Kostengruppen und wegen der langen Laufzeiten bzw. bei hohen Zinssätzen nicht zu empfehlen. Bei einem Nominalzins von z.B. 8 % und einer Inflation von rund 5 % und kurzen Laufzeiten (s.o.) ergeben aber sowohl Differenz- als auch Quotientenform einen Realzins von ca. 3 %. Dieser Zins steht in Übereinstimmung zu den von der LAWA (1979) empfohlenen Zinssätzen von 3 bis 6 % sowie der von ZÄSCHKE (1983) errechneten Spanne von -1 bis 3 %. Die Wahl von 3 % in den Berechnungen dieser Arbeit ergab sich daraus, daß die Investition den Zinssatz für Bundesanleihen erwirtschaften soll und ein großer Teil der Investitionsausgaben durch zinsgünstige Kredite finanziert werden kann.

In Tabelle 4-2 sind die festen Eingangsgrößen, die in dieser Arbeit für die Investitionsrechnungen zugrunde gelegt werden, zusammengestellt.

Tabelle 4-2: Eingangsgrößen in die Investitionsrechnungen und Berechnungsannahmen dieser Arbeit

---

- Planungszeitraum: 15 Jahre
- Kalkulationszins (kalkulatorischer Zinssatz): 3 % real[a]
- Energie- und Betriebskostensteigerungen[b]: 3 % real
- Wiederbeschaffungen müssen zu Preisen des Basisjahres (1984) inflationsbereinigt einberechnet werden, da in den Realzinssätzen die Inflation unberücksichtigt ist.
- Konstanz der Zinsbeträge, um Schwankungen am Markt nicht einbeziehen zu müssen.
- Kein technischer Fortschritt, der vollkommen veränderte Preis/Leistungsrelationen schafft.
- Staatliche Zuschüsse, die für Entscheidungen der Kommunen letztendlich ausschlaggebend sein können, sind vernachlässigt. Zwar verringern sich die Zinszahlungen, die durch die Verzinsung der Anschaffungsausgaben mit in die Berechnung eingehen; doch wäre das bei korrekter betriebswirtschaftlicher Berechnung mit ausreichender Rücklagenbildung kein großer Fehler, wenngleich in der Praxis anders verfahren wird.

---

[a] Zinsgünstige Kredite und Darlehen sind berücksichtigt.

[b] Trotz unterschiedlicher Preisentwicklung in der Vergangenheit ist den weiteren Berechnungen ein über den zukünftigen Planungszeitraum gemittelter Wert von 3 % p.a. zugrundegelegt.

4.1.5 Zuschüsse, Umlagen und Gebühren

Die Abwasserbeseitigung ist zunächst Pflichtaufgabe der Gemeinden (z.B. Baden-Württemberg LWG § 45 b Abs. 2.), sie kann aber einem Abwasserzweckverband oder neuerdings (z.B. in Niedersachsen) auch Privatunternehmen übertragen werden. Dabei muß in jedem Fall die Erfüllung des öffentlichen Zweckes gewährleistet sein. Gemäß den Förderungsrichtlinien der Wasserwirtschaft (1979) werden den Gemeinden Zuschüsse für den Kläranlagenbau zur Verfügung gestellt. In Baden-Württemberg (MELUF, 1984) wurden in den Jahren 1974 bis 1984 die Investitionen im Durchschnitt zu 41 % gefördert.

Einer Untersuchung des IFO-Instituts zu den Kosten und Folgelasten kommunaler Unternehmen (LENK, 1981) ist zu entnehmen, daß der Kostendeckungsgrad bei vollbiologischen Kläranlagen ohne weitergehende Behandlung bezogen auf Kostenstand 1979 bei 54,4 % lag. D.h., gemessen an den Gesamtausgaben ohne Abzug staatlicher Zuschüsse, konnten die diskontierten Ausgaben zu 54,4 % durch Einnahmen (d.s. Umlagen und Abwassergebühren) gedeckt werden. Nach Abzug der Investitionszuschüsse in Höhe von 41 % an den diskontierten Ausgaben ergibt sich, daß rund 92 % der Ausgaben direkt gedeckt wurden, der Rest indirekt durch das Steueraufkommen. Aus betriebswirtschaftlicher Sicht müßten nach diesen - groben - Abschätzungen also die Gebühren entsprechend erhöht oder die Ausgaben durch Optimierung der Verfahren gesenkt werden, um den geforderten Deckungsgrad von 100 % zu erreichen.

Ohne hier im Detail auf die Einnahmenseite näher eingehen zu können, fällt bei Durchsicht diesbezüglicher Literatur auf, daß in vielen Fällen sehr unterschiedliche Grundlagen für die Gebührenerhebung in den einzelnen Gemeinden angewendet werden. Die Abwassergebühren werden überwiegend nach dem Wasserverbrauch ausgerichtet, eine Grundgebühr für die Vorhaltung von Klärleistung - vergleichbar dem Leistungspreisanteil bei anderen leitungsgebundenen Dienstleistungen - ist die Ausnahme (MILICZEK, KLOTZ 1985), die Abwassergebühren schwanken zwischen 0,7 und 4,20 DM/m³ Frischwasser (LIERSCH, 1985); von Verschmutzungszuschlägen für industrielle Einleiter machen überwiegend nur die größeren Abwasserverbände (BRW, 1982) und einige Städte Gebrauch; i.d.R. werden die Anfangsinvestitionen durch einmalige Anschlußgebühren umgelegt, obwohl durch die Schaffung eines Anschlußbeitrages bei qualitativen Änderungen, wie sie weitergehende Reinigungsstufen darstellen, erneute Zahlungen von den Beitragspflichtigen erlaubt wären (ZIMMERMANN, 1973). Von daher ist zu vermuten, daß die betriebswirtschaftliche Ausrichtung der Kostendeckung noch vielfach durch "politische" Preise behindert wird und keine verursachergerechte, dem Anteil an dem benutzten Gesamtsystem entsprechende Kostenverteilung erfolgt.

4.2 EINFLUSSGRÖSSEN AUF DIE HÖHE DER JAHRESKOSTEN

Wie verschiedene statistische Untersuchungen zu den Jahreskosten von Kläranlagen (z.B. HOFFMANN, 1979) immer wieder zeigen, sind erhebliche Unterschiede selbst bei annähernd vergleichbaren Behandlungsverfahren festzustellen. Die Gründe hierfür sind vielfältig - angefangen bei den örtlichen Verhältnissen, die unterschiedliche Gründungen oder aufgrund der topografischen Gegebenheiten Pumpwerke und Druckleitungen erforderlich machen, bis hin zu Vorfluterverhältnissen, die weitergehende Reinigungsanstrengungen notwendig werden lassen. Sie sind aber nicht unveränderlich, da z.B. durch Zentralisierung oder Dezentralisierung Standortalternativen möglich sind. Hierbei werden dann die Aufwendungen für den Abwassertransport (RUDOLPH, 1981), aber auch für die Schlammentsorgung, für erhöhte Reinigungsanstrengungen infolge ungünstiger Vorfluterbeschaffenheit als auch differierende Strompreise im Vergleich zu in der Regel degressiven Investitions- und fallweise auch Betriebsaufwendungen (HAHN, 1980; KUNZ, 1980) entscheidungsrelevant. Kostenschätzungen auf der Basis von in der Literatur veröffentlichten Kostenkurven sind von daher mit äußerster Vorsicht zu betrachten (vgl. GASSEN, 1982).

Die Ausgaben werden weiterhin auch von den gewählten Verfahrensbedingungen (vgl. Kapitel 5), der Anlagengröße und der Kapazitätsauslastung bestimmt. Als Faustformel für unterschiedliche Investitionsaufwendungen geben FITZER und FRITZ (1975) mit κ als Degressionsexponenten (ca. 0,6) folgende Beziehung an:

$$I_{\text{groß}} = I_{\text{klein}} \left(\frac{\text{Kapazität}_{\text{groß}}}{\text{Kapazität}_{\text{klein}}}\right)^{\kappa} \qquad (4\text{-}2)$$

Die Kostenstruktur bei unterschiedlicher Auslastung ergibt sich aus den auslastungsfixen und -variablen Kosten. In der kommunalen Siedlungswasserwirtschaft sind die Kosten überwiegend - aufgrund der in Kapitel 1 genannten Gründe - fix, so daß bei derartigen Verhältnissen eine der Bemessung entsprechende Auslastung für eine günstige Kostenstruktur Voraussetzung ist.

In Abbildung 4-4 ist in Stichworten erläutert, wie sich die Abwasserzusammensetzung und deren zeitliche Änderung auf die Jahreskosten einer Kläranlage auswirken. Betrachtet man nur das Reinigungsverfahren in Abhängigkeit der beiden Eingangsgrößen ohne Berücksichtigung der notwendigen Schlammbehandlung als Funktion der Schlammentsorgungsmöglichkeiten und ohne Berücksichtigung der elektro- und maschinentechnischen Ausrüstung (Steuerungserfordernisse), werden mit Sicherheit die erforderlichen Aufwendungen unterschätzt. Auch die Angabe von Bandbreiten bei den Jahreskosten kann das Problem der Kostenvorausschätzung nicht lösen, da die kostenrelevanten Einflüsse im einen Fall zu einem höheren, im anderen zu einem niedrigeren Wert führen können, in Anbetracht der unterschiedlichen Kostenanteile aber dann auch nicht eine Mittelung erlauben.

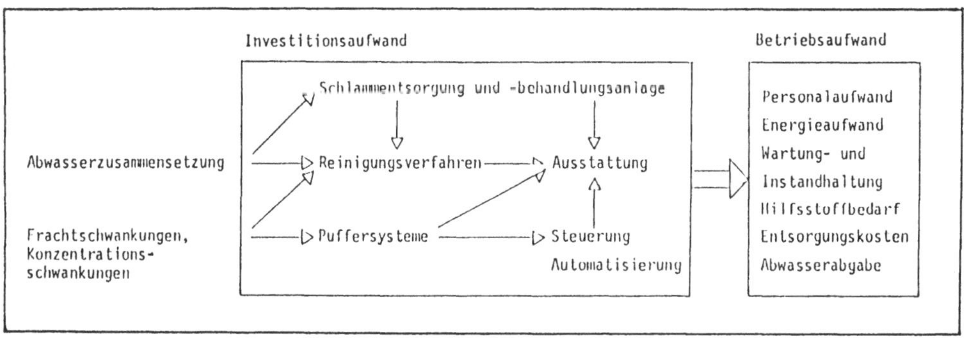

Abb. 4-4: Einflußgrößen auf die Jahreskosten einer Kläranlage

Da der Betriebsaufwand in erster Linie durch die verwendeten Anlagenkomponenten bestimmt wird, ist bei den bisherigen Praktiken der Planung von Kläranlagen dieser Einfluß schon weitgehend festgelegt, wenn die Projektierung in die Phase der Detailplanung tritt. Damit kommt der Ermittlung von Betriebskosten bei der Planung von Kläranlagen gerade in den frühen Planungsphasen eine besondere Bedeutung zu: Beispielsweise kann die Einplanung einer Flotation zu geringeren Jahreskosten führen, wenn nicht nur die Aufwendungen für das Reinigungsverfahren, sondern auch die vermiedenen Aufwendungen für die Schlammbehandlung berücksichtigt werden (entsprechendes gilt auch bei einer mechanischen Grobentschlammung durch Abwasserfeinsiebung anstelle einer Vorklärung oder für die Fällungsreinigung). Von daher dürfen die zunächst suboptimal erscheinenden Lösungen nicht bereits bei einem einfachen Kostenvergleich aus der Variantenauswahl eliminiert werden.

Ein weiterer Gesichtspunkt, der Einfluß auf die Jahreskosten hat und der hier nur der Vollständigkeit halber Erwähnung finden soll, ist die derzeitige Praxis bei der Abwicklung des Kläranlagenbaus. So bemängeln ROSENZWEIG (1985) und LIERSCH (1986), daß neben den o.a. fehlenden Vorplanungen die Verwendung staatlicher Zuschüsse zu teueren investiven Lösungen verleiten, aber auch aufgrund der verzögerten Zuteilung der Zuschüsse zu teuren Verzögerungen in der Fertigstellung führen. Weiterhin verteuern und behindern technische Normen und dgl. den optimierten Klärwerksausbau, wobei auch die Honorierung der Ingenieurleistungen nach der üblichen Honorarberechnung eine Optimierung hinsichtlich kostengünstiger Lösungen nicht fördert. Da ein privatwirtschaftliches Unternehmen nach den Prinzipien größtmöglicher wirtschaftlicher Effizienz arbeitet, könnte nach RUDOLPH (1985) über die Privatisierung die Abwasserbeseitigung effizienter gestaltet werden. In den USA (DOCTOR, 1986; WESTERHOFF, 1986) werden übrigens ähnliche Argumente angeführt, um die Optimierungsmöglichkeiten bei der Abwasserbehandlung rascher in die Praxis umzusetzen und Kosten einzusparen.

4.3 ERMITTLUNG DER JAHRESKOSTEN

Für die Investitionsrechnungen werden Preis- und Mengengerüste benötigt. Die daraus ermittelten Kosten können nach verschiedenen Gesichtspunkten eingeteilt werden: In der Siedlungswasserwirtschaft ist es üblich, die Kosten nach ihrer Entstehung aufzulisten (primäre Kosten). Man unterscheidet dabei

- o Kapitalkosten (einschließlich kalkulatorischer Kosten): Kalkulatorische Abschreibung, kalkulatorische Zinsen;
- o Betriebskosten:
  - Arbeitskosten: Lohnkosten, Personalnebenkosten;
  - Betriebsmittelkosten: Energie-, Chemikalienkosten;
  - Sonstige Kosten: Steuern, Gebühren (Abwasserabgabe), Beiträge, Fremdleistungskosten (Versicherungsprämien, Fremdreparaturen, Beratungskosten), Gemeinkostenanteile.

Die Jahreskosten K von Klärelementen können nach folgender Beziehung (vgl. RENTZ, 1979) geschätzt werden, die einzelnen Kostenarten werden im folgenden (Abschnitte 4.3.1 und 4.3.2) erläutert:

$$K = l \sum_{j \in J} pri\ BF^{-1}\ I_j + \sum_{o \in O} A_o p_o + m_E K_E + \sum_{h \in H} m_h K_h + W_w + SK + \sum_{q \in Q} F_q \quad (4\text{-}3)$$

mit

l = Faktor zur Berücksichtigung von Zuschlägen (s. Abb. 4-5),

pri = Faktor zur Berücksichtigung von Preisänderungen (Preisindex),

BF = Barwertfaktor,

I_j = Investitionshöhen der einzelnen Anschaffungen,
A_o = Personalbedarf der Art o ∈ 0,
p_o = dem Personalbedarf A_o zugeordnete Personalkosten,
m_E = bezogene elektrische Arbeit (kWh/a),
K_E = Strompreis (DM/kWh),
m_h = technische Verbrauchsmenge der Sorte h ∈ H,
K_h = zur Verbrauchsmenge h gehörender Verrechnungspreis,
W_w = Wartungskosten als Funktion von I_j,
SK = Sonstige Kosten (Fremdleistungen u. dgl.)
F_q = Folgekosten (z.B. Änderungen des Strompreises bei veränderter Jahresbenutzungsstundenzahl).

Abgesehen vom Problem der Monetarisierung der jeweiligen technischen Lösungen als Funktion der ökonomisch wichtigsten Auslegungsvariablen (s. dazu Abb. 4-3), besteht in der Phase der Vorplanung häufig ein Problem darin, daß nicht alle Kostenkomponenten (z.B. Lieferung, Montage und Inbetriebnahme, Engineering, off sites, Kosten des Genehmigungsverfahrens u. dgl.) dem Planer bekannt sind. In diesem Stadium der Anlagenprojektierung können aber diese vereinfachend über prozeßspezifische, aus der Erfahrung bekannte Zuschläge für die jeweiligen Komponenten berücksichtigt werden (RENTZ, 1979). Abbildung 4-5 gibt hierzu ein Beispiel: In Ermangelung besserer Zahlenwerte wird dieser im folgenden in dieser Arbeit den Berechnungen zugrundegelegt (l=1,9).

Da man weiterhin nicht für jeden Planungsfall von neuem eine detaillierte Preisermittlung für die einzelnen Elemente einer Kläranlage durchführen kann (Aufwand für Datensuche, Verwaltung und Planung müssen in einem vernünftigen Verhältnis zum Ergebnis stehen), wird man einmal ermittelte Daten - sofern sich die Basis ihrer Ermittlung nicht gravierend geändert hat - entsprechend der Preisentwicklung auf das Bezugsjahr fortschreiben. Dazu werden Preisindices (pri) für Investitions- und sonstige Aufwendungen nach Daten des statistischen Bundesamtes herangezogen. Abbildung 4-6 zeigt die für Kläranlagen heranziehbare Entwicklung der Anschaffungsausgaben zwischen 1974 und 1984, die durch Wichtung von 60/40 aus der Entwicklung von Bauwerken (Stahlbetonbrücken) und Maschinen (Flüssigkeitspumpen) sowie für die Energiekosten (Abgabepreise von elektrischem Strom an die gewerbliche Wirtschaft) ermittelt wurde (JONITZ, 1986). Die Wartungskosten steigen mit zunehmendem Alter der Kläranlage. Nach ATV (1978) können die zeitlichen Änderungen dieser Kosten-

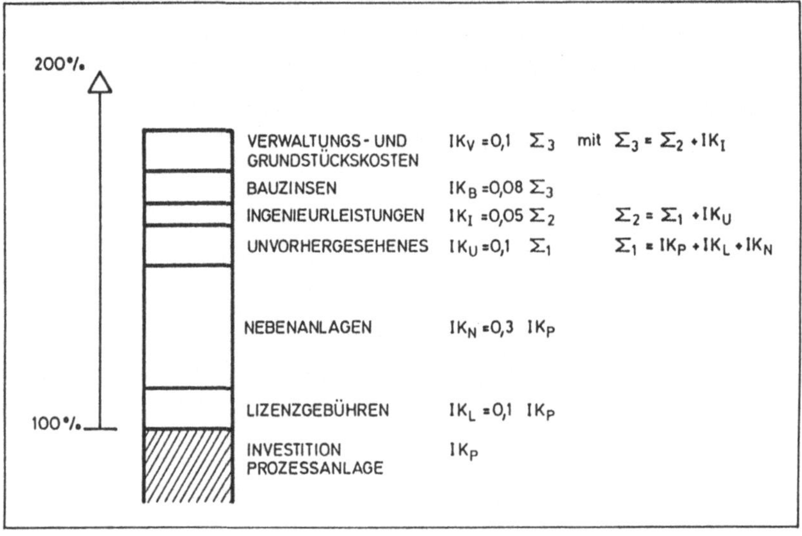

Abb. 4-5: Beispiel für die Ermittlung von Zuschlägen für nicht durch Einzelerfassung bestimmte Kosten (nach BRÜGEL et al., 1974)

steigerungen vereinfachend anhand des Indexwertes für den Stahlbetonbrückenbau abgeschätzt werden.

Während die Anschaffungsausgaben in der Planungsphase noch recht genau ermittelt werden können (was für die Ersatzinvestitionen schon nicht mehr gilt), lassen sich Betriebskostenentwicklungen meist nur für die ersten Jahre nach Inbetriebnahme der Anlage zuverlässig abschätzen, da Veränderungen in der Struktur des Einzugsgebiets (z.B. Abnahme der Belastung infolge Betriebsschließungen oder verstärkter Rückhaltetechnologien infolge ökonomischer Anreize durch Starkverschmutzerzuschläge) zu anderen Betriebsbedingungen führen. In vielen bestehenden Anlagen wird dieser Effekt zwar noch kaum beobachtet, weil die Aggregate häufig soweit überdimensioniert und nicht steuerbar sind, daß die kleinste Aggregatstufe noch zuviel Leistung erbringt (vgl. KUNZ, MÜLLER, 1985); durch die Entwicklung der Leistungselektronik werden sich hierbei aber zukünftig Veränderungen ergeben. Die Betriebskosten können dann auch eher in einen Grundlastanteil und einen belastungsabhängigen Teil unterschieden werden, wodurch sich die zeitliche Entwicklung besser abbilden läßt.

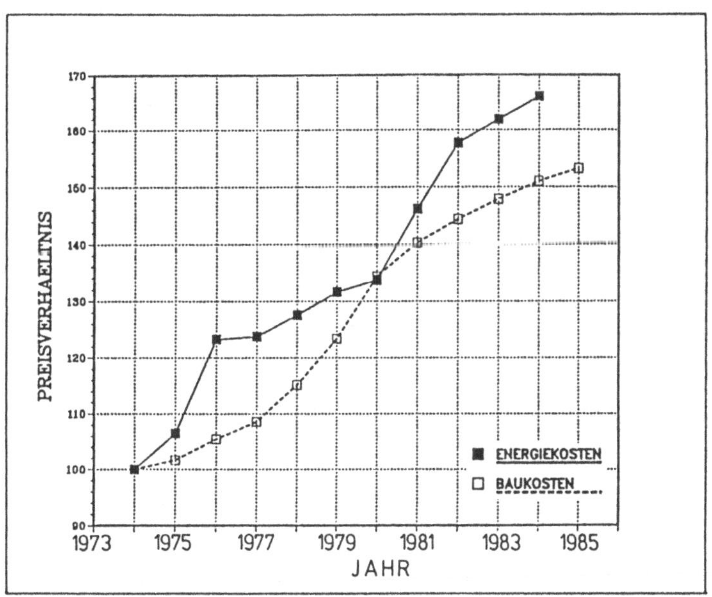

Abb. 4-6: Preissteigerungsraten für Investitionsaufwendungen und bei den Energiekosten für Kläranlagen (nach Daten des STATISTISCHEN BUNDESAMTES, 1986)

Einen Effekt auf die Betriebskostenentwicklung haben auch zunächst nicht quantitativ bewertbare Faktoren: So wird ein gut geschultes Personal die maschinentechnischen Einrichtungen besser nutzen und warten, sofern die entsprechende Zeit (d.h. Personalmenge) dafür zur Verfügung steht. Höhere Ersatzinvestionen und höhere Betriebskosten stehen diesen Effekten gegenüber. Auch wenn diese Einflußfaktoren auf die Verfahrensauswahl im Rahmen dieser Arbeit nicht berücksichtigt werden konnten, ist nicht zu verkennen, daß sie entscheidungsrelevant sind.

Der Kostenartenrechnung schließt sich i.a. eine Kostenstellenrechnung an, in der eine Zurechnung der Kosten zu den Orten der Kostenentstehung erfolgt. In der Siedlungswasserwirtschaft wird sie häufig - unbewußt - angewandt, indem in Kosten für die mechanische und biologische Abwasserreinigung unterschieden wird. Allerdings wird das Prinzip der Kostenstellenrechnung (Zurechnung der Kosten entsprechend der Inanspruchnahme einer Kostenstelle durch die Kostenträger) nicht immer konsequent angewandt, da die Gemeinkosten in der Regel nicht entsprechend aufgeteilt werden: Abgesehen von den effektiven, verfahrenstechnisch notwendigen Personalkosten, deren bisherige Ermittlung nicht befriedigen kann (vgl. Abschnitt 1.1.4), den Fremdleistungs- und sonstigen Kosten, werden z.B. die Schlammbehandlungskosten nicht den Verursachern (Primär- und Sekundärschlammanfallorte) zugerechnet. In Abschnitt 4.4 ist dies jedoch entsprechend den Ausführungen in Abschnitt 3.1 getan. Dabei wird deutlich, daß die Vorteilhaftigkeit möglicher Abwasserreinigungsverfahren ganz entscheidend von der Verteilung des Primär- und Sekundärschlammanfalls abhängt.

4.3.1 Investitionen

Im allgemeinen verlaufen die absoluten Kosten progressiv, die spezifischen Kostenkurven für Anlagenteile mit wachsender Ausbaugröße degressiv. Die Steigung der Kostenkurven hängt dabei von den in Abschnitt 4.2 aufgeführten Einflußgrößen, in gewissem Umfang auch von der Reinigungswirkung ab. Da jedoch beim Verfahrensvergleich von gleichen zu erwartenden Reinigungsergebnissen ausgegangen werden soll, sind diese Kostenfaktoren implizit berücksichtigt.

Die Darstellung der Investitionen in exponentieller Form als Funktion einer Bezugsmenge nach (4-4) ist allgemein unbestritten; jedoch wird vor allem die richtige Bezugsgröße in der Literatur eingehender diskutiert. Für globale Betrachtungen der Gesamtinvestitionen ist mit Sicherheit die Ausbaugröße in EGW eine relevantere Größe als z.B. die Abwassermenge, da die organische Belastung der Anlage sich stärker auf die "teueren" Kläranlagenelemente (Belebung, Schlammbehandlung) auswirkt als die hydraulische Belastung (Pumpen, Absetzbecken). Dies kommt auch im höheren Bestimmtheitsmaß bei Regressionsanalysen zum Ausdruck (z.B. HEISS, 1983; KUNZ, 1980).

$$I = a \cdot x^b \qquad (4\text{-}4)$$

mit I - Investition,
x - Bezugsgröße,
a,b - Koeffizienten (aus Regressionen).

Die Entwicklung der Anschaffungsausgaben für zwei Abwasserreinigungsverfahren nach einer Literaturauswertung veranschaulicht Tabelle 4-3. Wie man anhand der Preissteigerungsraten (Abb. 4-6) ersehen kann, sind die darin wiedergegebenen Preisentwicklungen nur z.T. für die Steigerung ausschlaggebend; teilweise ist sie auf die Erhöhung der Bemessungsgrundlagen (EGW_{54} --> EGW_{60}), auf die erweiterte Mischwasserbehandlung und auf den Ausbau der Schlammfaulung, insbesondere aber auch auf die zunehmende Absenkung der Schlammbelastung zurückzuführen.

Tabelle 4-3: Entwicklung der Investitionsaufwendungen für Kläranlagen (Auszug aus einer Zusammenstellung von HEISS, 1983)

Bezugsjahr	mech.-biol. Kläranlagen ohne masch. Schlammentwässerung	Belebungsanlagen ohne maschinelle Schlammentwässerung
1962	$880(E+EGW)^{0,73}$	
1968		$1775(E+EGW)^{0,73}$
1969	$1190(E+EGW)^{0,67}$	$5030(E+EGW)^{0,58}$
1970		$2040(E+EGW)^{0,73}$
1970		$2240(E+EGW)^{0,699}$
1978	$4800(E+EGW)^{0,699}$	
1978	$5400(E+EGW)^{0,70}$	
1978		$2000(E+EGW)^{0,80}$
1979		$5120(E+EGW)^{0,699}$
1980		$5760(E+EGW)^{0,699}$

Ein Kostenvergleich von Kläranlagenvarianten auf der Basis von Investitionserhebungen ist somit nicht exakt genug. In dieser Arbeit werden deshalb die Kosten für die einzelnen Verfahrenselemente aufgrund von Bemessungsdaten, also z.B. aus dem Volumen des Belebungsbeckens, ermittelt. Im Detail haben hierzu einige Autoren (z.B. FLÖGL, 1981, in Abhängigkeit von der Beckenform oder der Belüftungsart) Zahlenwerte veröffentlicht; im folgenden wird z.T. mit den von RIEGLER (1981) ermittelten Kosten gerechnet (vgl. Abb. 4-7). Auf die Kosten der Schlammbehandlungsanlagen wird in Abschnitt 4.4 im einzelnen eingegangen.

Wenn keine reinen Kostenstellen vorliegen (z.B. bei Personal, Werkstattausrüstung u. dgl.), müssen die Kosten der Kostenstelle in entsprechender Weise aufgeteilt werden.

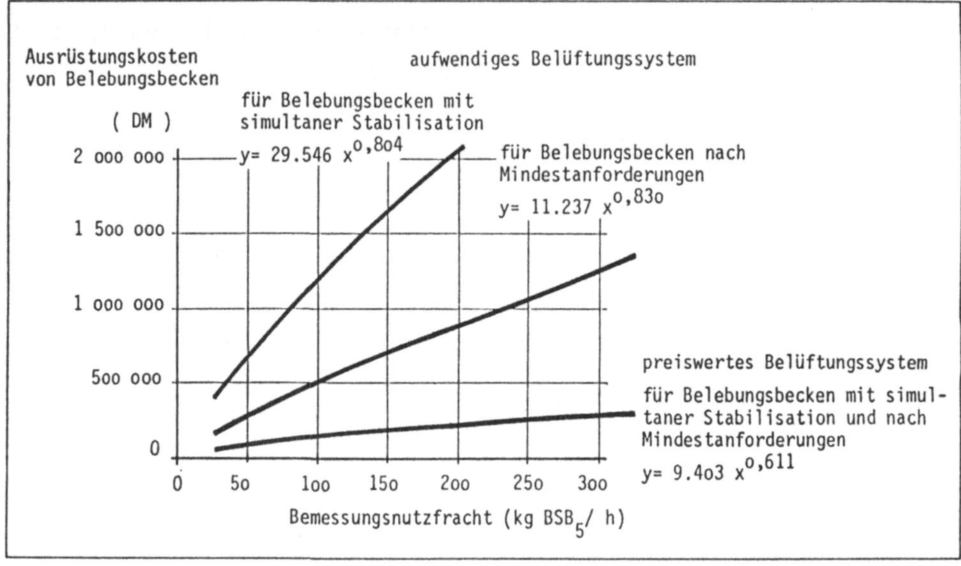

Abb. 4-7: Ausrüstungskosten von Belebungsbecken (RIEGLER, 1981)

4.3.2 Betriebskosten

Unter den o.a. Voraussetzungen müssen bei einem Variantenvergleich lediglich die

- Energiekosten, } Betriebsmittelkosten
- Kosten für Hilfsstoffe,
- Reparatur- und Wartungskosten,
- sonstige Kosten,
- Folgekosten,

im einzelnen betrachtet werden (Personalbedarf - A_o - wird als exogene Größe ausgegrenzt, da es bislang keine eindeutigen Parameter oder Anhaltspunkte dafür gibt (z.B. in einem ATV-Handbuch), wieviel und wie hoch qualifiziertes Personal ein Verfahrenselement erfordert; vgl. Abschnitt 1.1.4). Gebühren u. dgl. unterscheiden sich nicht, insbesondere unter der Voraussetzung gleicher Reinigungsergebnisse und Prozeßstabilitäten ist die Höhe der Abwasserabgabe identisch). Ebenso wie bei den Investitionen kann die Betriebskostenfunktion in Form von

$$B = c \cdot x^{d} \tag{4-5}$$

geschrieben werden.

Die Energiekosten ergeben sich unmittelbar aus dem Energiebedarf (m_E) zur Erfüllung der jeweiligen Behandlungsfunktion und den maßgeblichen Strompreisen (K_E). Die spezifischen Strompreise haben sich als Funktion der Ausbaugröße bzw. der abgebauten BSB-Fracht aus einer Stichprobe von 23 bzw. 19 Anlagen im Größenbereich von 10.000 bis 70.000 EGW zu

$$K_E = 26{,}1 - 9{,}7 \cdot 10^{-5}\ \text{EGW} \quad (\text{DPf/kWh})\ \text{bzw.} \tag{4-6}$$

$$K_E = 73{,}0 - 2{,}9 \cdot 10^{-2}\ BSB_5 \quad (\text{DPf/kWh}) \tag{4-7}$$

für das Jahr 1984 ermitteln lassen (KUNZ, MÜLLER, 1986). Der Energiebedarf selbst kann grob angenähert aus den Anschlußwerten der eingesetzten Aggregate multipliziert mit einem Abminderungsfaktor (bezogene Leistung / Nennleistung) von ca. 0,8 geschätzt oder aber aus den statistischen Angaben der Untersuchung zum detaillierten Strombezug von 33 Kläranlagen (KUNZ, MÜLLER, 1985) entnommen werden. Da in der Praxis nur die gängigen Technologien eingesetzt sind, wird man für neuere Technologien auf Schätzmengen zurückgreifen müssen. Fallweise müssen bei Teilauslastung höhere Verrechnungspreise angesetzt werden, da nicht grundsätzlich auslastungsproportionale Einsparungen anzunehmen sind. Bei überdimensionierten Belüftern sind - s.o. - die technischen Verbrauchsmengen praktisch unabhängig von der Auslastung der Anlage, im Falle einer Minderauslastung (durch häufigen An- und Abfahrbetrieb von Faulgasverstromungsanlagen) kann es sogar zu absoluten Erhöhungen kommen.

Die Hilfsmittelkosten - $m_h \cdot K_h$ - (z.B. Flockungsmittel und Kalk bei der Schlammbehandlung, Fällungsmittel bei dritten Reinigungsstufen) können (s.o.) in Abhängigkeit der Durchsatzmengen an Schlammtrockensubstanz bzw. Abwasser ermittelt werden. Wenn der Chemikalieneinsatz in Abhängigkeit prozeßabhängiger Größen gesteuert wird (PETER, 1986), sind diese als Bezugsgrößen zugrundezulegen; fallweise macht man auch keinen allzugroßen Fehler (da die Bezugsgrößen im Betrieb ebenfalls schwanken und durchschnittliche Werte geschätzt werden müssen), wenn man vereinfachend die plausibilisierten Einsparraten ansetzt.

Daneben fallen beim Betrieb von Kläranlagen in unterschiedlichen Abständen und unterschiedlichen Höhen Reparatur- und Wartungskosten (W, wie Schmiermittel, Werkzeuge etc.) an. Diese werden i.a. als feststehender Anteil an den Investitionen in den Betriebskostenschätzungen berücksichtigt. Da davon auszugehen ist, daß mit steigenden Investitionen auch die Erhaltungskosten proportional steigen, müssen bestimmte Prozentsätze (z.B. 0,5 bis 1 %) der Investition pro Jahr für Reparatur- und Wartung angesetzt werden; bei hohem Automatisierungsgrad sind industrieübliche Sätze von 3 % angezeigt.

Manche Prozesse, wie z.B. die Schlammentwässerung, können in anderen Bereichen der Kläranlage mittelbare und unmittelbare Folgekosten verursachen (z.B. Faul- und Filtratwassereinleitungen in die biologische Behandlungsstufe). Mittelbare Folgekosten ergeben sich auch u.a. bei Wirkungsgradverminderungen oder verminderter Verfügbarkeit der Anlage, unmittelbare durch zusätzlichen O_2- und Flockungsmittelbedarf. Gelingt es jedoch, die internen Belastungen in den Betriebsablauf zu integrieren (z.B. Faulwassereinleitungen in belastungsschwachen Zeiten), können sich prozeßtechnisch auch günstigere Verhältnisse als ohne diese Belastung einstellen (vgl. Abschnitte 2.2 und 3.2), was im Extremfall sogar als vermiedene Kosten im Rahmen der Folgekostenbetrachtung für den jeweiligen Prozeß zu verbuchen wäre.

4.3.3 Jahreskosten

Die Jahreskosten setzen sich aus den Abschreibungen, den Kapital- und Betriebskosten zusammen, wobei die Kapitalkosten die Verzinsung der eingesetzten Geldmittel (Eigen- oder Fremd-) beinhalten. Da die Kläranlagenbetreiber Investitionsbeihilfen und zinsgünstige Kredite in unterschiedlicher Höhe erhalten (vgl. Abschnitt 4.1.5), unterscheiden sich die Zinsbelastungen im Einzelfall erheblich, wovon auch einzelne Elemente eines Kläranlagenkonzeptes betroffen sein können (Energieanlagen können anders bezuschußt werden als Klärbecken).

Bei einem Variantenvergleich einzelner Klärelemente oder von Gesamtkonzeptionen in der Planungsphase müssen die Zuschüsse jedoch nicht berücksichtigt werden; es sei denn, daß die optimale Lösung in der Kostenumverteilung vom Kläranlagenbetreiber auf den Zuschußgeber gesucht wird, indem die Betriebskosten zu Lasten der Investitionen minimiert werden, da die Zuschüsse den Kapitalkostenanteil an den Jahreskosten senken. In allen anderen Fällen können unterschiedliche Zuschüsse durch Differenzenbildung zum Mindestzuschuß in Form von Erlösen berücksichtigt werden.

In ähnlich einfacher Weise kann auch verfahren werden, wenn im Verlauf des Planungszeitraumes Optimierungen verschiedener Anlagenteile vorgesehen sind: Die Kosten für die Optimierung werden mit den Erlösen aufgerechnet und die nach dem "break even point" anfallenden jährlichen Einnahmen minus Ausgaben auf den Bezugszeitpunkt diskontiert. Im Rahmen von Sensivitätsbetrachtungen ist es mit dieser Methode möglich, die dynamische Veränderung der Betriebsko-

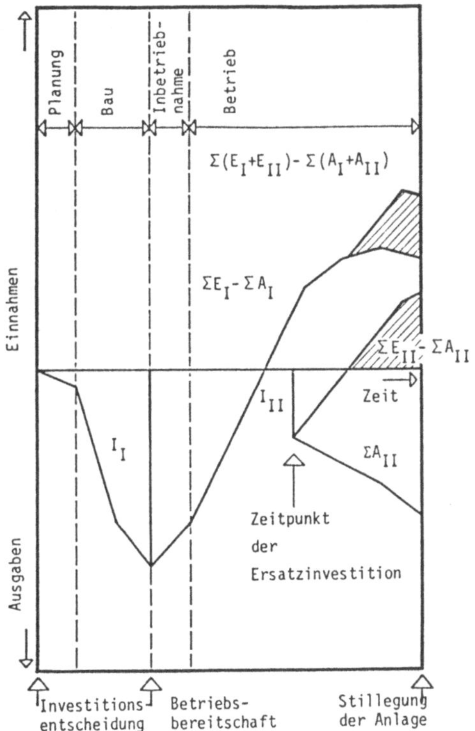

Abb. 4-8: Grafische Ermittlung der Veränderung einer Gewinn- und Verlustkurve durch Veränderungen im Betrieb (im Vergleich zu Abbildung 4-2)

sten zur Berücksichtigung von sich ändernden Randbedingungen grafisch zu ermitteln (siehe Abbildung 4-8). Andererseits können diese Effekte auch in der ersten Durchrechnung berücksichtigt werden.

Bei den verschiedenen Investitionsrechnungen hat sich in der Praxis zur Berücksichtigung der Zinsbelastung der Bezug auf die halben Anschaffungsausgaben durchgesetzt. Dadurch wird der mittlere Jahreszinsverlust bei der Kostenrechnung mitberücksichtigt. Die Höhe des Zinssatzes orientiert sich am Zinssatz für längerfristige Kommunaldarlehen. Die Abschreibung für eine Kläranlage oder einzelne Klärelemente hängt von der erwarteten Lebensdauer ab. Dabei kann man sich an den Angaben der LAWA (1979) orientieren. Zur vereinfachten Berechnung können die Anteile von baulichen- und Maschineninvestitionen eines Klärelements ermittelt und die Abschreibungssätze entsprechend gewichtet werden.

4.4 ERMITTLUNG DER KOSTENGÜNSTIGSTEN SCHLAMMBEHANDLUNGSVARIANTEN UNTER BERÜCKSICHTIGUNG DER FAULGASPRODUKTION AUS PRIMÄRSCHLAMM

Am Beispiel der Schlammbehandlung wird im folgenden die Anwendung eines Kostenvergleichs auf Basis einer Investitionsrechnung in der Siedlungswasserwirtschaft erläutert. Als Methode wird die Annuitätenrechnung (Abschnitt 4.1.3) gewählt. Die verfahrenstechnischen Merkmale basieren auf den in den Abschnitten 3.1 und 3.2 erläuterten Optimierungskriterien, wobei die Verfahrensführung so gewählt sein muß, daß der produzierte Schlamm sowohl die Bedingungen einer landwirtschaftlichen Verwertung als auch die Deponieerfordernisse erfüllt. Da die Ergebnisse bei den Optimierungsrechnungen im folgenden Kapitel verwendet werden, sind jeweils die Kosten für die komplette Schlammbehandlung (inkl. Gebäude etc.) ermittelt worden; so wurde auch der Personalbedarf berücksichtigt, wobei davon ausgegangen wurde, daß die maschinentechnische Ausrüstung bei den untersuchten Varianten im wesentlichen von der Größe der Anlage und weniger von den unterschiedlichen Aggregaten determiniert wird. Die Angaben zur Bemessung der Schlammbehandlungs- und Energieanlagen sind im Anhang zusammengestellt.

Die Optimierungsaufgabe stellt sich also wie folgt dar: Im Rahmen einer Neuplanung soll die kostengünstigste Schlammbehandlungsanlage aus einer Gruppe von funktionsgleichen, aber kostenverschiedenen Aggregaten (mit unterschiedlicher Kosten-Leistungs-Funktion) ermittelt werden. Zu berücksichtigen ist dabei, daß die einsetzbaren Aggregate sowohl intensitätsmäßig als auch zeitlich an den Schlammbehandlungsbedarf angepaßt werden können. Da allerdings die funktionalen Abhängigkeiten des Endfeststoffgehalts vom Durchsatz aufgrund der variierenden Schlammkonsistenzen bei den unterschiedlichen Aggregaten nicht eindeutig sind, wurde für die Berechnungen nur die jeweils wahrscheinlichste Transformation zugrundegelegt. Sie basieren jeweils auf Herstellerangaben über praxisnahe Versuche und deren Verifizierung durch in der Literatur beschriebene Beispiele.

4.4.1 Überblick über die zugrundegelegten Kostenfunktionen

Da in den Vergleichsrechnungen, wie in Abschnitt 4.1 erläutert, Zuschüsse und die Art der Finanzierung nicht berücksichtigt werden sollen, sind alle Investitionen Ausgaben. Einnahmen bzw. Erlöse entstehen im Fall einer Strommehrproduktion; d.h., wenn infolge der Faulgasverstromung mehr Strom produziert wird, als für die Schlammbehandlung benötigt wird. In Tabelle 4-4 sind die zugrundegelegten Kostenfunktionen in einer Übersicht zusammengestellt; die Werte wurden mit den entsprechenden Indices auf Kostenstand 1984 umgerechnet.

Die Entsorgungskosten (Transportkosten und Kosten für Verbrennung, Deponierung und für Untersuchungen bei landwirtschaftlicher Verwertung) wurden nicht zum Ansatz gebracht, da sie stark Einzelfall-abhängig sind. Im konkreten Fall sind lediglich die auf die Trockensubstanz bezogenen Entsorgungskosten den hier ermittelten Ergebnissen hinzuzufügen.

4.4.2 Kostenermittlung für die getrennte Schlammbehandlung von Primär- und Sekundärschlamm

Da aus verfahrenstechnischen Gründen eine getrennte Primär- und Sekundärschlammbehandlung vorteilhaft ist (vgl. Abschnitt 3.1.4), bietet es sich zunächst an, die Schlammbehandlungsstränge getrennt voneinander zu dimensionieren. Dies führt allerdings dazu, daß vor allem bei kleineren Schlammdurchsätzen die Aggregate teilweise überdimensioniert werden. Ein modulhafter Aufbau erleichtert jedoch erheblich die Bewertung der unterschiedlichen Merkmale der einzelnen Varianten. In Abschnitt 4.4.3 wird die gemeinsame Nutzung der ein-

Tabelle 4-4: Kosten der Schlammbehandlung und der Energieversorgung (Kostenstand: 1984)

Einrichtung (jew. komplett mit Nebenanlagen)	Investitionsausgaben		Quelle
Durchflußeindicker	$I_o = 9.032 \cdot V^{0,542}$	(DM)	RIEGLER (1981)
Flotationseindicker	$I = 890 \cdot TS^{0,61}$	(DM/a)	KANSY (1982)
Zentrifugenanlage(a), 3m³/h	$I_o = 121.000$	(DM)	KHD (1986)
Zentrifugenanlage(b), 15m³/h	$I_o = 221.000$	(DM)	-"-
Filtertrommelanlage, 10m³/h	$I_o = 90.000$	(DM)	ROEDIGER (1987)
Bandfilteranlage(a), 5m³/h	$I_b = 150.000$	(DM)	-"-
Bandfilteranlage(b), 8m³/h	$I_o = 170.000$	(DM)	-"-
Nachkalkung	$I_o = 32.560 \cdot EGW^{0,096}$	(DM)	-"-
Gebäude	$I_o = 2.257 \cdot EGW^{0,473}$	(DM)	RIEGLER (1981)
Faulanlage	$I_o = 3.732 \cdot V^{0,853}$	(DM)	RIEGLER (1981)
Gasbehälter	$I_o = 37.979 \cdot V^{0,432}$	(DM)	-"-
BHKW-Anlage			
- Fiat	$I_o = 48.000$	(DM)	ROTEC (1986)
	$I_1 = 8.000$	(DM)	-"-
- Peugeot	$I_o = 67.000$	(DM)	SOKRATHERM (1986)
	$I_1 = 18.000$	(DM)	-"-
Heizkessel	$I_o = 360 \cdot L$	(DM)	eigene Erhebung

Betriebskostenfaktoren	Betriebsausgaben		Quelle
Personal	$K = 1.270 \cdot EGW^{0,405}$	(DM/a)	BENDER (1986)
Strom	$K = 0,261 - 9,7 \cdot 10^{-7}$ EGW (DM/kWh)		KUNZ, MÜLLER (1986)
Heizöl	$K = 0,50$	(DM/l)	JONITZ (1986)
Flockungsmittel (Polyelektr.)	$K = 12.000$	(DM/t)	BENDER (1986)
Konditioniermittel (Kalk)	$K = 140$	(DM/t)	ROEDIGER (1986)
Wartung	$K = 0,03\ I_o$	(DM/a)	eigene Annahmen

I_o - Anfangsinvestition

I_1 - Ersatzinvestition (z.B. mit Katalysator, inkl. Montage) zelnen Aggregate diskutiert. In Tabelle 4-5 sind die untersuchten Schlammbehandlungsvarianten einander gegenübergestellt. Faulgas wird entsprechend den Angaben in Abschnitt 3.2 verstromt: in der Schlammbehandlungsanlage nicht benötigter Strom wird von der Abwasserreinigungsanlage genutzt und der Schlammbehandlung gutgeschrieben (mit einer Stromrückspeisung wird nicht gerechnet).

Tabelle 4-5: Untersuchte Schlammbehandlungsvarianten

Stufe	Primärschlamm (PS)				Sekundärschlamm (SS)		
	Var 1	Var 2	Var 3	Var 4	Var 1	Var 2	Var 3
1.	Eindicker	Eindicker	Eindicker	Eindicker	Flotat.	Flotat.	Eindicker
2.	Dekanter	Dekanter	Filtertr.	-	Dekanter	Bandfilt.	Bandfilt.
3.	Faulung	Faulung	Faulung	Faulung	Kalkung	Kalkung	Kalkung
4.	Eindicker	Eindicker	Eindicker	Eindicker			
5.	Dekanter	Bandfilt.	Bandfilt.	Bandfilt.			
6.	Kalkung	Kalkung	Kalkung	Kalkung			

Feststoffgehalte nach Tabelle 3-1

Abbildung 4-9 zeigt die Ergebnisse der auf der Basis obiger Annahmen nach der Annuitätenmethode ermittelten, spezifischen Schlammbehandlungskosten für eine tägliche Schlammproduktion zwischen 500 und 5000 kg TS/d. Die eingezeichneten Kurven stellen die Verbindungen zwischen den jeweils durch vollständige Bemessung ermittelten spezifischen Kosten der Schlammbehandlung bei einem täglichen Schlammanfall von 500, 1000, 1500, 2000, 3000, 4000 und 5000 kg TS dar. Die angegebenen Funktionen (y*) wurden als lineare Regression aus den logarithmierten Datensätzen ermittelt.

Trotz eines größeren benötigten Faulraumvolumens aufgrund der fehlenden Zwischeneindickung bei Variante 4 (Abb. 4-9a) gegenüber den anderen drei PS-Behandlungsvarianten erweist sich die konventionelle Schlammbehandlungslinie in allen untersuchten Größenordnungen als die günstigste Variante, sofern der Sekundärschlamm getrennt behandelt, also nicht mitausgefault wird. Sehr deut-

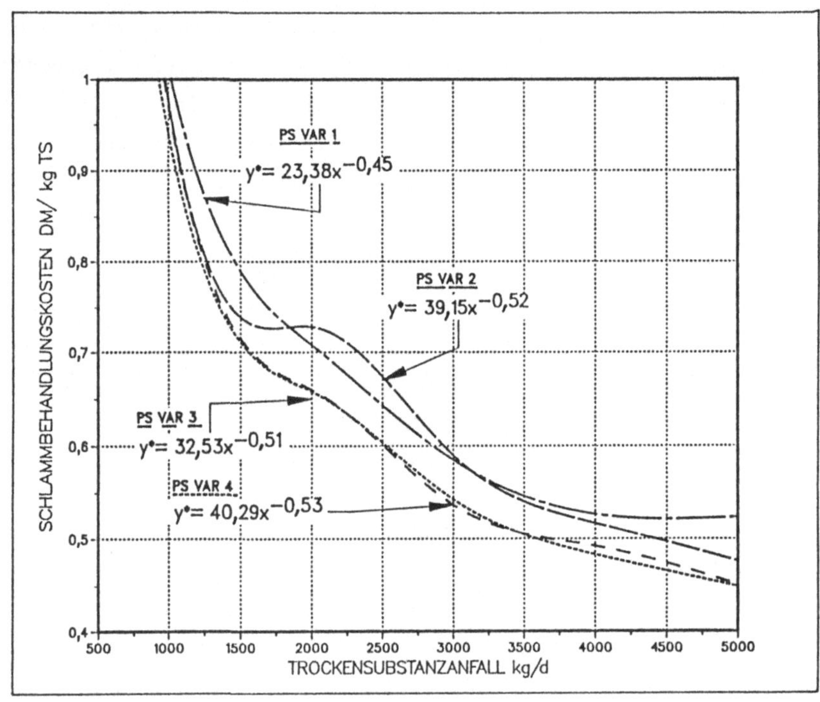

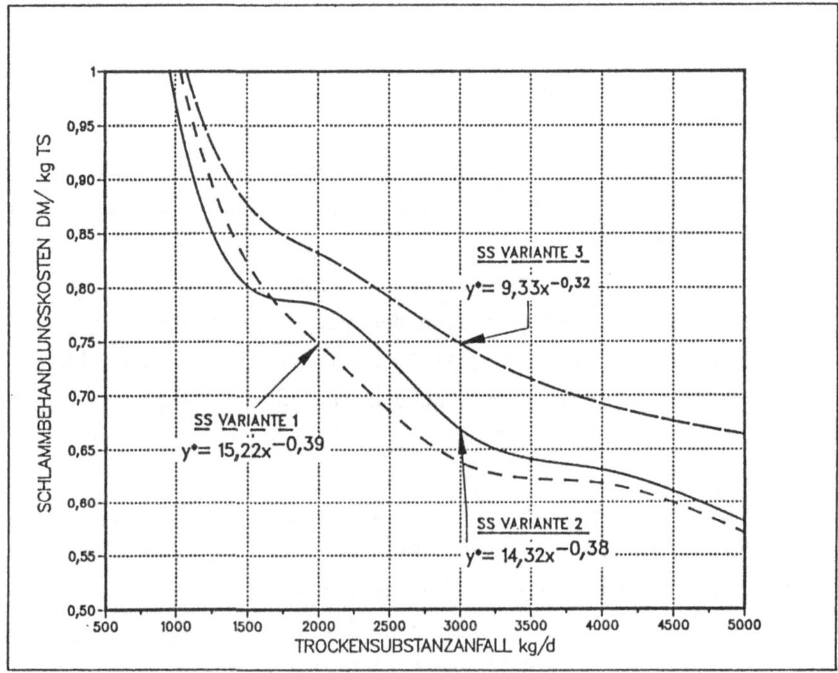

Abb. 4-9a,b: Schlammbehandlungskosten für verschiedene Varianten der Primär- und Sekundärschlammbehandlung bei anteiliger Berücksichtigung der variantenunabhängigen Kosten

lich wird dabei auch, daß die Auslastung der Aggregate dann eine wichtige Rolle spielt (horizontale Kurvenabschnitte), wenn den Investitionen verhältnismäßig geringe Betriebsmittelkosten gegenüberstehen. Erwartungsgemäß zeigt sich, daß bei kleineren Durchsatzmengen die Doppelnutzung des Dekanters zur Zwischeneindickung und als Entwässerungsstufe vorteilhafter ist als die Kombination Dekanter-Bandfilterpresse. Aufgrund der günstigeren Kosten von Filtertrommeln kommen diese als Zwischeneindickung noch am ehesten in Betracht; vor allem, wenn eine bestehende Faulanlage erweitert werden soll. Allerdings bringt wohl in den meisten Fällen bereits die Trennung von PS- und SS-Behandlung eine weitreichende Entlastung einer bestehenden Faulanlage.

Bei der SS-Behandlung ist die Variante mit der Bandfilterpresse (Var 2) bis ca. 1700 kg TS/d günstiger als die Zentrifugenlösung (Abb. 4-9b); bei größeren Durchsätzen ist Variante 2 wirtschaftlicher, weil die Kosten-Leistungsbeziehung der Dekantierzentrifuge günstiger ist als die der anderen Alternativen und die höheren Betriebsmittelkosten bei geringeren Durchsätzen keine entscheidende Verschiebung der Relationen herbeiführen. Die konventionelle SS-Behandlung (Var 3) ist im untersuchten Bereich immer die teuerste Lösung. Die SS-Behandlungskosten liegen in allen Fällen über den Kosten der PS-Behandlung nach Variante 3 oder 4.

4.4.3 Kostenstellenrechnung zur Bewertung der Schlammbehandlungskosten bei getrennter Primär- und Sekundärschlammbehandlung durch anteilige Berücksichtigung gemeinsam genutzter Aggregate

Abbildung 4-10 zeigt, wie im Prinzip die gemeinsame Nutzung eines Aggregates für verschiedene Behandlungsschritte im Rahmen der Schlammentwässerung funktionieren kann. Die gemeinsame Nutzung wird durch eine zeitlich unterschiedliche Aggregateverwendung möglich.

Dabei sind jedoch Umrüstzeiten zu berücksichtigen, die sich auf die Durchsatzleistung mindernd auswirken. Maximaler Durchsatz ist zu erreichen, wenn täglich z.B. nur ein "Produkt" behandelt wird: Dazu ist aber ein entsprechendes Stapelvolumen (Investitionen) für die Zwischenspeicherung anderer Schlammarten erforderlich; eventuell ist mit negativen Auswirkungen auf die Schlammeigenschaften zu rechnen. Das wirtschaftliche Optimum läßt sich grafisch (vgl. Abb. 4-11) oder rechnerisch (wie in Abschnitt 5.3) ermitteln.

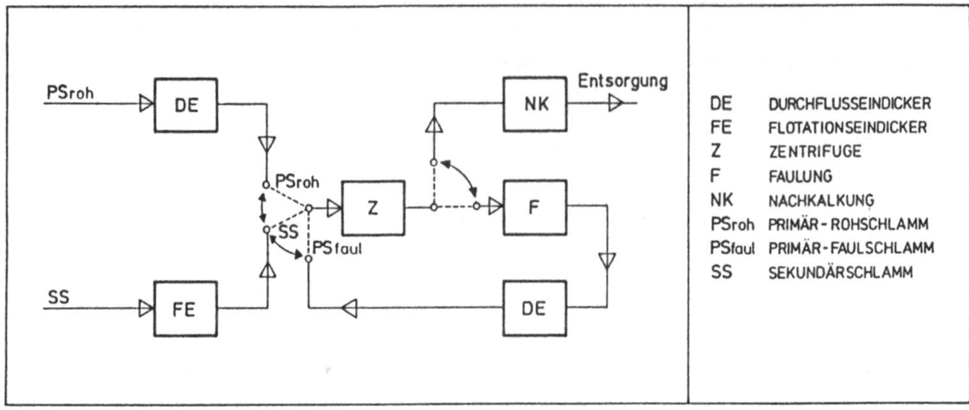

Abb. 4-10: Prinzip der Mehrfachverwendung eines Aggregates

Die Aufwendungen für Investitionen und Betrieb der gemeinsam genutzten Aggregate werden anteilig auf die Behandlungsstränge auf der Grundlage der kostenverursachenden Größe - in diesem Fall dem Schlammvolumen - aufgeteilt.

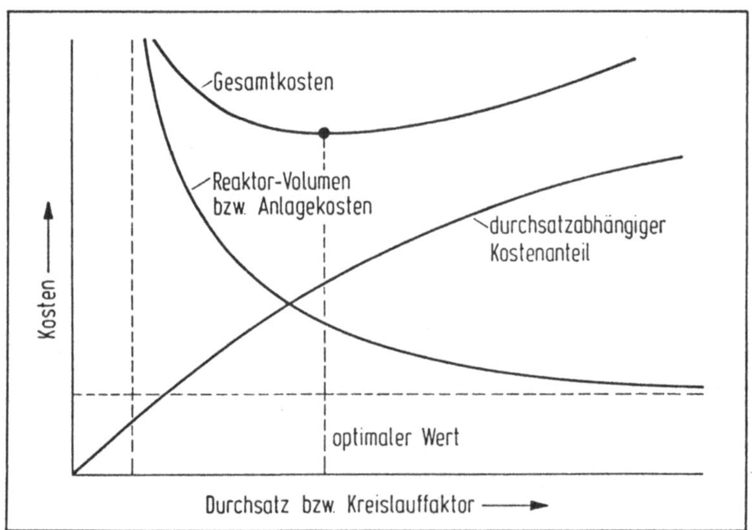

Abb. 4-11: Grafische Lösung des Kostenminimierungsproblems bei der Mehrfachverwendung eines Aggregates

Für die weiteren Betrachtungen werden - entsprechend den Ergebnissen aus Abbildung 4-9 - nur noch die Varianten PS4 und SS2 berücksichtigt, da Variante

PS4 sich weitgehend als die günstigere erwiesen hatte und Variante SS2 bis ca. 1700 kg TS/d am günstigsten war, so daß bei konventioneller Betriebsweise und den allgemein angenommenen Schlammkennwerten (vgl. IMHOFF, 1983a) mit einem PS/SS-Verhältnis von 54/46 ein Anfall von 3700 kg TS/d durch diese Varianten von vornherein günstig abgedeckt werden dürfte. Darüber hinaus verursacht bekanntlich ein größer gewähltes Aggregat niedrigere Gesamtkosten als zwei kleinere (vgl. die Kostenfunktionen in Abb. 4-9), so daß auch bei größeren Schlammengen pro Tag diese Kombination (s.d. auch Abschnitt 4.4.4) günstiger ist als die anderen untersuchten Varianten. In Abbildung 4-12 sind die Schlammbehandlungskosten in Abhängigkeit des gesamten Schlammanfalls bei unterschiedlichen PS- und SS-Anteilen ausgewiesen (die gemeinsam genutzten Aggregate und Anlagen wurden jeweils entsprechend dimensioniert).

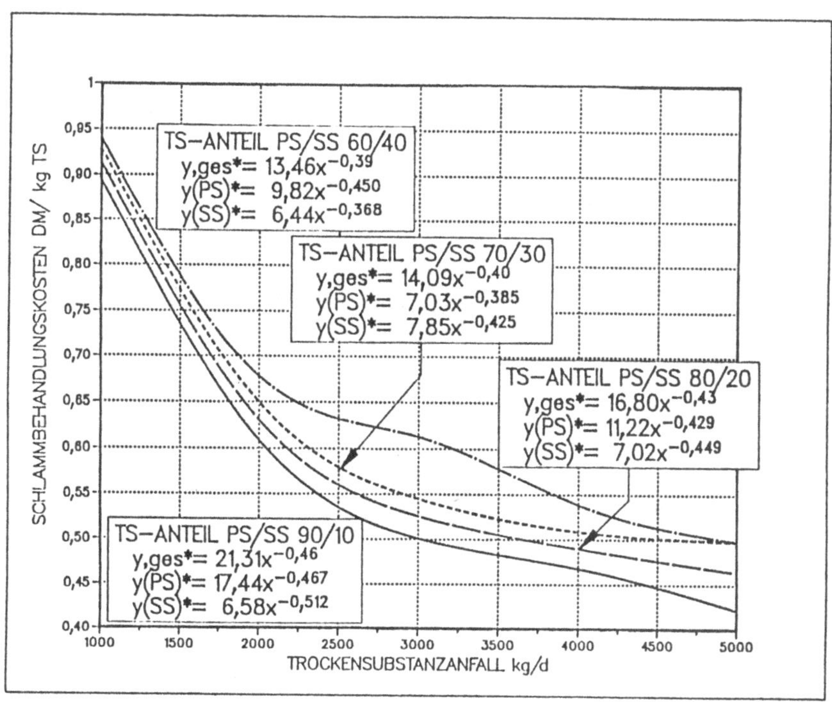

Abb. 4-12: Schlammbehandlungskosten in Abhängigkeit des PS- und SS-Anteils bei unterschiedlichem Schlammanfall

Als Ergebnis kann festgehalten werden, daß mit zunehmendem PS-Anteil am Gesamtschlammanfall die Schlammbehandlungskosten sinken. In Abbildung 4-13 ist am Beispiel des Gesamtschlammanfalls von 5000 kg TS/d gezeigt, wie die Kosten sich dabei anteilig zusammensetzen: Da die Kosten bei zunehmendem PS-Anteil wesentlich steiler abnehmen als die Kosten der SS-Behandlung mit geringeren Durchsätzen, wird die Schlammbehandlung mit zunehmendem PS-Anteil günstiger. Erst bei einem PS-Anteil von über 90 % steigen die spezifischen Schlammbehandlungskosten wieder leicht an.

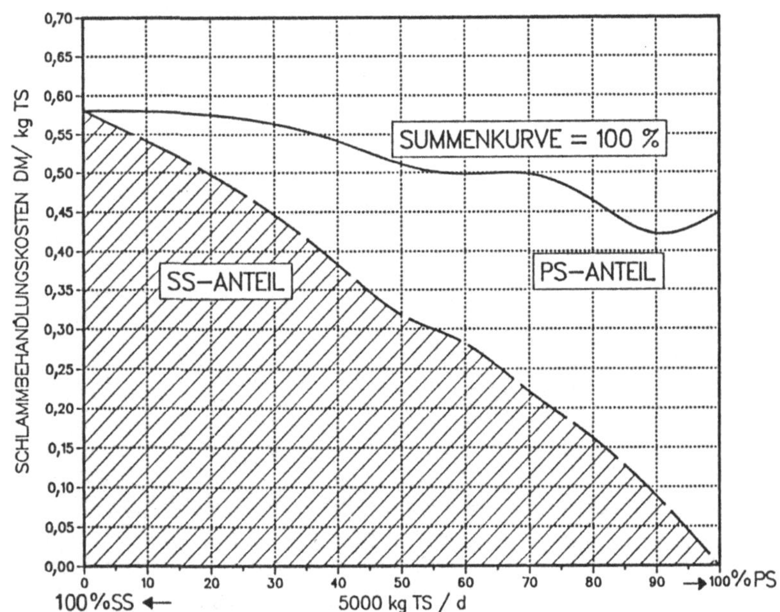

Abb. 4-13: Summenkurve der spez. Schlammbehandlungskosten bei einem Gesamtschlammanfall von 5000 kg TS/d bei unterschiedlichen PS/SS-Anteilen

Es ist somit betriebswirtschaftlich angezeigt, den Primärschlammanteil soweit wie möglich zu steigern.

4.4.4 Einordnung der Ergebnisse

Jede Wirtschaftlichkeitsberechnung ist so gut wie die Richtigkeit der eingesetzten Daten; keine noch so aufwendige Rechenmethode eliminiert Großzügigkeiten bei der Annahme von Ausgangswerten (vgl. RENTZ, 1974) und Preisentwicklungen. Da aber zum Zeitpunkt der Wirtschaftlichkeitsberechnung von einer Vielzahl von Annahmen ausgegangen werden muß, ist es von daher unumgänglich zu überprüfen, wie sensibel die gefundene Lösung auf Änderungen der einzelnen kostenbildenden Faktoren reagiert (Sensitivitätsanalyse; DICKOPP, 1985).

Da die "Erlöse" aus der Eigenstromproduktion ein entscheidender Aspekt für die Aussage der Maximierung der Primärschlammproduktion sind, soll zunächst dieser Komplex näher betrachtet werden. Dies auch, weil in der eingangs genannten Literatur der Eigenstromerzeugung unter 50.000 EGW-Kläranlagenausbaugröße keine Rentabilität nachgesagt wird. Abbildung 4-14 zeigt nun die jährlichen Erlöse aus der Energieanlage (BHKW-Module aus PKW-Serienmotoren und Heizkesselanlage zur vollständigen Deckung des Wärme- und Strombedarfs der Primärschlammbehandlung; dieser Kostenstelle ist die Energieerzeugung angegliedert). Bemerkenswert ist, daß bei einer getrennten Schlammbehandlung (d.h. geringere Schlammengen, kleinere Faulbehälter) bei einem Planungszeit-

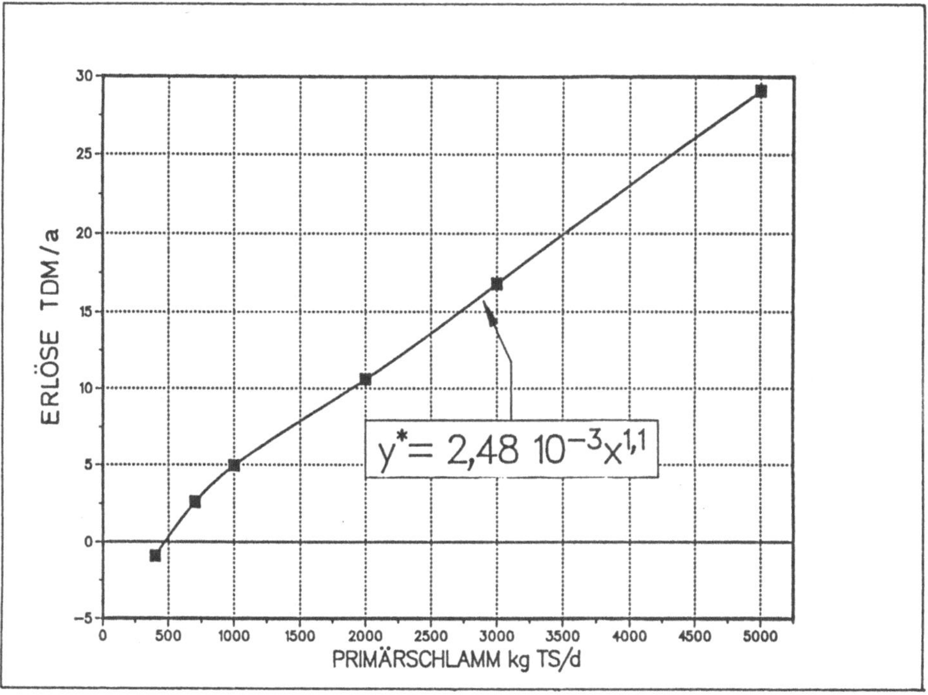

Abb. 4-14: Jährliche Erlöse aus der Faulgasverstromung in Kläranlagen bei unterschiedlichem Primärschlammanfall unter Berücksichtigung der Abdeckung des Wärmebedarfs der Schlammfaulung und der Gebäudeheizung

raum der Energieanlage von acht Jahren und einer Lebensdauer von nur 10.000 Betriebsstunden je Motor bei den o.a. Preisentwicklungen auch in Anlagen ab etwa 15.000 EGW (entsprechend konventionell etwa 600 kg TS/d Primärschlamm) der Kapitelwert positiv ist. Bei einem geringeren Primärschlammanfall von täglich 600 kg TS ist er zwar negativ, die Jahreskosten für eine Heizanlage zur Abdeckung des Wärmebedarfs liegen aber höher, so daß es auch in diesem Fall wirtschaftlicher ist, Faulgas zu verstromen als lediglich zu Beheizungszwecken zu verfeuern (s.d. im einzelnen KUNZ, TOUSSAINT, 1987).

Da die einzelnen Kostenpositionen der Betriebskosten zumeist ein Produkt aus Mengen (kWh/a) und Preisen (DM/kWh) sind, potenzieren sich ggf. die Unsicherheiten der abzuschätzenden Variablen, insbesondere bei hohen angenommenen Preissteigerungsraten. Bezogen auf eine BHKW-Anlage kann man zwei Gruppen von Variablen unterscheiden: Kosten, die sich im Lauf der Betrachtungszeit ändern (Energiepreise, Materialkosten), sowie Kosten, die wegen zu optimistischer

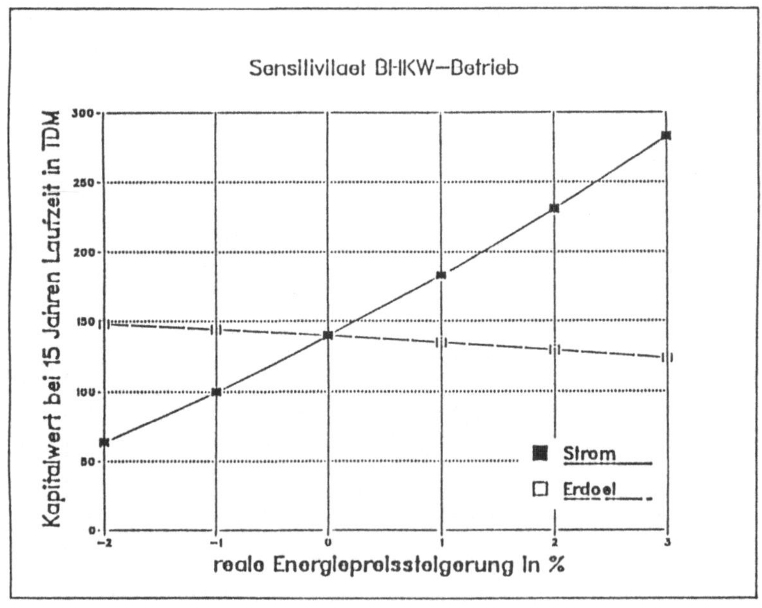

Abb. 4-15: Sensitivitätsanalyse zur Eigenstromerzeugung bei 3 FIAT-TOTEM-MODULEN bei Austauschmotoren nach 10.000 Betriebsstunden (KUNZ, TOUSSAINT, 1987)

oder pessimistischer Annahmen der Mengengerüste in der späteren Praxis abweichen (Wirkungsgrade, Benutzungsstunden, Ausfallzeiten). Veränderungen der ersten Gruppe lassen sich mit verschieden angenommenen Steigerungsraten berechnen, Abweichungen aus der zweiten Gruppe durch Einzelberechnungen abschätzen. Das Ergebnis einer solchen Sensitivitätsanalyse für die erste Gruppe zeigt Abbildung 4-15, für die zweite Gruppe Abbildung 4-16.

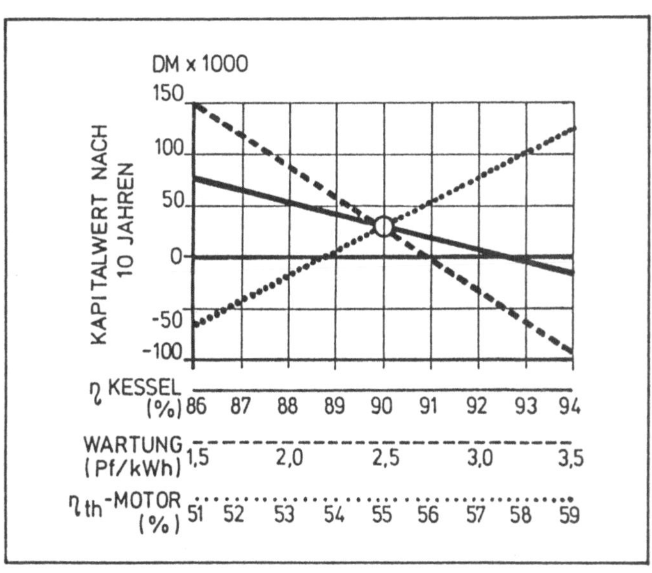

Abb. 4-16: Sensitivitätsanalyse zur Eigenstromerzeugung (DICKOPP, 1985)

Die Ergebnisse der hier vorgestellten Schlammbehandlungswege sind mit Literaturangaben aus zweierlei Gründen nicht direkt vergleichbar: zum einen, weil dieser Weg bislang, obwohl er energetisch und schlammtechnisch naheliegt, in der Literatur nicht beschrieben ist, zum anderen die Berechnungsgrundlagen i.d.R. nicht vergleichbar sind (häufig wird zugunsten einer favorisierten Konzeption der Umfang der einzelnen Kostenstellen unterschätzt). Deshalb wurden verfahrenstechnisch interessante Alternativen (z.B. maschinelle SS-Eindickung nach KAPP, 1984) bzw. eine konventionelle Schlammbehandlung nach gleichen Kriterien bemessen und zwei Lösungen der getrennten PS/SS-Behandlung gegenübergestellt (Tabelle 4-6) bzw. in Abbildung 4-17 grafisch veranschaulicht.

Tabelle 4-6: Kosten der Schlammbehandlung bei unterschiedlichen Behandlungskonzepten auf der Basis obiger Berechnungsannahmen

Art der Schlammbehandlung	spez. Jahreskosten DM/kg TS bei		
	1000	3000	5000 kg TS/d
konventionelle gemeinsame mit Schlamm			
- aus Vorklärbecken (SS in VKB)	1,065	0,641	0,600
- getrennt aus VKB + NKB (SS getrennt)	1,116	0,761	0,634
- getrennt aus VKB + NKB mit maschineller SS-Eindickung (SS masch)	1,039	0,643	0,559
- PS1/SS1 (60:40)	1,055	0,635	0,522
- PS4/SS2 (60:40)	0,940	0,613	0,498

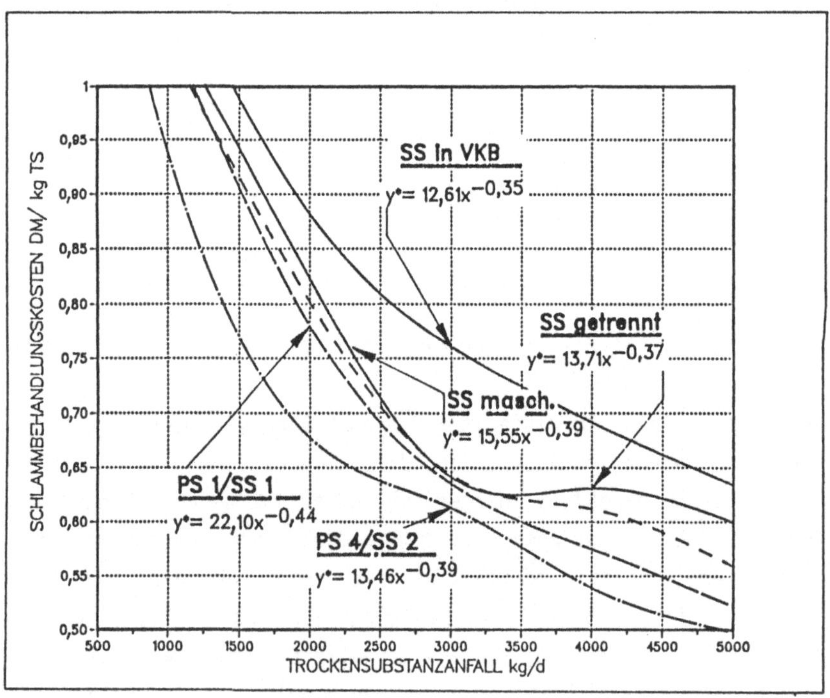

Abb. 4-17: Kosten der Schlammbehandlung bei unterschiedlichen Behandlungskonzepten

Unter den o.a. Randbedingungen hatten sich alle Verfahren der maschinellen Primär-Rohschlammeindickung ungünstiger erwiesen als eine vergrößerte Faulung, da die Jahreskosten der zusätzlichen Investition der Faulanlage unter denen der betreffenden Eindick-/Entwässerungsaggregate lagen (Kammerfilterpressen wurden im übrigen bei der Betrachtung nicht berücksichtigt, weil die Tendenz besteht, diese Aggregategruppe aus Effizienzgründen nicht mehr mit öffentlichen Mitteln zu bezuschussen; vgl. OTTE-WITTE, 1985). Aus Verfügbarkeitsgründen (vgl. DICKGIESSER, 1981) ist ohnehin ein größerer Faulraum im Vergleich zur maschinellen Ausrüstung angezeigt, weshalb nicht dezidiert untersucht zu werden braucht, unter welchen Prämissen, die maschinelle Primärrohschlammeindickung vorteilhaft ist. Das gleiche gilt auch für die seuchenhygienische Behandlung des auf Grünflächen aufzubringenden Klärschlammes. Alle in Abschnitt 3.1 erwähnten technischen Optimierungen der Schlammbehandlung sind im Vergleich zur anaeroben mesophilen Schlammbehandlung mit Bandfilterpressenentwässerung und Kalkung ungünstiger (vgl. Abb. 4-18), weshalb sie hier nicht weiter betrachtet wurden.

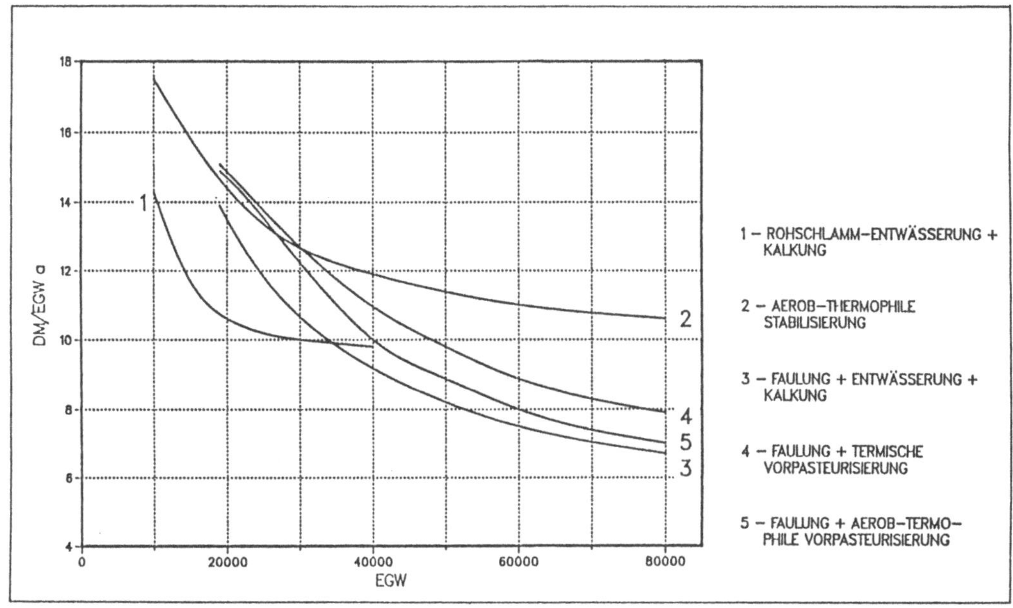

Abb. 4-18: Vergleich der Jahreskosten verschiedener Schlammbehandlungsvarianten bei 30%igem Investitionszuschuß (ROEDIGER, 1986)

5. ENTWICKLUNG EINES MATHEMATISCHEN MODELLANSATZES ZUR OPTIMIERUNG VON PROZESSFÜHRUNG UND BETRIEBSAUFWAND BEI DER SANIERUNG EINER KLÄRANLAGE

Wie in den vorangestellten Kapiteln gezeigt wurde, besteht in der Abwassertechnik ein nicht unerhebliches Optimierungspotential. So ist häufig aus technischen Erwägungen eine Änderung der Prozeßführung angezeigt (z.B. biologische Steuerung oder getrennte Schlammbehandlung, vgl. Abschnitte 2.4 und 3.1), aber auch aus ökonomischen Gründen ist die Überprüfung der konventionellen Techniken angeraten (z.B. Auswahl von Verfahren mit geringerem Energiebedarf oder Prozeßführung mit dem Ziel der Steigerung der Faulgasproduktion, vgl. Abschnitt 3.2). Für derartige Aufgabenstellungen, die nicht nur eine, sondern viele Lösungen besitzen, müssen die jeweiligen Ergebnisse zweckmäßig bewertet werden. Aufgrund der unterschiedlichen Eigenschaften klärtechnischer Elemente ist jedoch die Auswahl einer einzigen Eigenschaft als Maß für die Güte des Gesamtsystems Kläranlage eine einschneidende Vereinfachung (s. ERFURTH et al., 1973); zumal das Ziel eine technisch-wirtschaftlich optimale Kläranlage ist, bei der neben Effizienzgesichtspunkten auch Verfügbarkeitsgesichtspunkte u. dgl. eine Rolle spielen. Wenn im folgenden trotzdem sämtlichen Entscheidungen nur das ökonomische Prinzip - d.h. die Erfüllung der Reinigungsanforderungen mit möglichst geringen Kosten - zugrundegelegt wird, hat das rein pragmatische Gründe, da es in dieser Arbeit lediglich darum geht, das "Werkzeug" für technisch-wirtschaftliche Optimierungen von Kläranlagen zu liefern; eine mögliche mehrdimensionale Bewertung der Lösungen stellt dann eine logische Weiterentwicklung des hier erarbeiteten Instrumentariums dar.

Die betriebswirtschaftliche Anlagenoptimierung von einzelnen Elementen der Kläranlage oder vom Gesamtsystem setzt eine Bewertung der Technik nach ökonomischen Kriterien voraus, z.B. durch eine vollständige Technologiebeschreibung, Ermittlung von Faktoreinsatzmengen (Verknüpfung von z.B. Kosten K_H mit technischen Größen) und Anwendung der Produktions- und Kostentheorie (z.B. JACOB, 1962; EICHHORN et al., 1979). Die zukünftige Aufgabe des ökonomisch ausgerichteten Ingenieurs liegt nun aber weniger in der Sammlung von Mengen- und Preisgerüsten, als vielmehr in der Erarbeitung allgemeingültiger Ansätze zur technisch-wirtschaftlichen Optimierung von bspw. Emissionsminderungsprozessen, wie es RENTZ (1981) fordert. Die vorgelegte Arbeit liefert hierzu einen Beitrag im Bereich der Abwasserreinigung und der damit verknüpften Fragen der Schlammbehandlung und Energieversorgung - ausgelöst durch die Frage der nachträglichen Einbindung einer "biologischen Vorklärung" in eine bestehende Kläranlage und deren Bewertung unter techno-ökonomischen Gesichtspunkten.

Ein besonderes Augenmerk gilt zukünftig ohnehin der Einbindung bestehender Anlagenelemente in eine Neukonzeption des Gesamtsystems. Hinsichtlich einer technisch-wirtschaftlichen Optimierung ergeben sich dabei z.T. sehr unterschiedliche Fragestellungen, je nachdem ob sich die Optimierung auf ein einzelnes Element (synonym werden gebraucht: Prozeßeinheit, -gruppe, -schritt, Verfahrensstufe) oder auf das Verfahren insgesamt erstrecken soll (Zusammenschaltung mehrerer Elemente zu einem System, in dem eine charakteristische Stoffwandlung durchgeführt wird; s. dazu HARTMANN et al; 1978). Dieses Kapitel beschäftigt sich mit den Problemen und Aufgabenstellungen, die bei der Modellierung und optimalen Gestaltung von Prozeßschritten der Abwasserbehandlung und dem Abwasserreinigungsverfahren insgesamt zu lösen sind. Das Gesamtsystem Kläranlage wird dadurch optimiert, daß in jeder Verfahrensstufe, in der eine Kopplung mit der Schlammbehandlung besteht, die optimale Schlammbehandlung nach Abschnitt 3.1 und 4.4 und implizit auch die optimale Eigenenergiedeckung nach Abschnitt 3.2 berücksichtigt wird.

Im folgenden soll lediglich ein Teilbereich aus dem breiten Spektrum der Kläranlagenoptimierung behandelt werden, nämlich die wirtschaftliche Anlagen optimierung für Neu- und bestehende Anlagen in der Projektierungsphase, da hierzu im Zuge der verschärften Anforderungen an die Restverschmutzung und die eingeschränkten Möglichkeiten der Klärschlammentsorgung aktuell ein großer Bedarf gesehen wird. Für eine derartige Optimierung ist das Disziplinen-Wissen von Ökonomen, Verfahrenstechnikern und Informatikern oder ganz allgemein Systemtechnikern notwendig (vgl. Tabelle 5-1). Schwerpunktaufgabe des Ingenieurs ist die Konzeption einer Anlage, die technisch in der Lage ist, die gestellten Anforderungen zu erfüllen und einen wirtschaftlichen Anlagenbetrieb zu ermöglichen. Seine Aufgabe ist aber auch, aus den spezifischen Eigenschaften und Interdependenzen der Anlagenelemente die je weiligen Übergangsfunktionen zu ermitteln. Letzteres war auch der Schwerpunkt der Vorarbeiten zu diesem Kapitel (s. Anhang: Modell - Transformations- und Kostenfunktionen).

Tabelle 5-1: Schematisierung von Disziplinen-Beiträgen zur Anlagenoptimierung (nach RENTZ, 1981, und eigene Überlegungen)

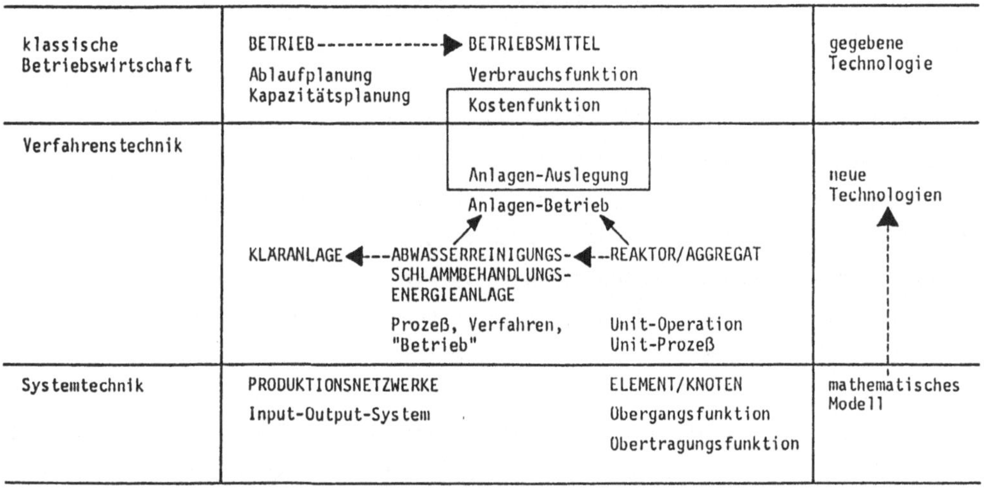

klassische Betriebswirtschaft	BETRIEB -------------▶ BETRIEBSMITTEL Ablaufplanung Verbrauchsfunktion Kapazitätsplanung Kostenfunktion	gegebene Technologie
Verfahrenstechnik	Anlagen-Auslegung Anlagen-Betrieb KLÄRANLAGE ◀---ABWASSERREINIGUNGS- ◀---REAKTOR/AGGREGAT SCHLAMMBEHANDLUNGS- ENERGIEANLAGE Prozeß, Verfahren, "Betrieb" Unit-Operation Unit-Prozeß	neue Technologien ▲
Systemtechnik	PRODUKTIONSNETZWERKE ELEMENT/KNOTEN Input-Output-System Übergangsfunktion Übertragungsfunktion	mathematisches Modell

Eine techno-ökonomischen Optimierung (Tabelle 5-2) umfaßt also nicht nur die Modellierung technischer Systeme, sondern auch eine Verfahrensverbesserung, z.B. wie das in Abschnitt 2.4 beschriebene Prinzip der biologischen Vorklärung ohne explizite Vorgabe einer (ökonomischen) Zielfunktion.

Tabelle 5-2: Schwerpunkte einer techno-ökonomischen Optimierung (RENTZ, 1977)

1.	ohne explizite Vorgabe einer	Entwicklung (neuer) technisch machbarer Lösungen
2.	ökonomischen Zielfunktion	Technische Optimierung bestehender Technologien
3.	mit expliziter Vorgabe einer ökonomischen Zielfunktion	Ökonomische Optimierung bestehender Technologien

5.1 MÖGLICHKEITEN VON SYSTEMANALYTISCHEN ANSÄTZEN UND VON OPERATIONS RESEARCH

Wirtschaftlichkeits- und Systemuntersuchungen sind Voraussetzung für eine rationale und nachvollziehbare Planung von komplexen Prozessen und damit für Instrumente zur Lösung und praktischen Umsetzung von Entscheidungsproblemen vor allem bei gegenläufigen Zielsetzungen und bei Berücksichtigung von techno-ökonomischen Randbedingungen (HAASIS, RENTZ, 1986). Fachübergreifende Ansätze, die Systemzusammenhänge berücksichtigen, sind besonders dann wichtig, wenn - wie in der Klärtechnik - eine Vielzahl von Fachdisziplinen beteiligt sind. Systemoptimierungen sind jedoch nicht anstelle einer Einzelfaktoranalyse, sondern in Ergänzung zu dieser anzuwenden; sie erfordern beides: Analyse der kausalen Faktoren und der Wirkungsvernetzungen. So ist (i.d.R.) das Optimum einer einzelnen Prozeßstufe nicht mit dem Optimum des Gesamtprozesses identisch, da bei der getrennten Optimierung der einzelnen Prozeßstufen die Randbedingungen zweier benachbarter Stufen nicht übereinstimmen (FITZER, FRITZ, 1975).

Systemperspektiven sind unerläßlich, Systemmethoden werden häufig jedoch nur zögernd in Angriff genommen, häufig aber auch von denen, die sie anwenden, in ihrer Wissenschaftlichkeit oft überfordert und überschätzt (LENK, 1986). Dem Praktiker mögen Systembetrachtungen oft zu trivial anmuten, um sich über die Vernetzung und Verquickung von internen Größen Gedanken zu machen (black box-Charakter der biologischen Stoffumsätze in einem aeroben Belebungsbecken) oder sie gar in ihren Abhängigkeiten grafisch zu veranschaulichen (z.B. wie in Abb. 5-1 im Hinblick auf Prozeß- und Kostengrößen skizziert). Aber nur so ist es z.B. möglich, sich an technische und wirtschaftliche Beziehungsgeflechte überhaupt heranzutasten. Dies soll am Beispiel der Reststoffproblematik von Kläranlagen noch einmal kurz erläutert werden (vgl. Abb. 1-6):

Wie die Praxis zeigt, werden Kläranlagen vornehmlich auf die Ausgestaltung der Abwasserreinigungs- oder Schlammbehandlungsanlage getrennt optimiert (z.B: BRAHA, 1985a oder DICKGIESSER, 1981). Dies kann der erste Schritt zur Optimierung einer Kläranlage sein, der zweite muß dann aber folgen, indem überprüft wird, ob beide Optimierungen zusammengenommen - technisch wie wirtschaftlich - ebenfalls noch zum Optimum führen. Voraussichtlich wird man zu ganz anderen Ergebnissen kommen, wenn man das Entsorgungsproblem von vornherein mit in die Entscheidung für die Wahl des Abwasserreinigungsverfahrens einbezieht, weil dann neben dem jeweiligen Reinigungsergebnis auch Menge und Eigenschaften des zu entsorgenden Schlammes eine Entscheidungsvariable in jeder Prozeßstufe wird.

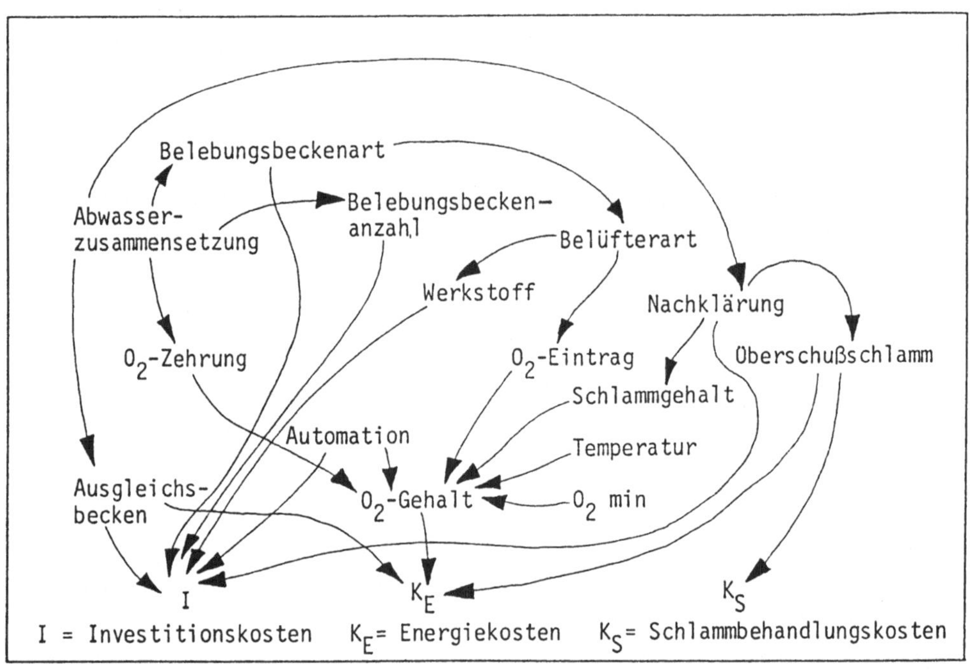

Abb. 5-1: Variablenstruktur bei der Auslegung der Grundoperation Belebung

Der Systemansatz führt somit zu einer veränderten Betrachtungsweise; während der Praktiker überprüft, ob seine Lösung günstige Auswirkungen auf andere Prozeßstufen hat, sucht der Systemtechniker nur nach Lösungen, die für alle Stufen vorher festgelegte Voraussetzungen erfüllen, d.h. er läßt überhaupt nur Lösungen zu, mit denen die gestellten Anforderungen erfüllt werden können und entsprechend einer zuvor festgelegten Zielfunktion (zur komplexen Bewertung der unterschiedlichen Elementeigenschaften wird eine Zielgröße gewählt, in die diese Eigenschaften zusammengefaßt und vergleichbar eingehen, HARTMANN et al., 1978) insgesamt günstig sind. Jede Optimierung setzt neben der Bestimmung der Bereichsgrenzen der betrachteten Prozesse (Optimierungsbereich) die Festlegung von Beurteilungskriterien (Zielfunktionen, -größen u. dgl., vgl. RENTZ, 1981) voraus. Die Zielfunktion muß sich zu einem Extremwert führen lassen. Die Auffindung der mathematischen Zielfunktion eines techno-ökonomischen Prozesses ist nicht einfach, da in ihr das Optimalitätskriterium (häufig als Kompromißlösung zwischen mehreren Zielgrößen) festzulegen ist.

Mit der Methode der Systemanalyse soll hier versucht werden, die komplexen Zusammenhänge zu erfassen und abzubilden (z.B. durch Gliederung in Teilsysteme, vgl. Abb. 5-2), um sie anschließend mit mathematischen Verfahren auswerten und beurteilen zu können. Auf die dabei auftretende Komplexität der zu quantifizierenden Zusammenhänge wird an entsprechender Stelle in Abschnitt 5.3 im einzelnen eingegangen. Die Grenzen systemanalytischer Methoden sind durch die Beschreibbarkeit der Zusammenhänge und insbesondere ihrer Quantifizierbarkeit gegeben. Es ist nicht grundsätzlich davon auszugehen, daß meh rere Ziele (vor allem nicht ökonomische und technische - z.B. Kosten und Flexibilität oder Anpassungsmöglichkeiten an erhöhte Anforderungen) kongruent sind, im allgemeinen besteht keine Kompatibilität zwischen technischen und betriebswirtschaftlichen Zielgrößen (RENTZ, 1981; HINGER, BLENKE, 1975).

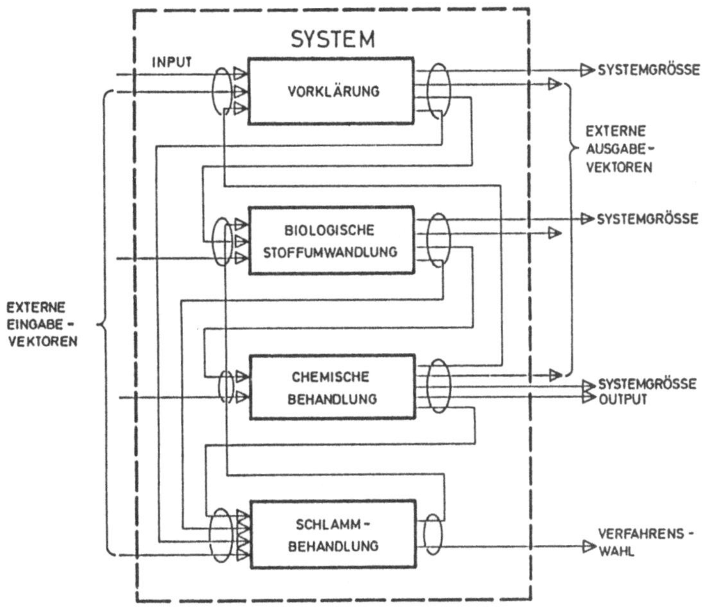

Abb. 5-2: Gliederung eines Systems in Teilsysteme mit Angabe der Eingangs- und Ausgangsvektoren (nach SCHÖNE, 1977) am Beispiel einer Kläranlage

Operations Research (OR, eigentlich: Unternehmensforschung) nimmt, wie Abbildung 5-3 zeigt, eine zentrale Stellung innerhalb der Systemwissenschaft ein (der Vollständigkeit halber sei darauf hingewiesen, daß die Begriffe OR, Systemtechnik, Systemforschung, Systemtheorie und Entscheidungstheorie mehr oder weniger synonym gebraucht werden). Ohne auf die verschiedenen Definitio nen im einzelnen eingehen zu können, soll im folgenden OR als Anwendung der Mathematik zur Lösung von Managementproblemen (MEYER, 1983) verstanden werden (OR als Modellierungs- und Methodenlehre). Die Anwendung von OR setzt eine systemanalytische Zustands- und Problemerfassung sowie deren Transformation in ein entsprechendes Modell voraus; mit Hilfe der OR-Methoden kann dieses hinsichtlich eines optimalen Zustandes untersucht werden und in der Rückkopplung (Kontrolle) von Erkenntnissen über die Struktur des realen Systems das Entscheidungsproblem lösen oder einer Lösung näher bringen (vgl. Abb. 5-4).

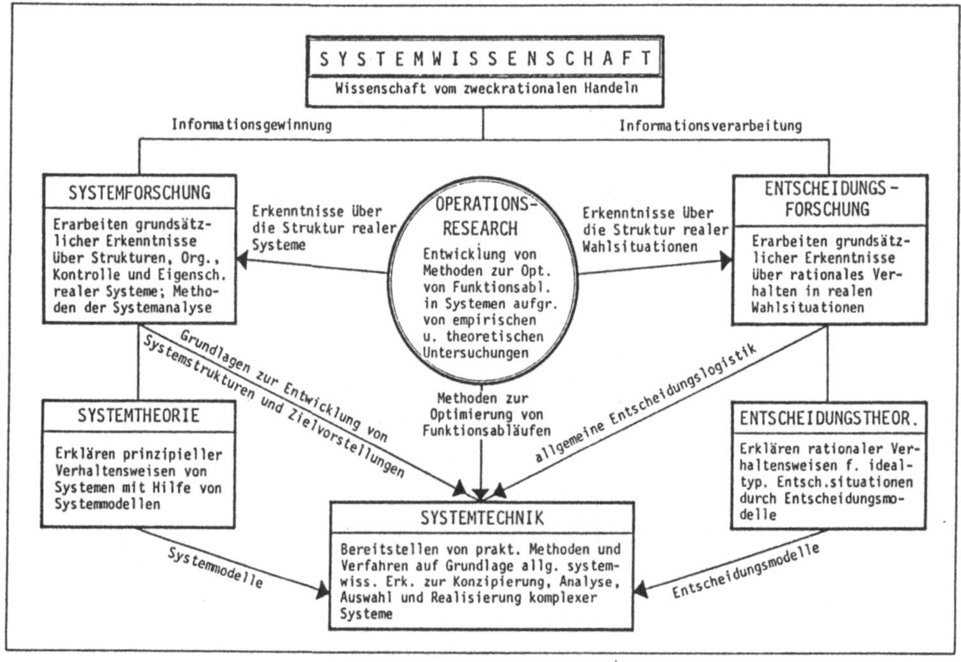

Abb. 5-3: Einordnung von Operations Research (ZANGEMEISTER, 1973)

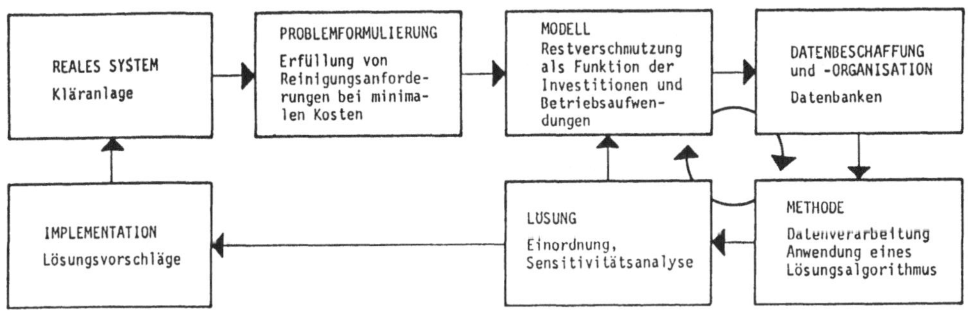

Abb. 5-4: Vorgehensweise bei der Anwendung von OR (GAL, 1983)

Mathematische Beschreibungsformen sind in Naturwissenschaft und Technik seit langem eine Selbstverständlichkeit. Sie ermöglichen über die Abbildung der wesentlichsten Eigenschaften der Elemente und Systeme eine optimale Wahl der Systemparameter, soweit die Systembeschreibung die maßgebenden Systemeigenschaften erfaßt. Bei der Anwendung von Berechnungsformeln ist der kausale Zusammenhang der verschiedenen Größen jedoch rein rechentechnisch zu sehen. Auch mathematische Modelle haben im engeren Sinn kausale Bedeutung, wenn die Eingangs- und Ausgangsgrößen im realen System und im Modell übereinstimmen (SCHÖNE, 1977).

Für die Lösung von komplexen Problemen ist - wie erwähnt - die Abbildung der Systeme durch Modelle meist Voraussetzung, da nur sie es zulassen, alternative Strategien oder Entscheidungen hinsichtlich ihres Zielerreichungsgrades miteinander vergleichen zu können. Durch die Formulierung wird das Modell zum vereinfachten Abbild einer komplizierten Wirklichkeit. Es abstrahiert von vielen Eigenschaften des Realsystems und soll sich auf die für eine bestimmte Entscheidungssituation wesentlichen Attribute beschränken. In dieser Abstraktion liegt die Stärke, gleichzeitig aber auch die Schwäche eines Modells (HANSSMANN, 1978).

Die Modellbildung hängt in starkem Maße von der zu untersuchenden Struktur, der Art der Dekomposition des Systems und der Aufgabenstellung für die Optimierung ab. Die Methode der mathematischen Modellierung beruht darauf, daß das gesamte Verfahren mit seinen charakteristischen Eigenschaften aus verschiedenen Elementarprozessen zusammengesetzt ist, deren Gesetzmäßigkeiten durch bestimmte mathematische Beziehungen beschrieben werden können. Sie gestatten es, bei der nachfolgenden Vereinigung der Gleichungen (und Ungleichungen) in einem Gleichungssystem für die gemeinsamen Variablen der Elementarprozesse eine mathematische Formulierung des zu untersuchenden Verfahrens zu erhalten. Hierzu benötigt man i.d.R. einen entsprechenden Lösungsalgorithmus für das Gleichungssystem, der den eigentlichen Prozeß der mathematischen Modellierung darstellt (BOJARINOW, KAFAROW, 1972). Lösungsalgorithmen sind bisher in einer großen Anzahl bekannt geworden: So gehen z.B. NEUMANN (1975 und 1977) auf die eher grundlegenden Merkmale und Möglichkeiten, HOFFMANN und HOFMANN (1971), BOJARINOW und KAFAROW (1972) bzw. ERFURTH und BIESS (1975) auf Optimierungsmethoden bei einzelnen verfahrenstechnischen Systemen ein, so daß im Rahmen dieser Arbeit auf die Literatur verwiesen werden kann.

5.2 AUSWAHL EINES GEEIGNETEN OPTIMIERUNGSVERFAHRENS

Da es bereits eine Vielzahl von verschiedenen Lösungsprinzipien und Algorithmen für die mathematische Modellierung in der Verfahrenstechnik gibt, stellt sich aus Effizienzgründen die Frage, ob nicht für verwandte Fragestellungen bereits Lösungsverfahren entwickelt wurden, die bei der Modellaufstellung berücksichtigt werden können. Neben der Abbildbarkeit des technischen Systems, das Grundvoraussetzung für diese Vorgehensweise ist, spielen bei der Auswahl des Optimierungsverfahrens die Fragen des rechentechnischen Aufwandes, der numerischen Stabilität und Schnelligkeit der Konvergenz eine wesentliche Rolle (vgl. ERFURTH, BIESS, 1975), die bei "bekannten" Lösungsansätzen von vornherein besser abschätzbar sind. Ein weiteres Kriterium für die Auswahl ist in diesem Fall auch die Implementierbarkeit auf Personal-Computer (PC), um ihren Eingang in die klärtechnische Planungspraxis zu fördern.

5.2.1 Überblick über Optimierungsmodelle in der Siedlungswasserwirtschaft

Bekanntlich befaßt sich die Siedlungswasserwirtschaft mit Fragen der Wasserver- und -entsorgung, der Abfallwirtschaft und der Gewässergüteplanung. Dem entsprechend vielfältig sind auch die Anwendungsgebiete von OR. In der deutschsprachigen Literatur wurden bislang schwerpunktmäßig Netzoptimierungen (Wasserversorgung, Abwassersammler, Tourenplanung für Müllsammelfahrzeuge, vgl. HOHLFELDER, 1975), regionale Ver- und Entsorgungssysteme (Wasserver bundnetze, abwassertechnische Rahmenplanungen, Abfallbeseitigungssysteme, vgl. HAHN, 1972 und 1976) und Gewässergütemodelle (Simulations- und Optimie rungsmodelle, vgl. GERMANN, 1979 und DORNIER, 1975) vorgestellt, auf die hier jedoch nicht weiter eingegangen werden soll.

Im Rahmen der Investitionsplanung von Kläranlagen sind die Arbeiten von AH-RENS (1975), ORTH (1975) und HEISS (1983) hervorzuheben, deren Schwerpunkt auf der kostenminimalen Planung von Abwasserentsorgungssystemen, also auf der Anlagengrößenoptimierung (Kostendegression der Anlage versus Kostenprogression für Abwassersammler) gelegen hat. Schlammbehandlungsverfahren wurden von IRMER (1977) und DICKGIESSER (1981) untersucht: Während IRMER ein Rechenprogramm (deterministisches Simulationsmodell) zur Verfügung stellt, mit dem verschiedene vorzugebende Verfahrensketten auf Kostenbasis verglichen werden können (vgl. Abschnitt 4.4), ermittelt DICKGIESSER mittels dynamischer Optimierung in einem Entscheidungsbaumverfahren bei gegebenen Schlammengen und -charakteristiken unter Beachtung von administrativen Bedingungen die kostengünstigste Verfahrenskette bis zur Klärschlammentsorgung. Dabei berücksichtigt er das Kriterium "Zuverlässigkeitsmaximierung" durch die kostenmäßige Bewertung des Ausfalls einer Behandlungskomponente (Warteschlangenproblem).

Da die Struktur der Klärschlammentsorgung (Behandlung-, Transport- und Besei tigungsprozeß als mehrstufiger, sequentieller Entscheidungsprozeß) auch auf das Abwasserreinigungsverfahren bzw. auf die gesamte Kläranlage übertragbar ist, soll das von DICKGIESSER benutzte Prinzip hier kurz skizziert werden (vgl. Tabelle 5-3). In der Dekompositionsphase werden einzelne Funktionen, die technologisch und kostenmäßig nur schwer voneinander zu trennen sind, zusammengefaßt (bspw. wurde auch in Abschnitt 4.4 bei der Schlammentwässerung die Konditionierung direkt dem Aggregat zugerechnet). Bei der Rückwärtsrechnung werden für alle auf jeder Stufe zulässigen Zustände die jeweils optimalen Entscheidungen ausgehend vom Endzustand getroffen und abgespeichert, um bei der Vorwärtsrechnung aus den suboptimalen Entscheidungen für jede Stufe die im Sinne der Zielfunktion optimalen Zustände zu bestimmen.

Wie DICKGIESSER jedoch selbst schreibt, ist sein Verfahren kein Ersatz für traditionelle ingenieurmäßige Planungen, da es weder eine exakte Dimensionierung der einzelnen Stufen enthält, noch exakte Ergebnisse liefert, da seine

Tabelle 5-3: Klärschlammbehandlung als dreiphasiger Optimierungsprozeß (nach DICKGIESSER, 1981)

Phase 1 Dekomposition	Phase 2 Rückwärtsrechnung	Phase 3 Vorwärtsrechnung
Der Klärschlammbehandlungsprozeß wird in mehrere zeitlich aufeinanderfolgende Stufen zerlegt, die getrennt analysiert und später wieder zusammengefaßt werden.	Ausgehend von der endgültigen Beseitigung resp. Verwertung des Klärschlammes, d.h. vom angestrebten Endzustand und beginnend mit der letzten Stufe des Prozesses (Transport und Abnahme) wird stufenweise rückwärtsschreitend, die im Sinne der Zielfunktion relativ-optimale Entscheidung auf jeder Stufe ermittelt.	Beginnend mit dem ursprünglichen Zustand des (Roh-) Schlammes, d.h. dem vorgegebenen Anfangszustand des Prozesses, werden unter Berücksichtigung der in der Rückwärtsrechnung ermittelten relativ-optimalen Entscheidungen, die - im Sinne der Zielfunktion - endgültig-optimalen Entscheidungen und damit die Klärschlammentsorgungskette bestimmt.

Datensätze empirischen Untersuchungen entstammen und die kostenverursachenden Parameter keinen Eingang in die Zielfunktion gefunden haben. Für eine Kostenminimierung im Kläranlagenbetrieb könnte dieses Optimierungsmodell für die Bestimmung der optimalen Kombination der Verfahrensstufen eingesetzt werden; es ist allerdings bei dieser Vorgehensweise nicht auszuschließen, daß bei der anschließenden Optimierung der einzelnen Elemente wiederum Rückwirkungen auf das Gesamtsystem festzustellen sind, die eine andere Verfahrenskombination vorteilhafter werden lassen.

In ähnlicher Weise ist auch der von LYNN et al. (1962) und von KEMPA (1981) beschriebene Ansatz zur Ermittlung der optimalen Verfahrenskette mit einem gerichteten Graphen (vgl. Abb. 5-5) einzuordnen. Es ist leicht vorstellbar, wie weit der allgemeine Graph weiter ausgebaut werden muß, wenn man die Abwasserreinigung und dabei insbesondere noch die weitergehende Reinigung detailliert berücksichtigen will. Auch wenn man beim Entwurf einer Kläranlage eine Vorauswahl von geeigneten Verfahrenselementen treffen kann, ist offensichtlich, daß aufgrund der stark vereinfachten Kopplungen eine Bestimmung des optimalen Weges nach diesem Prinzip nur mit großem Aufwand möglich ist (eine Minimierung des Aufwands wäre durch Anwendung von Suchverfahren oder des Bellmanschen Optimalitätsprinzips möglich). So ist auch das von MISHRA et al. (1973) beschriebene Vorgehen das einzige, dem Verfasser bekanntgewordene Lösungsprinzip zur expliziten Berücksichtigung der Rücklaufströme bei Belebungs- und Tropfkörperverfahren; mehrstufige Klärverfahren und/oder Elemente der weitergehenden Abwasserreinigung und Schlammbehandlung sind damit aber vom Umfang her nicht mehr in den Griff zu bekommen. Aus diesem Grund soll auf die in der Literatur beschriebenen Möglichkeiten der Optimierung mittels linearer Programmierung hier nicht weiter eingegangen werden.

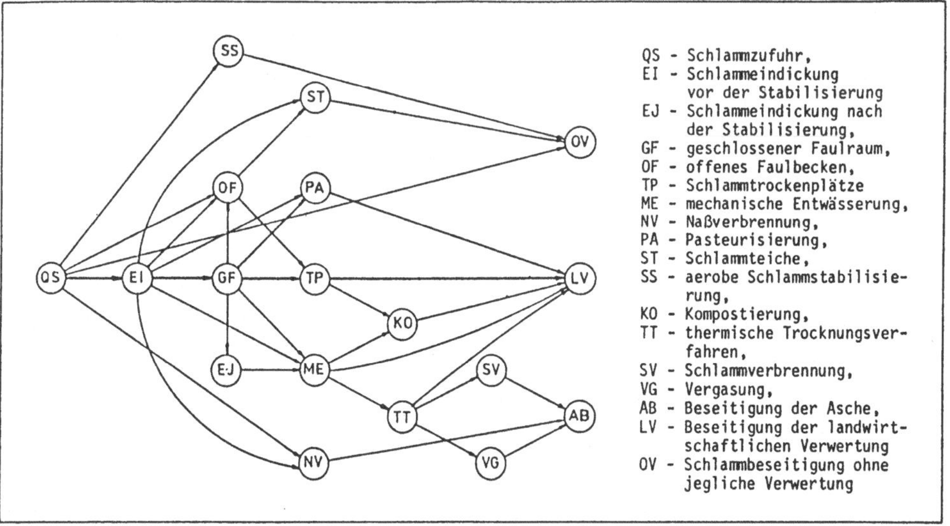

Abb. 5-5: Allgemeiner Graph der Schlammbehandlung (KEMPA, 1981)

Da die weitergehende Abwasserreinigung (und Schlammbehandlung) ein in sich mehrfach verknüpftes, mehrstufiges System ist und i.a. aus unendlich vielen Zuständen besteht, muß man für eine Kläranlagenoptimierung auf andere Metho den zurückgreifen. Ein großes Problem bei der Auswahl der Methoden stellen dabei die Rückflüsse und Kreislaufströme dar, deren Berücksichtigung und Ab bildung im Modell das Berechnungsverfahren entsprechend aufwendig machen kann. Ohne Berücksichtigung der Rückflüsse setzt sich das Gesamtmodell einer Kläranlage aus einer Anzahl einfacher, untereinander gekoppelter Stufen dar (Abb. 5-6). Die Ausgangsgröße x_1 ergibt sich durch Transformation der Eingangsgrößen x_{i-1} unter Einwirkung der in der Entscheidungs- oder Steuervariablen u_i zusammengefaßten Größen. In Abbildung 5-7 ist ein Strukturmodell für eine Kläranlage mit einstufigem Belebungsverfahren gezeigt; Voraussetzung für eine mathematische Lösung der Problemstellung ist, daß Funktionen $x_i = f_i(x_{i-1},u_i)$ in Form von Modellgleichungen gegeben sind.

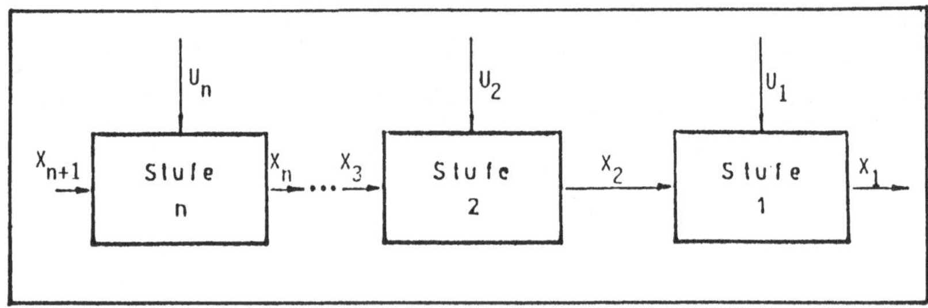

Abb. 5-6: Modell eines dynamischen Prozesses

SHIH und KRISHNAN (1969) bzw. SHIH und DE FILIPPI (1970) haben die Dynamische Programmierung zur Auswahl einer kostenminimalen Verfahrenskombination angewandt, wobei die Fragestellung im wesentlichen darauf reduziert wurde, bei einem vorgegebenen Abflußergebnis aus vier Systemvarianten (Stabilisierungsanlage, Tropfkörper/Belebung/Nachklärung, Tropfkörper/Stabilisierungsanlage oder Belebung/Nachklärung) die kostengünstigste auszuwählen. Kreislaufströme wurden nicht berücksichtigt; die Aufwendungen für die Schlammbehandlung wurden lediglich separat ermittelt. EVENSON et al. (1969) bearbeiten ebenfalls mittels Dynamischer Programmierung die Fragestellung von Indirekteinleitern, ob es ökonomischer ist, Abwasser selbst zu behandeln oder in eine öffentliche Kläranlage einzuleiten. Da die letzte Stufe ihres Modells die Schlammentsorgung darstellt, wird über die Rückwärtsrechnung die Auswahl der Abwasserreinigungsverfahren durch die Entscheidungen bei der Schlammbehandlung determiniert. Allerdings ist das Modell nur sehr einfach strukturiert (lineare Mengen-Kosten-Beziehungen, keine Reaktionskinetik); Rückläufe werden ignoriert (MISHRA et al., 1973).

Einen interessanten Ansatz zur Lösung des optimalen Behandlungsweges beschreiten ECKER und MC NAMARA (1971), die ein geometrisches Verfahren zur Lösung der von SHIH und KRISHNAN (1969) bearbeiteten Fragestellung verwenden.

Der besondere Vorteil dieses Verfahrens liegt darin, daß Sensitivitätsbetrachtungen bzgl. unterschiedlicher Restverschmutzungen sehr einfach anhand eines einmal durchgerechneten Beispiels angestellt werden können, weil nur jeweils eine Konstante im Hauptprogramm verändert werden muß. Die Lösungen nach den beiden Verfahren sind nahezu identisch, die entscheidenden Nachteile - nämlich die Nichtberücksichtigung der Rückflüsse - konnten nicht beseitigt werden.

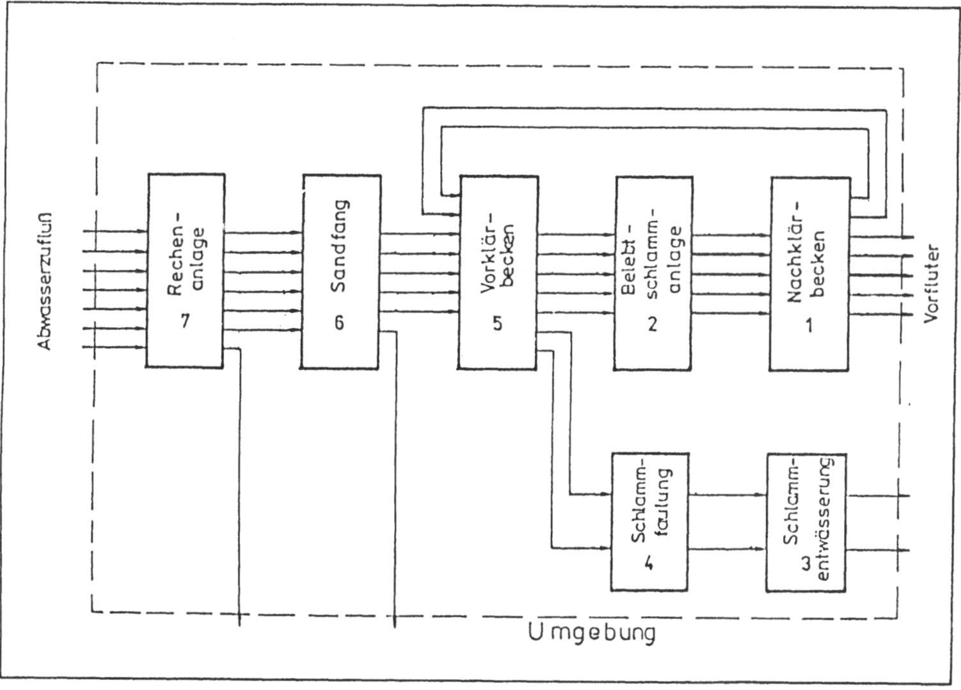

Abb. 5-7: Strukturmodell einer Kläranlage (KEMPA, 1981)

BOWDEN et al. (1976) haben zur Ermittlung des kostenminimalen Klärverfahrens und der dazugehörigen Dimensionierung der Verfahrenselemente die "Hill-Climbing-Methode" (Suchverfahren, Lösungsverfahren nach Powell) angewandt. Dieses Verfahren basiert auf der wiederholten Lösung von eindimensionalen Optimierungsproblemen, es können dabei jedoch keine Nebenbedingungen berücksichtigt werden (abgesehen von einer Berücksichtigung durch "Strafkosten"). Da das Verfahren weiterhin auf jeweils nur eine Entscheidungsvariable je Stufe beschränkt ist, hat der Ansatz von BOWDEN et al. keine planungstechnische Relevanz.

Der wohl weitestgehende, in der Literatur beschriebene Ansatz zur Kläranlagenoptimierung ist der von ROSSMAN (1980). Er verwendet ein suboptimierendes Iterationsverfahren aufbauend auf einem Eröffnungsverfahren für die Auslegung und Auswahl der einzelnen Verfahrenselemente; in gewisser Weise könnte man das Verfahren auch der Partialenumeration (vgl. GRÖGLER, 1968) zuordnen: Prinzipiell läuft der Lösungsalgorithmus so ab, daß in einer Vorwärtsrechnung - wie Abbildung 5-8 zeigt, wird neben der Abwasserreinigung auch die Schlammbehandlung integriert betrachtet - bis zur Schlammentsorgung einzelne Verfahrenselemente (jeweils eines in jeder Stufe) dimensioniert und in einer Rückwärtsrechnung die geeigneten und den Bewertungskriterien entsprechenden Kombinationen bestimmt werden. Die jeweils geeignetste Variante in einer Stufe wird abgespeichert. Aufwendig ist allerdings, daß nach der Auswahl der günstigsten Variante in der vorletzten Stufe (und so fort bis in die erste Stufe) nochmals jede Variante der letzten Stufe dimensioniert und bewertet werden muß, wenn die Varianten der vorletzten Stufe andere Zustandsvektoren aufweisen, als in der letzten Stufe "angenommen" worden ist (was i.d.R. der Fall sein wird). Da dieser Vorgang auf jeder Stufe wiederholt werden muß, ist leicht einsehbar, daß das Lösungsverfahren aus Rechenzeit- und Speicherplatzgründen nicht beliebig weit ausbaufähig ist.

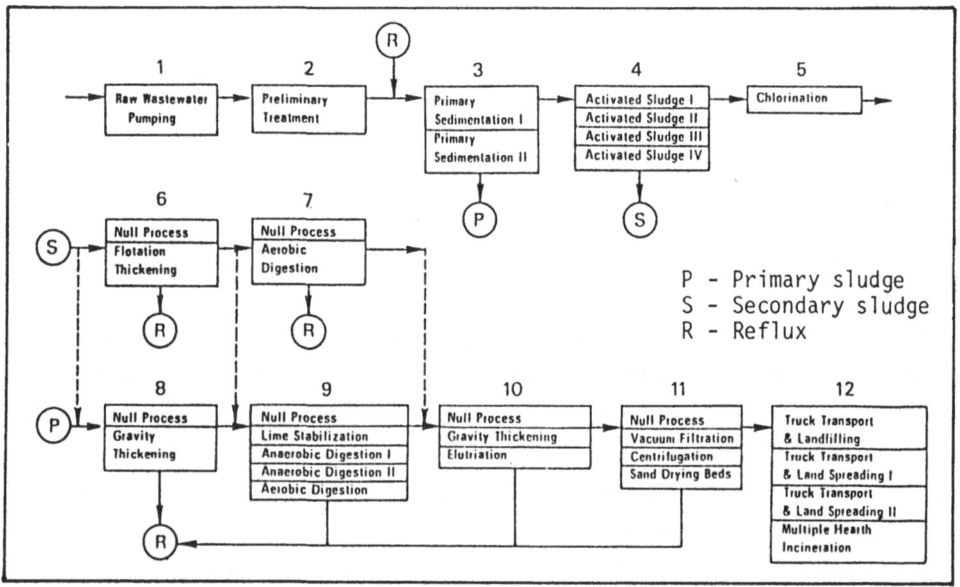

Abb. 5-8: Stufenmodell zur Kläranlagenoptimierung (ROSSMAN, 1980)

Klärtechnisch gesehen gibt das Verfahren von ROSSMAN von den in der Literatur beschriebenen Arbeiten die beste Abbildung des Prozesses wieder: Abwasser- und Schlammbehandlung werden aufeinander abgestimmt, die Dimensionierung einzelner Stufen erfolgt auf der Basis mehrerer Parameter (BSB_5, gelöst und ungelöst; organische und anorganische Stoffe; Stickstoff in verschiedenen Bindungsformen, etc.), die Transformationsfunktionen basieren auf Massengleichgewichtsbeziehungen und beinhalten z.T. reaktionskinetische Beziehungen und - was sehr bemerkenswert ist - die Bewertung der optimalen Lösung muß nicht nur auf Basis allein ökonomischer Größen erfolgen.

Neben der Beschränkung auf eine begrenzte Anzahl von Stufen und Varianten innerhalb der Stufen aus Gründen der Rechenzeit ist jedoch ein Manko dieses Verfahrens (wie auch bei den genannten anderen, ausgenommen bei dem von MISHRA et al., 1973, das demgegenüber jedoch auf den einstufigen Abwasserreinigungsprozeß beschränkt ist) die fehlende Möglichkeit der Berücksichtigung von Kreislaufwassermengen und Rückflüssen (R in Abbildung 5-8). Sie können nur mit "Strafkosten" belegt werden, so daß die ermittelte "optimale" Dimensionierung der Reaktoren nachgerechnet werden muß. Auch Kreislaufwassermengen, wie sie bei einer vorgeschalteten Denitrifikation auftreten, können mit diesem Verfahren nicht berücksichtigt werden, so daß im Grunde nur einstufige Verfahren zur BSB-Minimierung und zur Nitrifikation untersucht werden können.

5.2.2 Kriterien für die Auswahl geeigneter Lösungsverfahren

Entsprechend der eingangs dieser Arbeit genannten Problemstellung soll ein Konzept erarbeitet werden, mit dem nach Möglichkeit bereits bestehende Kläranlagen auf ihre technisch-wirtschaftliche Optimalität untersucht werden können. Abgesehen von der Ausschöpfung neuerer technischer Möglichkeiten, wie dies in Kapitel 2 dargelegt wurde, bedeutet dies im einzelnen, daß die optimale Kombination der möglichen Prozeßschritte zu finden ist und die einzelnen Prozeßstufen optimal auszulegen sind. Da die Planungsdaten häufig jedoch nur statistischer, retrospektiver Art sind (empirische Daten aus Handbüchern, ATV-Richtlinien), sollte eine Variation der Planungsdaten einbezogen werden können (wie BERTHOUEX und POLKOWSKI (1970) vorgeschlagen haben); das gleiche gilt auch bei Verwendung kinetischer Beziehungen, da diese fallspezifisch unterschiedlich sind, aber im jeweiligen Fall immer nur in gewissen Bereichen schwanken. Ein wesentliches Kriterium ist, daß an den meisten Kläranlagenstandorten bereits Klärelemente vorhanden sind, die bei Erweiterungen noch genutzt werden können; von daher muß das Lösungsverfahren in der Lage sein, Altanlagen im Rechnungsgang mit einzubeziehen.

Diese und die weiter vorne erwähnten Optimierungskriterien zusammenfassend kann man folgenden Anforderungskatalog an das Modell, respektive an das Lösungsverfahren formulieren (Tabelle 5-4).

Tabelle 5-4: Kriterien für die Anwendung von Optimierungsmethoden bei der Auswahl einer optimalen Prozeßführung in Kläranlagen

---

- o Optimale Verfahrenskombination und
- o optimale Auslegung der einzelnen Stufen.
- o Integration von Abwasser- und Schlammbehandlung.
- o Verwendung von Altanlagen.
- o Einbezug weitergehender Reinigungsverfahren.
- o Erweiterungsmöglichkeiten bei neuen Technologien.
- o Berücksichtigung mehrerer Stoffparameter.
- o Verwendung von massengleichgewichts- und reaktionskinetischen Beziehungen in den Übergangsfunktionen.
- o Berücksichtigung mehrerer Entscheidungskriterien.
- o Begrenzung der Enumeration.

Es ist von vorneherein klar, daß es keine Methode geben wird, die alle genannten Punkte gleichermaßen gut erfüllen kann; gleichwohl hat sich bei der Literaturanalyse gezeigt, daß jedes dieser Kriterien erfüllt werden kann. Im wesentlichen kommen jedoch nur nichtlineare Verfahren in Betracht, wobei für Detailprobleme (Rücklaufströme, MISHRA et al., 1973) auch lineare Verfahren impliziert werden könnten.

Arbeitshypothese ist, daß entsprechend der bisherigen Bemessungspraxis unterstellt werden kann, daß alle Klärverfahren bei entsprechender Auslegung und Einbindung in der Lage sind, die geforderten Ablaufwerte auch bei schwankender Belastung zu verkraften. Die Optimierung der Prozeßschritte durch Steuerung der Stoffwechselvorgänge, wie sie bei der biologischen Vorklärung möglich und eine der wesentlichen Vorteile dieses Prinzps ist, die auch Auswirkungen auf die Dimensionierung der nachfolgenden Stufen hat (vgl. Abschnitt 2.4), soll und kann hier nicht in das Zielkriterium aufgenommen werden. Hierzu werden Simulationsverfahren notwendig, deren Implementation einer späteren Arbeit vorbehalten sein soll (s. dazu z.B. das Modell von GUJER, 1986).

5.2.3 Diskussion der möglichen Lösungswege

Die Ergebnisse aus Abschnitt 5.2.1 zusammenfassend kann man unter Berücksichtigung der zuvor erläuterten Kriterien die in Abschnitt 5.1 genannten Optimierungsmethoden wie folgt einordnen:

Mittels linearer Programmierung kann die komplexe Fragestellung nicht zufriedenstellend gelöst werden, weil die Transformationsfunktionen nur in Ausnahmefällen linearen Charakter haben, die Transformation mehrerer Vektorgrößen komplexe Algorithmen erfordert (vgl. LYNN et al., 1982), die Verknüpfung der Verfahren einen erheblichen, rechentechnischen Bearbeitungsaufwand mit sich bringt, wodurch die Einbindung neuer Technologien sehr erschwert wird, und mit jeder Verbesserung der Systemabbildung im Modell bzw. der mathematischen Bearbeitung (z.B. abschnittweise Linearisierung) der Rechen- und -programmaufwand gewaltig ansteigt. Es ist aber gut vorstellbar, daß Detailfragen, wie z.B. die optimale Auslegung einer Belebungs- oder Tropfkörperstufe, mittels linearer Programmierung innerhalb eines anderen Lösungsverfahrens erarbeitet werden, da die Rücklaufschlamm- bzw. Kreislaufwasserförderung eine Rückkopplung zwischen zwei Stufen (Bioreaktor und Phasentrennreaktor) darstellt, die mit streng sequentiellen Lösungsverfahren nur vergleichsweise aufwendig berück- sichtigt werden kann.

Klassische Verfahren der Dynamischen Programmierung können nur dann eingesetzt werden, wenn keine Rückkopplungen zwischen einzelnen Stufen existieren. Man kann dies jedoch umgehen, sofern es sich um eine unmittelbare Kopplung zwischen zwei benachbarten Stufen - wie oben beschrieben - handelt, indem man beide Stufen zusammenfaßt und die Kopplung intern berücksichtigt. Allerdings können dann die beiden Elemente der gekoppelten Stufe nicht in sich optimiert werden (allenfalls durch ein zusätzliches Unterprogramm für diese gekoppelte

Stufe). Ein weiterer denkbarer Weg ist die iterative Lösung des Problems (s. aber auch BOJARINOW, KAFAROW, 1972). Bei reduzierten Fragestellungen, z.B. nach der optimalen Reaktorgröße bzw. Reaktorkombination für den Stoffumsatz sind dynamische Programme sehr geeignet. Ein diesbezügliches Verfahren (die Struktur des Programms entstammt dem BUBBLE-Politik-Modell von RENTZ et al., 1984), das vom Verfasser in Zusammenarbeit mit LOHR (1987) implementiert wurde, ist vergleichsweise einfach programmierbar (BASIC) und läuft auf einem PC (s. Abschnitt 5.4.1).

Die im Sinne des Kriterienkatalogs am ehesten wohl in Betracht kommenden Ver fahren dürften die der begrenzten Enumeration sein. Hierunter fällt das von ROSSMAN (1980) entwickelte Verfahren, das zur Verifizierung zur Verfügung gestellt und vom Verfasser und von OBERMEYER (1987) hinsichtlich der Bearbeitung mehrstufiger Verfahren erweitert wurde. Die wohl wesentlichsten Einschränkungen bei diesem Verfahren sind aber, daß aufgrund der nicht berücksichtigbaren Kreislaufwasser- bzw. -schlammengen keine vorgeschaltete Denitrifikation und keine exakt zutreffende Bemessung der einzelnen Stufen ermittelt werden kann; abgesehen von den gekoppelten Stufen, in denen eine Bemessung der Stufenelemente unter Berücksichtigung der Rückkopplungen, aber ohne Optimierung der beiden Stufenelemente, erfolgt.

Aufbauend auf den ROSSMANschen Modellvorstellungen konnte jedoch eine Programmstruktur entwickelt werden, die im folgenden diskutiert wird (Abschnitt 5.4.3). Sie basiert auf dem Branch and Bound-Verfahren unter Berücksichtigung erweiterter Schrankenfunktionen, wie SIEDERSLEBEN (o.J.) sie beschreibt. Mit diesem Verfahren ist es möglich, eine Vielzahl von Alternativen auf einer Stufe zuzulassen (also auch bestehende Anlagen), da aufgrund der Least-Lower-Bound-Strategie und bei gut gewählten Schätzfunktionen der Rechenaufwand stark begrenzt werden kann.

5.3 ENTWICKLUNG EINES TECHNISCH-WIRTSCHAFTLICHEN OPTIMIERUNGSKONZEPTES

Die Vorgehensweise einer Optimierung von Kläranlagen durch die Kombination geeigneter Verfahrenselemente sei anhand von Abbildung 5-9 veranschaulicht: Bei exogener Vorgabe

- der Rohabwassermenge und der Verschmutzungskomponenten,

- der technischen und ökonomischen Beschreibung der einzelnen Technologien
- und der geforderten Ablaufkonzentrationen

wird eine kostenminimale Verfahrensstruktur ermittelt. Wichtigste exogene Vorgaben für die Optimierung sind die Transformationsfunktionen (Abb. 5-9 oben) und Kostenfunktionen (Abb. 5-9 unten). In Abbildung 5-9 ist schematisch gezeigt, wie in Abhängigkeit einer Entscheidung in der jeweiligen Stufe (von daher Entscheidungsvariable oder Steuervariable genannt) ein Verschmutzungsparameter von Stufe zu Stufe vermindert wird und welche Kosten in Abhängigkeit der getroffenen Entscheidung dabei qualitativ entstehen.

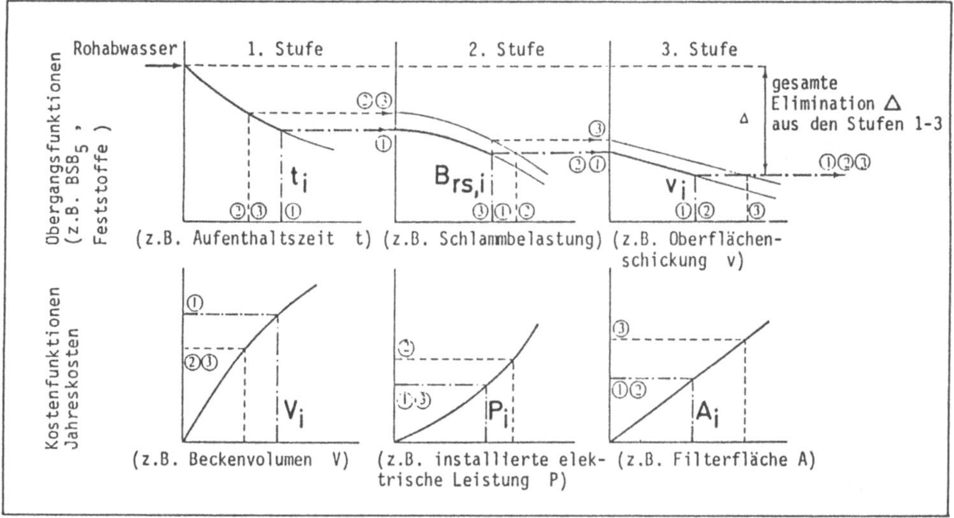

Abb. 5-9: Prinzip einer Optimierung (nach CIRIA, 1975)

Die Vorgehensweise für die Entwicklung eines Optimierungskonzeptes veranschaulicht Tabelle 5-5.

Zur Aufstellung eines entsprechenden Optimierungsansatzes - unter optimal wird je nach Fragestellung das Erreichen eines minimalen oder maximalen Zielfunktionswertes unter der ceteris-paribus-Bedingung verstanden und vorausgesetzt, daß quantitative Bewertungsmöglichkeiten der zu optimierenden Eigenschaften und überhaupt Entscheidungsmöglichkeiten bestehen (s. BOJARINOW, KAFAROW, 1972) - ist zunächst das Optimierungsziel zu definieren und die Problemstellung in ein Modell zu überführen, welches im Sinne der Systemanalyse durch deskriptive Darstellung des Systems Kläranlage entsteht. Zur umfassenden Darstellung von Funktionsweisen, die aus vielen einzelnen Abläufen zusammengesetzt sein können, haben sich sogenannte Flußdiagramme bewährt. Die Modelldarstellung durch ein Flußdiagramm beschreibt, wie innerhalb des Systems und zwischen System und Umwelt (= offenes System) Informationen, Restriktionen sowie Wärme- und Stoffströme entstehen bzw. weitergeführt werden und dabei Veränderungen unterworfen werden. Zur detaillierten Erfassung sämtlicher Ströme wird hierbei die Input-Output-Analyse verwendet, wobei der Input eine auf das System bzw. Systemelement hingerichtete Wirkungsbeziehung darstellt und der Output analog dem Input vom System weggerichtet ist. Diese Input-Output-Darstellung des Systems in einem Modell eignet sich methodisch für die Behandlung von sequentiellen Prozessen, wie sie die Abwasserreinigungsverfahren darstellen.

Tabelle 5-5: Entwicklung eines Optimierungskonzeptes

- o Definition des Optimierungszieles und Formulierung der Problemstellung
- o Modell (deskriptive Darstellung des Systems)
  - Flußdiagramme
  - Input-Output-Darstellung
- o Abstraktion (Reduktion auf die relevanten Variablen)
- o Entwicklung/Festlegung von Abhängigkeitsstrukturen
  - Übergangsfunktionen
  - Kostenfunktionen
- o Festlegung von Zielfunktion und Nebenbedingung

Das erhaltene "vollständige" Modell muß anschließend in geeigneter Weise auf die relevanten Variablen, d.h. in diesem Fall auf die für die Dimensionierung wesentlichen Elemente und Relationen reduziert werden. Das betrachtete System liegt nun in einem mehr oder minder großen Abstraktionsgrad als Modell vor, an dem das charakteristische Verhalten studiert werden kann. In ihrer Summe spiegeln die mathematischen Beziehungen das System als solches wieder.

Zur Bestimmung der wirtschaftlichen Optimalität ist eine entsprechende Verknüpfung des technischen Systems mit ökonomischen Größen vorzunehmen, d.h. es muß die Abhängigkeitsstruktur von ökonomischen Größen, wie z.B. Kosten, von technischen Variablen abgebildet werden. Diese Abhängigkeiten werden in der Zielfunktion erfaßt. Wenn eine numerische Zielfunktion angegeben werden kann und die funktionale Darstellung der Restriktionen in Form von Gleichungen bzw. Ungleichungen möglich ist, ist das Auswahlproblem mathematisch bestimmt. Die Zielfunktion beschreibt dabei den zu optimierenden einen Zielwert in Abhängigkeit der Restriktionen. Häufig ist es jedoch auch notwendig, mehrere Zielsetzungen und deren relative Bedeutung in die Problemanalyse einzubeziehen.

Da es praktisch nicht möglich ist, eine der Fragestellung gerecht werdende, funktionale Gleichung für mehr als eine Zielwertdimension zu formulieren, spielt bei der Entscheidungsfindung die subjektive Wertvorstellung des Planers (persönliche Einschätzung der "intangible factors" der Situation) eine wesentliche Rolle, aber auch objektive Kriterien sind einem zeitlichen Wandel unterworfen. HOFFMANN und HOFMANN (1971) weisen außerdem darauf hin, daß Verfeinerungen bzgl. des Konzepts technologischer Abhängigkeiten nicht unbedingt den Kern des Problems besser treffen, vielmehr führen sie häufig nur zu unlösbaren, sekundären mathematischen Problemen.

5.3.1 Problemformulierung

Dem planenden Ingenieur in der Klärtechnik fällt die Aufgabe zu, unter gegebenen Voraussetzungen (Preise für Energie und Chemikalien (Flockungsmittel), Kapitalverfügbarkeit, möglicherweise Abwasserabgabe) eine - meist bereits bestehende - Kläranlage so zu erweitern, daß auch verschärfte Reinigungsanforderungen (gereinigtes Abwasser als Produkt bestimmter Qualität) bei minimalen Gesamtkosten erfüllt werden können. Da es - wie in Kapitel 2 gezeigt - eine Vielzahl von möglichen Verfahrensprinzipien gibt, die miteinander kombiniert werden können und mit denen die geforderten Ablaufergebnisse und Schlammqualitäten allerdings zu unterschiedlichen Jahreskosten eingehalten werden können, ist die Auswahl - sofern sie nicht von vorneherein auf wenige Varianten beschränkt wird - sehr aufwendig. Bei hintereinandergeschalteten Prozeßstufen und insbesondere bei Kreislaufführungen und Rückflüssen entstehen darüber hinaus gegenseitige Auswirkungen in den Stufen (vgl. FITZER, FRITZ,

1975), so daß das Problem der Optimierung des Gesamtprozesses z.T. sehr kompliziert werden kann.

Während man allerdings bei vielen Optimierungsaufgaben in der Verfahrenstechnik aufgrund der Verknüpfungsmöglichkeiten, vor allem aber der großen Zahl an Restriktionen und Interdependenzen eine begrenzte Anzahl von Verfahrensstrukturen vorgeben muß, um die Auswahl des kostenminimalen Verfahrens mit vertretbarem Rechenaufwand noch bewältigen zu können, kann man bei der Kläranlagenoptimierung aufgrund der vergleichsweise einfacheren Verknüpfungen auf die Vorgabe von Verfahrensstrukturen bei geeigneten Lösungsalgorithmen verzichten (vgl. Abschnitt 5.4.3), wodurch das Optimierungsergebnis weniger von subjektiven Einschätzungen des Planers beeinflußt wird. Weiterhin könnte in Zukunft über die Implementation von Berechnungsmodulen für computergestützte Kläranlagenplanungen die Umsetzung von Alternativen zur konventionellen Technik beschleunigt werden.

Unter Berücksichtigung dieses Gesichtspunktes muß eine Kläranlagenoptimierung also auch eine brauchbare Dimensionierung der einzelnen Prozeßschritte (Größe der Reaktoren und Aggregate) enthalten. Die Optimierung des Gesamtsystems (d.h. Abfolge und Verknüpfung der einzelnen Verfahrensschritte) kann dann auf dieser Basis erfolgen. Wenn allerdings die Vorgaben für die einzelnen Prozeßstufen zu wenig differenziert sind (z.B. bei einer notwendigen Diskretisierung), kann das ermittelte Optimum vom globalen Optimum wesentlich abweichen. Bei der Optimierung einer Kläranlage sind Suboptimierungen jedoch unvermeidlich, wenn man das Auswahlverfahren in einem handlichen Umfang halten will. Im einfachsten Fall handelt es sich bei diesen Suboptimierungen um logische Entscheidungen, etwa welche Betonsorte verwendet werden soll, häufiger aber um teilweise umfangreiche Dimensionierungsaufgaben einzelner Verfahrenselemente (wie z.B. der Schlammbehandlung in Abschnitt 4.4.4), abhängig vom jeweils verwendeten Lösungsalgorithmus.

Die wichtigsten Steuervariablen bei Abwasserreinigung und Schlammbehandlung sind: Stoffumsatz, Konzentration der Reaktionskomponenten, Durchsatz und Temperatur, Zusatz von Hilfsmitteln. Hinzu kommen noch die Struktur- und Entwurfsvariablen, durch die die Konzentration bzw. der Konzentrationsverlauf beeinflußt werden kann: Zahl der Reaktionsstufen, Führung von Stoffströmen, Änderung der Mengenverhältnisse durch Rückführung und die Hauptabmessungen.

Weitere Zustandsgrößen sind die Auslastung der Kläranlagen und deren Flexibilität. So wird bei derzeitigen Planungen i.d.R. von einer 100%igen Auslastung der Anlage ausgegangen, wobei meist noch eine erste Ausbaustufe mitberücksichtigt und einzelne Aggregate bereits auf die erweiterte Anlagenkonzeption dimensioniert werden, während in der Praxis häufig zunächst extreme Unterauslastungen festzustellen sind, aber auch tageszeitliche und wöchentliche Belastungsschwankungen in z.T. extremer Weise auftreten. Um deren Einfluß auf das zu erwartende Betriebsergebnis und den jeweiligen Betriebsaufwand abschätzen bzw. die Auslegung der Anlage darauf abstellen zu können, sind i.d.R. Simulationsmodelle notwendig. Gegenüber der bisherigen Planungspraxis, bei der eine mehrfache Durchrechnung von Planungsvarianten "von Hand" im Sinne einer Sensitivitätsbetrachtung der Planungsparameter meist am Zeitaufwand scheitert, ist es jedoch schon von großem Vorteil, wenn auf numerischem Weg die Einflüsse, die von einer Lastverteilung ausgehen (vgl. RENTZ, 1979), mit dem Planungsmodell abgeschätzt werden können (s. d. Abschnitt 5.3.3).

Da bei einer Planung von Durchschnittsgrößen bzgl. der Massenströme ausgegangen werden muß, können die Vorteile betrieblicher Anpassungsmöglichkeiten einzelner Prozeßelemente nur schwierig explizit erfaßt werden; sie verursachen z.T. Kosten (Prozeßautomation), denen bei dieser Betrachtungsweise keine unmittelbaren Nutzengrößen, zumindest keine gesicherten, zugeordnet werden können. Will man trotzdem die unterschiedlichen Effekte einzelner Prozeßelemente im Rahmen einer Anlagenkonzeption erfassen, muß man eine mehrdimensionale Bewertung durchführen, um die Vorteilhaftigkeit der jeweiligen Komponenten zum Ausdruck bringen zu können (man könnte z.B. ein Bewertungskriterium minimaler Energiebezug oder maximale Energieproduktion einführen). In der Praxis ist man jedoch gezwungen, vom mehrdimensionalen Vektor auf einen eindimensionalen überzugehen; meist erfolgt dann zunächst eine kostenmäßige Bewertung einzelner Faktoren in der Zielfunktion und über die Vergabe von Punktwerten wird überprüft, ob das gefundene Optimum anderen Zielgrößen in etwa entspricht. Da der Aufwand hierfür groß und das Ergebnis bedingt durch die stark subjektiv geprägten Bewertungsfaktoren ohnehin nur wenig aussagekräftig und anfechtbar ist, sollen im folgenden lediglich die Jahreskosten der einzelnen Alternativen Berücksichtigung finden.

Zusammengefaßt ergibt sich also die folgende als Optimierungsproblem bezeichnete Aufgabenstellung: Für einen vorgegebenen Kläranlagenstandort ist ein kostenminimales System zur Reinigung des anfallenden Abwassers nach vorgegebenen - weitergehenden - Reinigungsanforderungen zu entwickeln (die anerkannten Regeln der Abwassertechnik sind einzuhalten). Das Problem kann auch wie folgt formuliert werden: Im Rahmen einer Gesamtplanung soll aus einer Gruppe funktionsgleicher, aber kostenverschiedener Anlagen (unterschiedliche Kosten-Leistungsfunktionen) die kostengünstigste Kombination von Prozeßstufen ermittelt werden (s. dazu z.B. ADAM, 1972). Das Optimierungsproblem soll fallweise auf zwei interessante Fragestellungen erweitert werden können:

- Welche Erweiterungsmaßnahmen würden bei einem bestehenden System bei gleichem Ablaufergebnis zu geringeren Jahreskosten führen?
- Wie ist ein bestehendes System sukzessive auszubauen, um zukünftig steigenden Reinigungsanforderungen bei minimalen Jahreskosten gerecht zu werden?

Die in Tabelle 5-3 zusammengestellten Kriterien sollen dabei weitestmöglich berücksichtigt werden, wobei die optimale Schlammbehandlung nach Kapitel 4 als ermittelt gilt (für die unterschiedlichen Abwasserreinigungsverfahren stehen als Ergebnis aus Abschnitt 4.4.4 verschiedene Funktionen der Primär- und Sekundärschlammbehandlungskosten in Abhängigkeit ihres prozentualen Anteils am Gesamtanfall zur Verfügung). Die in die Betrachtung einzubeziehenden Elemente der Abwasserreinigung sind in Abbildung 5-10 in Form eines Systemgraphen dargestellt.

Die Zielfunktion lautet somit allgemein

$$ZF: \sum_{i}^{n} K_i \overset{!}{=} \min. \qquad (5\text{-}1)$$

5.3.2 Formulierung eines Modells

Voraussetzung für die techno-ökonomische Optimierung ist die im Hinblick auf die ökonomische Zielsetzung gerichtete Beschreibung des physikalisch-biologisch-chemisch-technischen Systems durch ein mathematisches Modell. Mit der Kenntnis der ökonomischen Zielsetzung "Minimierung der Jahreskosten" wird das Modell folgendermaßen konstruiert: Zunächst wird der Abwasserreinigungsprozeß stufenweise abgebildet (vertikale Dekomposition), hernach werden alle systemrelevanten Parameter beschrieben und ihre Beziehungen zueinander bestimmt,

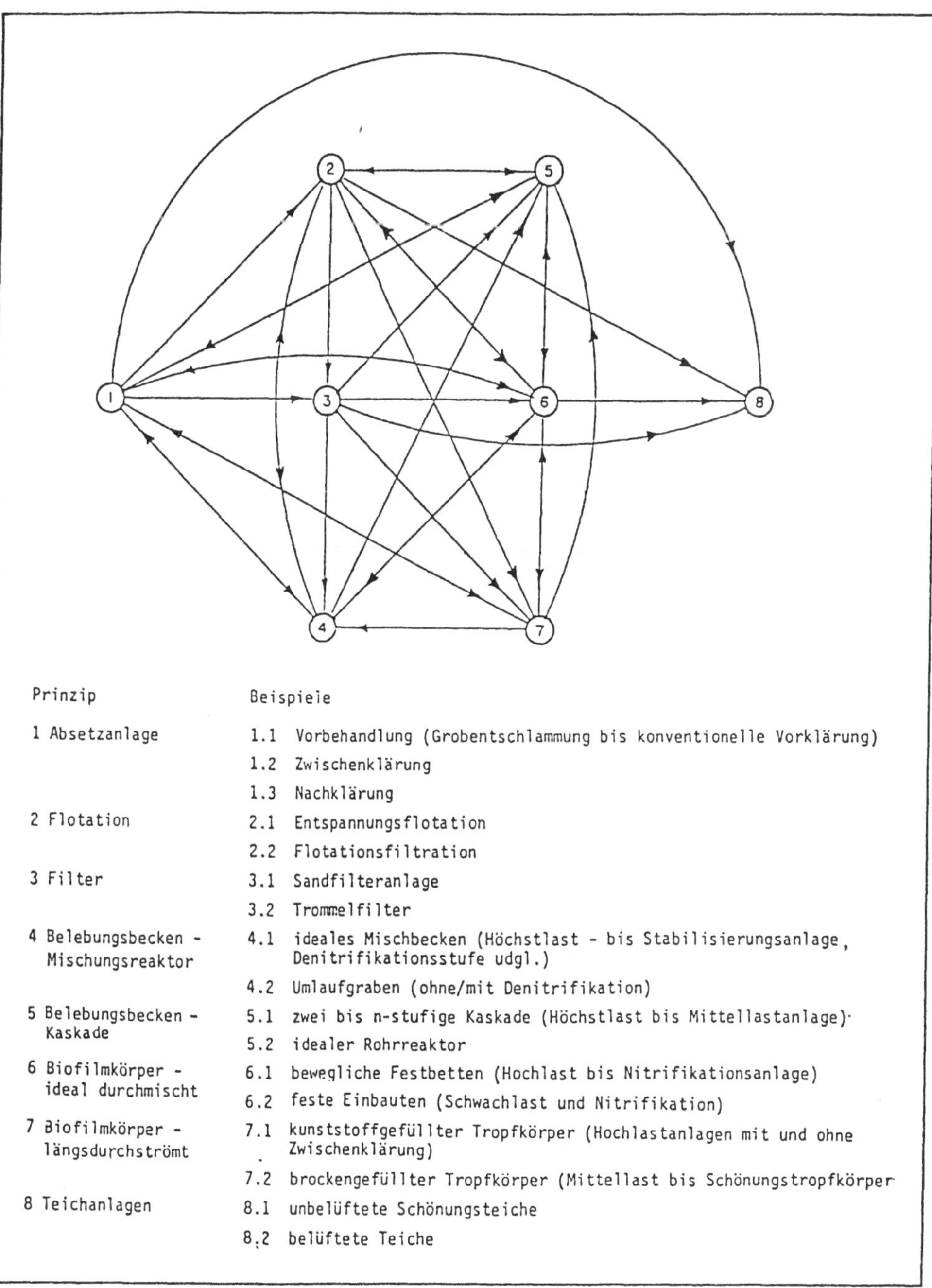

Abb. 5-10: Systemgraph möglicher Elemente einer Abwasserreinigungsanlage

wobei zwischen beeinflußbaren und nicht beeinflußbaren Größen zu unterscheiden ist: Beeinflußbar sind z.B. die Steuer- und Strukturvariablen; von ihnen hängen wiederum die Zustandsvariablen ab.

Abbildung 5-11 zeigt, wie man ein Klärsystem sinnvollerweise in Stufen (nicht zu verwechseln mit dem Prinzip der einstufigen oder mehrstufigen Abwasserbehandlung) oder Teilmodelle aufspalten kann (der Fall, jedem Reaktor eine Stufe zuzuweisen, ist aus Übersichtlichkeitsgründen dabei nicht berücksichtigt); Teilsystem I stellt eine biologische Behandlung dar (Belebungs- und Nachklärbecken sind eine Einheit), Teilsystem II erweitert I um eine Vorbehandlungsstufe, Teilsystem III umfaßt die Schlammbehandlung und Teilsystem IV aggregiert II und III zur Gesamtanlage. In Abbildung 5-12 sind die Stoffströme zwischen den einzelnen Reaktoren für eine mögliche Verfahrenskombination eingezeichnet und aus dem Anlagenschema ein Stufenmodell gemacht, wie es z.B. für die Optimierung eines Abwasserreinigungsverfahrens benötigt wird.

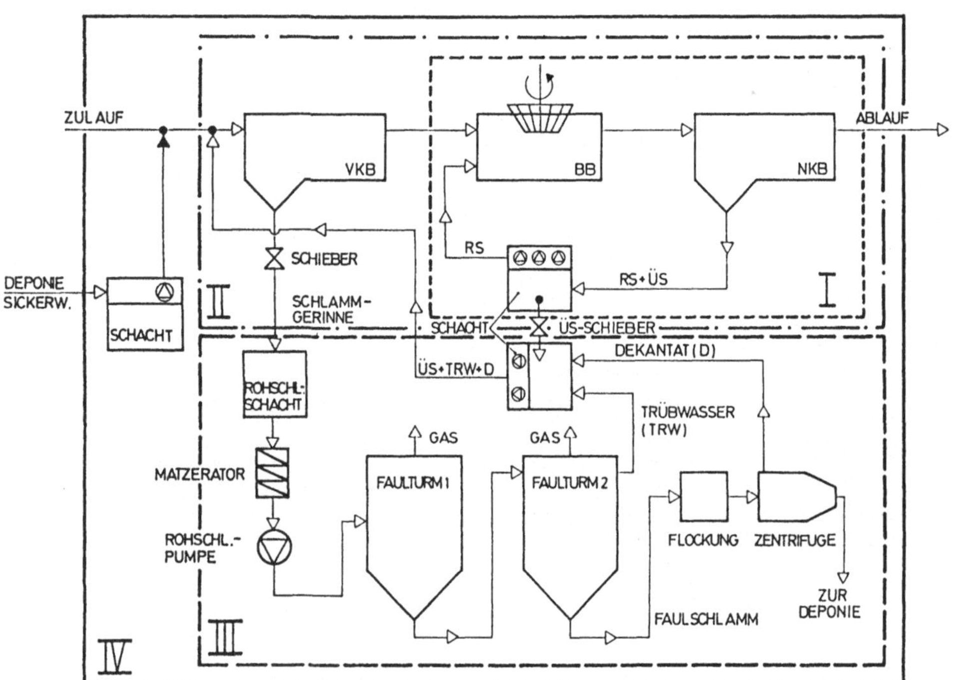

Abb. 5-11: Mögliche Aufspaltung eines Kläranlagensystems in Teilsysteme

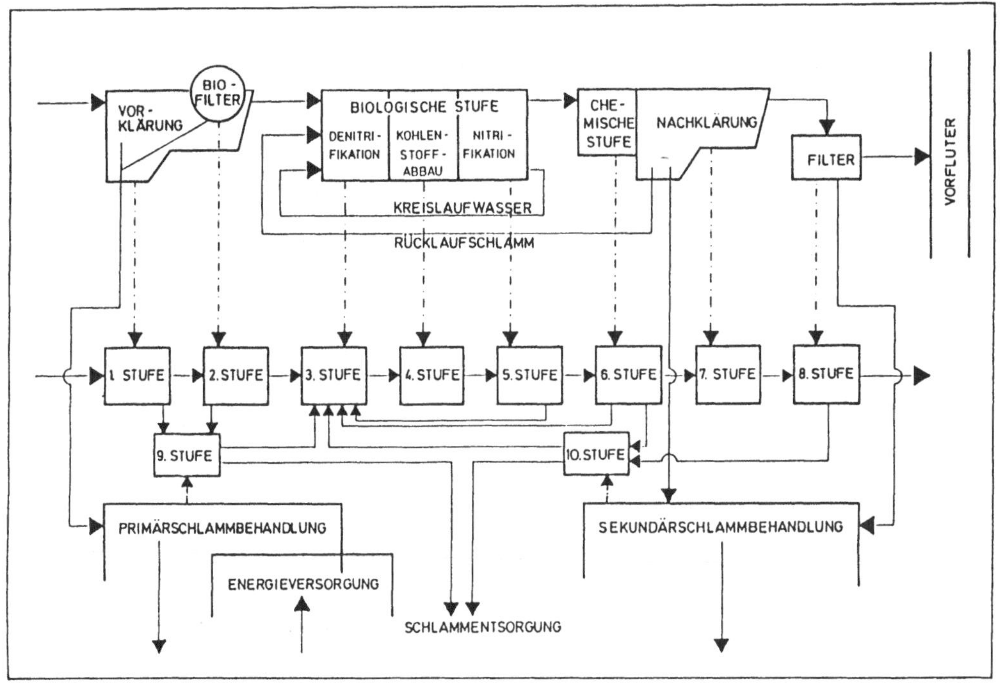

Abb. 5-12: Mögliche Transformation eines Kläranlagensystems in ein Modellsystem

Da das Optimierungsproblem aber nicht nur auf die Einbindung einer biologischen Vorklärung (Abschnitt 2.4) beschränkt sein soll, muß das Modell auf eine wesentlich breitere Basis gestellt werden (vgl. Abschnitt 5.4.3). Die Input-Output-Darstellung für eine beliebige biologische Stufe ist in Abbildung 5-13 gezeigt; die wesentlichen Optimierungsvariablen einer konventionellen Belebungsanlage (nach konventionellen Bemessungskriterien) sind beispielhaft in Abbildung 5-14 zusammengestellt.

Komprimiert man z.B. das technische System (Abb. 5-11, II) auf die für eine ökonomische Optimierung notwendigen Merkmale, erhält man ein System (Abb. 5-14) bestehend aus einem Reaktor und zwei Trennstufen, wobei jeweils Mehrphasenströmungen vorliegen. Die Optimierungsvariablen sind dabei nicht unabhängig, da der Kreislaufmassenstrom $\dot{m}_s$ vom Zulaufmassenstrom, von der Stoffwechselleistung und vom Rücklaufverhältnis abhängt.

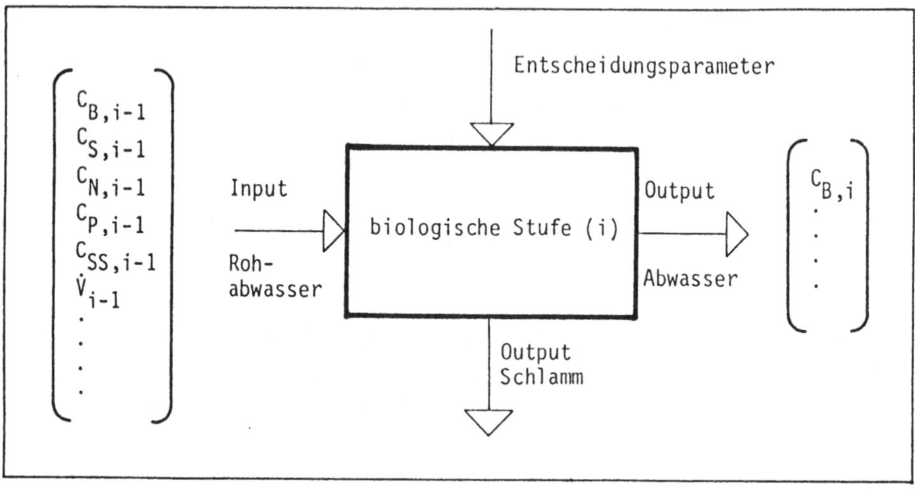

Abb. 5-13: Input-Output-Darstellung für eine beliebige biologische Stufe

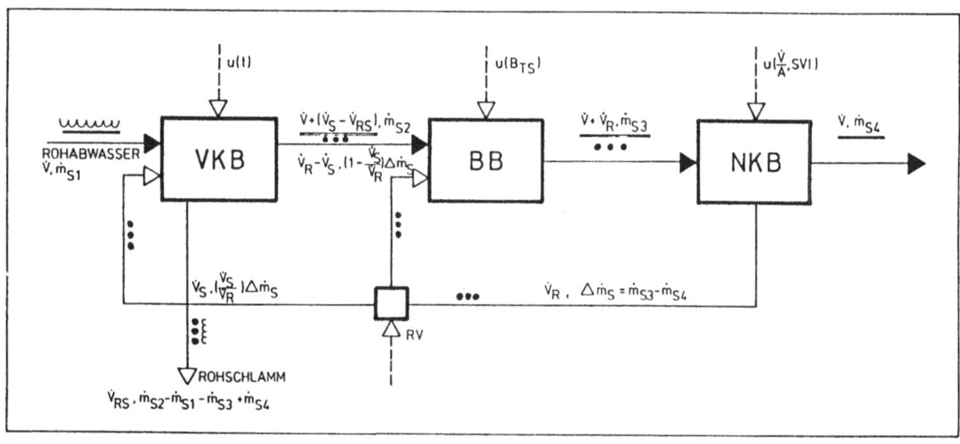

Abb. 5-14: Vereinfachtes Anlagen-Optimierungsschema für eine konventionelle Belebungsanlage unter Angabe der jeweiligen Entscheidungs-/Steuervariablen (konventionelle Bemessung)

Da das Optimierungsproblem die kostenminimale Reinigung des Abwassers unter Berücksichtigung vorgegebener Ablaufwerte (z.B. $C_{B,e}$ = 10 mg BSB_5/l) durch die Auswahl der geeignetsten Behandlungsart j in jeder Stufe i ist (d.h. die

Summe aller Reinigungskosten der einzelnen Verfahren einem Minimum zugeführt werden soll), muß ein Ansatz gewählt werden, bei dem alle Kosten K (Annuitäten) der einzelnen Klärstufen i vom jeweiligen Entscheidungsparameter u_j im Verfahren j abhängen. Die allgemeine Zielfunktion aus (5-1) über sämtliche Elemente einer Abwasserreinigungsanlage läßt sich damit konkretisieren zu:

$$\text{ZF:} \quad \sum_{i=1}^{n} \sum_{j=1}^{J} z_{ij} \; K_{ij} \; (u_{ij}) \overset{!}{=} \min \qquad (5\text{-}2)$$

mit z_{ij} = 0 oder 1 (Strukturvariable für ein Verfahren j auf der Stufe i),

$$\sum_{j=1}^{J} z_{ij} = 1 \qquad i = 1 \ldots n, \; j = 1 \ldots J,$$

K_{ij} = jährliche Kosten des Verfahrens j auf der Stufe i (abhängig vom jeweiligen Entscheidungsparameter).

Mit der Übergangsfunktion f_{ij} läßt sich aus dem Inputvektor der Outputvektor (vgl. Abbildung 5-13)

$$C_{B,i} = \sum_{j=1}^{J} z_{ij} \; f_{ij} \; (C_{B,i-1}), \qquad (5\text{-}3)$$

bzw. der abgeschiedene Schlammvolumenstrom ermitteln:

$$\dot{V}_{S,i} = f(\Delta C_B, \Delta C_{SS}, \dot{V}_{i-1}, \ldots). \qquad (5\text{-}4)$$

Die einzuhaltenden Ablaufwerte C_e (z.B. BSB_5, NH_4^+, NO_3^-, SS u. dgl.) sind als Nebenbedingung zu formulieren: Entweder setzt man den für die betreffende Kläranlage festgelegten Überwachungswert des jeweiligen Verschmutzungsparameters an oder legt willkürlich eine geduldete Konzentration C_e oder Fracht $C_e \cdot \dot{V}$ fest, die in der letzten Stufe erreicht oder unterschritten sein müssen.

Zur Veranschaulichung der Modellbeziehungen ist in Abbildung 5-15 exemplarisch für das Prinzip der biologischen Vorklärung die Abhängigkeitsstruktur

Tabelle 5-6: Transformationsbeziehungen der betrachteten Stufen

Stufe	Verfahrensprinzip	Verfahrenselement	Entscheidungsvariable	Eingangsgrößen	Ausgangsgrößen (abgeleitete/veränderte)
A	Absetzung	Vorklärbecken	Aufenthaltszeit	Volumenstrom	Volumenstrom
				Feststofffracht	Feststofffracht
				BSB_5 [1](ungelöst)	BSB_5 [1](ungelöst)
				Sekundärschlammenge [2](	Schlammenge
		Zwischenklärbecken	vertikal- oder	Volumenstrom	Volumenstrom
		Nachklärbecken	horizontal durchströmt	Feststofffracht	Feststofffracht
				Schlammvolumen [3](	Schlammenge
				BSB_5 [1](gelöst/ ungelöst)	BSB_5 [1](gelöst/ ungelöst)
			Aufenthaltszeit		
			Oberflächenbeschickung		
B	Flotation	Entspannungs-flotation	Oberfläche	Volumenstrom	Volumenstrom
			Flächenbelastung	Feststofffracht	Feststofffracht
				BSB_5 [1](	BSB_5 [1](
				Schlammvolumen [3](	Schlammenge
				Temperatur	Recyclestrom
				Luftlösevermögen	
				Länge/Breiten-verhältnis	
C	Filtration	Sandfiltration	Filtergeschwindigkeit	Volumenstrom	Volumenstrom
			Schütthöhe	Feststofffracht	Feststofffracht
			Rückspülrate	BSB_5 [1](ungelöst)	BSB_5 [1]([4](
				BSB_5 [4](	Tetiärschlammenge
		Trommelfilter	Filterfläche	Volumenstrom	Volumenstrom
			Rückspülrate	Feststofffracht	Feststofffracht
				BSB_5 [1](ungelöst)	BSB_5 [1](ungelöst)
				spez. Durchsatz	

D,E	Schwebebett-verfahren	Mischbecken Mischbeckenkaskade Rohrreaktor	O_2-Limitierung NOX-Limitierung "Schlammbelastung" Raumbelastung Substratabbau-geschwindigkeit Kaskadenbeckenanzahl Kreislaufwassermenge[5](	Volumenstrom BSB_5 [1](Feststofffracht Temperatur Sättigungskoeff. Wachstumsrate Ertragskoeffizient Rücklaufverhältnis	Volumenstrom BSB_5 [1](Feststofffracht Biomasseertrag (Schlammvolumen-index) Sauerstoffbedarf
F	Festbettverfahren (ideal durch-mischt)	Scheibentauchkörper feste Einbauten schwimmende Körper	Fläche aerob/anaerob Biomasseertrag Substratabbaugeschw.	Volumenstrom BSB_5 [1](Feststofffracht Temperatur Sättigungskoeff. Wachstumsrate Ertragskoeffizient	Volumenstrom BSB_5 [1](Feststofffracht Biomasseertrag (Schlammvolumen-index) Kreislaufwassermenge [5](
G	Festbettverfahren (längsdurch-strömt)	Tropfkörper	Raumbelastung Oberflächenbelastung Aufenthaltszeit	Volumenstrom BSB_5 [1](Feststofffracht Temperatur Wachstumsrate Sättigungskoeffiz. Ertragskoeffizient	Volumenstrom BSB_5 [1](Feststofffracht Biomasseertrag (Schlammvolumenindes) Kreislaufwassermenge [5](Spülwassermenge zusätzlicher O_2-Bedarf
H	Teiche	unbelüftete Teiche belüftete Teiche	Fläche Fläche	Volumenstrom BSB_5 [1](wie "4,5"	Volumenstrom BSB_5 [1](wie "4,5"

[1](stellvertretend für andere Verschmutzungsparameter)

[2](bei Einleitung des Sekundärschlammes ins Vorklärbecken)

[3](externe Vorgabe/Schätzwert)

[4](gelöste Verschmutzungsparameter bei biologisch aktiven Filtern)

[5](bei Denitrifikationsanlagen)

der Transformationsfunktionen, wie sie für jedes der genannten Verfahren (Abb. 5-10) aufgestellt wurde, dargestellt. Die jeweils berücksichtigten Transformationsbeziehungen sind in Tabelle 5.6 zusammengestellt (im Anhang sind die Transformations- und Kostenfunktionen im einzelnen aufgelistet).

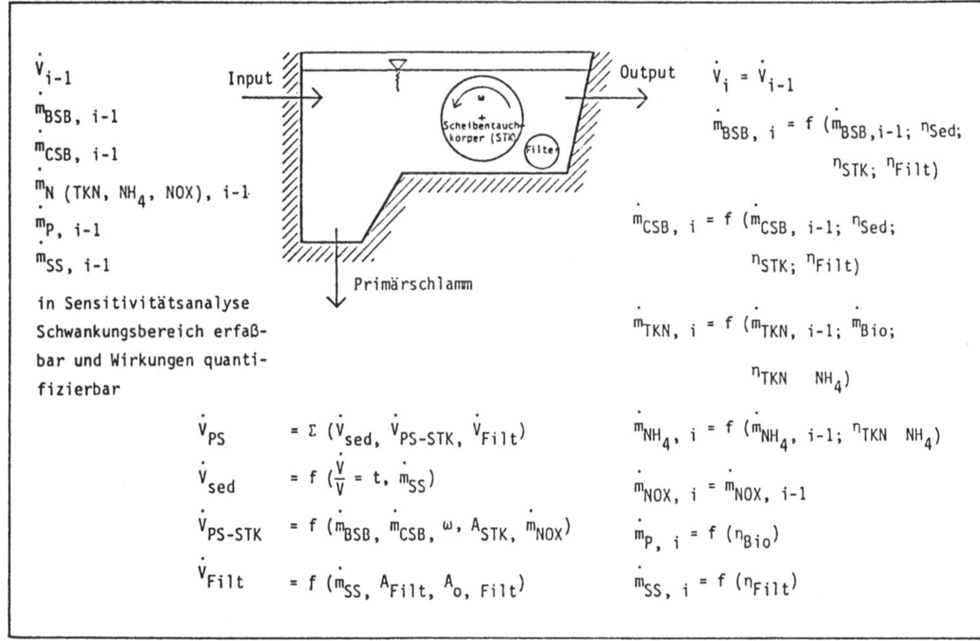

Abb. 5-15: Abhängigkeitsmatrix bei der biologischen Vorklärung

5.3.3 Sensitivitätsanalyse

Besitzt das entsprechend Abschnitt 5.3.2 formulierte Problem eine optimale Lösung, so können aus den optimalen Werten bei Veränderung der exogenen Variablen auch die wichtigen Größen für eine Sensitivitätsanalyse erhalten werden.

Mit einer Sensitivitätsanalyse kann unter der Voraussetzung der ceteris-paribus-Bedingung festgestellt werden, bei welchen Veränderungen einer einzelnen Rahmenannahme sich das gefundene Optimum qualitativ verändert. Die ceteris-paribus-Bedingung beinhaltet, daß lediglich ein Parameter variiert und unterstellt wird, daß sich die übrigen Wirkungszusammenhänge dadurch nicht entscheidend verändern. Eine qualitative Veränderung der Ergebnisse beinhaltet, daß sich eine andere Verfahrenskombination als optimal erweist; d.h., daß die gefundene Lösung "sensibel" auf eine bestimmte Parametervariation reagiert. Eine quantitative oder wertmäßige Veränderung der jährlichen Kosten oder anderer Größen ist i.d.R. immer zu erwarten und erfolgt meist schon bei geringen Änderungen der Eingangsgrößen.

Die Sensitivitätsanalyse dient der Überprüfung, ob durch geringfügige Veränderungen der exogenen Werte (dies können Eingangsgrößen wie die Rohwasserfrachten oder kinetische Parameter sein) die optimale Lösung entscheidend beeinflußt wird. Ergeben sich bei derartigen Variationen andere optimale Verfahrensstrukturen, ist die gefundene Lösung nur optimal für den einen untersuchten Zustand und demzufolge für eine Anwendung nicht zu empfehlen, da geringfügige Abweichungen von den Planungsdaten, wie sie mit Sicherheit in der Praxis durch den täglichen Belastungswechsel, aber auch infolge der Unterauslastung der Anlagen auftreten (s. Abschnitt 2.2), zu anderen Lösungen führen.

5.4 ENTWICKLUNG VON LÖSUNGSKONZEPTEN

Für eine computergestützte Planung von Kläranlagen müssen insbesondere bei Sanierungsfällen nicht in jedem Fall alle nur denkbaren Möglichkeiten durchgespielt werden. In einigen Fällen kann es genügen, nur die Größe der biologischen Reaktoren zu optimieren (Abschnitt 5.4.1), in manchen Fällen wird man einen vollständigen Neubau einer Anlage in Betracht ziehen müssen (Abschnitt 5.4.2). Obwohl es nicht Ziel dieser Arbeit war, funktionierende Rechnerprogramme für die in Abschnitt 5.3.1 gestellte Fragestellung zu entwickeln, war es wesentlich für die Abschätzung der Möglichkeiten und der zu leistenden Vorarbeiten für das zu entwickelnde Optimierungskonzept, daß zwei fertige Programmstrukturen existierten (s. Abschnitt 5.4.1 und 5.4.2). Beide Programme wurden auf die Fragestellungen einer Kläranlagenoptimierung angepaßt und auf einem PC bzw. einem Großrechner implementiert. Sie werden in den folgenden beiden Abschnitten kurz beschrieben; das PC-Programm ist im Anhang wiedergegeben.

Da mit den beiden Programmen die oben skizzierten Fragestellungen zur Kläranlagenoptimierung nicht adäquat beantwortet werden können, wurde ein Lösungskonzept entwickelt, mit dem explizit Sanierungsfälle und Kläranlagenerweiterungen durchgerechnet werden können bzw. geprüft werden kann, ob und welche Alternativen zu einer bestehenden Anlage günstigere Jahreskosten erwarten lassen (Abschnitt 5.4.3).

Jedes der in Abbildung 5-10 genannten Verfahren ist durch eine Vielzahl von Systemparametern (z.B. Reaktorart und Spezifikationen eines bestimmten Verfahrensprinzips) charakterisiert. Durch die Vorgabe von Entwurfs- und Strukturvariablen (z.B. Reaktorgrößen, aber auch Schlammgehalte sowie der Kombinationsmöglichkeiten) wird ein Lösungsraum aufgespannt. Abhängig von den Eingangsgrößen (z.B. Abwassermenge und -konzentrationen bzw. deren Veränderungen in vorgelagerten Stufen) werden nun in jeder Stufe die optimalen Entscheidungs- oder Steuervariablen (z.B. Schlammbelastung, Flächenbeschickung, Aufenthaltszeit; vgl. Tabelle 5-6) unter den vorgegebenen Restriktionen (Lösungsbereich, Kostenfunktionen) ermittelt. Das optimale Verfahren ist damit bestimmt; allerdings nicht unbedingt eindeutig, da z.B. der zuvor festgelegte Schlammgehalt einen mehr oder weniger aktiven Bioschlamm repräsentieren kann oder die erwarteten Abbaugeschwindigkeiten aufgrund störender Abwasserinhaltsstoffe in der Praxis nicht erreicht werden, (vgl. Abschnitte 2.1, 2.2 und 5.3.3).

5.4.1 Optimierung von Reaktorgrößen (Verfahrensstufenoptimierung)

Im Fall der Verfahrensstufenoptimierung liegt i.d.R. das Grundschema des Verfahrens bereits fest (z.B. weil bereits eine Belebungsanlage vorhanden ist). Zu klären ist aber noch: Auf wieviele Stufen soll der Substratabbau aufgeteilt werden, welchen Abbauanteil übernimmt welche Stufe und wie groß müssen die einzelnen Bioreaktoren für den mikrobiellen Stoffumsatz werden, damit mit minimalen Jahreskosten die geforderten Ablaufwerte eingehalten werden? Diese Aufgabe kann mit dynamischer Programmierung relativ einfach gelöst werden (s. im einzelnen LOHR, 1987). Das Programm für die Optimierung der Reaktorgrößen (bzw. der Stoffumsätze in jedem Reaktor) bei einer neuzubauenden Anlage für den Kohlenstoffabbau und für Nitrifikation (vgl. Abschnitt 2.1) ist im Anhang wiedergegeben; es ist in BASIC geschrieben und läuft auf einem PC. Man kann diese Problemstellung auch für die Optimierung entstehender Kläranlagen anwenden, wenn im Programm die aktuellen Kostenfunktionen für bestehende Reaktoren eingesetzt und in der Eingangsabfrage der Abbauwert für die bestehende Stufe entsprechend ihres Leistungsvermögens eingegeben wird.

Da es sich bei dieser Art der Reaktorgrößenoptimierung um ein Sequenz biologischer Reaktoren handelt, in denen von der gesamten Schadstofffracht in jeder Stufe ein Teil abgeschieden wird, kann man von der rein Input-Output-orientierten Darstellungsweise abweichen und das gesamte Problem auch als Aufteilungsproblem auffassen. Als Entscheidungsvariable wurde von daher die abgeschiedene Schadstofffracht $\Delta \dot{M}_i$ gewählt und diese auch als Eliminationswirkung je Stufe bezeichnete Größe diskretisiert (diskrete dynamische Optimierung).

Die Zielfunktion für das so bezeichnete Reaktorgrößen-Optimierungsproblem lautet nun:

$$\text{ZF:} \sum_{i=1}^{n} K_i\,(\Delta \dot{M}_i) \overset{!}{=} \min. \qquad (5\text{-}6)$$

Als Nebenbedingung wurde formuliert, daß die in jeder Stufe abzuscheidende Schadstofffracht $\Delta \dot{M}_i$ über alle Stufen hinweg die Differenz zwischen der Zulauffracht $\dot{M}_o$ und der Abflußforderung in Form einer Ablauffracht $\dot{M}_e$ erreichen bzw. übersteigen soll:

$$\sum_{i=1}^{n} \Delta \dot{M}_i = \dot{M}_o - \dot{M}_e; \quad \Delta\dot{M}_i \in \{o\} \cup \left[\Delta \dot{M}_i^{u}, \Delta \dot{M}_i^{o}\right]. \qquad (5\text{-}7)$$

Mögliche Summenfolgen von Eliminationswirkungen über alle Behandlungsstufen müssen der gesetzten Restriktion bzgl. der Ablaufwerte genügen, wobei aus der Menge der zulässigen Konstellationen die optimale, d.h. diejenige mit den minimalen Jahreskosten bestimmt wird. Für die Lösung des Optimierungsproblems wurden nun noch die Nebenbedingung in eine detaillierte Form überführt, die der strukturierten Problemstellung besser entspricht:

U.d.N.: $$z_o = \dot{M}_o, \qquad (5\text{-}8)$$

$$z_i = z_{i-1} - \Delta \dot{M}_i \quad (i = 1(1)n), \qquad (5\text{-}9)$$

$$z_n = \dot{M}_e, \qquad (5\text{-}10)$$

$$z_i \in Z_i,$$

$$\Delta\dot{M}_i \in U_i = \{o\} \cup \left[\Delta\dot{M}_i^u, \Delta\dot{M}_i^o\right].$$

Neben den vorzugebenden Start- und Endwerten z_o bzw. z_n wird der Prozeßverlauf durch die dynamische Nebenbedingung $z_i = z_{i-1} - \Delta\dot{M}_i$ erfaßt (z_i = Zustandsvariable; Z_i = Zustandsmenge der Stufe i (i = 1(1)n); U_i = Menge der möglichen Werte der Entscheidungsvariable auf der Stufe i).

Mit dem von LOHR (1987) implementierten Modell (vgl. Abb. 5-16) läßt sich für eine gegebene Verfahrensstruktur (also z.B. biologische Vorklärung für eine biologische Steuerung des Hauptprozesses und für einen Primärabbau - Bele-

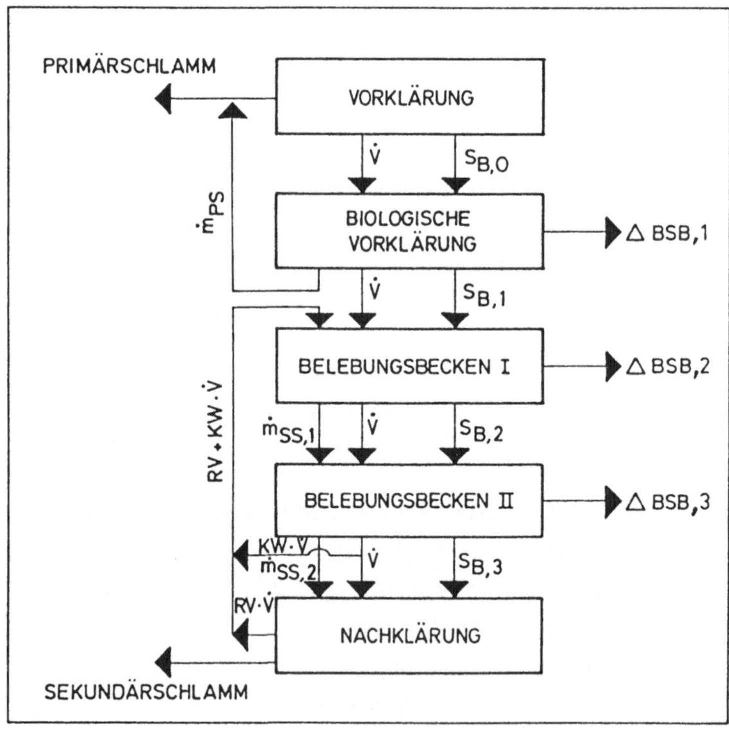

Abb. 5-16: Prozeßstruktur zur Optimierung des biologischen Stoffumsatzes in einer Kläranlage

bungsbecken I für den restlichen Kohlenstoffabbau - Belebungsbecken II für die Nitrifikation) in Abhängigkeit eines Verschmutzungsparameters die kostenminimale Reaktordimensionierung ermitteln, da die gegenseitige Funktionsübernahme der betrachteten Stufen voll gegeben ist: Z.B. könnte die biologische Vorklärung theoretisch zu einer einstufigen Scheibentauchkörperanlage oder Belebungsbecken II als Stabilisierungsanlage ausgebaut werden. Trotz der nicht unkritischen Verwendung eines Summenparameters wie des BSB_5 (Kritik hierzu s. Abschnitt 2.1) wurde fallbeispielhaft dieser als Verschmutzungsparameter zugrundegelegt, um die Ergebnisse mit denen aus einer herkömmlichen Bemessung vergleichen zu können.

Abbildung 5-17 zeigt nun, in welchem Umfang die betrachteten Stufen 1 bis 3 den BSB_5-Abbau herbeiführen müssen, um bei den gegebenen Belastungsgrößen minimale Jahreskosten zu verursachen (ökonomische Daten wie in Kapitel 4 angegeben bzw. im Anhang: Modell): So ist z.B. bei Belastungen unter 100 mg BSB_5/l (Bemessungswert) die einstufige Anlage (Stufe 3 als Stabilisierung) günstiger als z.B. die biologische Vorklärung mit anschließender Nitrifikation, die für den Bereich 100 bis 300 mg BSB_5/l im Zulauf angezeigt ist. Dabei ist allerdings noch nicht berücksichtigt, daß die biologische Vorklärung bei bestehenden Anlagen in ein existierendes Vorklärbecken eingebaut werden könnte, was sich auf die Kosten für den Primärabbau mindernd auswirkt; weiterhin ist nicht berücksichtigt, inwieweit ein bestehendes - fallweise zu großes - Belebungsbecken die optimale Lösung beeinflußt. Über 300 mg BSB_5/l im Zulauf wird unter den hier gesetzten Annahmen die Kaskadenbelebung in der zweiten biologischen Stufe interessant, da der Primärabbau über die biologische Vorklärung aufgrund der Unterbringungsmöglichkeiten der Aufwuchsflächen begrenzt ist.

Abbildung 5-18 zeigt die Summe der Jahreskosten aus Kapital- und Betriebskosten der ermittelten optimalen Lösungen bei Zulaufkonzentrationen zwischen 50 und 500 mg BSB_5/l und einer Abflußforderung von 10 mg BSB_5/l für eine Kläranlage, die auf eine Tageswassermenge von 10.000 m^3 ausgelegt ist. Die Minimal kostenkombination weist dabei Sprünge auf, die sich aus der unterschiedlichen Aufteilung des Substratabbaus in den Stufen ergeben (Kostensprünge entstehend durch die Restriktionen, daß bestimmte Anlagenteile, wie z.B. die Aufwuchsflächen bei Scheibentauchkörpern, technische Minimal- und Maximalintensitäten aufweisen, s. ALTROGGE, 1972): So ist zunächst die einstufige Be-

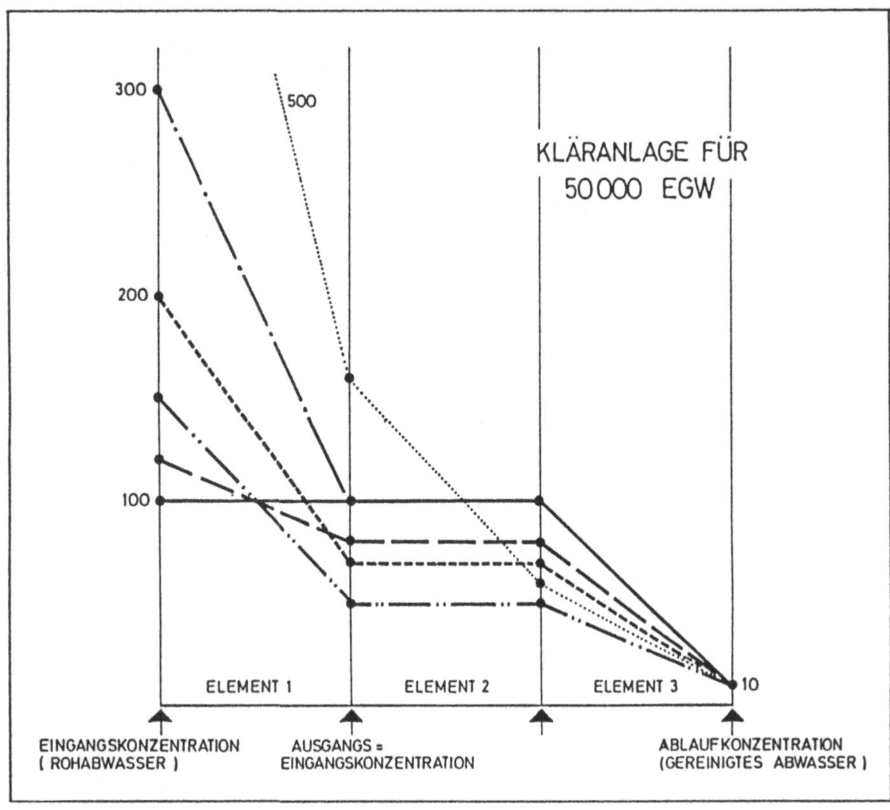

Abb. 5-17: Optimale Aufteilung des BSB_5-Abbaus auf drei Verfahrenselemente bei unterschiedlichen Zulaufkonzentrationen (s. Text)

lebung bis 100 mg BSB_5/l die wirtschaftlichste Variante; über 100 mg BSB_5/l zeigt die optimale Lösung, daß zunächst die Festbettanlage zu vergrößern ist, bis bei etwa 150 mg BSB_5/l das Belebungsbecken mit einem größeren Beitrag am Substratabbau beteiligt werden muß. Mit zunehmenden Konzentrationen ist dann wieder das Festbett zu vergrößern. Zusätzlich ist bei einer Zulaufkonzentration von 200 und 300 mg BSB_5/l vermerkt, wie hoch die Jahreskosten steigen, wenn auf die biologische Vorklärung verzichtet wird, um erkennen zu können, in welcher Höhe durch dieses Verfahren Kosten eingespart werden können.

In Abbildung 5-19 ist eine Sensitivitätsbetrachtung bzgl. der Auswirkungen unterschiedlicher Annahmen von Strompreissteigerungsraten und Kalkulations-

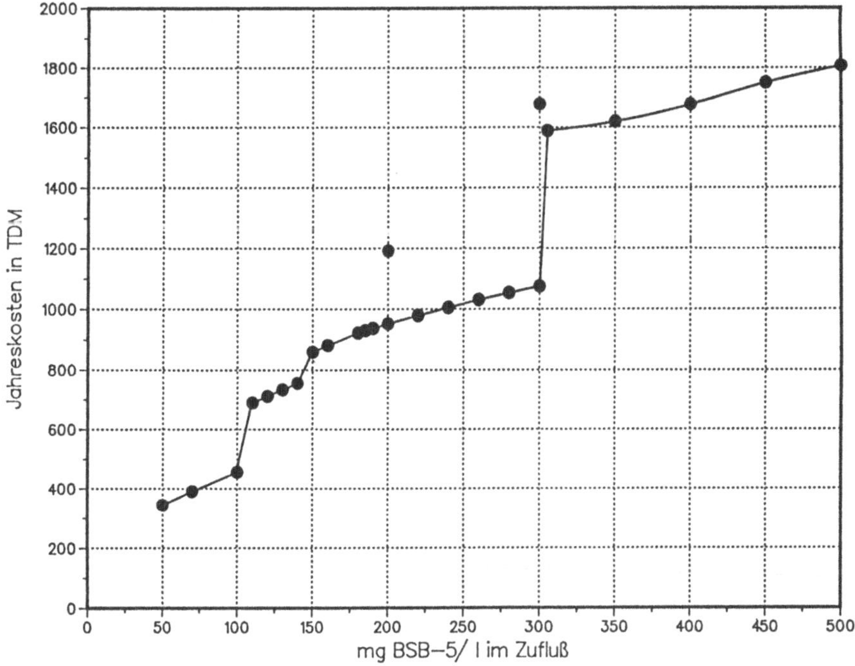

Abb. 5-18: Jahreskosten der Planungsvarianten bei unterschiedlichen Zulaufkonzentrationen (s. Text)

zinsfüßen gezeigt; Ausgehend von jeweils 3 % Kalkulationszinsfuß und jeweils 3 % Strompreissteigerung p.a. wurden die Auswirkungen auf die ermittelte optimale Lösung und die Jahreskosten bestimmt: An der Aufteilung des BSB_5-Abbaus auf die einzelnen Stufen ergab sich keine Änderung bei der untersuchten Ausbaugröße und einer Zulaufkonzentration von 300 mg BSB_5/l, die Jahreskosten änderten sich natürlich quantitativ. Wie man sieht, wirken sich veränderte Annahmen bzgl. des Kapitalzinsfußes stärker auf das Ergebnis aus als Strompreisänderungen.

5.4.2 Optimale Verfahrenskombination

Das Modell von ROSSMAN (1980) wurde bereits in Abschnitt 5.2.1 beschrieben; mit ihm lassen sich Fragestellungen nach der optimalen Kombination von Verfahrensstufen bei einer Neuplanung beantworten, wobei zwar auch eine Dimensionierung der Stufengrößen erfolgt, die aber aufgrund von Rückflüssen überprüft werden muß. OBERMEYER (1987) hat das Modell von ROSSMAN auf biologisch

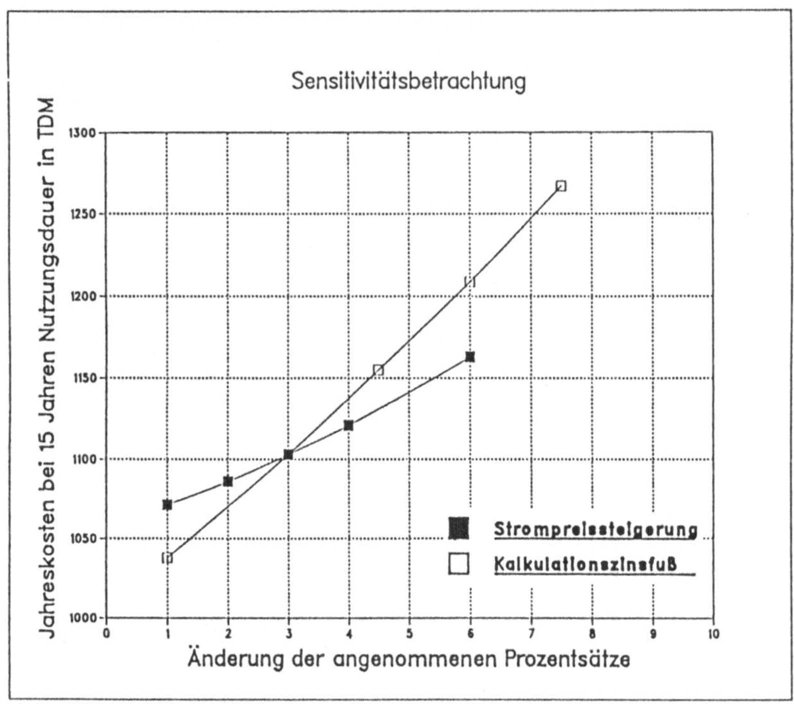

Abb. 5-19: Sensitivitätsbetrachtung bzgl. veränderter Annahmen von Kapitalzinsfuß und Strompreissteigerungsraten bei einer Ausbaugröße von 50.000 EGW und einem BSB_5-Abbau von 300 auf 10 mg/l

mehrstufige Verfahren wie die biologische Vorklärung, die A-Stufe (Höchstlastbelebung) bzw. Hochlastbelebung erweitert. Weitere Varianten können durch die Einführung von Unterprogrammen berücksichtigt werden, doch steigt die Rechenzeit dadurch erheblich an. Die Schlammbehandlung wurde deshalb vorweg aufgrund der notwendigen Rechenzeitbegrenzungen optimiert (vgl. Abschnitt 4.4) und die entsprechenden Schlammbehandlungskosten als Funktion der Trockensubstanz und der Schlammenge abhängig vom Anfallort (Primär- oder Sekundärschlamm) und vom Anteil am Gesamtanfall berücksichtigt.

Die Zielfunktion entspricht der in (5-2) wiedergegebenen; abgesehen davon, daß nicht die abgeschiedene Schadstofffracht sondern der Eingangsvektor in die Stufe i als Parameter für die Kostenfunktion verwendet wird. Die Strukturvariable z_{ij} muß aus diesem Grund auch im Zustandsvektor berücksichtigt werden:

$$\text{ZF: } \sum_{i=1}^{n} \sum_{j=1}^{J} z_{ij} K_{ij} (\dot{M}_i) \overset{!}{=} \min, \tag{5-11}$$

$$M_{i+1} = \sum_{j=1}^{J} z_{ij} f_{ij} (\dot{M}_i), \tag{5-12}$$

$$\dot{m}_i = \sum_{j=1}^{J} z_{ij} g_{ij} (\dot{M}_i). \tag{5-13}$$

Die produzierten Schlammströme werden im Vektor $\dot{m}_i$ zusammengefaßt, der eine Funktion der Eingangsgrößen in die Stufe i ist (g_{ij}).

Mit dem implementierten Modell ist es möglich, in Abhängigkeit eines oder mehrerer geforderter Ablaufwerte die kostenminimale Verfahrensstruktur zu bestimmen, wobei die Annuität der Investitionen sowie die jährlichen Wartungs-, Energie- und Schlammbehandlungskosten berücksichtigt werden. Vorhandene Anlagenteile können jedoch nicht ohne weiteres berücksichtigt werden. Die ersten Prozeßstufen müssen diskretisiert werden, wobei allerdings bei jedem Verfahrensprinzip nur etwa zwei oder drei Varianten (gekennzeichnet durch den Out-put von bspw. 40 mg BSB_5/l) aufgrund der Rechenzeitbegrenzung berücksichtigt werden können (im Vergleich dazu: Beim dynamischen Programm in Abschnitt 5.4.1 kann jede Stufe quasi unbeschränkt - etwa in 1 mg/l-Schrittweiten diskretisiert werden). Ein entscheidenderes Problem bei diesem Optimierungsprogramm ist jedoch, daß die weitergehende Abwasserreinigung (vgl. Abschnitt 2.1) nur unbefriedigend berücksichtigt werden kann: Eine Nitrifikation ist mit den von ROSSMAN verwendeten kinetischen Beziehungen zwar zu berücksichtigen, doch ist für eine weitergehende Nitrifikation eine zumindest teilweise Denitrifikation prozeßtechnisch erforderlich (vgl. Abschnitt 2.2), damit eine unerwünschte Denitrifikation in den Absetzbecken vermieden wird. Die simultane Denitrifikation, die immer stattfindet (in manchen Fällen aber auch gezielt betrieben werden soll), ist in den Transformationen von ROSSMAN nicht berücksichtigt; eine vorgeschaltete Denitrifikation kann außerdem aufgrund der fehlenden Einbindung von Kreislaufwasserströmen nicht in die Optimierung einbezogen werden. Angesichts der Bedeutung dieses Verfahrenselementes für die zukünftige Planungspraxis ist aber gerade zu klären, ob die vorgeschaltete Denitrifikation, die mit höheren Stoffwechselgeschwindigkeiten verbunden ist, oder die simultane Denitrifikation, bei der geringere Wassermengen zu fördern sind, wirtschaftlicher ist. Aufgrund des Fehlens dieses Elementes wird der Sinn einer Optimierungsrechnung jedoch in Frage gestellt. Da dem Verfasser nur das Rechenprogramm vorlag, nicht aber die Kinetik und die formelmäßigen Zusammenhänge, konnte aufgrund der mehrfachen Verknüpfungen, die eine Denitrifikation mit anderen Stoffumwandlungsprozessen aufweist (s. Anhang: Modell) das Programm nicht auf diesen Problemkreis erweitert werden. Angesichts der übrigen Restriktionen lag es auch näher, ein den in Abschnitt 5.3.1 skizzierten Fragen entsprechenderes Optimierungskonzept zu entwickeln.

Ein besonderes Merkmal des ROSSMANschen Verfahrens ist aber, daß die Möglichkeit einer mehrdimensionalen Bewertung des Optimierungsergebnisses besteht: Z.B. kann der spezifische Energiebedarf der einzelnen Verfahren anhand von Gewichtungsfaktoren bei der Ermittlung der optimalen Lösung mitbewertet werden. Tabelle 5-7 zeigt einen Auszug aus dem Ergebnisprotokoll, und zwar zwei Varianten mit biologischer Vorklärung und Belebung versus zwei Belebungsstufen. Die Jahreskosten unterscheiden sich bei den angenommenen kinetischen Parametern und übrigen Datensätzen nur geringfügig, so daß im Falle einer Planung und Entscheidung zugunsten des einen oder anderen Verfahrens eine genauere Durchrechnung der beiden Varianten erfolgen muß, da dies - wie erwähnt - im Rahmen der Optimierungsrechnung nicht möglich ist. Ein weiteres Ergebnis aus den verschiedentlich durchgeführten Modellrechnungen ist, daß die biologische Vorklärung dann vor allem kostenmäßige Vorteile hat, wenn sie in bestehende Anlagen eingebaut werden kann; die Möglichkeiten der gezielten biologischen Steuerung der nachfolgenden Stoffwechselprozesse sind bei diesen Berechnungen jedoch noch nicht quantitativ berücksichtigt.

5.4.3 Optimale Ausbauplanung bei bestehenden Anlagen

In diesem Abschnitt soll auf einen Lösungsweg näher eingegangen werden, mit dem die in Abschnitt 5.3.1 angeschnittenen Spezialfragen angegangen werden können; die Notationen lehnen sich an die an, wie sie SIEDERSLEBEN (1983) benutzt. Die konkrete Problemformulierung lautet somit: Explizite Berücksichtigung bestehender Anlagenteile. Im Systemmodell bedeutet das, daß auf einer Stufe (i) zwei identische Verfahren (j) existieren können, die denselben Rei-

Tabelle 5-7: Ergebnisauszug einer optimalen Variantenauswahl mit dem Rechenprogramm von ROSSMAN (1980)

DESIGN 2

EXACT SYSTEM VALUE 648.888

STAGE NO.	PROCESS OPTION	SLUDGE TONS/DAY	CONSTR COST M$	ANN O&M COST $/MG	TOTAL ANN COST $/MG	ENER USE KWH/MG	
1	1	0.00	0.4489	29.30	68.33	141.37	RAW WASTEWATER PUMPING
2	2	0.00	0.1543	24.56	38.02	10.97	PRELIMINARY TREATMENT
3	3	1.65	0.3067	35.64	62.30	12.34	PRIMARY SEDIMENTATION
4	5	1.07	0.2105	12.63	30.93	49.46	BIOLOGISCHE VORKLAERUNG
6	17	0.28	1.0432	221.24	311.93	1321.01	ACTIVATED SLUDGE
7	21	0.28			46.73		SEKUNDAERSCHLAMMBEHANDLUNG 2
8	22	2.72			90.66		PRIMAERSCHLAMMBEHANDLUNG
SYSTEM VALUES		3.00	2.16	323.37	648.89	1535.14	

DESIGN 3

EXACT SYSTEM VALUE 653.029

STAGE NO.	PROCESS OPTION	SLUDGE TONS/DAY	CONSTR COST M$	ANN O&M COST $/MG	TOTAL ANN COST $/MG	ENER USE KWH/MG	
1	1	0.00	0.4489	29.30	68.33	141.37	RAW WASTEWATER PUMPING
2	2	0.00	0.1543	24.56	38.02	10.97	PRELIMINARY TREATMENT
5	8	4.05	0.8876	93.57	170.75	347.44	HOCHLASTBELEBUNG
6	17	0.20	0.8553	154.09	228.44	779.75	ACTIVATED SLUDGE
7	20	0.20			39.94		SEKUNDAERSCHLAMMBEHANDLUNG 1
8	22	4.05			107.56		PRIMAERSCHLAMMBEHANDLUNG
SYSTEM VALUES		4.25	2.33	301.53	653.03	1279.52	

nigungseffekt erbringen, aber unterschiedliche Kosten verursachen: Eine Altanlage muß dann mit einem Restwert und mit erhöhten Betriebskosten berücksichtigt werden, für eine Neuanlage fallen neben den Betriebskosten die kapitalisierten Anschaffungsausgaben an.

Als Lösungsalgorithmus erscheint hierfür das Branch and Bound-Verfahren (B&B) mit verfeinerten Schrankenfunktionen auf der Basis von Schätzfunktionen (SIEDERSLEBEN, 1983) besonders geeignet (s. auch TEUFEL, 1987). Die Vorteile dieses Verfahrens sind

- die "quasi unbegrenzte" Stufen- bzw. Variantenanzahl innerhalb der Stufen (keine Lösungsmöglichkeit muß aus rechentechnischen Gründen unterschlagen werden), wenn die Schranken- bzw. Schätzfunktionen so gut sind, daß der Lösungsraum rasch eingeengt werden kann,
- die uneingeschränkte Form der Zielfunktion und Nebenbedingungen und

- die freie Wahl der Transformations- und Kostenfunktionen.

Gegenüber dem üblicherweise bei B&B vorliegenden binären Optimierungsproblem sollen - wie in Abschnitt 5.3.2 erläutert - je Stufe i mehrere Entscheidungsmöglichkeiten (J-Varianten) vorhanden sein. Bei der Lösung des Optimierungsproblems (die Effizienz des B&B hängt in entscheidender Weise davon ab, möglichst frühzeitig nicht-optimale, d.h. teuerere Varianten und Entscheidungssequenzen aus der Betrachtung zu eliminieren) kann man nun so vorgehen, daß man in der ersten Phase des Verfahrens eine Anfangslösung sucht, während die zweite Phase der Ermittlung des globalen Optimums durch schrittweises Vergleichen der Kosten an noch aktiven Knoten dient. Eine andere Vorgehensweise ist jene, die auf einer Abschätzung der noch ausstehenden Kosten für den noch nicht betrachteten Teil der Kläranlage basiert: Neben den bereits entstandenen Kosten in den Stufen 1 bis i werden Kosten geschätzt, die mindestens für die ausstehende Behandlung von Abwasser und Schlamm in den Stufen i bis n noch entstehen (s. IBARAKI, 1983; SIEDERSLEBEN, 1983). Sollte diese Vorgehensweise trotzdem noch an Laufzeit- oder Speicherplatzbeschränkungen scheitern, kann man ausgehend von einer Anfangslösung über die Veränderung einer festgesetzten Anzahl von Variablen lokal nach besseren Lösungen suchen (SIEDERSLEBEN, 1983; heuristische Vorgehensweise: s. IBARAKI, 1983); dies kann man z.B. durch Angabe einer Finanzierungsobergrenze tun.

Die mathematische Formulierung des Problems lautet nun:

$$\text{ZF:} \quad \sum_{i=1}^{n} \sum_{j=1}^{J} z_{ij} \; K_{ij} \; (\Delta M_i) \overset{!}{=} \min \qquad (5\text{-}2)$$

$$\sum_{i=1}^{n} K_{ij} = B \qquad (5\text{-}14)$$

Der Eingangs- oder Zustandsvektor F_o enthält alle Variablen, also z.B. lautet der Vektor

$$F_o\text{:} \; (\dot{V},\; S_B,\; S_C,\; C_{NH},\; C_{NO},\; C_P,\; SS,\; \dot{m}_{PS},\; \dot{m}_{SS},\; EV,\; \Sigma K,\; Schk),$$

wobei $\dot{V}$ die Abwassermenge, S_M, C_M die in ihrer Konzentration zu verändernden

Stoffmengen, $\dot{m}$ die produzierten Schlämme, EV eine Entscheidungsvariable 0,1, ΣK die angefallenen Kosten und SchK die Schätzkosten für die noch ausstehende Behandlung beinhalten. Ebenfalls mitgeführt wird der Wegevektor W, der entsprechend der Anzahl der Stufen n Stellen enthält. Zu Beginn sind alle Stellen mit "Null" initialisiert, sobald ein Verfahren in einer Stufe gewählt wird, wird die Verfahrensnummer im Wegevektor notiert.

Die Vorgehensweise ist nun die, daß von einem aktiven Knoten ausgehend in jeder Stufe alle Varianten bearbeitet werden; d.h. in Abhängigkeit der Werte im Inputvektor und der jeweiligen Entwurfsvariablen werden die Zustandsvektoren mittels der Transformationsfunktion und die jeweiligen Jahreskosten für diese Variante mittels der Kostenfunktionen ermittelt. Mit diesen Werten können nun die Schrankenfunktionen b_w der Varianten in der jeweiligen Stufe gefunden werden:

$$b_w = K + SchK$$ (bereits entstandene + Schätzung minimaler Kosten für die restliche Abwasser- + Schlammbehandlung) (5-15)

Entsprechend des Wertes von b_w wird der so bearbeitete Ast (repräsentiert durch den Wegevektor W) mit seinem Zustandsvektor F_1 abgespeichert oder, falls b_w größer als B ist, gestrichen. Von allen aktiven Knoten wird der mit den geringsten Jahreskosten weiterbearbeitet.

Grafisch läßt sich das Optimierungsproblem für die in Abbildung 5-10 zusammengestellten Verfahren wie in den Abbildungen 5-20 bis 5-23 gezeigt darstellen. Abbildung 5-20 zeigt ein Beispiel von zehn möglichen Stufen und die Anzahl der in jeder Stufe berücksichtigten Varianten. Wollte man dieses Fallbeispiel, das noch längst nicht alle möglichen Verfahrensprinzipien enthält, vollständig durchrechnen, müßte man immerhin bereits 1.296.000 Möglichkeiten berechnen; bei einer vollständigen Enumeration und einer Rechengeschwindigkeit auf einem elektronischen Rechner von 10^{-3} s für jede Variante würde jede Durchrechnung 21,6 min dauern. Diese zehn Stufen stellen bereits eine Form der Modellreduktion dar: Wie Abbildung 5-21 zeigt, würde das binäre Optimierungsmodell anstelle von zwei Stufen mit fünf möglichen Zuordnungen bereits fünf Stufen mit je zwei Zuordnungen (2^4=) 16 Rechenschritte verursachen.

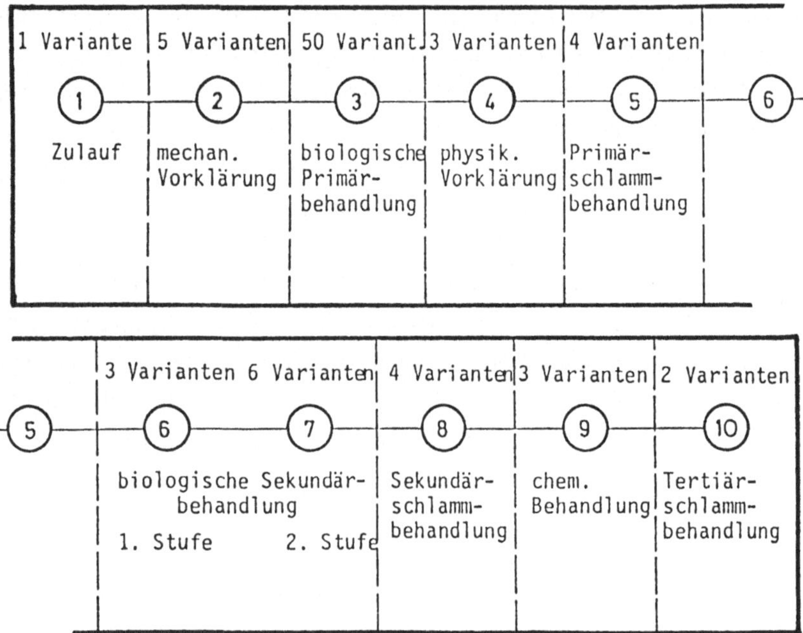

Abb. 5-20: Kläranlagenmodell mit zehn Behandlungsstufen zur computergestützten Kläranlagenplanung und -optimierung mit einem erweiterten B&B-Verfahren

Anhand von Abbildung 5-22 lassen sich zwei entscheidende Merkmale des entwickelten Optimierungskonzeptes erläutern, die aus pragmatischen Gründen entstanden sind: Zum einen muß bei diesem Konzept keine Diskretisierung der Behandlungselemente in allen Stufen, sondern nur in Stufe 1 bis (i-1) erfolgen, wenn i die letzte Stufe ist, da vorgegeben wird, daß in der letzten Stufe, in der eine Verschmutzungskomponente auf ihren vorgegebenen Ablaufwert abgesenkt werden kann, die zulässige Restverschmutzung gerade erreicht sein muß. Damit werden dann auch nur zulässige Lösungen produziert, sofern entsprechende Prüfverfahren impliziert sind, mit denen sichergestellt wird, daß technisch unmögliche Lösungen ausgeschlossen werden. Von daher kann - wie z.B. in der 3. Stufe angedeutet - eine hohe Variantenanzahl zugelassen werden (Abb. 5-22). Zum andern können bei dieser Konzeption, die als problemorientiertes B&B-Verfahren bezeichnet werden könnte, die bestehenden Anlagenteile unmittelbar in der Durchrechnung berücksichtigt werden: Und zwar wird beim Durchgang durch die Stufen, sobald eine Altanlage "auftaucht", die Entscheidungsvariable (EV) von "Eins" auf "Null" gesetzt. Bei allen folgenden

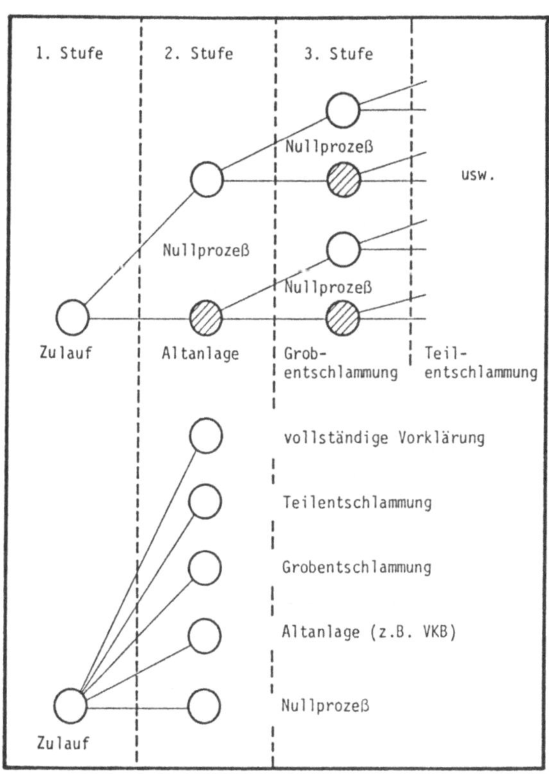

Abb. 5-21: Modellreduktion gegenüber binärer Formulierung des Optimierungsproblems am Beispiel der mechanischen Vorklärung

Berechnungen auf diesem Ast des Entscheidungsbaumes werden dann, wie in (5-16) gezeigt, überall die Anschaffungsausgaben zu Null und ein Restwert (RW) angesetzt, wenn die Altanlage weiterverwendet werden kann (ein Vorklärbecken also z.B. als Zwischenklärung nach einer Höchstlastbelebung oder in einer biologischen Vorklärung). Das gleiche wird auch bei den Betriebskosten gemacht, da auch hier unterschiedliche Kostenfunktionen existieren. Die Kostenfunktion für eine beliebige Variante sieht in einem derartigen Fall wie folgt aus:

$$Kj = EV \cdot 1 \cdot pri \cdot BF^{-1} \cdot I_j + (1-EV)\, RW_j + EV \cdot B_{neu} + (1-EV)\, B_{alt}. \quad (5\text{-}16)$$

Sobald das Rechenprogramm eine Stufe erreicht, in der das vorhandene Behandlungselement nicht mehr relevant ist, wird EV wieder auf "Eins" gesetzt, so daß dieselbe Variable in einer folgenden Stufensequenz zur Berücksichtigung weiter vorhandener Anlagenteile wieder verwendet werden kann. Diese Vorgehensweise hat noch einen weiteren rechentechnischen Vorteil: Mit der bestehenden Anlage ist von vorneherein eine gute, obere Schranke gefunden (sofern es sich um eine zulässige Lösung handelt).

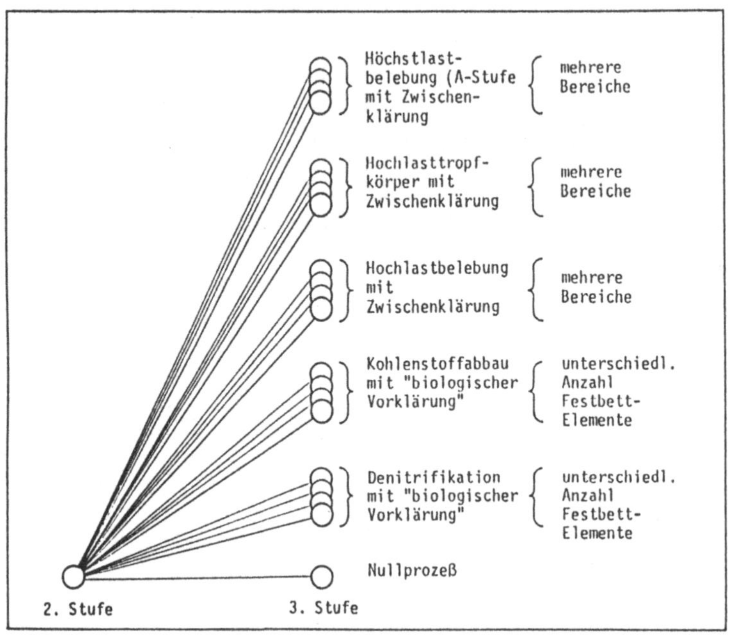

Abb. 5-22: Verfahrenselemente der 3. Stufe

Die bereits angesprochene Modellreduktion durch stufenweise Zusammenfassung von biologischer Stufe und Phasentrennung ist - wie schon in Abschnitt 5.2.4 andiskutiert - bei diesem Lösungsverfahren auch rechentechnisch angezeigt, da aufgrund der Vorwärtsrechnung Rückkopplungen nur mit einem vergleichsweise hohen, rechentechnischen Aufwand (vgl. BOJARINOW, KAFAROW, 1972) zu berücksichtigen sind. Dies ist auch der Grund, weshalb man für die Berücksichtigung der vorgeschalteten Denitrifikation einen Kunstgriff anwenden muß: Eine gezielte Denitrifikation ist nur angezeigt, wenn eine weitgehende Nitrifikation gefordert oder angestrebt wird; d.h. der Ammoniumabflußwert bekannt ist. Damit liegt jedoch auch der Ablaufwert an Nitrat fest, so daß aus der Differenz des gesamten Stickstoffs im Eingangsvektor unter Berücksichtigung der Stöchiometrie und der Inkorporation von N in die Biomasse sowie simultaner

Denitrifikationsvorgänge in der Nitrifikationsstufe der für eine Denitrifikation zur Verfügung stehende Nitratstickstoff bereits im Eingangsvektor ermittelt werden kann. Einen Ablaufwert für Ammonium anzugeben, ist somit immer erforderlich. In ähnlicher Weise kann man auch das "Abwasser" aus der Schlammbehandlung berücksichtigen, da bei einer geforderten "Schlammqualität" für die jeweilige Entsorgung von vornherein die Rückbelastung der biologischen Sekundärstufe ermittelt werden kann (die "Abwässer" aus der Primärschlammbehandlung werden wie eine Rohabwasserbelastung ab Stufe 5 berücksichtigt).

Diese Vorgehensweise, wie auch die in Abbildung 5-23 in der 7. Stufe gezeigte Zusammenfassung von biologischer Stufe und Phasentrennung stellen eine Einschränkung des Lösungsraums dar, die sich auf das Optimierungsergebnis einschränkend auswirken kann. Andererseits ist nur über ein derartiges Zusammenspannen von zwei Reinigungselementen (Stoffwandlung und Phasentrennung) eine exakte Dimensionierung möglich, weil nur so alle relevanten Parameterströme in der jeweiligen Variante für eine Berechnung zur Verfügung stehen (vgl. FITZER, FRITZ, 1975). Abbildung 5-23 zeigt neben der 7. Stufe auch einige Elemente der 6. Stufe. Hervorzuheben ist hier wieder die Altanlage, die fall-

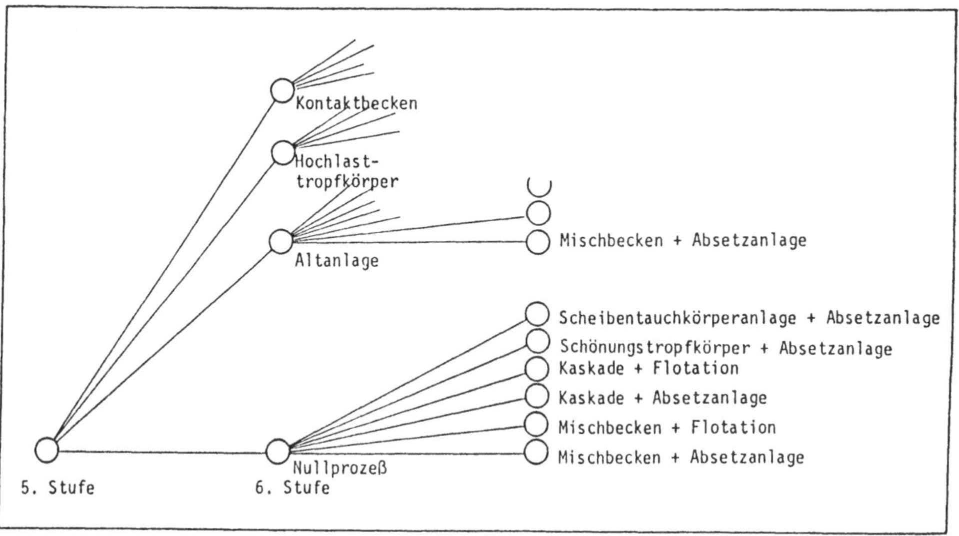

Abb. 5-23: Elemente der biologischen Sekundärbehandlung

weise noch baulich erweitert werden muß, wenn die Anforderungen in dieser Stufe noch nicht erfüllt werden können (die 7. Stufe ist die letzte biologische Stufe, so daß in ihr die Ablaufwerte für die gelösten Stoffe (z.B. BSB_5 gelöst) dimensionierungsrelevant werden). Der Hochlasttropfkörper steht für die Berücksichtigung von sequentiellen Verfahren, die biologisch nicht echt mehrstufig sind (Definition sieht getrennte Schlammkreisläufe vor), das Kontaktbecken berücksichtigt biotechnologische Kontrollstrategien z.B. zur Blähschlammvermeidung (s. Abschnitt 2.1).

Für die praktische Umsetzung ist weiterhin von Bedeutung, daß mit der hier angewendeten Verfahrensweise unterschiedliche Übergangs- oder Kostenfunktionen auch einzelner Verfahrensvarianten innerhalb einer Stufe angesprochen werden können, da es von Seiten des Lösungsalgorithmus hierzu keine Beschränkungen gibt und über den Eingangsvektor die entsprechende Information in die jeweilige Stufe gelangt (z.B. S_B größer 200 mg O_2/l soll eine andere "Abbau"funktion ansprechen, da noch relevante Mengen sorbierbarer Verbindungen im Abwasser enthalten sein dürfen, die sich stärker an die Biomasse anlagern, als wenn S_B kleiner 200 mg O_2/l vorliegt u. dgl.).

Trotz allem ist das hier beschriebene Prinzip realistischerweise nur in die Gruppe der Optimierungsverfahren zur Ermittlung der optimalen Verfahrensstruktur mit 1. Näherung für eine Reaktordimensionierung einzuordnen, da man wegen der durchgeführten Modellreduktionen nicht von vorneherein sicher sein kann, daß man das globale Optimum des unbeschränkten Systems ermittelt hat. Die Überprüfung dessen kann jedoch relativ einfach erfolgen, da lediglich die Dimensionierungen der "zusammengespannten" Reaktoren einzelner Varianten auf ihre Richtigkeit hin überprüft werden müssen und die Diskretisierung im Bereich der optimalen Lösungen feiner abgestuft werden muß. Das hier beschriebene Optimierungskonzept, basierend auf den im Anhang: "Modell" wiedergegebenen Transformations- und Kostenfunktionen, ist auf einem Großrechner installiert. Anhand des ermittelten Wegevektors läßt sich nach einer Optimierungsrechnung die optimale Prozeßstufen-Dimensionierung ermitteln (s. Abb. 5-24). Durch Vorgabe eines Wegevektors entsprechend der Struktur eines bestehenden Klärsystems können auf diesem Wege auch die Jahreskosten ermittelt werden, die für eine sukzessive Verbesserung der Reinigungsergebnisse aufzubringen sind.

```
##############################################
#         versleichs- e s w :        50000.   #
#---------------------------------------------#
# minimale sesamtjahreskosten:      649570.38 #
##############################################

-- nitrifiz. tauchkoerper + absetzanl. mit altanl.--
            abwasserbemessunssvolumen   :        1470.5884
            secundaerschlamm            :        1034.9222
            nitrat                      :           0.1137
            volumen tak  (inss.)        :         255.1812
               "  (aus altanl.)         :         200.0000
            beckenvolumen (inss.)       :         306.2175
               "  (aus altanl.)         :         250.0000
            volumen nkb  (inss.)        :         714.2858
               "  (aus altanl.)         :         255.1812
            investition becken   (neu)  :      789218.6250
            investition maschinen  "    :      104298.9297
            nr                          :           0.1745
            enersiekosten          "    :       11900.9775
            jahreskosten                :       82965.5234
```

Abb. 5-24: Ergebnis einer Modellrechnung

5.4.4 Kritik der angewandten Methoden und Ansätze zur Erweiterung

Zunächst ist anzumerken, daß die gezeigten numerischen Ergebnisse der Optimierungsrechnungen nur exemplarischen Charakter haben und nicht verallgemeinerbar sind, da sich je nach örtlichen Gegebenheiten und Erfordernissen z.T. erhebliche Verschiebungen in den Kostenfunktionen (z.B. Bau von Überdachungen, Abluftbehandlungsmaßnahmen, aber auch Vielfalt von Angeboten und angebotenen Detaillösungen oder wie z.B. beim auslastungsabhängigen Energiebedarf durch die Veränderung der Strompreise und Bezugskonditionen, der realen Personalintensität einzelner Prozeßschritte, der Bewertung des Automatisierungsbedarfs u. dgl.) ergeben können. Deshalb wurde auch der Ergebnisdiskussion kein breiter Raum eingeräumt.

Zielsetzung dieser Arbeit war, ein verallgemeinerbares Optimierungsmodell für Kläranlagen zu entwickeln, das vor allem für den Sanierungsfall einsetzbar sein soll. Von daher ist zu fragen, ob dieses Ziel mit den hier angegebenen Konzepten erreicht werden kann. Mit den beiden zuerst genannten Verfahrensweisen ist dies direkt sicher nicht der Fall; allerdings kann am Ergebnis überprüft werden, inwieweit eine vorhandene Anlage in das Gesamtkonzept eingebunden werden kann. Mit dem erweiterten Branch and Bound-Verfahren (Abschnitt 5.4.3) wird jedoch genau das Ziel verfolgt, für eine bestehende Anlage jene Variante im Rahmen einer Verfahrensauswahl zu ermitteln, mit der bei geringsten Jahreskosten die geforderten Ablaufwerte erfüllt werden. Hier fragt sich nun, wie gut das technische System durch das gewählte mathematische Modell abgebildet werden kann.

In Tabelle 5-8 ist eine qualitative Bewertung der drei Modelle anhand des Kriterienkataloges aus Abschnitt 5.2 (Tabelle 5-4) vorgenommen.

Die technisch-wirtschaftliche Optimierung im Bereich der biologisch-chemisch-technischen Anlagenplanung weist eine Reihe grundsätzlicher Schwierigkeiten auf: So besteht bei einigen Klärprozessen keine einheitliche Auffassung der für die Dimensionierung der Reaktoren zugrundezulegenden Parameter (auf einer einzigen Tagung zur weitergehenden Abwasserreinigung wurden nicht weniger als sieben voneinander verschiedene Bemessungsvorschläge für Denitrifikations-/Nitrifikationsanlagen vorgelegt bzw. zitiert; BÖHNKE, 1987), wobei die auf der Reaktionskinetik basierenden Beziehungen (vgl. Abschnitt 2.1.2) als praxisfremd eingestuft wurden. Da jedoch nur die Reaktionskinetik es ermöglicht, die Abhängigkeit der Eingangs-(Input) und Ausgangs-(Output)größen in ihrer Beziehung zu den Systemparametern plausibel zu beschreiben, wurden im Branch and Bound-Modell und im ROSSMANschen Modell kinetische Beziehungen verwandt, was im Einzelfall die Bestimmung kinetischer Parameter notwendig macht (ein dabei auftretendes Problem ist die Repräsentativität der in einem kurzen Zeitraum gemessenen, kinetischen Beziehungen für einen längeren Planungszeitraum). Weitere Probleme sind in der bislang noch nicht ermittelten, synergistischen und antagonistischen Wirkung einzelner Abwasserinhaltsstoffe auf das Reinigungsergebnis bzw. die zu erwartenden Schwankungen der Reinigungsergebnisse über die Zeit bei gleichen Eingangs- und Systemgrößen gegeben.

Abgesehen von diesen Problemen, die grundsätzlicher Art sind und für jede computergestützte Kläranlagenplanung und -optimierung gelten, sind mit dem B&B-Verfahren hinreichende Möglichkeiten vorgezeichnet, jede interessierende Fragestellung zur Optimierung bestehender Anlagen im Detail zu lösen: Der Anspruch einer computergestützten Planung kann z.B. durch weitergehende Dis-

Tabelle 5-8: Einordnung und Bewertung der drei näher untersuchten Konzepte für eine technisch-wirtschaftliche Optimierung der Prozeßführung von Kläranlagen

Kriterien	Modell DP	Modell Enumeration	Modell B&B
Optimale Verfahrenskombination und optimale Auslegung der einzelnen Stufen	nein ja	ja bedingt	ja (bedingt)ja
Integration von Abwasser- und Schlammbehandlung	ja[a]	ja[a]	ja[a]
Verwendung von Altanlagen	bedingt	nein	ja
Einbezug weitergehender Reinigungsverfahren	ja	nein[b]	ja
Erweiterungsmöglichkeiten bei neuen Technologien	ja	bedingt	ja
Berücksichtigung mehrerer Stoffparameter (Eingangsvektor, Zustandsvektor)	nein	ja	ja
Verwendung von massengleichgewichts- und reaktionskinetischen Beziehungen in den Übergangsfunktionen	nein	ja	ja
Berücksichtigung mehrerer Entscheidungskriterien	nein	ja	nein
Begrenzung der Enumeration	ja	partiell	ja

[a] durch Suboptimierung nach Abschnitt 4.4.4

[b] keine Denitrifikation

kretisierung der Verfahrenselemente in den Vorstufen erfolgen oder beliebige Stufen für Rechen und Sandfang oder örtliche Besonderheiten, aber auch neue Technologien können verhältnismäßig einfach eingebaut werden.

Ein bislang wenig befriedigend gelöstes Problem stellen die Rückkopplungen dar; für die Kläranlagenoptimierung dürfte die hier vorgeschlagene Näherungslösung zur Berücksichtigung der Denitrifikation über die Ablaufanforderungen bzgl. BSB, NOX und NH_4^+ - N angesichts der Genauigkeit der kinetischen Parameter ausreichend sein, im allgemeinen wird man um Iterationen oder implizite Diskretisierungen (s. BOJARINOW, KAFAROW, 1972), die einen entsprechenden Rechen- und Programmaufwand mit sich bringen, nicht herumkommen.

Abgesehen von einer Ergänzung des B&B-Modells durch weitere Klärstufen und Verfahrensvarianten dürfte auch die Erweiterung auf eine mehrdimensionale Bewertung der Ergebnisse für diesen Anwendungsanfall von Bedeutung sein, da im kommunalen Aufgabenbereich nicht nur die rein aufwands- und ertragsrechnerische Bewertung des Ergebnisses eine Rolle spielt, sondern auch volkswirtschaftliche Aspekte (social costs) berücksichtigt werden müssen. Weiterhin wird für eine Umsetzung in die Planungspraxis die Umstellung von der Stapelverarbeitung auf Dialogverkehr vorteilhaft sein.

5.5 CHANCEN EINER TECHNISCH-WIRTSCHAFTLICHEN OPTIMIERUNG BEI DER SANIERUNG BESTEHENDER KLÄRANLAGEN

Wie immer wieder betont wird (z.B. BÖHNKE, 1987), steht die Sanierung bei einer Vielzahl von bestehenden Kläranlagen an, weil die Ablaufanforderungen fallweise nicht immer eingehalten werden (beeinträchtigte Funktionstüchtigkeit, z.B. Blähschlammbildung) oder die Anforderungen an die Restverschmutzung verschärft wurden. Es ist aber auch abzusehen, daß die bestehenden Kläranlagen den erwarteten Auslastungsgrad nicht erreichen und damit betriebliche Anpassungen angezeigt sind. Da sich diese Effekte häufig überschneiden (schwache Auslastung kann auch eingeschränkte Leistungsfähigkeit bedeuten; erhöhte Sauerstoffeinträge verhindern eine Denitrifikation: vgl. Abschnitte 2.1 bis 2.3), sind viele Kläranlagen auf ihre Effizienz zu überprüfen.

Die gezeigten Lösungskonzepte können für unterschiedliche Fragestellungen bei der Kläranlagenoptimierung eingesetzt werden; für Fragen der Ausbauplanung kommt insbesondere der in Abschnitt 5.4.3 beschriebene Ansatz in Betracht. Auch wenn die rechentechnische Umsetzung der erarbeiteten Konzepte noch einigen Aufwand bedeuten wird (Dialog-Verkehr, PC-Anwendung), ist abzusehen, daß durch diese Planungshilfe die Ingenieurbüros, aber auch Kommunen oder privatwirtschaftliche Kläranlagenbetreiber in die Lage versetzt werden, von Zeit zu Zeit die Effektivität des Kläranlagenbetriebs zu überprüfen bzw. aus einer größeren Anzahl von Varianten die im jeweiligen Problemfall technisch-wirtschaftlichste Lösung ermitteln zu können. Die Detailplanung (z.B. die Einbindung einer Prozeßsteuerung) kann mit diesen Methoden noch nicht ersetzt werden. In Zukunft werden aber über die bestehenden Ansätze hinaus Simulationsmodelle entwickelt werden, die in ähnlicher Weise wie die Planungsmodelle (Abschnitt 5.3.2) über Stufen hinweg optimieren können. Dies ist insbesondere dann von entscheidender Bedeutung, wenn die Vorteile eines Verfahrens in der gezielten Beeinflussung bestimmter Prozeßgrößen liegen; hier kann das Simulationsmodell in ein Steuerungsprogramm explizit integriert werden, voraussichtlich aber auch die Planungsmodelle ersetzen, wenn die Dynamik der Prozesse Entscheidungsbedeutung bekommt. So ist z.B. zu erwarten, daß generell mit der biologischen Vorklärung (Abschnitt 2.4) technisch wie wirtschaftlich eine Steigerung der Leistungsfähigkeit des Systems möglich ist, da das Verfahren eine biologische Steuerung nachfolgender Prozesse ermöglicht. Die daraus resultierenden Vorteile bzgl. verminderten Investitionsaufwandes und resultierender veränderter Betriebskosten können bei den hier vorgestellten Planungsmodellen bislang nicht quantitativ bewertet werden, da im Rahmen der Planung nur die durchschnittliche tägliche Eliminationsleistung berücksichtigt wird.

6. ZUSAMMENFASSUNG

In der heutigen Wirtschaftssituation ist bei der Projektierung von Kläranlagen neben das zentrale Problem der technischen Realisierung der gestellten Anforderungen an die Ablaufqualität des gereinigten Abwassers die Forderung nach einer wirtschaftlich arbeitenden Anlage getreten. Die Chancen für eine technisch-wirtschaftliche Optimierung sind günstig, weil in den letzten Jahren eine Reihe von Verfahren bzw. Verfahrensprinzipien entwickelt bzw. weiterentwickelt wurden, die interessante Alternativen zur konventionellen Klärtechnik darstellen: Einerseits aufgrund ihres Leistungsvermögens, ihrer Steuerbarkeit oder ihrer steuernden Wirkung auf andere Prozeßstufen, andererseits aufgrund ihrer günstigeren Preisleistungsverhältnisse.

Ein Ziel dieser Arbeit war es, aus der Gesamtsicht des Systems Kläranlage - es impliziert die Abwasserbehandlung als Stoffumwandlungsprozeß, die Abwasserreinigung als Kombination von Abwasserbehandlung und Phasentrennung, die Schlammbehandlung als Aufarbeitungsstufe für die abgetrennten Komponenten und die möglichst weitgehende Abdeckung des Energiebedarfs durch vorhandene Energieträger (Faulgas und Abwasserwärme) - die komplexen Zusammenhänge der biologischen und technischen Wechselbeziehungen darzustellen und ein Verfahren zu entwickeln, das einen positiven Beitrag zur Lösung der künftigen Aufgabenschwerpunkte (vgl. Abschnitt 1.2) in der Klärtechnik liefern sollte.

Aufbauend auf den biologischen Grundlagen und der Erläuterung der wesentlichen Einflußfaktoren auf die Funktionstüchtigkeit einer Kläranlage sowie der Notwendigkeit der Prozeßsteuerung wird in Abschnitt 2.4 dieses Verfahrensprinzip, das als "biologische Vorklärung" bezeichnet wurde, erläutert. Es ist vor allem für die Sanierung von Kläranlagen konzipiert und dient dazu,

- die Leistungsfähigkeit der nachfolgenden biologischen Stufen zu erhöhen,
- gezielt zu bestimmten Zeiten, in denen der Kläranlage erhöhte Belastungen zufließen, einen Teil der organischen Abwasserinhaltsstoffe abzubauen,
- weitgehend Feststoffe (vor allem die mit Nährstoffcharakter) vor der nachfolgenden Behandlung abzuscheiden, da diese ansonsten katabolisiert, unter Sauerstoffverbrauch (Energie) wieder in Biomasse umgewandelt und anschließend wieder mineralisiert werden, wofür bislang erhebliche Kapazitäten in einer Kläranlage benötigt wurden,
- den Anfall des besser behandelbaren Primärschlammes zu erhöhen und den Se-

kundärschlammanfall zu minimieren, um die Schlammbehandlung zu effektivieren und

- die Energieversorgung zu begünstigen, da die aerob nicht umgewandelten, organischen Feststoffe anaerob behandelt, zur Erhöhung der Faulgasausbeute beitragen und den eigengedeckten Anteil an der Energieversorgung erhöhen.

Die biologische Vorklärung besteht in erster Linie aus dem Einbau von fallweise beweglichen, von Mikroorganismen besiedelten Festbetten in ein bestehendes Vorklärbecken. Zusätzlich kann ein Filter in den Ablauf des Vorklärbeckens eingebaut werden, um den Festoffrückhalt zu erhöhen. Eines der wesentlichsten Merkmale des Prinzips der biologischen Vorklärung ist, daß die Stoffwechselprozesse und ökologischen Bedingungen der Mikroorganismen in der nachfolgenden biologischen Stufe gezielt beeinflußt werden. Dies ist möglich über die Höhe der organischen Belastung, die den Mikroorganismen in der biologischen Hauptstufe für ihren Energie- und Erhaltungsstoffwechsel noch zur Verfügung gestellt wird, d.h. über den Grad des biologischen Primärabbaus, der in der Vorbehandlungsstufe erreicht werden kann - eine physikalisch chemische Vorbehandlung reicht dazu nicht aus. Technisch müssen somit für die Mikroorganismen in der Primärstufe jene Prozeßbedingungen verändert werden, die Auswirkungen auf das Mikroorganismen-Wachstum und ihre Substratverwertung haben. Das heißt konkret, daß Aufwuchsflächen zur Verfügung gestellt werden müssen, damit sich die Organismen im System halten können, aber auch die Veränderung der Umdrehungsgeschwindigkeit rotierender Scheiben oder die Versorgung mit Luft- bzw. Nitratsauerstoff muß variabel sein. Führungsgröße für eine derartige Steuerung ist die Höhe der Belastung der Anlage mit organischen Abwasserinhaltsstoffen im Zulauf (s. Abschnitt 2.4).

Da eine Optimierung eines Teilelements in der Regel immer Auswirkungen auf andere Elemente im Gesamtsystem hat, wurde in Abschnitt 3.1 grundsätzlich auf die Möglichkeiten einer verbesserten Schlammbehandlung und in Abschnitt 3.2 auf Voraussetzungen und Ansatzpunkte für integrierte Energieversorgungskonzepte von Kläranlagen eingegangen. Durch die Einrichtung einer biologischen Vorklärung kann die getrennte Behandlung von Primär- und Sekundärschlamm technisch begünstigt und (s. Abschnitt 4.4) die Schlammbehandlung effizienter betrieben werden. Getrennte Behandlung und Erhöhung des organischen Anteils im Primärschlamm ermöglichen, daß auch unter ungünstigen Annahmen BHKW-Anlagen in kleineren Kläranlagen sich innerhalb weniger Jahre amortisieren.

Zweites Ziel dieser Arbeit war es, ein Konzept für eine betriebswirtschaftliche Optimierung der Prozeßführung in Abwasserreinigungsanlagen zu entwickeln, mit dem auch bestehende Anlagen untersucht werden können, da eine Reihe von Kläranlagen in naher Zukunft zu sanieren bzw. zu konsolidieren sind. Ein Ziel war es dabei, daß die optimale Lösung aus einer quasi unbeschränkten Zahl von Planungsvarianten ausgewählt werden kann, da der Kläranlagenplaner bislang aus Kapazitätsgründen gezwungen ist, sich frühzeitig im Planungsstadium auf wenige Varianten zu beschränken, weil jede Verfahrensstufe mehr oder weniger häufig von Hand durchgerechnet werden mußte. Von daher war es ein wichtiges Kriterium bei der Auswahl der Optimierungsmethode, daß zunächst eine Vielzahl von Planungsvarianten zugelassen werden kann und durch verfahrens- und programmtechnische Überlegungen hernach erst eine Einengung des Lösungsraumes herbeigeführt wird, damit das Programm noch mit vertretbarem Rechenzeitaufwand laufen kann.

Mit dem in Abschnitt 5.4.1 vorgestellten dynamischen Optimierungsverfahren können sequenzielle Fragestellungen ohne Rückflüsse - wie bspw. die der optimalen Verteilung des Abbaus der Abwasserinhaltsstoffe bei vorgegebener Verfahrensstruktur in drei unterschiedlichen, hintereinandergeschalteten biologischen Reaktoren, bei denen die volle Funktionsübernahme gegeben ist, gut bearbeitet werden. Sobald Kreislaufführungen zu berücksichtigen sind, wird das Verfahren jedoch aufwendig. Die Optimierung der Reaktorgrößen mittels dynamischer Programmierung erfolgte auf Basis der konventionellen Bemessung von Kläranlagen, um einen Vergleich mit der konventionellen Planungspraxis anstellen zu können. An einem exemplarischen Fall wird gezeigt, welche Stufen bei welchen Zuflußkonzentrationen nach ökonomischen Kriterien den Abbau der jeweils interessierenden Abwasserkomponenten übernehmen sollen. Die Größe der Stufen wird im einzelnen jeweils ermittelt. Durch Austausch der jeweiligen Kostenfunktionen können bei diesem Verfahren auch vorhandene Reaktoren in die Optimierungsrechnung einbezogen werden; die Leistung des Reaktors wird dann als Schranke formuliert.

Die Optimierung der Verfahrensstruktur für Neuanlagen wird am Beispiel eines Modells erläutert, das in den USA entwickelt und im Rahmen dieser Arbeit um einige Verfahrensstufen, die in der Bundesrepublik neuerdings verstärkt zum Einsatz kommen, bzw. um die "biologische Vorklärung" erweitert wurde. Da das Optimierungsmodell von seiner Konzeption sehr aufwendig ist (partielle, aber trotzdem sehr weitgehende Enumeration) und in seiner jetzigen Struktur für Kreislaufführungen bzw. für die Einbeziehung einer Denitrifikation nicht eingerichtet ist, wurde es nicht weiter ausgebaut, sondern ein eigenes Konzept entwickelt, das auf einem erweiterten Branch and Bound-Prinzip basiert.

Der Vorteil des erweiterten Branch and Bound-Verfahrens (gegenüber dem binären Problem sind auf jeder Stufe mehrere Varianten zugelassen) liegen in der "quasi unbegrenzten" Stufen- bzw. Variantenanzahl, der uneingeschränkten Form der Zielfunktion und der Nebenbedingungen sowie in der freien Wahl der Transformations- und Kostenfunktionen. Seine Anwendung setzt aber voraus, daß durch gute Schranken- und Schätzfunktionen der Lösungsraum rasch eingeengt werden kann. Da dies gerade bei bestehenden Anlagen der Fall ist, bietet es sich für diese Problemstellung geradezu an, dieses Lösungsverfahren für die Ermittlung der optimalen Verfahrensstruktur anzuwenden. Mit dem vorgestellten Optimierungskonzept ist es möglich, neben Neuanlagen auch bestehende Anlagenelemente explizit zu berücksichtigen; das Prinzip des Einbezugs von Altanlagen ist nicht auf die Anwendung in Kläranlagen beschränkt, sondern kann im Grunde für jeden stoffwandelnden Prozeß angewendet werden.

Ein großes Problem stellen jedoch die Rückflüsse dar. Für den Fall stöchiometrischer Beziehungen zwischen einzelnen Abwasserkomponenten (wie z.B. bei der Nitrifikation und Denitrifikation), die im Rahmen der Abwasserbehandlung verändert werden sollen - d.h., daß Ablaufforderungen diesbezüglich festliegen - konnte eine recht einfache Lösung für dieses Problem gefunden werden. Da nämlich bereits in der ersten Stufe bekannt ist, wie groß die gesamte Stoffumwandlung in der Anlage sein muß (Eingangs- minus Ausgangskonzentration minus Verluste durch Biomassebildung), läßt sich von vornherein ermitteln, wieviel Kreislaufwasser zurückgeführt werden muß, um die entsprechenden Anforderungen (bspw. im Fall der N-Elimination durch Denitrifikation in Form von gasförmig entweichendem N_2) erfüllen zu können. Dabei ist es unabhängig, in welcher Stufe denitrifiziert wird.

Ein weiterer, aus pragmatischen Überlegungen gefundener Weg zur Begrenzung des Rechenaufwandes bei diesem Optimierungskonzept ist, daß die jeweils letzte Stufe, in der ein Verschmutzungsparameter noch in seiner Höhe herabgesetzt werden kann, so dimensioniert wird, daß im Ablauf die Ablaufforderung eingehalten ist. Dadurch werden von vorneherein nur zulässige Lösungen erzeugt, von denen - sichergestellt durch interne Überprüfung - nur sinnvolle Verfahrenskombinationen bei der Berechnung weiterverfolgt werden.

Ein wichtiger Gesichtspunkt bei dem entwickelten Optimierungskonzept ist, daß durch eine sehr weitgehende Diskretisierung in den Stufen, in denen das notwendig ist, das ermittelte Optimum sehr nahe am globalen Optimum zu liegen kommt (unter der Voraussetzung, daß die übrigen Einflußfaktoren ebenfalls dergestalt sind). In diesem Fall kann das Optimierungsmodell auch als computergestützte Planungshilfe für die Neu- und Ausbauplanung bestehender Kläranlagen angewandt werden. Über den Rechnereinsatz ergibt sich weiterhin die Möglichkeit für den Kläranlagenplaner, die Stabilität der gefundenen Lösung anhand von Parametervariationen einfacher als bisher überprüfen zu können. Dadurch wird er auch eher in die Lage versetzt, z.B. einen zeitlich abgestuften Ausbau vorzusehen, bei dem in Abhängigkeit möglicher Veränderungen in der Belastung der Kläranlage durch Entwicklungen im Einzugsgebiet unterschiedliche Varianten in den Folgeausbaustufen bereits berücksichtigt werden können.

ANHANG

Bemessungsgleichungen für die Schlammbehandlungs- und Energieversorgungsanlagen

Verfahren	Anlage/Aggregat		
Durchflußeindickung	Volumen	V_D	$= A_{erf} \cdot H_{erf}$ (m³)
(ATV, 1975; RIEGLER,			$= TS_S \,.\, B_A^{-1}\,(1{,}3 + t_D \,.\, \dot{V}_{S,m} \,.$
1981)			$.\, B_A \,.\, 24^{-1} \,.\, TS_S^{-1})$
		TS_S	- tägliche Feststofffracht (kg TS/d)
		$\dot{V}_{S,m}$	- Schlammvolumen (m³/d) bei mittlerem Feststoffgehalt FG_m
		FG_m	$= 0{,}75 \,.\, FG_{D,end}$
		t_D	- Aufenthaltszeit (h)
	Energie	E_D	$= 1{,}25 \,.\, 10^{-3}$ (kWh/kg TS)
Flotationseindickung	Volumen	V_F	$= A_{erf} \cdot H_{erf}$ (m³)
(SEYFRIED, HEPCKE,			$= TS_S - 24^{-1} \,.\, B_A^{-1} \,.\, 4{,}5$
1984)	Energie	E_F	$= 3{,}5 \,.\, 10^{-4} \,.\, \dot{V}_S$
Maschinelle Eindickung	Auslastung	t_Z	$= \nu^{-1}\, TS_Z^{-1} \,.\, TS_S$ (h/d)
o mittels Dekanter			- Korrekturfaktor für variierenden Durchsatz (-)
(MELSA, 1981; TOUSSAINT, 1984)		TS_Z	- möglicher Feststoffdurchsatz (kg TS/h)
	Flock.-	T_Z	$= 4 \,.\, 10^{-3}$ (kg PE/kg TS)
	mittel	PE	- Polyelektrolyt
	Energie	E_Z	$= 0{,}8\, P_{N,Z} \cdot t_Z$ (kWh/d)
o mittels Filtertrom-	Auslastung	t_T	$= TS_T^{-1} \,.\, TS_S$ (h/d)
trommel	Flock.-	F_T	$= 2{,}5 \,.\, 10^{-3}$
ROEDIGER, 1987)	mittel		(kg Polyelektrolyt/kg TS)
	Energie	E_T	$= 0{,}8 \,.\, P_{N,T} \cdot t_T$ (kWh/d)

o mittels Bandfilterpresse (MELSA, 1981; ROEDIGER, 1986)	Auslastung	t_B	$= 0,1 \cdot FG^{-1} \cdot TS_B^{-1} \cdot TS_S$ (h)
	Flock.-mittel	F_B	$= 4 \cdot 10^{-3}$ (kg PE/kg TS)
	Energie	E_B	$= 0,75 \cdot P_{N,B} \cdot t_B$ (kWh/d)
Faulung (ROEDIGER, 1967; RIEGLER, 1981; KAPP, 1984; MEYER et al., 1984; ROEDIGER, 1986)	Faulbeh. volumen	V_{Fr}	$\begin{cases} = B_F^{-1} \cdot TS_{S,0} \geqq 8\ \%\ FG\ (m^3) \\ = \dot{V}_S \cdot t_{Fr,m} < 8\ \%\ FG \end{cases}$
		B_F	- zulässige Raumbelastung (kg oTS/m³.d)
		$TS_{S,0}$	- organische Feststofffracht $(10^{-2} GV \cdot TS_S)$
		$\dot{V}_S$	- Schlammenge (m³/d)
		GV	- Glühverlust (%)
		$t_{FR,m}$	- mittlere Verweilzeit (d)
	Gasspeich.-volumen	V_G	$= 0,6 \cdot \dot{V}_G$ (m³)
		$\dot{V}_G$	$= 0,48\ TS_{S,0}$ (m³/d)
	Energie:		
	Strom	E_{FR}	$= 0,1 \cdot FG^{-1} \cdot TS_S$ (kWh/d)
	Wärme	W_{FR}	$= C_{R,S} \cdot \Delta T_S \cdot \dot{V}_S + k \cdot \Delta T_A \cdot$ $\cdot A_{FR}$ (kJ/d)
		$C_{R,S}$	- Wärmegehalt des Schlammes (4,2 kJ/kg . K)
		ΔT_S	- Winter 30 K, Sommer 20 K
		k	- Wärmedurchgangswiderstand (66,5 kJ/m² K)
		ΔT_A	- Jahresdurchschnitt 20 K
		A_{Fr}	- Oberfläche des Faulraumes
Nachkalkung	Kalkbedarf	F_K	$= (45\ FG^{-1}_{K,Zu} - 1,13)\ TS_S$ (kg Kalk/d) bei 40 % Endfeststoffgehalt

Faulgasverstromung	Anzahl BHKW	n_{BHKW}	$= \dot{V}_G \cdot t^{-1}_{Nutz} \cdot g^{-1}_M \cdot \eta^{-1}_M \cdot P_{N,M}$ $(n \in Z)$
		t_{Nutz}	- Nutzenbringende Verstromungsdauer (h/d)
		g_M	- spezifischer Gasverbrauch (m^3/kWh)
		η_M	- elektrischer Wirkungsgrad des BHKW
		$P_{N,M}$	- elektrische Nennleistung des Generators
	Erzeugte elektr. Arbeit	E_{BHKW}	$= \Sigma n_{BHKW} \cdot t_{BHKW,i} \cdot \eta_{M,i} \cdot P_{N,M,i}$ (kWh/d)
		$t_{BHKW,i}$	= Betriebsstunden (h/d)
	Wärmearb.	W_{BHKW}	$= W \cdot E_{BHKW}$ (kJ/d)
		W	- spezifischer Wärmeanfall (kJ/kWh)
Abwasserwärmenutzung	erzeugte Wärmearb.	W_{WP}	$= 3{,}6 \cdot 10^{-3} \cdot \varepsilon \cdot \eta_{EM} \cdot E_{WP}$ (kJ/d)
		ε	- Arbeitszahl (-)
		η_{EM}	- Wirkungsgrad des Elektromotors (-)
		E_{WP}	- zugeführte elektrische Arbeit (kWh/d)
Heizkessel	erforderl. Wärme	W_{Kessel}	$= W_{ges} - W_{BHKW} (-W_{WP}) = Hu \cdot \eta_K \cdot \dot{V}_{Öl/G}$
		W_{ges}	$= W_{Fr} + W_{BG}$
		W_{BG}	- Betriebsgebäude
		Hu	- unterer Heizwert von Heizöl/Faulgas
		η_K	- Kesselwirkungsgrad (-)
		$\dot{V}_{Öl,G}$	- benötigte/zur Verfügung stehende Heizöl-/Faulgasmenge (m^3/d)

ANHANG

Listing des dynamischen Optimierungsprogrammes

```
10 REM       ***************************************************
20 REM       *  PROGRAMM ZUR OPTIMIERUNG DER ABWASSERBEHANDLUNG *
30 REM       *           durch DYNAMISCHE OPTIMIERUNG            *
40 REM       ***************************************************
50 REM
60 REM                                               ****** EINGABE *****
70 CLS : PRINT : PRINT
80 INPUT "Wieviele  Einwohnergleichwerte sind angeschlossen ?          ",EGW
85 V = .2*EGW
90 PRINT : INPUT "Wieviele Reinigungsstufen sollen beruecksichtigt werden ?   ",
N%
100 E% = 41 : N1% = N%-1
110 DIM MINAW(N%) , MAXAW(N%) , MINEW(N%) , MAXEW(N%) , M(N%,E%) , KO(N%,E%) ,
  YEL(N%) , YOPT(N%)
130 PRINT : PRINT:INPUT "Einlaufwert in die Abwasserbehandlung (g/m^3) ?   ",EW
140 INPUT "Auslaufwert aus der Abwasserbehandlung (g/m^3) ?   ",AW
150 XGES = EW-AW
160 PRINT : INPUT "Wie gross sind die aequidistanten Teilstuecke (g/m^3) ?   ",D
ELTA
170 PRINT : FOR I% = 1 TO N%-1 : M(I%,0)=0
180 PRINT "Minimaler Ablaufwert der Stufe ";I%;" :  ";:INPUT " ",MINAW(I%)
190 PRINT "Maximaler Ablaufwert der Stufe ";I%;" :  ";:INPUT " ",MAXAW(I%)
200 NEXT I%
205 PRINT : PRINT "In Stufe ";N%;" ist obiger Ablaufwert einzuhalten  !"
207 PRINT : PRINT "Jetzt arbeite ich alleine. Sie knnen Kaffeepause machen."
210 YEL(1) = INT((EW-MINAW(1))/DELTA)
220 FOR I% = 2 TO N%-1 : YEL(I%) = INT((MAXAW(I%-1)-MINAW(I%))/DELTA) : NEXT I%
230 YEL(N%) = INT((MAXAW(N%-1)-AW)/DELTA)
240 FOR I% = 1 TO N% : FOR J%=0 TO YEL(I%) : M(I%,J%) = DELTA*J% :
    NEXT J%:NEXT I%
250 Z% = INT(XGES/DELTA)
260 DIM ZB(N1%,Z%) , F(N%,Z%) , YF(N1%,Z%) , KE(15)
270 FOR I% = 1 TO N1% : FOR J% = 0 TO Z%
280 ZB(I%,J%) = J%*DELTA
290 NEXT J%,I%
300 NUE% = N% : REM                               ***** RCKWRTSRECHNUNG
 *****
310 NUE1% = NUE%-1 : K%=YEL(NUE%)
320 FOR I% = 0 TO Z%
330 X = ZB(NUE1%,I%) : YF(NUE1%,I%) = -1 : F(NUE1%,I%) = 1E+30
340 FOR J% = 0 TO K%
350 XHILF = X+M(NUE%,J%)
355 OX = EW-MAXAW(NUE1%) : UX = EW-MINAW(NUE1%)
360 IF NUE% = N% THEN IF ABS(XHILF-XGES) > .001 OR X < OX OR X > UX THEN FHILF =
    1E+30 : GOTO 410 ELSE GOSUB 3000 : FHILF = KOSTEN : GOTO 410
370 OXH = EW-MAXAW(NUE%) : UXH = EW-MINAW(NUE%)
380 IF XHILF < OXH OR XHILF > UXH OR XHILF > XGES OR XHILF < 0 OR X < OX OR X >
    UX THEN KOSTEN = 1E+30 : FHILF = KOSTEN : GOTO 410  ELSE  IF NUE% = 2 THEN
    GOSUB 2000 : L%=INT(XHILF/DELTA)
400 FHILF = KOSTEN+F(NUE%,L%)
410 IF FHILF < F(NUE1%,I%) THEN F(NUE1%,I%) = FHILF : YF(NUE1%,I%) = M(NUE%,J%)
420 NEXT J%,I%
430 NUE% = NUE%-1
440 IF NUE% > 1 THEN 310
450 ZIEL = 1E+30
455 O = EW-MAXAW(NUE%) : U = EW-MINAW(NUE%)
460 K% = YEL(NUE%) : YF1 = -1
465 O = EW-MAXAW(1) : U = EW-MINAW(1)
470 FOR I% = 0 TO K% : XHILF = M(NUE%,I%) : L% = INT(XHILF/DELTA)
490 IF XHILF < O OR XHILF > U OR XHILF > XGES OR XHILF < 0 THEN KOSTEN = 1E+30
    ELSE GOSUB 1000
500 FHILF = KOSTEN + F(NUE%,L%)
510 IF FHILF < ZIEL THEN ZIEL = FHILF : YF1 = M(NUE%,I%)
520 NEXT I%
530 YOPT(1) = YF1 : REM                         ***** Vorwrtsrechnung *****
540 X=0
```

```
545 NUE% = 1
550 NUE1% = NUE%-1 : NUE2% = NUE%+1
560 X = X+YOPT(NUE%)
570 IF X <= 0 THEN K% = 0 ELSE K% = INT(X/DELTA)
580 YOPT(NUE2%) = YF(NUE%,K%)
590 NUE% = NUE%+1
600 IF NUE% <= (N%-1) THEN GOTO 550
610 REM                                                    ***** AUSGABE *****
620 LPRINT : LPRINT : IF ZIEL >= 1E+30 THEN LPRINT "Es existiert keine optimale
Lsung !" : END
700 CLS : LPRINT "E I N G A B E W E R T E "
705 LPRINT "========================="
710 LPRINT : LPRINT "Angeschlossene Einwohner :";EGW;" EGW" : LPRINT : LPRINT
715 LPRINT "                    MINEW     MAXEW     MINAW     MAXAW" : LPRINT
720 LPRINT "Stufe 1 :           ";EW;"       ";EW;"        ";MINAW(1);"       ";MAXAW(1)
730 FOR I% = 2 TO N% : F% = I%-1 : MINEW(I%) = MINAW(F%) : MAXEW(I%) = MAXAW(F%)
    : NEXT I% :  MINAW (N%) = AW : MAXAW(N%) = AW
735 FOR I% = 2 TO N% : LPRINT "Stufe";I%;": "; : LPRINT USING "##########";MINEW
(I%);MAXEW(I%);MINAW(I%);MAXAW(I%) : NEXT I%
740 LPRINT : LPRINT "Insgesamt sind ";XGES;" g/m^3 BSB5 abzuscheiden !" : LPRINT
745 LPRINT : LPRINT "Optimale Werte der BSB5-Reduzierung in den einzelnen Stufen
:"
750 LPRINT "=============================================================="
755 LPRINT : FOR I% = 1 TO N% : LPRINT "Behandlungsstufe ";I%;" : "; : LPRINT US
ING "####";YOPT(I%); : LPRINT " g/m3" : NEXT I%
800 CLS : LPRINT :LPRINT "Die optimale Abwasserbehandlung hat folgende Struktur
:"
805 LPRINT : LPRINT "Stufe 1 :" : LPRINT
810 IF YOPT(1) > 0 THEN GOTO 815 ELSE LPRINT "Stufe 1 entfllt !" : GOTO 830
815 ASTK = (V*YOPT(1)) / (EW^.5*2.4) - AF
820 LPRINT "Filterflche : ";AF;" m^2"
825 LPRINT "STK - flche : ";ASTK;" m^2" : LPRINT
830 LPRINT : LPRINT "Stufe 2 :" : LPRINT
835 IF YOPT(2) > 0 THEN GOTO 840 ELSE LPRINT "Stufe 2 entfllt !" : GOTO 865
840 EW2 = (EW-YOPT(1))*V/1000 : AW2 = (EW-YOPT(1)-YOPT(2))*V/1000
845 BTS = AW2/(.3*EW2+AW2)
850 VBB = EW2/3*BTS
855 LPRINT "Belebungsbeckenvolumen I :";VBB;" m^3"
860 LPRINT "Schlammbelastung I : ";BTS;" kg BSB / kg TS" : LPRINT
865 LPRINT : LPRINT "Stufe 3 :" : LPRINT
870 IF YOPT(3) > 0 THEN GOTO 875 ELSE LPRINT "Stufe 3 entfllt !"
875 EW3 = (EW - YOPT(1) - YOPT(2))*V/1000
880 BTS = EW3*(1+.46*.3) / (3.83*(EW3+.1*V))
885 VBB = EW3 / (3*BTS)
890 LPRINT "Belebungsbeckenvolumen II : ";VBB;" m^3"
895 LPRINT "Schlammbelastung II  : ";BTS;" kg BSB / kg TS"
898 LPRINT : LPRINT : LPRINT : LPRINT "MINIMALE JAHRESKOSTEN : ";INT(ZIEL/1000)
1000;" DM"
900 LPRINT : LPRINT : LPRINT " E N D E "
905 END
1000 BSB = I% * DELTA    : REM                          *****  BIOFILTER  *****
1005 IF BSB = 0 THEN KOSTEN = 0 : RETURN
1010 IF BSB <= (EW - MINAW(1)) AND BSB >= 0 THEN GOTO 1020 ELSE KOSTEN = 1E+30
 RETURN
1020 AF = V/60
1040 IF BSB <= 40 THEN INV = AF*4000 : PS = (.04*V)*1.58 : KS = 12.58*PS^.429 *
     365 : KE = INT((AF/20)+1)*2770*.2129 :  GOSUB 5000 : RETURN
1050 ASTK = (V*BSB)/(EW^.5*2.4) - AF
1060 IF ASTK <= 3000 THEN PSTK=17.75 ELSE PSTK=12.35
1070 INV = AF*4000 + ASTK*PSTK
1080 PS = (BSB*V/1000)*1.58 : KS = 12.58*PS^.429*365
1090 KE = INT((AF/20)+1)*2770*.2129 + ASTK*.4*8.76*.2129
1100 GOSUB 5000 : RETURN
2000 BSB = J%*DELTA*V/1000 : REM                         ***** Belebung I *****
2010 IF BSB = 0 THEN KOSTEN = 0 : RETURN ELSE GOTO 2020
2020 BSBZU = (EW-I%*DELTA)*V/1000
2030 BTS = (BSBZU-BSB)/(.3*BSBZU+(BSBZU-BSB))
2040 IF BTS >= .3 AND BTS <= .6 THEN GOTO 2050 ELSE KOSTEN = 1E+30 : RETURN
2050 VBB = BSBZU/(3*BTS)
```

```
2060 INV = (3205*VBB^.582*1.12) + (11237*(BSBZU/24)^.83*1.12)
2070 SS = 1.2*BTS^.23*BSB : GOSUB 4000
2080 KE = 1.5*BSB*365*.2129
2090 GOSUB 5000:RETURN
3000 BSB = J%*DELTA*V/1000 : REM                        ***** Belebung II ****
3010 IF BSB = 0 THEN KOSTEN = 0 : RETURN ELSE GOTO 3020
3020 BSBZU = (EW-I%*DELTA)*V/1000
3030 BTS = BSBZU*(1+.46*.3) / (3.83*(BSBZU+.1*V))
3040 IF BTS >= .05 AND BTS <= .15 THEN GOTO 3050 ELSE KOSTEN = 1E+30 : RETURN
3050 VBB = BSBZU / (3*BTS)
3060 INV = (3205*VBB^.582*1.12) + (11237*(BSBZU/24)^.83*1.12)
3070 SS = 1.2*BTS^.23*BSB : GOSUB 4000
3080 NZU = .03*V
3090 KE = .66*4.6*.7*1.3*NZU*.2129*365
3100 GOSUB 5000 : RETURN
4000 IF BTS > .25 THEN KS = 2.51*SS^.775*365 : RETURN  ELSE KS = 1.36*SS^.824
5 : RETURN
5000 GOTO 5010
5010 KE(1) = KE
5020 FOR Y% = 2 TO 15 : KE(Y%) = KE(Y%-1)*1.03 : NEXT Y%
5030 C = INV*1.9
5040 FOR Y% = 1 TO 15 : CHILF = KE(Y%) / 1.03^Y% : C = C+CHILF : NEXT Y%
5060 G = C*(1.03^15*.03) / (1.03^15-1)
5070 KOSTEN = KS + G : RETURN
```

ANHANG

Modell (Transformations- und Kostenfunktionen für eine numerische Optimierung des Abwasserreinigungsverfahrens)

Stufe	Transformationsfunktionen	Kostenfunktionen (Stand 1984)

Verwendete Quellen: BILLMEIER (1982), BINGEL (1981), BRAHA (1986, 1985 a,b, 1983 a,b), CHUDOBA, TUCEK (1985), DIADOVSKI (1984), DIERING (1987), ECKENFELDER, FORD (1970), EKLUND, ANDERSSON (1977), FAHLENKAMP (1987), HARREMOES (1986), KAYSER (1971 und 1987), KRAUTH, KAPP (1984), LA COUR-JANSEN, HARREMOES (1984), METCALF & EDDY (1979), NIEHOFF (1986), PÖPEL (1986), REINHARDT (1984), RIEGLER (1981), SCHLEGEL (1986), SEKOULOV (1981), SEYFRIED (1985), WANNER, GUJER (1984), VAVILIN (1985).

1. Eingangstransformation

Anschlußgröße EGW	τ
< 20.000	1/16
20. - 40.000	1/18
> 40.000	1/20

$$BF = \frac{(1+i)^T - 1}{(1+i)^T \cdot i}$$

$$K = \frac{\gamma\, Iij}{BF} + B$$

$$KW = \frac{\eta_{NO}}{1 - \eta_{NO}}$$

$$EGW = (0{,}054)^{-1}\ BSB_5 \cdot \frac{\dot{V}}{\tau}$$

2. Physikalische Vorklärung

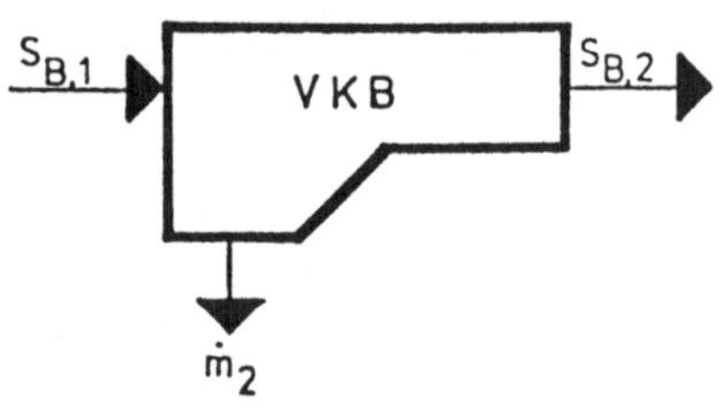

$$\dot{V}_2 = \dot{V}_1 \ (m^3/h)$$

$$\dot{m}_2 = (SS_1 - SS_2) \frac{\dot{V}_2}{\tau} \quad (kg\ TS/d)$$

$$V_{VKB} = \dot{V}_2 \cdot t_{2,i} \quad (m^3)$$

$$C_{NH,2} = \eta_{N-NH} \left(\frac{N_2 \cdot \tau}{\dot{V}_1}\right)$$

$(kg\ NH_4 - N/m^3)$

$$C_{NO,2} = C_{NO,1}$$

Variante	t_2	$S_{B,2}$	$S_{C,2}$
	(h)	(kg/m³)	(kg/m³)
2.1	0	1	1
2.2	0,5	0,83	0,80
2.3	1,0	0,75	0,70
2.4	2,0	0,67	0,60
		$\cdot S_{B,1}$	$\cdot S_{C,1}$

Variante	SS_2	N_2	P_2
	(kg/m³)	(kg/d)	(kg/d)
2.1	1	1	1
2.2	0,70	0,95	0,98
2.3	0,50	0,93	0,96
2.4	0,40	0,9	0,95
	$\cdot SS_1$	$\cdot N_1$	$\cdot P_1$

t_2 - variabel, wird vorgegeben

$$I_2 = 2722 \cdot V_{VKB}^{0,801}$$

$$E_2 = 0,1\ (S_{B,1} - S_{B,2}) \cdot \frac{\dot{V}_2}{\tau} \cdot 365 \cdot K_E$$

$$P_2 = f\ (P)$$

$$W_2 = w\ I_2$$

$$K_2 = \frac{1,9\ I_2}{BF_B} + E_2 + P_2 + W_2$$

3. Biologische Primärbehandlung

3.1 Aerober Scheibentauchkörper (totale Durchmischung)

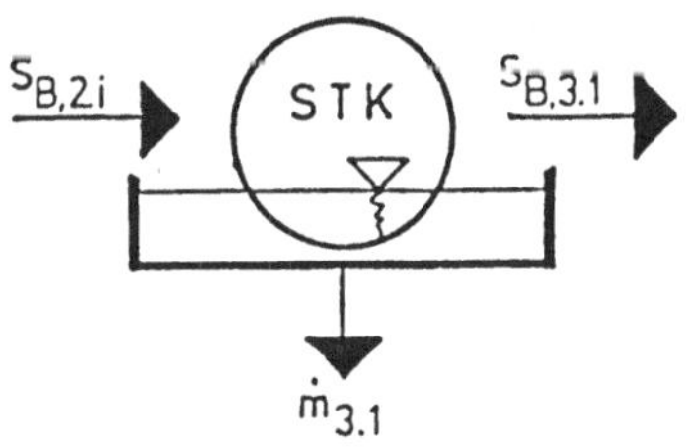

$$\dot{V}_{3.1} = \dot{V}_2$$

$$S_{B,3.1} = S_{B,2} - \frac{\tau}{\dot{V}_{3.1}} (k_{BF,0} \cdot A_{BF,i} \sqrt{S_{B,2}})$$

$$SS_{3.1} = (1 - \eta_{SS,3.1}) \, SS_2$$

$$C_{NH,3.1} = C_{NH,2} - 0{,}05 \, (S_{B,2} - S_{B,3.i})$$

$$C_{NO,3.1} = C_{NO,2}$$

$$\dot{m}_{3.1} = (Y_{3.1} \, (S_{B,2} - S_{B,3.1}) + \eta_{SS,3.1} \cdot SS_2) \, \frac{\dot{V}_{3.1}}{\tau}$$

$$V_{VKB} = \dot{V}_{3.1} \cdot t_{3.1}$$

A_{BF} - variabel, wird vorgegeben

$$I_{STK} = 52{,}93 \, A_{BF}^{0,85}$$

$$I_{VKB} = 2722 \, . \, V_{VKB}^{0,801}$$

$$I_3 = I_{STK} + I_{VKB}$$

$$N_{STK} = 5{,}84 \, A_{BF}^{0,88}$$

$$P_{3.1} = f \, (P)$$

$$W_{3.1} = w \, I_3$$

$$K_{3.1} = 1{,}9 \, (\frac{I_{STK}}{BF_M} + \frac{I_{VKB}}{BF_B}) + E_{3,STK} + P_{3.1} + W_{3.1}$$

3.2 Anaerober Scheibentauchkörper (totale Durchmischung)

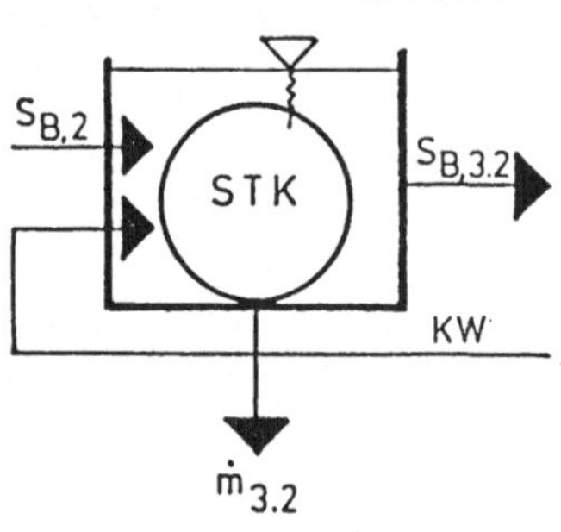

$$\dot{V}_{3.2} = (1 + KW)\,\dot{V}_2$$

$$S_{B,2*} = \frac{S_{B,2} + KW \cdot S_{B,e}}{1 + KW}$$

$$S_{B,3.2} = S_{B,2}^* - \frac{\tau}{\dot{V}_{3.2}} (k_{BF,NO} \cdot$$
$$\cdot\, A_{BF,2} \sqrt{S_{B,2}^*})$$

$$SS_2^* = \frac{SS_2 + KW\, SS_e}{1 + KW}$$

$$SS_{3.2} = (1 - {}_{SS,3.2})\, SS_2^*$$

$$C_{NH,2*} = \frac{C_{NH,2} + KW \cdot C_{NH,e}}{1 + KW}$$

$$C_{NH,3.2} = \frac{C_{NH,2} + KW \cdot C_{NH,e}}{1 + KW} -$$
$$- 0{,}05\, (S_{B,2}^* - S_{B,3.2})$$

$$C_{NH,X} = \eta_{NH}\, (S_{B,2}^* - S_{B,e})$$

$$C_{NO,e} = C_{NO,2} + \frac{KW}{1 + KW} (C_{NH,2}^* -$$
$$- C_{NH,e} - C_{NH,X})$$

$$C_{NO,2}^* = \frac{C_{NO,2} + KW \cdot C_{NO,e}}{1 + KW}$$

$$C_{DN} = C_{NO_{3.i}} - C_{NO,2}^*$$

$$C_{NO,3.2} = C_{NO,2}^* - \frac{Y_S}{Y_D} (S_{B,2}^* - S_{B,e})$$

$$\dot{m}_{3.2} = (Y_{3.2}\, (S_{B,2}^* - S_{B,3.2}) +$$
$$+ \eta_{SS,3.2} \cdot SS_2^*)\, \frac{\dot{V}_{3.2}}{\tau}$$

$$V_{VKB} = t_{3.2} \cdot \dot{V}_{3.2}$$

$I_{3.2}$ wie unter 3.1

$$E_{3.2} = E_{STK} + 0{,}02 \cdot \frac{\dot{V}_{3.2}}{\tau} \cdot$$
$$\cdot\, 365\, K_E$$

$$K_{3.2} = 1{,}9\, (\frac{I_{3,STK}}{BF_M} + \frac{I_{3,VKB}}{BF_B}) +$$
$$+ E_{3.2} + P_{3.2} + W_{3.2}$$

3.3 Aerober Mischungsreaktor mit Zwischenklärung

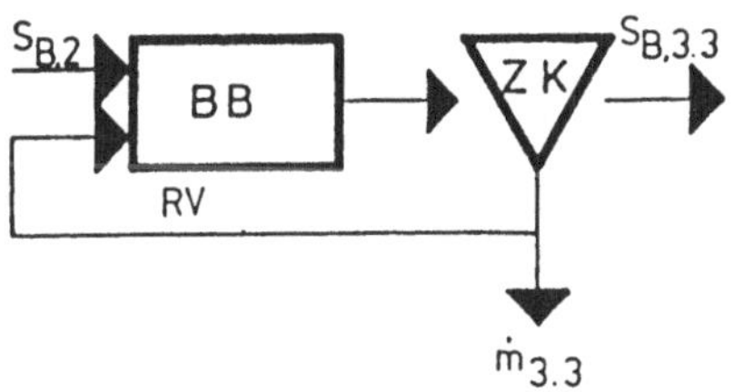

$$\dot{V}_{3.3} = \dot{V}_2$$

$$\dot{V}_{2*} = (1 + RV_{3.3})\ \dot{V}_2$$

$$S_{B,2}{}^* = \frac{1 + 0{,}5\ RV}{1 + RV}\ S_{B,2}$$

$$V_{BB,3.3} = \frac{S_{B,2}{}^* \cdot \dot{V}_{2*}}{\tau \cdot B_{TS,3.3} \cdot X_{3.3}}$$

$$t_{3.3} = \frac{\tau \cdot V_{BB,3.3}}{\dot{V}_{2*}}$$

$$SS_2{}^* = \frac{SS_2}{1 + RV \cdot \eta_{SS,3.3}}$$

$$f_T = 1{,}072^{(T-15)}$$

$$p = \frac{0{,}6 \cdot V_{BB}\ \tau/\dot{V}_2{}^*\ (SS_2{}^* + S_{B,2}{}^*) + 0{,}08 \cdot X_{33} \cdot f_T}{0{,}08 \cdot X_{33} \cdot f_T}$$

$$q = \frac{0{,}6 \cdot S_{B,2}{}^* \cdot \dot{V}_2{}^*}{\tau \cdot V_{BB}}$$

$$f_B = \frac{p}{2} - \left(\left(\frac{p}{2}\right)^2 - q\right)^{0,5}$$

$$0 \leq f_B \leq 1$$

K_D - variabel

$B_{TS,3.3}$ - variabel, wird vorgegeben

$$I_{3.3B} = 3924 \cdot V_{BB,3.3}^{0,682} + 11790 \cdot V_{ZK,3.3}^{0,558}$$

Oberflächenbelüfter:

$$I_{3.3M} = 13754 \cdot (0{,}045\ V_{BB,3.3})^{0,83}$$

$$E_{3.3} = (N_R \cdot V_{BB} + 0{,}01 \cdot \frac{\dot{V}_{3.3}}{\tau})\ 365\ K_E$$

$$P_{3.3} = f\ (P)$$

$$W_{3.3} = w \cdot I_{3.3}$$

$$K_{3.3} = 1{,}9\ \left(\frac{I_{3.3,B}}{BF_B} + \frac{I_{3.3,M}}{BF_M}\right) + E_{3.3} + P_{3.3} + W_{3.3}$$

$$v_S = B_{TS,3.3} \cdot \frac{1}{f_B}$$

$$t_{S,3.3} = (Y_{3.3} \cdot v_s - k_d)^{-1}$$

$$S_{B,3.3} = S_{B,2*} - \underbrace{\frac{t_{3.3} \cdot f_B - X_{3.3}\,(1 - k_d \cdot t_{S,3.3})}{Y_{3.3} \cdot t_{S,3.3}}}_{m}$$

$$\dot{m}_{3.3} = (Y_{3.3} \cdot m + \eta_{SS,3.3} \cdot SS_{2*}) \cdot \frac{\dot{V}_{2}*}{\tau} - 0{,}08\, f_T \cdot f_B \cdot X_{3.3} \cdot V_{BB}$$

für $B_{TS} \leq 0{,}15$

$$C_{NH,3.3} \begin{cases} = C_{NH,2} - 0{,}05\,(S_{B,2} - S_{B,3.3}); \\ \quad B_{TS} > 0{,}15 \\ = \frac{1}{2} b + (b^2 + C_{NH,2} \cdot K_N)^{0,5} - \\ \quad - 0{,}05\,(S_{B,2} - S_{B,3.3}) \end{cases}$$

$$b = \frac{\mu_{max,N} \cdot 1{,}103^{(T-15)}}{Y_{N,3.3}} \cdot X_{3.3} \cdot f_N \cdot t_N - C_{NH,2} + K_N$$

$\dot{\mu}_{max,N}$; f_N; t_N wie unter 7.1 erläutert

$$C_{NO,3.3} \begin{cases} = \eta_{NO,3.3}\, C_{NH,3.3} + C_{NO,2}; \\ \qquad B_{TS} = 0{,}15 \\ = C_{NO,2};\ B_{TS} > 0{,}15 \end{cases}$$

$$SS_{3.3} = (1 - \eta_{SS,3.3})\, SS_2*$$

$$V_{ZK,3.3} = \sqrt{\frac{SS_{2*}}{SS_{3.3}}} \cdot \frac{\dot{V}_{2*} \cdot X_{3.3} \cdot ISV_{3.3}}{SV_{R,0}} \cdot f_{3.3}$$

$$\dot{m} = (C_{NH,2} - C_{NH,3.3}) \cdot$$

$$\cdot\ \dot{V}_2{}^*/\tau \cdot Y_{N3.3}$$

$$OV_{R,3.3} = (0{,}76 - 0{,}56\ B_{TS,3.3}) \cdot$$

$$\cdot \frac{(S_{B,2}{}^* - S_{B,3.3})\ \dot{V}_2{}^*}{V_{BB} \cdot \tau} +$$

$$+ 0{,}24 \cdot f_T \cdot f_B \cdot X_{3.3}$$

$$N_R = \frac{OV_{R,3.3} \cdot C_{DO,S}}{\alpha 3.3\ (C_{DO,S} - C_{DO,3.3})\ OC_N}$$

3.4 Anaerober Tauchkörper (Pfropfenströmung)

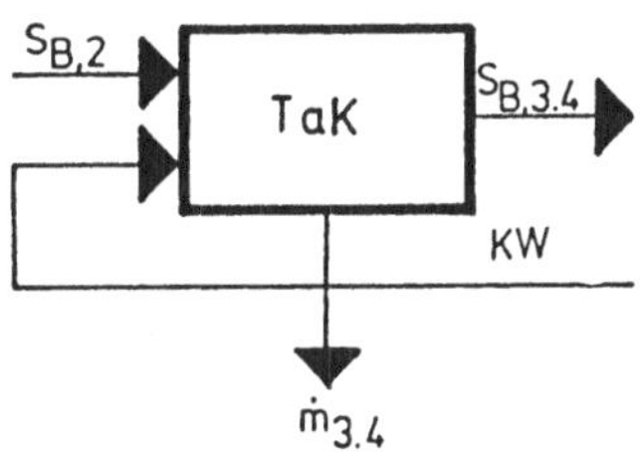

$$\dot{V}_{3.4} = (1 + KW)\ \dot{V}_2$$

$$S_{B,2}{}^* = \frac{S_{B,2} + KW \cdot S_{B,e}}{1 + KW}$$

$$S_{B,3.4} = ((S_{B,2*})^{0,5} -$$

$$\frac{31{,}62\ k_{Tak,NO} \cdot \omega}{2} \cdot \frac{V_{Tak}}{\dot{V}_{3.4}})^2$$

$$SS_2{}^* = \frac{SS_2 + KW\ SS_e}{1 + KW}$$

$$SS_{3.4} = (1 - \eta_{SS,3.4})\ SS_2{}^*$$

$$\dot{m}_{3.4} = (Y_{3.4}\ (S_{B,2*} - S_{B,3.4}) +$$

$V_{BF,Tak}$ = variabel, wird vorgegeben

$$I_{Tak} = (367 \cdot V_{BF}{}^{-0{,}077}) \cdot$$

$$\cdot\ V_{BF}$$

$$I_{3.4} = I_{3,Tak} + 2722 \cdot$$

$$\cdot\ (1{,}2 \cdot V_{Tak})^{0{,}801}$$

$$E_{3.4} = 0{,}05 \cdot \frac{KW\ \dot{V}_2}{\tau} \cdot 365 \cdot$$

$$\cdot\ K_E$$

$$\eta_{SS,3.4}\ SS_2^*)\ \frac{\dot{V}_{3.4}}{\tau}$$

$$C_{NH,3.4} = \frac{C_{NH,2} + KW \cdot C_{NH,e}}{1 + KW} - 0{,}05\ (S_{B,2}^* - S_{B,3.4})$$

$$C_{NO,3.4} = C_{NO,2}^* - \frac{Y_S}{Y_D}\ (S_{B,2}^* - S_{B,3.4})$$

($C_{NO,2*}$ etc. wie in Variante 3.2)

$$P_{3.4} = f\ (P)$$

$$W_{3.4} = w \cdot I_{3.4}$$

$$K_{3.4} = \frac{1{,}9\ I_{3.4}}{BF_B} + E_{3.4} + P_{3.4} + W_{3.4}$$

3.5 Hochbelasteter Tropfkörper und Zwischenklärung

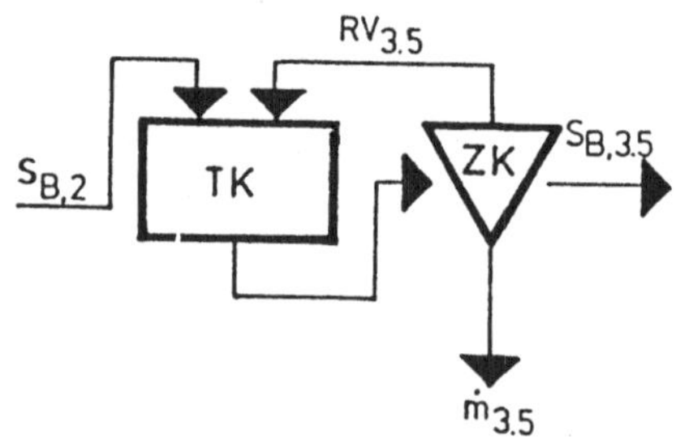

$$\dot{V}_{3.5} = \dot{V}_2$$

$$S_{B,2*} = \frac{1 + 0{,}5\ RV_{3.5}}{1 + RV_{3.5}}\ S_{B,2}$$

$$\dot{V}_{2*} = (1 + RV_{3.5})\ \dot{V}_2$$

$$S_{B_{3.5}} = (0{,}07 + 0{,}17\ B_R)\ S_{B,2}^*$$

$$SS_2^* = \frac{1 + 0{,}5\ RV_{3.5}}{1 + RV}\ SS_2$$

$$SS_{3.5} = (1 - \eta_{SS,3.5})\ SS_2^*$$

$$V_{TK} = \frac{S_{B,2}^* \cdot \dot{V}_{3.5}}{1000 \cdot B_R}$$

$$H = \frac{15 \cdot S_{B,2}^* \cdot q_A}{1000 \cdot B_R}$$

B_R - variabel, wird vorgegeben

$$0 \leq B_R \leq 1$$

$$I_{3.5} = (4134 \cdot V_{TK}^{-0{,}249}) \cdot V_{TK} + 11790\ V_{ZK,3.5}^{0{,}558}$$

$$E_{3.5} = 0{,}05\ \frac{\dot{V}_2}{\tau}\ 365 \cdot K_E$$

$$P_{3.5} = f\ (P)$$

$$W_{3.5} = w \cdot I_{3.5}$$

$$C_{NO,3.5} = C_{NO,2}^*$$

$$C_{NO,2}^* = \frac{C_{NO,2} + 0,5\ RV_{3.5}}{1 + RV_{3.5}} S_{B,2}$$

$$C_{NH,3.5} = C_{NH,2}^* - 0,05\ (S_{B,2}^* - S_{B,3.5})$$

$$V_{ZK} = \sqrt{\frac{SS_2^*}{SS_{3.5}}} \cdot \frac{\dot{V}_2^* \cdot X_{3.5} \cdot ISV_{3.5}}{SV_{R,0}} \cdot f_{3.5}$$

$$\dot{m}_{3.5} = (Y_{3.5}\ (S_{B,2*} - S_{B,3.5}) + n_{SS,3.5}\ SS_2^*)\ \frac{\dot{V}_{3.5}}{\tau}$$

$$K_{3.5} = \frac{1,9\ I_{3.5}}{BF_B} + E_{3.5} + P_{3.5} + W_{3.5}$$

4. Mechanische Vorklärung

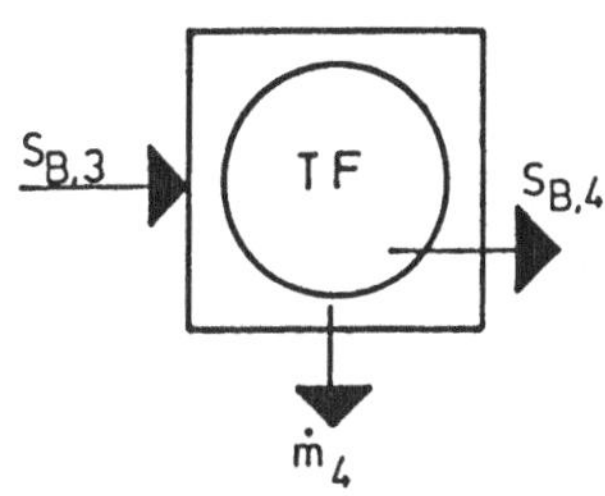

$$\dot{V}_4 = \dot{V}_3$$

$$C_{NO,4} = C_{NO,3}$$

$$C_{NH,4} = C_{NH,3}$$

$$A_{TF} = \frac{2 \cdot \dot{V}_3}{a_{TF}}$$

$$SS_4 = (1 - n_{SS,4})\ SS_3$$

$$S_{B,4} = S_{B,3} - n_{SS,4} \cdot s_B\ SS_3$$

$$\dot{m}_4 = n_{SS,4} \cdot SS_3 \cdot \frac{\dot{V}_4}{\tau}$$

$$V_{TF} = t_4 \cdot \dot{V}_3$$

a_{TF} variabel

$$I_4 = 3,2 \cdot A_{TF} + 13.000 + 11.790\ V_{TF}^{0,588}$$

$$E_4 = 200 \cdot A_{TF} \cdot K_E$$

$$P_4 = f\ (P)$$

$$W_4 = w \cdot I_4$$

$$K_4 = \frac{1,9\ I_4}{BF_M} + E_4 + P_4 + W_4$$

5. Primärschlammbehandlung

$$S_{B,4} \rightarrow \bullet \rightarrow S_{B,5}, \quad \downarrow \dot{m}_5$$

$\dot{V}_5 = \dot{V}_4$

$C_{NO,5} = C_{NO,4}$

$C_{NH.5} = C_{NH.4}$

$S_{B,5} = S_{B,4}$

$\dot{m}_5 = \dot{m}_2 + \dot{m}_3 + \dot{m}_4$

$$\frac{\dot{m}_5}{\dot{m}_5 + \dot{m}_8} = \frac{PS}{gesS}$$

$$\frac{PS}{gesS} = \begin{cases} 0{,}6 \rightarrow B_{5.1} \\ 0{,}7 \rightarrow B_{5.2} \\ 0{,}8 \rightarrow B_{5.3} \\ 0{,}9 \rightarrow B_{5.4} \\ 1{,}0 \rightarrow B_{5.5} \end{cases}$$

I_5 = 0, weil in B enthalten

$B_{5,1} = 9{,}82\ (\dot{m}_5)^{-0{,}450}$

$B_{5,2} = 7{,}03\ (\dot{m}_5)^{-0{,}385}$

$B_{5,3} = 11{,}22\ (\dot{m}_5)^{-0{,}429}$

$B_{5,4} = 17{,}44\ (\dot{m}_5)^{-0{,}467}$

$B_{5,5} = 40{,}29\ (\dot{m}_5)^{-0{,}530}$

$K = B_{5,i} \cdot \dot{m}_5 \cdot \frac{365}{100}$

6. Biologische Sekundärbehandlung (1. Unterstufe)

6.1 Vorgeschaltete Denitrifikation

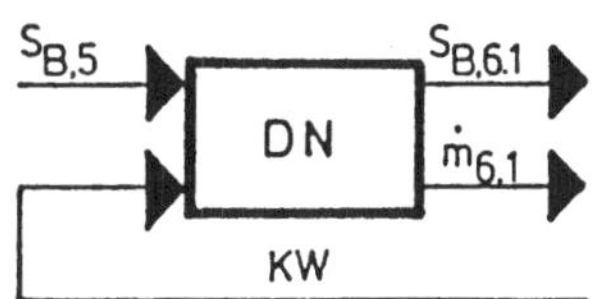

$$\dot{V}_{6.1} = \begin{cases} \dot{V}_6, \text{ wenn } \dot{V}_6 = (1 + KW)\ \dot{V}_1 \\ (1 + KW)\ \dot{V}_6, \text{ wenn } \dot{V}_6 = \dot{V}_1 \end{cases}$$

$$C_{NH,5}{}^* = \frac{C_{NH,5} + KW\ C_{NH,e}}{1 + KW}$$

$$C_{NO,5}{}^* = \frac{C_{NO,5} + KW \cdot C_{NO,e}}{1 + KW}$$

$$S_{B,5}{}^* = \frac{S_{B,5} + KW\ S_{B,e}}{1 + KW}$$

$$\mu'_{max,D} = \mu_{max,D} \left(\frac{C_{NO,5}{}^*}{K_{NO} + C_{NO,5}{}^*} \cdot \frac{C_{DO,6.1}}{KO_2 + C_{DO,6.1}} \cdot \frac{S_{B,5}{}^*}{K_S + S_{B,5}{}^*}\right)$$

$$v_{D,6.1} = (\mu_{max,D}) \frac{1}{Y_D}$$

$$V_{BB,6.1} = \frac{\dot{V}_{6.1}\ (C_{NO,5*} - C_{NO,6.1})}{\tau \cdot v_{D,6.1} \cdot f_{D,6.1} \cdot f_{B,6.1} \cdot X_{6.1}}$$

$$\dot{m}_{6.1} = Y_D\ (C_{NO,5*}) \frac{\dot{V}_{6.1}}{\tau} = Y_S\ (S_{B,5*} - S_{B,6.1}) \cdot \frac{\dot{V}_{6.1}}{\tau}$$

$$I_{6.1,B} = 3924 \cdot V_{BB,6.1}{}^{0,682}$$

$$I_{6.1,M} = 11509\ (0,045 \cdot V_{BB,6.1})^{0,611}$$

$$I_{6.1} = I_{6.1,B} + I_{6.1,M}$$

$$E_{6.1} = (5.10^{-3} \frac{\dot{V}_{6.1}}{\tau})\ 365 \cdot K_E$$

$$P_{6.1} = f\ (P)$$

$$W_{6.1} = w \cdot I_{6.1}$$

$$K_{6.1} = 1,9 \left(\frac{I_{6.1,B}}{BF_B} + \frac{I_{6.1,M}}{BF_M}\right) + E_{6.1} + P_{6.1} + W_{6.1}$$

$$S_{B,6.1} = S_{B,5*} - \frac{Y_D}{Y_S} C_{NO,5*}$$

$$SS_{6.1} = (1 - \eta_{SS,6.1})\ SS_5$$

6.2 Hochbelasteter Tropfkörper ohne Zwischenklärung

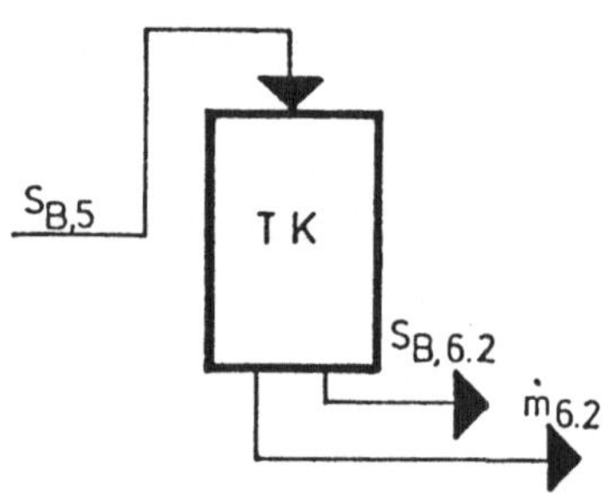

$$\dot{V}_{6.2} = \dot{V}_5$$

$$S_{B,6.2} = (0{,}07 + 0{,}17\ B_R)\ S_{B,5}$$

$$C_{NH,6.2} = C_{NH,5} - 0{,}05\ (S_{B,5} - S_{B,6.2})$$

$$C_{NO,6.2} = C_{NO,5}$$

$$\dot{m}_{6.2} = Y_S\ (S_{B,5} - S_{B,6.2}) \cdot \frac{\dot{V}_{6.2}}{\tau}$$

$$V_{TK} = \frac{S_{B,5} \cdot \dot{V}_{6.2}}{1000\ B_R}$$

B_R wird vorgegeben

$$I_{6.2} = (4134 \cdot V_{TK}^{-0{,}249})\ V_{TK}$$

$$E_{6.2} = 0{,}05\ \frac{\dot{V}_{6.2}}{\tau}\ 365\ K_E$$

$$P_{6.2} = f\ (P)$$

$$W_{6.2} = w \cdot I_{6.2}$$

$$K_{6.2} = \frac{1{,}9\ I_{6.2}}{BF_B} + E_{6.2} + P_{6.2} + W_{6.2}$$

7. Biologische Sekundärbehandlung (2. Unterstufe)

7.1 Mischbecken und Absetzanlage

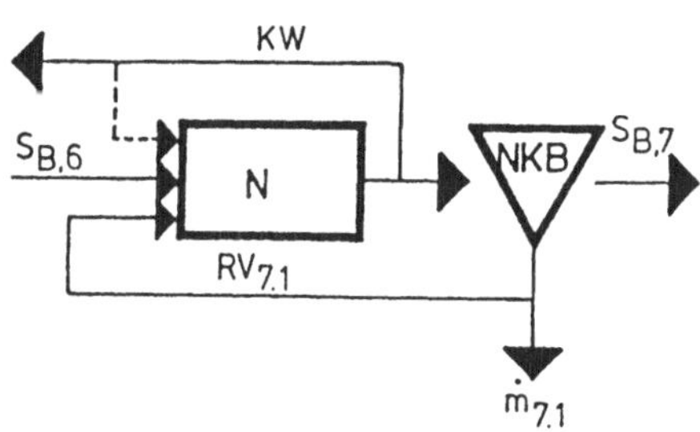

$\dot{V}_7 = \dot{V}_1$

$\dot{V}_{6*} =$
- $(1 + KW)\,\dot{V}_6$, $\dot{V}_6 = \dot{V}_1$ bei simultaner Denitrifikation
- $(1 + RV_{7.1})\,\dot{V}_6$, wenn keine Denitrifikation gefordert ist
- $\dot{V}_6$, $\dot{V}_6 = (1 + KW)\,\dot{V}_1$ bei vorgeschalteter Denitrifikation
- $(1 + RV_{7.1})\,\dot{V}_6$ bei zweistufigen Anlagen mit DN in der ersten Stufe

$I_{7.1}$ = berechnet wie I_3
bei Druckluftbelüfter: $(0{,}0375\ V_{BB})$

$B_{7.1}$ = identisch $B_{3.3}$

$KW^* =$
- KW, wenn DN gefordert
- $RV_{7.1}$, wenn DN nicht gefordert
- $KW + RV_{7.1}$, wenn DN in erster Stufe bei zweistufigem System

$$S_{B,6*} = \frac{S_{B,6} + KW^*\,S_{B,e}}{1 + KW^*}$$

$$C_{NH,6*} = \begin{cases} C_{NH,6}, \text{ wenn } n_{NO} = \dfrac{RV_{7.1}}{1 + RV_{7.1}} \\[2ex] C_{NH,6} + \dfrac{KW*}{1 + KW*} \; C_{NH,e} \end{cases}$$

$C_{NO,6}{}^{*}$ dito,

falls $S_{B,6}{}^{*} < S_{B,e} \Rightarrow S_{B,6}{}^{*} = S_{B,e}$

falls $C_{NH,6}{}^{*} < C_{NH,e} \Rightarrow C_{NH,6}{}^{*} = C_{NH,e}$

$$\dot{m}_{7.1} = ((S_{B,6}{}^{*} - S_{B,e})\, Y_{B,7.1} + + (C_{NH,6}{}^{*} - C_{NH,e})\, Y_{N,7.1}) \cdot \cdot \frac{\dot{V}_{6*}}{\tau}$$

$$C_{NH,X} = n_{NH,7.1}\,(S_{B,6}{}^{*} - S_{B,e})$$

$$C_{NO,7.1} = C_{NO,6}{}^{*} + C_{NH,6}{}^{*} - 0{,}05 \cdot \cdot (S_{B,6}{}^{*} - S_{B,e}{}^{*}) - C_{NH,e}$$

$$f_N = \frac{(C_{NH,6*} - C_{NH,e})\, Y_{N,7.1}}{\dot{m}_{7.1} \cdot \dfrac{\tau}{\dot{V}_6{}^{*}}}$$

$$u_{max,N} = u_{max,N}\,(\frac{C_{DO,7.1}}{KO_2 + C_{DO,7.1}} \cdot \cdot e^{0{,}098\,(T - 15)} \cdot \cdot (1 - 0{,}833\,(7{,}2 - pH)))$$

$$tx^{m}_{7.1} = (u'_{max,N} - k_d)^{-1}$$

$$\geq 6{,}4 \;.\; 1{,}1^{(15 - T)}$$

$$v_N = (\frac{1}{tx^{m}_{7.1}} + k_d)\,\frac{1}{Y_{N,7.1}}$$

$$t_N = \frac{C_{NH,6}{}^{*} - C_{NH,e} - C_{NH,X}}{v_N \cdot f_N \cdot f_B \cdot X_{7.1}}$$

$$V_{BB,7.1} = \frac{1}{\tau}\, \dot{V}_{6*} \cdot t_{N,7.1}$$

$$t_{N_{7.1}} \geq t_{S_{7.1}} = \frac{S_{B,6*} - S_{B,3}}{v_S \cdot f_B \cdot X_{7.1}}$$

$$v_S = \frac{k \cdot S_{B,6}^{*}}{K_S + S_{B,6*}}$$

falls $t_N \leq t_S$: keine optimale Lösung

$$OV_{R(C)} = (0,76 - 0,56\ v_S) \cdot$$

$$\cdot \frac{(S_{B,6*} - S_{B,e})\ \dot{V}_{6*}}{V_{BB} \cdot \tau} + 0,24 \cdot$$

$$\cdot\ f_T\ X_{7.1}$$

$$OV_{R(N)} = 4.57\ \dot{V}_{6*}\ (C_{NH,6*} - C_{NH,e} -$$

$$- C_{NH,X})\ (\tau \cdot V_{BB})^{-1}$$

$$OV_{R,7.1} = OV_{R(C)} + OV_{R(N)}$$

$$N_R = \frac{OC_{R,7.1}}{OC_N} \left(\frac{C_{DO,S}}{C_{DO,S} - C_{DO,7.1}}\right) \cdot$$

$$\cdot \frac{1}{\alpha 7.1}$$

<u>NKB:</u>

$$V_{NKB,7.1} = \sqrt{\frac{SS_6^{*}}{SS_{7.1}}} \cdot$$

$$\cdot \frac{\dot{V}_{6*,NKB} \cdot X_{7.1} \cdot ISV_{7.1}}{SV_{R,0}}$$

$$SS_{7.1} = SS_e$$

$$SS_6^{*} = \frac{SS_6 + KW^{*} \cdot SS_e}{1 + kW^{*}}$$

$$V_{6*,NKB} = \dot{V}_{6*} \cdot \begin{cases} \dot{V}_6{}^* - KW^* \cdot \dot{V}_1 ; & \frac{\dot{V}_{6*}}{\dot{V}_1} \geq 2,5 \\ \dot{V}_6 ; & \frac{\dot{V}_{6*}}{\dot{V}_1} < 2,5 \end{cases}$$

7.2 <u>Mischbecken und Flotation</u>

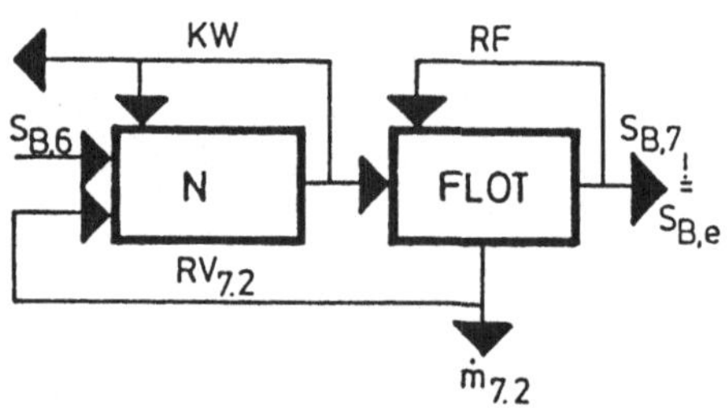

$$V_{BB,7.2} = \frac{1}{\tau} \dot{V}_6{}^* \cdot t_{N,7.2}$$

ansonsten wie 7.1

<u>Flotation:</u>

$$A_{Flot.} = \frac{(1 + RF) \dot{V}_{6*}}{t_F \cdot H_F}$$

$$RF = \frac{L_{TS} \cdot X_{7.2}}{1,3 \cdot Sa \cdot \Delta p \cdot \eta}$$

$$I_{7.2,B} = 3924 \cdot V_{BB,7.2}^{0,682}$$

$$I_{7.2,M} = 13754 \, (0,0375 \cdot V_{BB,7.2})^{0,83}$$

K_{Flot}:

$= 32,7 \, \dot{V}_{6*} + 50.000$ bei $RF \sim 0,35$

$= 24,3 \, \dot{V}_{6*} + 55.000$ bei $RF \sim 0,25$

$= 17,6 \, \dot{V}_{6*} + 60.000$ bei $RF \sim 0,15$

$$E_{7.2} = N_R \cdot V_{BB,7.2} \cdot 365 \cdot K_E$$

$$P_{7.2} = f\,(P)$$

$$W_{7.2} = w \cdot I_{7.2}$$

$$K_{7.2} = 1,9 \left(\frac{I_{7.2,B}}{BF_B} + \frac{I_{7.2,M}}{BF_M}\right) + K_{Flot} + E_{7.2} + P_{7.2} + W_{7.2}$$

7.3 Kaskade und Absetzanlage

Rechengang wie unter 7.1, nur andere Zustandsvariablen.

$K_{7.3}$ wie unter 7.1

7.4 Kaskade und Flotation

Rechengang wie unter 7.2, 7.3 mit den entsprechenden Zustandsvariablen

$K_{7.4}$ wie unter 7.2

7.5 Schönungstropfkörper und Absetzanlage

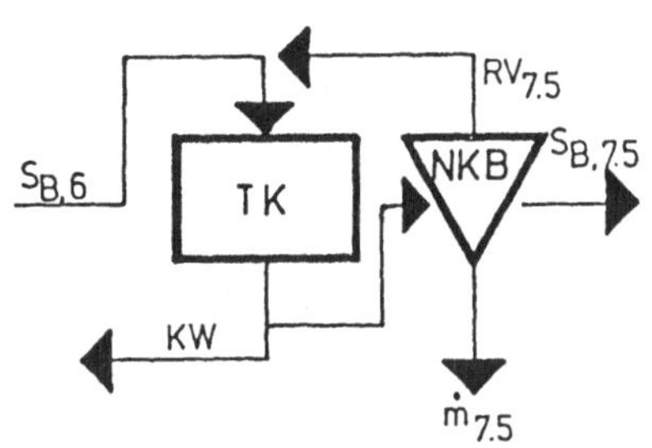

$$\dot{V}_7 = \dot{V}_1$$

$$V_6{}^* = V_6 \cdot \begin{cases} 1; & \dot{V}_6 = (1 + KW)\,\dot{V}_1 \\ (1 + RV_{7.5}); & \dot{V}_6 = \dot{V}_1 \end{cases}$$

$$RV_{7.5} = \begin{cases} 0; & KW \geq RV_{7.5} \\ RV_{7.5}; & KW \leq RV_{7.5} \end{cases}$$

$$C_{NH,6*} = \frac{C_{NH,6} + RV_{7.5}\, C_{NH,e}}{1 + RV_{7.5}}$$

$$I_{7.5} = (4134 \cdot V_{TK}{}^{-0,249}) \cdot \cdot V_{TK} + 11790 \cdot \cdot V_{NKB}{}^{0,558}$$

$$E_{7.5} = 0,06 \frac{\dot{V}_{6*}}{\tau} \cdot 365\, K_E$$

$$P_{7.5} = f\,(P)$$

$$r_{NH} = r_{NH,0} \cdot e^{k_T\,(10° - T)}$$

$$A_{TK} \geq \frac{1}{3}\,\dot{V}_{6^*}$$

(3 (m/h) ≙ vollständiger Benetzung)

$$H_{TK} = \frac{\frac{\dot{V}_6}{\tau \cdot A_{TK}}\left(C_{NH,6^*} - C_{NH,e} + \frac{k_{NH} \cdot \ln \frac{C_{NH,6^*}}{C_{NH,e}}}{a \cdot r_{NH}}\right)}{}$$

$$V_{TK} = H_{TK} \cdot A_{TK}$$

$$t_{N,7.5} = \frac{V_{TK} \cdot \tau}{\dot{V}_{6^*}}$$

V_{NKB} wie unter 7.1

$$\dot{m}_{7.5} = Y_S\,(S_{B,6} - S_{B,e})\,\frac{\dot{V}_{6^*}}{\tau}$$

$$W_{7.5} = w \cdot I_{7.5}$$

$$K_{7.5} = 1{,}9\,\frac{I_{7.5}}{BF_B} + E_{7.5} + P_{7.5} + W_{7.5}$$

7.6 Scheibentauchkörper und Absetzanlage

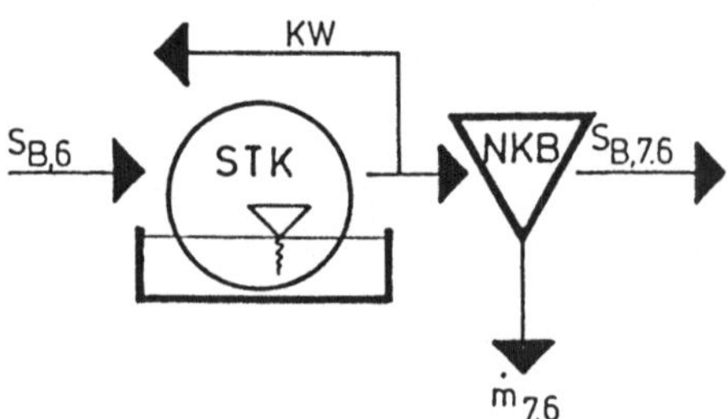

$$\dot{V}_{7,NKB} = \dot{V}_1$$

$$A_{BF,N} = \frac{\dot{V}_6 \, (C_{NH,6}{}^* - C_{NH,e} - C_{NH,X})}{31{,}62 \;\cdot\; k_{BF,NH} \cdot C_{NH,e}}$$

$$A_{BF,N} \geq A_{BF,S}$$

$$A_{BF,S} = \frac{\dot{V}_6 \, (S_{B,6*} - S_{B,e})}{31{,}62 \;\cdot\; k_{BF,S}\sqrt{S_{B,e}}}$$

$\dot{m}_{7.6}$ wie unter 7.1

V_{NKB} wie unter 7.1

$$V_{STK-B} = t_{7.6} \cdot \dot{V}_7$$

$I_{7.6}$ wie unter 3.1

$$K_{7.6} = 1{,}9 \, \Big(\frac{I_{STK}}{BF_M} + \frac{I_{Becken} + I_{NKB}}{BF_B}\Big) + E_{STK} + E_{NKB} + P_{7.6} + W_{7.6}$$

E_{STK}, E_{NKB} etc. wie unter 3.1

7.7 Nitrifizierender Tauchkörper und Absetzanlage

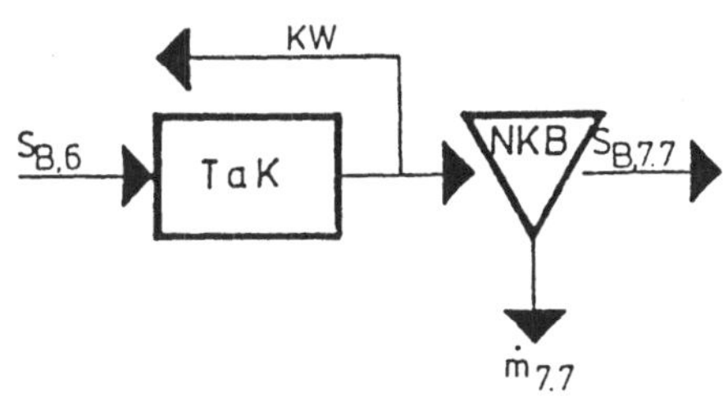

Berechnung wie unter 7.1

$$V_{TaK,S} = \frac{((S_{B,6})^{0,5} - (S_{B,e})^{0,5})^2}{31{,}62 \; k_{TaK,S} \cdot \omega \cdot \tau}$$

$$I_{Tak} = (367 \;.\; V_{Tak,N}{}^{-0{,}077}) \cdot V_{Tak,N}$$

$$I_{7.7,B} = I_{Tak} + 2722 \cdot (V_{BB})^{0{,}801} + 11790 \; V_{NKB}{}^{0{,}558}$$

$$I_{7.7,M} = 13754 \, (0{,}0375 \cdot V_{BB})^{0{,}83}$$

$$V_{TaK,N} = \frac{(\sqrt{C_{NH,6}} - \sqrt{C_{NH,e}} - \sqrt{C_{NH,X}})^2 \cdot \dot{V}_6}{31,62\ k_{Tak,NH} \cdot \omega \cdot \tau}$$

$$V_{TaK,N} \geq V_{Tak,S}$$

$$V_{BB} = 1,2\ V_{TaK,N}$$

$OV_{R,7.7}$ wie unter 7.1

$$N_R = \frac{OC_R}{OC_N} \left(\frac{C_{DO,S}}{C_{DO,S} - C_{DO,7.7}}\right) \frac{1}{\alpha_{7.7}}$$

$$E_{7.7} = (N_R \cdot V_{BB} + 0,01 \cdot \frac{\dot{V}_6}{\tau})\ 365 \cdot K_E$$

$$P_{7.7} = f\ (P)$$

$$W_{7.7} = w \cdot I_{7.7,B} + w \cdot I_{7.7,M}$$

$$K_{7.7} = 1,9\ \left(\frac{I_{7.7,B}}{BF_B} + \frac{I_{7.7,M}}{BF_M}\right) + E_{7.7} + P_{7.7} + W_{7.7}$$

8. Sekundärschlammbehandlung

$S_{B,7}$ → ● → $S_{B,8}$

↓ $\dot{m}_8$

$$\dot{V}_8 = \dot{V}_7$$

$$\dot{m}_8 = \dot{m}_6 + \dot{m}_7$$

$$\frac{\dot{m}_8}{\dot{m}_5 + \dot{m}_8} = \frac{SS}{ges\ S}$$

$$I_8^* = 0$$

$$B_{8,1} = 6,44\ (\dot{m}_8)^{-0,368}$$

$$B_{8,2} = 7,85\ (\dot{m}_8)^{-0,425}$$

$$B_{8,3} = 7,02\ (\dot{m}_8)^{-0,449}$$

$$B_{8,4} = 6,58\ (\dot{m}_8)^{-0,512}$$

$$B_{8,5} = 15,22\ (\dot{m}_8)^{-0,390}$$

$$B_{8.1F} = 4,32\ (\dot{m}_8)^{-0,341}$$

$$\frac{SS}{ges\ S} = \begin{cases} 0,4 \longrightarrow B_{8.1}{}^{*)} \\ 0,3 \longrightarrow B_{8.2} \\ 0,2 \longrightarrow B_{8.3} \\ 0,1 \longrightarrow B_{8.4} \\ 1,0 \longrightarrow B_{8.5} \end{cases}$$

*) bzw. jeweils $B_{8.1F}$, wenn Nachklärung eine Flotationsanlage ist.

$$B_{8.2F} = 6,70\ (\dot{m}_8)^{-0,433}$$

$$B_{8.3F} = 6,00\ (\dot{m}_8)^{-0,458}$$

$$B_{8.4F} = 6.88\ (\dot{m}_8)^{-0,552}$$

$$B_{8.5F} = 6,88\ (\dot{m}_8)^{-0,311}$$

$$K = B_{8.1} \cdot \dot{m}_8 \cdot \frac{365}{100}$$

7. LITERATUR

Abwasserabgabengesetz (AbwAG): Gesetz über Abgaben für das Einleiten von Abwasser in Gewässer vom 13.09.76. BGBl. I 2721, 3007 (1979). Gesetzentwurf zur Änderung Bundestagsdrucksache 10/5533 vom 22.05.86

AbfklärV: Klärschlammaufbringungsverordnung vom 25.06.82 Bundesministerium des Inneren BGBl. II 734-739 (1982)

Adam, D.: Quantitative und intensitätsmäßige Anpassung mit Intensitäts-Splitting bei mehreren funktionsgleichen, kostenverschiedenen Aggregaten. ZfB 42 (1972)6, 381-400

Adams, B.J.; D. Panagiotakopoulos: Network approach to optimal wastewater treatment system design. JWPCF (1977) 4, 623-631

Ahrens, W.: Optimierungsverfahren zur Lösung nichtlinearer Investitionsprobleme - angewandt auf das Problem der Planung regionaler Abwasserentsorgungssysteme. Anton Hain Verlag, Meisenheim (1975)

Akers, R.J.: The scientific basis of flocculation. Series E Applied Sience Nr. 27, Amsterdam (1978), 131

Altrogge, G.: Der Einfluß von Minimal- und Maximalintensitäten auf die kostenoptimale Anpassung von Aggregategruppen. ZfB 42 (1972), 545-564

Angerer, G.; E. Böhm; J. Bischof; H. Hohmeyer; E. Jochem; P. Kunz; R. Pilhar; M. Schön: Einflüsse der Wirtschafts- und Technologieentwicklung auf die Umweltbelastung. Feasibility-Studie für den BMFT; FhG-ISI, Karlsruhe (1986)

Antonie, R.L.: Fixed biological surfaces - Wastewater Treatment. CRC Press Inc, Palm Beach (1976)

Atkinson, B.; I.S. Daoud: Microbial flocs and flocculation in fermentation process engineering. Advances in biochemical engineering 4 (1976), 42-124

ATV: Lehr- und Handbuch der Abwassertechnik. Verlag W. Ernst & Sohn, Berlin
Band IV, 3. Auflage, 1985
Band III, 3. Auflage, 1983
Band III, 2. Auflage, 1978
Band II, 2. Auflage, 1975

ATV FA (Ausschuß) 2.13: Messen, Steuern und Regeln des Feststoffgehaltes beim Belebungsverfahren. Korrespondenz Abwasser 28 (1981) 8, 584

ATV-Regelwerk: Erfassung, Bewertung und Fortschreibung des Vermögens kommunaler Entwässerungseinrichtungen. ATV-Regelwerk Abwasser A 133

Balmat, J.L.: Biochemical oxidation of various particulate fractions of sewage. Sewage and Industrial Wastes Vol. 29 (1957) 7, 757

Barber, J.B.; J.N. Veenstra: Evaluation of biological sludge properties influencing volume reduction. JWPCF 58 (1986) 2, 149-156

Barlog, F.: Optimierte biologische Systeme zur Abwasserreinigung. Chemische Rundschau 33 (1980) 6, 1-16

Baserga, U.: Der Einfluß der anaeroben Schlammstabilisation auf die Faulschlammentwässerbarkeit. Dissertation, Zürich (1984)

Batel, W.: Menge und Verhalten der Zwischenraumflüssigkeit in körnigen Stoffen. Chem. Ing. Technik 33 (1961), 541-547

Bauer, A.; W. Böwe: Überschußschlamm-Eindickung mit Dekanter. Korrespondenz Abwasser 31 (1984) 1, 39-42

Bayerisches Landesamt für Wasserwirtschaft: Sparsamer und rationeller Energieverbrauch in der Siedlungswasserwirtschaft. Merkblatt Nr. II (1979)

Bechmann, A.: Grenzen von Kosten-Nutzen-Analysen und Methoden der Nutzwertanalyse. DVWK-Schriften Nr. 66 (1984), 81-111

Bender, A.; B. Geppert, H.J. Heiß et al.: Klärschlammentsorgung in der Region Mittlerer Oberrhein. BMFT-FB-T-86-061/062, Karlsruhe (1986)

Bender, W.; B. Koglin: Mechanische Trennung von Bioprodukten. Chem. Ing. Technik 58 (1986) 7, 565-577

Berthouex, P.M.; L.B. Polkowski: Optimum waste treatment plant design under uncertainty. JWPCF 42 (1970)09, 1581-1613

Beuthe, C.G.: Über den Sauerstoffbedarf bei der biologischen Abwasserreinigung nach dem Belebtschlammverfahren. gwf wasser/abwasser 111 (1970) 12, 689-693 und 112 (1971) 3, 142-147

Billmeier, E.: Feststoffretention in horizontal durchströmten Zwischen- und Nachklärbecken. GWA Bd. 42, Aachen (1982)

Bingel, F.: Leistung und Bemessung zweistufiger Belebungsanlagen mit Nitrifikation. Dissertation, Berichte zur SWW Bd. 72, Stuttgart (1981)

Biogest: Die Einbecken-Kläranlage. Firmenprospekt, Wiesbaden (1986)

Bischof, W.: Abwassertechnik. B.G. Teubner Verlag, Stuttgart (1984)

Bischofsberger, W.: Dämpfung von Belastungsschwankungen - was sollte man tun bei der Dimensionierung von Bauwerken und im Betrieb. ISWW Schriftenreihe Bd. 4, Karlsruhe (1985), 129-151

Bischofsberger, W.(Hrsg.): Leistungssteigerung und Leistungsgrenzen biologischer Kläranlagen. Münchner Berichte Nr. 51 (1984)

Blickwedel, P.T.; W. Schenkel: Klärschlamm-Menge und Abfall in der BRD. Korrespondenz Abwasser 33 (1986) 8, 680-685

BMI/UBA: Anfall und Beseitigung von Klärschlamm in der Bundesrepublik Deutschland. BMI-Umwelt 70 (1979), 9-12

Bock, E.: Lithoautotrophic and Chemoorganotrophic Growth of Nitrifying Bacteria. In: Microbiology. Hrsg.: D. Schlesinger (1978), 310-314

Böhm, E.; P. Kunz: Untersuchung zur Verminderung der Schwermetallgehalte - vor allem Cadmium - im kommunalen Klärschlamm. ISI-B-7-82, Karlsruhe (1982)

Böhnke, B. (Hrsg.): Ein- und zweistufige Belebungsverfahren unter dem Aspekt weitergehender Reinigungsmaßnahmen. GWA Bd. 90 (1987)

Böhnke, B.: Entwicklungstendenzen beim modernen Kläranlagenbau unter Berücksichtigung von mikrobiologischen Reaktionsmechanismen. GWA Bd. 69, Aachen (1985), 461-472

Böhnke, B.: Leistung und Einsatzmöglichkeit zwei- und mehrstufiger biologischer Abwasserreinigungsanlagen unter Berücksichtigung mikrobiologischer Reaktionsmechanismen. Münchner Berichte Nr. 51 (1984), 139-182

Böhnke, B.: Möglichkeiten der Abwasserreinigung durch das Adsorptions-Belebungsverfahren. GWA Bd 25, Aachen (1978)

Böhnke, B.; H.W. Dahlem: Überlegungen zur möglichen Veränderung der Gebührenordnung für Ingenieure innerhalb der Abwassertechnik bei der Verwirklichung von wirtschaftlichen Lösungen. GWA Bd. 69, Aachen (1985), 245-260

Bode, H.; D. Jenkins, B. Koopmann: Der Einsatz von Chlor zur Bekämpfung von Blähschlamm. Korrespondenz Abwasser 29 (1982) 12, 931

Boller, M.: Konzepte für die Ergänzung bestehender Kläranlagen mit Nitrifikation. 10. Pro Aqua - Pro Vita, Basel (1986)

Boller, M.; W. Gujer: Nitrifikation im nachgeschalteten Tropfkörper kombiniert mit Raumfiltration. Schriftenreihe der EAWAG, Zürich (1985)

Boerden, K.; R.S. Gale; D.E. Wright: Evaluation of the CIRIA Prototype Model for the Design of Sewage-Treatment Work. Wat. Pollut. Control (1976), 192-205

Bojarinow, A.I.; W.W. Kafarow: Optimierungsmethoden in der chemischen Technologie. Verlag Chemie, Berlin (1972)

Bosenius, U.: Novellierungswünsche zum Abwasserabgabengesetz. GWA Bd. 75, Aachen (1985), 465-478

Braha, A.: Über die Abbaukinetik von komplexen Substraten in Mischbeckenkaskaden. wlb (1986) 6, 24-28

Braha, A.: Zur Anwendung reaktionstechnischer Modelle bei der Beschreibung der aeroben biologischen Reinigung eines Industrieabwassers im Labor und Pilotmaßstab. Dissertation TU Berlin (1985a)

Braha, A.: Vergleichende Untersuchungen bei der Anwendung reaktionskinetischer Substratabbau-Modelle für mehrstufige Belebungsanlagen. Chem. Ing. Technik 57 (1985b) 7, 634-635

Braha, A.: Einfluß der Rezirkulation auf Belebungsanlagen vom Typ Rohrreaktor bis Umlaufgraben. gwf wasser/abwasser 124 (1983a) 12, 601-607

Braha. A.: Bemessung mehrstufiger Belebungsanlagen unter Berücksichtigung der Abbaukinetik. gwf wasser/abwasser 124 (1983b) 3, 131-138

Braha, A.: Über das kinetische und hydraulische Verhalten mehrstufiger Belebungsanlagen. Korrespondenz Abwasser 30 (1983c) 2, 92-99

Braha, A.: Das Absetzverhalten von Abwässern mit hohem Gehalt an suspendierten Stoffen. Korrespondenz Abwasser 30 (1983d) 1, 24-33

Braha, A.: Über die Modellierung der Reaktionskinetik bei Belebungsanlagen. Korrespondenz Abwasser 29 (1982) 4, 196 und 5, 276

Braha, A.; F. Hafner: Über die Anwendbarkeit eines erweiterten Monod-Ansatzes beim Belebtschlammverfahren. Abwassertechnik 37 (1986) 2, 33-35

Braha, A.; F. Hafner: Zur Dimensionierung zweistufiger Rührkessel-Kaskaden in der Abwassertechnik. Chem.-Ing.-Technik 58 (1986) 1, 53-55

Brah, A.; F. Hafner: Anwendung der Monodschen Reaktionskinetik bei der Kaskadenschaltung von Faultürmen oder Belebungsbecken. gwf-wasser/abwasser 126 (1985) 12, 627-634

Brauer, H.: Bioreaktoren. Chem.-Ing. Technik 53 (1981) 3, 221-233

Brauer, H.; R. Hennig: Aerobic two-stage biological degredation of organic carbon compounds and ammonicum. Bioprocess Engineering 1 (1986) 1, 13-22

Brauer, K. M.: Optimale Produktionsplanung in Kraftwerken. ZfB 43 (1973), 421-434

Braun, R.: Biogas-Methangärung organischer Abfallstoffe: Grundlagen und Anwendungsbeispiele. Springer Verlag, Wien, New York (1982)

Brix, J.; K. Imhoff, B. Weldert: Die Stadtentwässerung in Deutschland. Band II. Verlag Gustav Fischer, Jena (1934)

Brod, E.; R. Steenbock: Gebühren und Beiträge (Entgelte) der Abwasserbeseitigung. Umwelt und Energie, Erg. Lieferung (1984) 5, 327, Haufe Verlag, Freiburg

Brügel, P. et al.: Wirtschaftlichkeitsvergleich der Brennstoff- und Rauchgasentschwefelung beim Einsatz von schwerem Heizöl. Studie im Auftrag des BMI, Fichtner Beratende Ingenieure, Stuttgart (1974)

BRW (Bergisch-Rheinischer-Wasserverband): Satzung (Starkverschmutzerzuschläge). Haan-Gruiten (1982)

Bundgaard, A.: Kleine Kläranlagen zur weitergehenden Abwasserreinigung. ATV-Jahresversammlung, Stuttgart (1986)

Bundgaard, A.; G. Homkristens: Der Betrieb der Oxidationsgräben einschl. des Bio-Denitro-Systems in Dänemark. Beitrag zur Intern. Konferenz über Oxidationsgraben-Technologie, Amsterdam (1982)

Burchard, C.-H.: Die Reinigungsleistung pendelt sich an den Leistungsgrenzen mechanisch-biologischer Kläranlagen ein. Korrespondenz Abwasser 32 (1985) 4, 322-326

Burkert, H.; H. Horacek: Anwendung von Flockungsmitteln bei der mechanischen Flüssigkeitsabtrennung. Chem.-Ing.-Technik 58 (1986) 4, 279-286

Burris, B.E.: Energy conservation for existing wastewater treatment plants. JWPCF 53 (1981) 5, 536-545

Busch, P.L.; W. Stumm: Chemical Interactions in the Aggregation of Bacteria: Bioflocculation in Waste Treatment. Environmental Science Techn. (1982) 2, 49

Cheung, P.S.: Denitrifikation auf Scheibentropfkörpern. Berichte zur SWW Bd. 61, Stuttgart (1978), 161-196

Cheung, P.S.; K.-H. Krauth: Nitrifikation mit dem Tauchtropfkörper. Stuttgarter Berichte zur SWW Bd. 77 (1982), 48-60 und biologische Stickstoffelimination mit Tauchtropfkörpern. Berichte zur SWW Bd. 73, Stuttgart (1982)

Cheung, P.S.; K.-H. Krauth, M. Roth: Investigation to replace the conventional sedimentation tank by a mikrostrainer in the rotating disc system. Water research (1980), 67-75

Chiang, C.; D. Lauria: Heuristic Algorithm for Wastewater Planning. Journal of the Environmental Engineering Division, Proceedings of the American Society of Civil Engineers 103 (1977), 863-876

Chudoba, J.; J.S. Czech; J. Farkac, P. Grau: Control of Axtived Sludge Filamentous Bulking - Experimental Verification of a Kinetic Selection Theory. Water Research 19 (1985), 191-196

Chudoba, J.; F. Tucek: Production, degradation and composition of activated sludge in aeration system without primary sedimentation. JWPCF 57 (1985) 3, 201-206

Chudoba. J.; M. Dohanyos, P. Grau: Control of Activated Sludge Filamentous Bulking - IV. Effect of Sludge Regeneration. Water Science Techn. 14 (1982) 73-93

Chudoba, J.; V. Ottova, V. Madera: Control of Actived Sludge Filamentous Bulking - I. Effect of the Hydraulic Regime or Degree of Mixing in an Aeration Tank. Water Res. 7 (1973), 1163-1182

Ciria (Construction industry research and information association): Cost-effective sewage treatment - the creation of an optimising model. CIRIA-Report 46, London (1973)

Clough, G.F.G.: Efficient use of energie in sewage disposal. Water Pollution Control (1979), 156-164

Cobourn, G.H.; T. Popowchak: Composite correction program to improve plant performance. JWPCF 55 (1983) 7, 929-934

Czauderna, E.: Persönliche Mitteilungen vom 09.09.86. Firma DORR-OLIVER

Daffer, R.A.; J.M. Price: Energy Efficient Pump System. Paper presented at the 4th Mid-America Conf. on Environ. Eng. Design, Kansas City 1979

Dahlem, H.W.: Moderne mehrstufige biologische Verfahrenskombinationen bei der kommunalen und industriellen Abwasserbehandlung. Schriftenreihe WAR H.25. Darmstadt (1986), 121-160

Damiecki, R.: Leistung und Prozeßstabilität kommunaler Kläranlagen. Dissertation, GWA Bd. 61, Aachen (1982)

Daucher, H.H.; B. Sander: Entwässerung von Klärschlamm auf Kammerfilterpressen unter Verwendung von Polyelektrolyten. abwassertechnik (1985) 1

Dean, S.R.; M.R. Matsumoto, A.S. Weber, G. Tchobanoglous: Anaerobic digestion of solids captured during primary effluent filtration. JWPCF 58 (1986) 2, 132-138

DECHEMA: Sessile Mikroorganismen für den Umweltschutz. Sonderveranstaltung der DECHEMA-Arbeitsausschüsse "Abwasser" und "Umwelt-Biotechnologie", Königstein (1984)

DGHM: Forschungsziele und Aufgaben der Abwasser- und Umweltmikrobiologie. Kommision: Abwasser- und Umweltmikrobiologie (1984)

Diadovski, I.: Das mehrstufige Belebungsverfahren zur biologischen Reinigung von Abwasser. Wasser und Boden 36 (1984) 5, 213

Dichtl, N.: Die Stabilisation von Klärschlämmen unter besonderer Berücksichtigung einer zweistufigen aeroben/anaeroben Prozeßführung. Dissertation, Bochum (1984)

Dickgießer, G.: Klärschlammentsorgung - Verfahrenshinweise und -empfehlungen aufgrund von Kostenminimierungs- und Betriebssicherheitsbetrachtungen. Dissertation, ISWW-Karlsruhe (1981)

Dickopp, A.: KWK-Wirtschaftlichkeitsbetrachtungen mit Hilfe von Sensitivitätsanalysen. RWE-Tagung im Rahmen der ENKON '85

Diering, A.: Nitrifikation und Denitrifikation beim einstufigen Belebungsverfahren mit Vorklärung und beim AB-Verfahren. GWA-Bd. 90, Aachen (1987)

Doctor, R.D.: Private Sector Financing for Water Systems (Finanzierung von Wassersystemen über privaten Sektor). JAWWA, 78 (1986), H. 2, 47-48

Dohmann, M.: Leistungsverbesserung durch Trockenfiltration. ATV-Jahrestagung, Stuttgart (1986)

Dohmann, M.: Abwasserfiltration mit feinporigem Filtermaterial. Veröffentlichung d. JSWW Bd. 42, Hannover (1975)

Dold, P.L.; H.O. Buhr, G.v.R. Marais: An equalization for activated sludge process control. IAWPRC-Conference, Amsterdam (1986)

Downing, A.; A.H. Painter, G. Knowles: Nitrification in the activated sludge process. J.Inst. Sew. Purification (1964), 130-158

DVWK: Projektbewertung in der wasserwirtschaftlichen Praxis. DVWK-Schriften Heft 66, Paul Parey-Verlag, Hamburg (1984)

Eberhardt, H.; O. Klee, W. Weber: Leistungssteigerung einer überlasteten Belebungsanlage durch Einbau submerser Festkörper. Wasserwirtschaft 74 (1984) 2, 47-53

Eberli, W.: Erfahrungen mit zweistufigen Abwasserreinigungsanlagen mit der Kombination Tauchtropfkörper/Belebtschlammanlage. Mecana Masch.Fabrik. Schmelikon, Schweiz (o.J.)

Eckenfelder, W.W.; D.L. Ford: Water Pollution Control. Pergamon Press (1970) zitiert in Braha (1985a)

Ecker, J.G.; McNamara, J.R.: Geometric programming and the preliminary design of industrial waste treatment plant". Water Resources Research 7 (1971) 1 S.18-22

Eggeling, G.; H.J. Karpe: Ökonomische Überlegungen zu Investitionen in der Siedlungswasserwirtschaft. gwf wasser/abwasser 112 (1972) 9, 459-461

Eichhorn, W.: Die Begriffe Modell und Theorie in der Wirtschaftswissenschaft (Teil 1+2). Zeitschrift für Ausbildung und Hochschulkontakt 1(1972)7+8

Eichhorn, W.; Shephard, R.W.; Stehling, F.: Produktions- und Kostentheorie. Handwörterbuch der mathem. Wirtschaftswissenschaften (1979)

Eickholt, H.: Persönliche Mitteilungen vom 23.09.86. Firma HEIN-LEHMANN AG

Eklund, L.; C. Andersson: Abwasserreinigung durch Flotation. Industrieanzeiger 49 (1977)

Ellinger, T.; Operations Research - eine Einführung. Springer-Verlag, Berlin-Heidelberg (1984)

Elmaleh, S.; T.I. Yoon, A. Grasmick: Influence of macromixing on organic carbon uptake and solids production by aerobic suspended biomass. 12. IAWPRC-Conference, Amsterdam (1984)

Englmann, E.; W. Hegemann: CST-gesteuerte Konditionierungsmitteldosierung bei der Filterprogrammentwässerung. gwf wasser/abwasser 126 (1985) 3, 130

EPA (U.S. Environmental Protection Agency): Process Design Manual for Nitrogen Control. Cincinatti, Ohio (1975)

Eppler, B.: Aggregation von Mikroorganismen. Dissertation, ISWW-Schriftenreihe Bd. 24, Karlsruhe (1980)

Erfurth, H.; G. Bieß: Optimierungsmethoden. VEB Deutscher Verlag für Grundstoffindustrie, Leizpzig (1975)

Erfurth, H.; G. Just; W. Pippel: Modellierung und Optimierung chemischer Prozesse. VEB Deutscher Verlag für Grundstoffindustrie, Leipzig (1973)

Ermel, G.: Stickstoffentfernung in einstufigen Belebungsanlagen - Steuerung der Denitrifikation. Dissertation, Braunschweig (1983)

Espey, H.: Persönliche Mitteilungen vom 02.09.86. Firma DIA Pumpen - Hydrasieve

Esser, K.; U. Kües: Flocculation and its Implication for Biotechnology. Process Biochemistry (1983) 12, 21-23

Evans, F.L: Consideration of first-stage organic overloading in rotating biological contactor design. IWPCF 57 (1985) 11, 1094-1098

Evenson, D.E.; G.T. Orlob, J.R. Monser: Preliminary selection of waste treatment systems. JWPCF 41 (1969) 11, 1845-1858

Ewers, H.J.; K.-H. Jacobitz; R. Wettmann: Kosten und Nutzen kommunaler Abwasserbeseitigungsmaßnahmen. KBA-Berichte 10/38, Erich-Schmidt-Verlag, Berlin (1983)

EWPCA: Stand der Abwasserbehandlung in der Bundesrepublik Deutschland. Industrieabwässer (1984), 22-23

Fahlenkamp; Persönliche Mitteilungen. Norddeutsche Seekabelwerke, Nordenham (1987)

Falkenhausen, K. von: Planung eines Entsorgungssystems für die Klärschlammbehandlung. ISWW-Schriftenreihe Bd. 33 Karlsruhe (1983)

Fassnacht, A.; F. Sperling: Betriebliche Aspekte der Automatisierung von Kläranlagen am Beispiel der Regelung des Sauerstoffeintrags. Techn. Mitt. 74 (1981) 6, 312-315

Fazeli, A.: Untersuchung zur Flockung von Bakterien. Gas-Wasser-Abwasser 51 (1971) 9, 271-277

Filip, D.S.; T. Peters, V.A. Adams, E.J. Middlebrocks: Residual Heavy Metall Removal by algae-intermittent Sand Filtration System. Water Research 13 (1979), 305-313.

Firk, W.: Leistungsverbesserung durch biologische Naßfiltration. ATV-Jahrestagung, Stuttgart (1986)

Fitzer, E.; W. Fritz: Technische Chemie. Springer Verlag, Berlin-New York (1975)

Flick, K.-H.: Das Entscheidungskriterium Wirtschaftlichkeit in der Abwasserbeseitigung. Korrespondenz Abwasser 32 (1985) 5, 424-427

Flögl, W.: Baukosten von Belebungsbecken in Abhängigkeit von der Form und der Anzahl der Becken. Berichte zur SWW Bd. 70, Stuttgart (1981), 95-131

Flohrschütz, R.; E. Hau; U. Wiedmann: Heizwärme aus Abwasser. Energie 31 (1979) 4, 117

Förderungsrichtlinien der Wasserwirtschaft. Baden-Württemberg: GABl vom 16.04.(1977), 592, in der Fassung vom 20.04.(1979), 427

Forster, C.F.: The surface of activited sludge particles in relation to their settling characteristics. Water Research 2 (1968), 767-776

Fries, D.; P. Spies: Lösungsbeispiele zur Leistungssteigerung überlasteter Kläranlagen. Korrespondenz Abwasser 30 (1983) 10, 713-717

Gal, Th.: Zum Wesen des Operations Research. Audimax, Fernuniversität Hagen (1983)

Gassen, M.: Die Empfindlichkeit der Kläranlagenbemessung und der Systemvergleiche. GWA Bd. 60 IR Aachen (1982), 105-118

Gebert, W.D.; D. Leicht, B. Wagner: Leistungsverbesserung der Abwasserbehandlung durch Steuermaßnahmen in Kanalnetz und Kläranlage. Kommunalwirtschaft 9 (1981), 332-339

Gehrke, R.: Stabilisierung, Pasteurisierung, Hygienisierung von Klärschlamm: Schlammbehandlung mit Kalk. Umwelt 14 (1984) 3, 211-212

Germann, K.H.: Dynamische Simulation der Gewässergüte. Proceedings in Operations Research. Physika-Verlag, München-Wien (1979)

Gilles, J.: Stand der öffentlichen Abwasserbeseitigung-Abwasserinvestitionen. Korrespondenz Abwasser 30 (1983) 10, 692-699

Gils, E.D.; P. Holl; W. Marquardt: Dynamische Simulation komplexer chemischer Prozesse. Chem. Ing. Technik 58 (1986) 4, 268-278

Gömenc, I.E.; P. Harremoes: Nitrification in rotating disc systems. Water Research 19 (1985) 9, 1119-1127

Görike, P.: Studie zur Technik und Wirtschaftlichkeit von BHKW mit Verbrennungsmotoren und Gasturbinen. BMFT-Bericht ET 5089A, Essen (1979)

Gossel, H.: Untersuchungen zum Verhalten von Belebungsanlagen bei Stoßbelastungen. Schriftenreihe WAR Bd. 12, Darmstadt (1982)

Gradl, T.: Kostenminimierung im Kläranlagenbau durch Verfahrenskombination. Korrespondenz Abwasser 29 (1982) 9, 621-624

Grady, C.P.; W. Gyjer, M. Henze, G.v. Marais, T. Matsuo: A model for single sludge wastewater treatment systems. Water Science Techn. 18 (1986), 47-61

Greenburg, A.E.; G. Levin, W.J. Kaufmann: Effect of Phosphorus Removal on the Actived Sludge Process. Sew. Ind. Wastes 27 (1955), 277

Greiser, N.: Die Bedeutung biologischer Faktoren für die Schwebstoffbildung in der Elbe. Die Küste 42 (1985), 136-149

Grögler, H.: Über ein Näherungsverfahren zur Ermittlung optimaler Rundfahrtwege von Regalbedienungsgeräten. AKOR, (1966) zitiert in: Müller-Merbach (1970)

Gros, H.: Optimation de la floculation-filtration pour le polissage desuses. 5. EAS, München (1981), 521-535

Gros, H.; B. Mörgeli: Optimierte weitergehende Abwasserreinigung und Phosphorelimination durch Raumfiltration über körnige Medien. Gas-Wasser-Abwasser 60 (1980) 11

gtz (Deutsche Gesellschaft für technische Zusammenarbeit): Abwassertechnologie. Springer-Verlage, Berlin-Heidelberg (1984)

Güde, H.: Interactions between Floc-Forming and Non-Floc-Forming Bacterial Populations from Activated Sludge. Current Microbiol. 7 (1982), 347-350

Güde, H.: Grazing by Protozoa as Selection Factor for Activated Sludge Bacteria. Microb. Ecology 5 (1979), 225-237

Günthert, F.W.: Ein Beitrag zur Bemessung von Schlammräumung und Eindickzone in horizontal durchströmten, runden Nachklärbecken von Belebungsanlagen. Münchner Berichte Nr. 49 (1984)

Gujer, W.: Anwendung der mathematischen Simulation von Reinigungsprozessen beim Ausbau von Kläranlagen. Pro Aqua - Pro Vita, Basel (1986)

GVC - VDI: Verfahrenstechnik der Klärschlammverwertung. Preprints Tagung Baden-Baden (1984)

GVC - VDI: Verfahrenstechnik der biologischen Abwasserreinigung. Preprints-Tagung Krefeld (1983)

Haasis, H.D.; O. Rentz: Systemstudien - ein Hilfsmittel zur Lösung der Umweltprobleme der Region Oberrhein. Koll. der Oberrh. Universitäten, Straßburg (1986)

Hackenberger, J.: Untersuchungen über den Einfluß der Absetzvorgänge bei Belebungsanlagen mit und ohne Schlammstabilisierung zur Reinigung von Abwässern. Forschungsbericht TU Dresden (1968)

Haecht, J.L. van; A. Bolipombo, P.G. Rouxhet: Immobilization of Saccharomyces cerevisae by Adhesion. Biotechnology and Bioengineering 27 (1985), 217-224

Hagen, H.: Technologische und ökonomische Auswirkungen der Veränderung der Vorklärzeit auf die Schlammbehandlung. wwt 24 (1974) 8, 277-280

Hahn, H.H.: Forschung und Entwicklung in der Abwassertechnik und beim Gewässerschutz. Schriftenreihe der ATV Bd. 13, St. Augustin (1986)

Hahn, H.H.: Ablaufverbesserung durch Flotation. Berichte zur SWW Bd. 87, Stuttgart (1985), 165-198

Hahn, H.H.: Schlämme aus der Abwasserfällung und -flockung auf konventionellen Kläranlagen. ATV Fortbildungskurs C/2, Kaiserslautern (1981)

Hahn, H.H.: Planung und Organisation von Einzelkläranlagen und Gruppenkläranlagen. ISWW-Schiftenreihe Bd. 22, Karlsruhe (1980)

Hahn, H.H.: OR und seine Anwendung in der Siedlungswasserwirtschaft. Wasser und Abwasser in Forschung und Praxis, Bd. 5 u. 12, Erich Schmidt Verlag, Bielefeld (1972 + 1976)

Hahn, H.H.; B. Kordes: Energiebilanz bei der Abwasserreinigung. Korrespondenz Abwasser 31 (1984) 3, 158-164

Hannsmann, F.: Einführung in die Systemforschung. Oldenburg Verlag, München

(1978)

Harremoes, P.: Theroretische und experimentelle Grundlagen der Biofilmkinetik. gwf wasser/abwasser 127 (1986) 1, 16-25

Harremoes, P.: BSB-Umsetzung und Nitrifikation an Scheibentauchkörpern. gwf wasser/abwasser 125 (1984) 5, 227-238

Harris, R.H.: The effect of Extracellular Polymers and Inorganic Colloids on the Colloidal Stability of Bacteria. Thesis Harvard University, Cambridge, Mass. (1971)

Harrison, J.R.: A survey of combined trickling filter and activated sludge processes. JWPCF 56 (1984) 10, 1073-1079

Hartmann, K.; W. Schirmer; M.G. Slinko: Modellierung und Optimierung verfahrenstechnischer Systeme. Akademie-Verlag, Berlin (1978)

Hartmann, L.: Grundlagen der biologischen Abwasserreinigung. ATV-Handbuch Bd. 6 (1986), 3-34

Hartmann, L.: Leistungsgrenzen der biologischen Abwasserreinigung. Münchner Berichte Bd. 51 (1984), 3-18

Hartmann, L.: Biologische Abwasserreinigung. Springer-Verlag, Berlin-Heidelberg-New-York-Tokyo (1983)

Hartmann, L.: Kinetik der biologischen Abwasserbehandlung. gwf-Schriftenreihe wasser/abwasser Bd. 19, München (1981), 64-100

Hartmann, L.: Die Beziehung zwischen Beschaffenheit, Leistungsfähigkeit und Lebensgemeinschaft der Belebtschlammflocke am Beispiel einer mehrstufigen Versuchsanlage. Vom Wasser 17 (1960), 107-184

Heckershoff, H.; U. Wiesmann: Der Belebtschlammreaktor im ein- und vierstufigen Betrieb. Chem.-Ing.-Technik 53 (1981) 4, 268-270

Hegemann, W.: Generelle Möglichkeiten der Leistungssteigerung von Belebungsanlagen. Münchner Berichte Bd. 51 (1984), 53-77

Hegemann, W.: Auswirkungen der Fällung auf die Bemessung und den Betrieb von Kläranlagen. Münchner Berichte Bd. 61 (1985), 67-84

Hegemann, W.; E. Englmann: Belebungsverfahren mit Schaumstoffkörpern zur Aufkonzentrierung von Biomasse. gwf wasser/abwasser 124 (1983) 5, 233-239

Hegemann, W.; A. Wildmoser: Sanierung einer Belebungsanlage durch den Einsatz von schwimmenden Aufwuchskörpern zur Biomasseanreicherung. gwf wasser/abwasser 127 (1986) 9, 415-421

Heinrich, H.J.: Maschinelle Schlammentwässerung. Berichte der ATV Bd. 2, St. Augustin (1977)

Heiß, H.J.: Stabilität kostenminimaler Lösungen bei der Planung von Abwasserentsorgungssystemen. Dissertation, ISWW-Schriftenreihe Bd. 34, Karlsruhe (1983)

Henke, K.F.; J. Maack: Energietips für Einkauf und Betrieb. Umwelt + Energie, Haufe-Verlag Freiburg (1985) 3

Henze, M.; E. Bundgaard: Bemessung von kombinierten Nitrifikations- und Denitrifikationsanlagen. gwf-wasser/abwasser 5 (1982), 240-246

Henzler, H.J.; J. Baumgarten: Untersuchungen zur Kinetik der aeroben Abwasserreinigung. Chem.-Ing.-Technik 58 (1986) 7, 592-595

Herbert, D: Recent Progresss in Microbiology. 7. Int. Congress for Microbiology (Hrsg. G. Tunevall) Almquist and Wiksell, Stockholm (1958), 381

Hermanowicz, S.W.; J.J. Ganczarczyk: Mathematical modelling of biological packed and fluidized bed reactors. Developments in Environmental Modelling, 7 (1985), 473-524

Hesse, G.: Das Deep-Shaft-Verfahren, Technologie, Leistungsfähigkeit, Wirtschaftlichkeit und Anwendung. Dissertation, ISWW Bd. 59, Hannover (1985)

Hilligardt. R.: Eindickung und Entwässerung von verdünnten Schlammsuspensionen unter Einsatz synthetischer Flockungsmittel. gwf wasser/abwasser 126 (1985) 6, 312-318

Hinger, K.-J.; H. Blenke: Wahl der Zielgrößen zur wirtschaftlich optimalen Auslegung von Chemiereaktoren und Analyse der wirtschaftlichen Optimierung eines Chemiereaktors. Chem. Ing. Techn. 47 (1975), 79-85 und 976-981

Hirose, M.: Ein neues System einer Kombination des Belebungsverfahrens mit sessilen Organismen auf Aufwuchsflächen. gwf wasser/abwasser 125 (1983) 5, 239-242

Hoffmann, J.: Energiehaushalt auf Kläranlagen. Korrespondenz Abwasser 29 (1982a) 12, 896-904

Hoffmann, J.: Wirtschaftlicher Ausbaugrad von Faulgasspeichern. GWA Bd. 60, Aachen (1982b)

Hoffmann, J.: Sammlung, Organisation und Nutzung von Daten über den Stand der Klärtechnik, Bemessung und Kosten. Dissertation, Aachen (1979)

Hoffmann, U.; H. Hofmann: Einführung in die Optimierung. Verlag Chemie, Weinheim (1971)

Hofmann, H.: Leistung und Einsatzmöglichkeiten von Belebungsanlagen mit vorgeschalteter Denitrifikation. Münchner Berichte Bd. 51 (1984), 241-272

Hohlfelder, G.: Operations Research für Wasserbau- und Umweltplanung. Broschüre, Freiburg (o.J.)

Hohmann, R.: Persönliche Mitteilungen Emschergenossenschaft-Lippeverband Essen (1986)

Hohmann, R.: Energiewirtschaft auf Kläranlagen. Korrespondenz Abwasser 29

(1982) 12, 959-961

Hruschka, H.: Prozeßführung auf Kläranlagen durch Einsatz elektronischer Rechner. Dissertation, Münchner Berichte Bd. 39 (1983)

Huber, L.: Aerobe biologische Abwasserreinigung - Leistungsfähigkeit und -grenzen, Münchener Beiträge Bd. 38 (1984), 11-31

Hüper, F.: Filteranlagen zur Sanierung hydraulisch überlasteter Nachklärungen. Am Beispiel der Kläranlage Bredenbeck. Korrespondenz Abwasser 32 (1985) 10, 871-876

Hunken, K.H.: Untersuchungen über den Reinigungsverlauf und den Sauerstoffverbrauch bei der Abwasserreinigung durch das Belebtschlammverfahren. Berichte zur SWW Bd. 4, Stuttgart (1960)

Hykan, E.H.: Optimize your wastewater treatment. Power 122 (1978) 12, 78-81

IAWR: Rhein-Memorandum (1986)

Ibaraki, T.; S. Muro; T. Murakami; T. Hasegawa: Using Branch-and-Bound Algorithms to Obtain Suboptimal Solutions. Zeitschrift für OR 27 (1983), 177-202

Imhoff, K.R.: Probleme des Umweltstrafrechts aus der Sicht eines Kläranlagenbetreibers. Korrespondenz Abwasser 33 (1986) 3, 192-194

Imhoff, K.R.: Zur Entwicklung der Abwasserreinigung und des Gewässerschutzes in der BRD. gwf wasser/abwasser 125 (1984) 6

Imhoff, K.R.: Spezifische Schlammmengen und Lastzahlen des Einwohners. Korrespondenz Abwasser 30 (1983a) 12, 907-909

Imhoff, K.R.: Leistungsvergleich ein- und zweistufiger biologischer Abwasserreinigungsverfahren. GWA Bd. 59 (1983b), 337-362

Irmer, H.: Rechnergestützte Planung von Anlagen zur Klärschlammbehandlung. Dissertation, Darmstadt (1977)

Jakma, F.: New concepts in tertiary filtration. 5. EAS, München (1981), 317-332

Jacobs, A.: Energy Management at Water Pollution Control Facilities-Case Studies. Paper presented at 4th Mid-America Conf. on Environ. Eng. Design, Kansas City (1979)

Jacob, H.: Produktionsplanung und Kostentheorie. Festschrift für E. Gutenberg (Hrsg. H. Koch), Wiesbaden (1962)

Jansen, P.J.; O. Moeschlin; O. Rentz: Quantitative Modelle für ökonomisch-ökologische Analysen. Schriften zur wirtschaftswissenschaftlichen Forschung, Bd. 108, Verlag A. Haun, Meisenheim (1986)

Jedele, K.: Belebtschlammabtrennung durch Flotation. Berichte zur SWW Bd. 87, Stuttgart (1985), 73-106

Jedele K.; W. Hoch; R. Rölle: Einsatz der Entspannungsflotation in Belebtschlammanlagen anstelle herkömmlicher Nachklärbecken. Korrespondenz Abwasser 27 (1980), 611

Jonitz, S.: Ermittlung der Jahreskosten von Kläranlagen und Anwendung der Annuitätenmethode zur Auswahl einer kostenminimalen Schlammbehandlung. Studienarbeit TH Karlsruhe und FhG-ISI (1986)

Jokanski, F.: Einflüsse auf das Betriebsverhalten und die Effizienz einer Biogasanlage. Forschungsbericht Agrartechnik des Arbeitskreises Forschung und Lehre der Max-Eyth-Gesellschaft, Kiel (1985)

Jung, J.: Vorausberechnung der Betriebskosten und Chemieanlagen in frühen Projektphasen. Chemie Technik 12 (1983), 39-46

Kalbskopf, K.H.: Anfall von Rechengut, Schwimmstoffen, Sandfanggut und Vorklärschlamm. ATV-Schriftenreihe Bd. 11, St. Augustin (1984)

Kalbskopf, K.H.: Theroretische Grundlagen, Bemessungen und Verfahrensweisen der Schlammeindickung. GWA Bd. 6, Aachen (1971)

Kaltwasser, B.J.: Biogas - regenerative Energieerzeugung durch anaerobe Fermentation organischer Abfälle in Biogasanlagen. Bauverlag, Wiesbaden-Berlin (1980)

Kandler, O.; J. Winter; R.Hilpert: Die Wirkung von Antibiotika auf die Methangärung. Energiespar-Technik (1981) 10, 14-15

Kansy, B.: Vergleichende Untersuchungen verschiedener Verfahren zur Aufkonzentrierung von Überschußschlämmen. Dissertation, Hannover (1982)

Kapp, H.: Schlammfaulung mit hohem Feststoffgehalt. Dissertation, Berichte zur SWW Bd. 86, Stuttgart (1984a)

Kapp, H.: Denitrifikation in Kläranlagen. Wasserwirtschaft 74 (1984b) 6, 319-326

Kapp, H.: Stickstoffentfernung aus Abwasser. Entsorgungspraxis (1986) 5, 342-348

Karrenberg, R.; A.W. Scheer: Ableitung des kostenminimierenden Einsatzes von Aggregaten zur Vorbereitung der Optimierung simultaner Planungssysteme. ZfB 40 (1970), 689-706

Kassner, W.: Verknüpfung von Energiehaushalt und Verfahrenstechnik bei der Abwasserreinigung. ATV-Berichte Bd. 33, St. Augustin (1981)

Kayser, R.: Beitrag zur Berechnung des Überschußschlammanfalls beim Belebungsverfahren. Österreich. Abwasserrundschau 5 (1971) 5, 73-78

Kayser, R.: Praktische Erfahrungen mit der Regelung der simultanen Nitrifikation-Denitrifikation. Münchner Berichte Bd. 51 (1984), 221-240

Keller, U.; J. Berninger: Aerob-thermophile Schlammfermentation mit anschließender Faulung. Versuchsbericht für das Schweizer Bundesamt, zitiert in Roediger (1985)

Kempa, E.S.: Systemorientierte Projektierung von Abwasserreinigungsanlagen. Grundlagen der Abwasserreinigung (Hrsg.: F. Moser). gwf-Schriftenreihe wasser/abwasser Bd. 19, München (1981), 520-538

KHD: Persönliche Mitteilungen Minkley, Heidelberg (1986)

Khashabian, J.: Bioflex - eine flexible, biologische Stufe zur Reinigung von Abwässern. Chemie Technik (1982) 1, 41

Kiefhaber, K.-P.: Versuchsanlagen zur Entspannungsflotation von Abwasser - Vergleich von Versuchsergebnissen. Dissertation, ISWW-Schriftenreihe Bd. 27, Karlsruhe (1982)

Klauwer, E.; H.-G. Rumpf: Möglichkeiten zur Verringerung der Energiekosten und Einsparung von Primärenergie bei der Abwasserbehandlung. Brennst. Wärme Kraft 32 (1980) 9, 372-378

Klute, R.: Adsorption von Polymeren an Silikaoberflächen bei unterschiedlichen Strömungsbedingungen. Dissertation, Karlsruhe (1977)

Knocke, W.R.: Effects of floc volume variations on activated sludge thickening charactristics. JWPCF, 58 (1986), H. 7, 784-791

Köhne, M.; F.W. Siepmann; D.te Heesen: Der BSB-5 und der kontinuierliche Kurzzeit BSB im Vergleich: Korrespondenz Abwasser 33 (1986) 9, 787-793

Koglin, B.: Einfluß der Agglomeration auf die Filtrierbarkeit von Suspensionen. Chem. Technik 56 (1984) 2, 111-117

Koglin, B.: Assessment of the Degree of Agglomeration in Suspension. Powder Technology 17 (1977), 219-227

Kollatsch, B.; A. Gowasch: Betrachtungen über die Reinigungsleistung konventioneller Kläranlagen - dargestellt an Beispielen im niedersächsischen Raum. GWA Bd. 50, Aachen (1981)

Kone, S.; U. Behrens: Zur Kinetik der Denitrifikation. Teil 1: Mischpopulation und Acetat als Kohlenstoffquelle. Acta hydrochim. hydrobiol. 9 (1981), 523-533

Koppe, P.; A. Stozek: Resultate der täglichen chemischen Überwachung von sechs biologischen Kläranlagen über ein Jahr. Vom Wasser 50 (1978), 137-176

Kordes, B.: Persönliche Mitteilungen. GKW-Ingenieure, Mannheim (1986)

Kordes, H.; H.H. Hahn: Energieverbrauch von biologischen Kläranlagen. Wasserwirtschaft 74 (1984) 6, 327-331

Krauth, K.-H.: Kombinierte Verfahren zur biologischen Abwasserreinigung - Wirkungsweisen, Leistungen. ATV-Jahresversammlung, Stuttgart (1986)

Krauth, K.-H. (Hrsg.): Anwendung des Belebungsverfahrens zur Nitrifikation und Denitrifikation. Berichte zur SWW Bd. 93, Stuttgart (1985a)

Krauth, K.-H.: Biologische Abwasserreinigung, Tauchkörper. Lehr- und Handbuch der Abwassertechnik Bd. 4 (1985b), 194-223

Krauth, K.-H.: Technische Durchführbarkeit der Nitrifikation und Denitrifikation mit Festbettreaktoren. Berichte zur SWW Bd. 77, Stuttgart (1982), 253-261

Krauth, K.-H.: Nachklärung und Leistung von Belebungsanlagen. gwf wasser/abwasser 112 (1971) 12, 600-603

Krauth, K.-H.; H. Kapp: Veränderung des Stickstoffs im Abwasser durch seine Behandlung in biologischen Kläranlagen. GWA Bd. 69, Aachen (1984), 659-689

Kruschwitz, L.: Investitionsrechnung. Berlin: De Gruyter-Lehrbuch Verlag (1978)

Küng, W.; A. Moser: Bioprocess engineering characteristics of the horizontal stirred tank. Bioprocess Engineering 1 (1986) 1, 23-28

Kugel, G.: Betriebsstörungen und Abwasserabgaben - Beitrag zur Risikobewertung in einer Fallstudie. GWA Bd. 75, Aachen (1986)

Kugelmann, I.J.: Optimization of treatment plant operation. JWPCF 55 (1983) 6, 647-650

Kugelmann, I.J.; J.M. Houthoofd: Optimization of treatment plant operation. JWPCF 56 (1984) 6, 614-616

Kunst, S.: Vergleich der Phenolabbauleistung zweier Belebtschlämme mit und ohne Zusatz von adaptierten Bakterien. gwf wasser/abwasser 125 (1984) 5, 254-258

Kunz, P.: Auswirkungen von mikrobiziden Stoffen in Kläranlagen. Wasser und Boden 38 (1986a) 5, 224-233

Kunz, P.: Dezentrale oder zentrale Steuerung von Kläranlagen? ISI-A-7 (1986b)

Kunz, P.: Konzepte zur verfahrenstechnischen Optimierung bestehender Anlagen zur Schlammbehandlung. GWA Bd. 85, Aachen (1986c)

Kunz, P.: Produktion von Faulgas - Voraussetzung für einen wirtschaftlichen Betrieb von Gasmotorenanlagen, insbesondere in kleineren Kläranlagen. Materials and Energy from Refuse, 3rd Int. Symp., Antwerpen (1986d)

Kunz, P.: Zentrale oder dezentrale Abwasserreinigung unter dem Gesichtspunkt des Energieverbrauchs kommunaler Kläranlagen. Korrespondenz Abwasser 29 (1982) 12, 860-865

Kunz, P.: Untersuchungen zur Partikelaggregation in Rohrströmungen. Vertieferarbeit am ISWW Karlsruhe (1981)

Kunz, P.: Auswirkungen der Zentralisierung in der Abwasserreinigung. Diplomarbeit am ISWW Karlsruhe (1980)

Kunz, P.; J. Bischof, A. Müller, H.U. Schroeder: Einflußfaktoren des Kläranlagenbetriebes auf die Nutzung der Abwasserwärme. Forschungsbericht ISI-B-12-1985, Karlsruhe (1985)

Kunz, P.; E. Böhm; A. Müller: Maßnahmen zur Erhöhung der Prozeßstabilität von Kläranlagen. FhG-Berichte (1987) 1

Kunz, P.; E. Böhm: Landwirtschaftliche Klärschlamm-Verwertung in kleineren Kläranlageneinzugsgebieten. Korrespondenz Abwasser 31 (1984) 1, 31-38

Kunz, P.; G. Ermel: Erfahrungen beim Einsatz und Möglichkeiten zur Umsetzung dezentraler Steuerungen in Kläranlagen. FhG-ISI, Karlsruhe (1986)

Kunz, P.; G. Frietsch: Mikrobizide Stoffe in biologischen Kläranlagen - Immisionen und Prozeßstabilität. Springer Verlag, Berlin-Heidelberg 1986

Kunz, P.; H. Lemmer: Untersuchungen zur Beeinträchtigung der Funktionstüchtigkeit der Kläranlage Willstätt durch Schwimmschlamm. Abschlußbericht: Karlsruhe, München (1987)

Kunz, P.; R. Lohr; A. Müller: Energieversorgungskonzept für die Kläranlage Kronau des Abwasserzweckverbandes Kraichbachniederung. Untersuchungsbericht, Karlsruhe (1985)

Kunz, P.; A. Müller: Energiekostensenkung bei der kommunalen Abwasserreinigung durch den Abbau von Strombezugsspitzen. BMFT-Forschungsbericht 02 WA 852 13, Karlsruhe (1986)

Kunz, P.; A. Müller: Ansatzpunkte zur dezentralen Steuerung kleiner und mittelgroßer Kläranlagen - Möglichkeiten zur Energieeinsparung. BMFT-Forschungsbericht-T-85-114 (1985)

Kunz, P.; D. Toussaint: Entwicklung eines technisch-wirtschaftlichen BHKW-Betriebskonzeptes für Kläranlagen. FhG-ISI-A, Karlsruhe (1987)

Kunz, P.; D. Toussaint: Möglichkeiten der Faulgasproduktion in kommunalen Kläranlagen. FhG-ISI-A-1986, Karlsruhe (1986)

LaCour Jansen, J.; P. Harremoes: Removal of Soluble Substrates in Fixed Films. IAWPRC-Conf., Amsterdam (1984)

Landesamt für Datenverarbeitung und Statistik: Auflistung über die Klärgasgewinnung, -verwendung und -abgabe in Nordrhein-Westfalen. Düsseldorf (1979)

Laubenberger, G.: Struktur und physikalisches Verhalten der Belebtschlammflocke. Berichte zur Ingenieurbiologie, Karlsruhe (1970)

LAWA: Leitlinien zur Durchführung von Kosten-Nutzenanalysen in der Wasserwirtschaft (1979)

Lee, S.E.; B.L. Koopman, D. Jenkins, R.F. Lewis: The Effect of Aeration Basin Configuration on Activated Sludge Bulking at Low Organic Loadings. Water Science Techn. 14 (1982), 407-427

Lenk, H.: Zum Stand der Systemforschung in Umweltfragen. Kolloquium der Oberrhein. Universitäten, Straßburg (1986)

Lenk, R.: Kosten und Folgelasten kommunaler Investitionen. ifo-schnelldienst 27 (1981), 3-16

Leistner, G.; G. Müller, F. von Rüden: Biologische Abwasserreinigunsanlagen. Chem.-Ing.-Technik 53 (1981) 5, 303-307

Lemmer, H.: Mikrobiologische Untersuchungen zur Bildung von Schwimmschlamm auf Kläranlagen. Dissertation, München (1985)

Lengyel, W.: Abwasserreinigung und Energiekosten. Schriftenreihe des Österreichischen Wasserwirtschaftsverbandes 52 (1980), 213-235

Lessel, T.: Klärschlamm-Hygiene, Hintergründe, Vorschriften und Praxis der Klärschlammentseuchung. VDI-Umwelt (1986) 2, 155-162

Lessel, T.: Die schrittweise Einführung der Prozeßautomation in eine bestehende Kläranlage. Korrespondenz Abwasser 29 (1982) 9, 612-618

Levine, A.D.; G. Tchobanoglous, T. Asano: Characterization of the Size Distributation of Contaminants in Wastewater: Treatment and Reuse Implications. Proc. 57th Ann. Conf. WPCF, New Orleans (1984)

Liersch, K.-M.: Mehr Wirtschaftlichkeit im Klärwerksbau. Korrespondenz Abwasser 33(1986)9, 776-778

Liersch, K.-M.: Eigenüberwachung und Leistungsfähigkeit der Klärwerke Niedersachsens haben 1984 weiter zugenommen. Korespondenz Abwasser, 32 (1985) 4, 330-334

Liersch, K.-M.: Energiekosten sparen auf Klärwerken. Korrespondenz Abwasser 31 (1984) 1, 20-25

Liersch, K.-M.: Möglichkeiten zur Baukostensenkung kommunaler Klärwerke. Korrespondenz Abwasser 30 (1983) 5, 314-322

Lindner, W.: Schlammproduktion und Schlammalter beim Belebungsverfahren in ein- und zweistufiger Betriebsweise. Gesundheits-Ing. (1958) 9, 79

Lohmann, J.: Messen, Steuern und Regeln zur Automation von Kläranlagen. HDT Vortragsveröffentlichungen Nr. 447, Essen (1981), 4-9

Lohmann, J.: Neuere Entwicklungen bei der Automation von Kläranlagen. Abwassertechnik 37 (1986) 2, 3-6

Lohmann, J.: Sauerstoffkonzentrationsmessung, Regelung und Steuerung der Sauerstoffzufuhr. Korrespondenz Abwasser 26 (1979), 78

Lohmann, J.; S. Schlegel: Erfahrungen zur Regelung und Steuerung des Sauerstoffeintrags, insbesondere im Hinblick auf mögliche Energieeinsparungen. GWABd. 59, Aachen (1983), 561-589

Lohmeyer, G.: Trickling filters and operation tips. Sewage and ind. wastes 29 (1957) 1, 89-98

Lohr, R.: Entwicklung eines Optimiermodells für die Abwasserreinigung. Diplomarbeit TH Karlsruhe und FhG-ISI, Karlsruhe (1987)

Lohr, R.: Wirtschaftlichkeitsvergleich günstiger Varianten der rationellen Energienutzung zur Ausnutzung vorhandener Energiepotentiale in Kläranlagen. Studienarbeit TH Karlsruhe und FhG-ISI, Karlsruhe (1986)

Loll, U.: Stand der Technik bei der aerob-thermophilen Klärschlammstabilisation. Korrespondenz Abwasser 31 (1984a) 11, 934-939

Loll, U.: Technik der aeroben Schlammstabilisierung. VDI-GVC Tagung zur Verfahrenstechnik der Klärschlammverwertung, Baden-Baden (1984b)

Loll, U.: Optimale Gasproduktion bei der Ausfaulung organischer Substanzen. GWA Bd. 45, Aachen (1980)

Loll, U.: Stählermatic - eine neue Verfahrenstechnik zur biologischen Abwasserreinigung. Kommunalwirtschaft (1979) 9, 302-306

Loll, U.; J. Karges; H. Sander: Dimensionierungs- und Betriebswerte von Abwasserschlammfaulanlagen in der Bundesrepublik Deutschland. Oswald-Schulze-Stiftung Forschungsvorhaben (1979)

Lynn, W.R.; J.A. Logan, A. Chornes: System analysis for planning wastewater treatment plants. JWPCF 34 (1962), 565-581

Märkl, H.; R. Bronnenmeier: Mechanical stress and microbial production. Biotechnology 2 (H.J. Rehm, G. Reed; Hrsg.)

Marr, G.: Die meßtechnische Ausrüstung von Kläranlagen. Korrespondenz Abwasser 28 (1981) 12, 858

Matsumoto, M.R.: Feasibility and applicability of primary effluent filtration in the treatment of municipal wastewater. Dissertation, Buffalo (1980)

Matsumoto, M.R.; T.M. Galeziewski; G. Tchobanoglous: Filtration of primary effluent. JWPCF 54 (1982) 12, 1581-1591

Mc Kinney, R.E.: Design and Operational Model for Complete Mixing Activated Sludge System. Biotechnology and Bioeng. 16 (1974), 703-722

Mc Kinney, R.E.: J. Sanit. Eng. Div. Americ. Soc. Civil Eng. 88 SA (1962) 87, zitiert in Hartmann (1981)

Meagher, R.F.; J.R. Grinker: Sensors for Wastewater Plant Control: What works and whats needed. Instrumentation Technology 28 (1981) 5

Melsa, A.: Erfahrungen mit Bandfilterpressen, Kammerfilterpressen und Zentrifugen. ATV-Fortbildungskurs C/2, Kaiserslautern (1981)

MELUF Baden-Württemberg: Öffentliche Abwasserbeseitigung in Baden-Württemberg. Wasserwirtschaftsverwaltung H. 12, Stuttgart (1984)

MELUF Baden-Württemberg: Erlaß zum sparsamen Energieverbrauch in der SWW. Gemeinsames Amtsblatt 26.01.78 Nr. 74-3430 (1978)

Metcalf & Eddy, Inc.: Wastewater engineering: Treatment-Disposal-Reuse. Mc Graw-Hill Book Comp., New York (1979)

Meyer, H.: Technisch-wirtschaftliche Aspekte der Klärgasverwertung auf Kläranlagen. VDI-Berichte 459, Düsseldorf (1982)

Meyer, H.: Ein Beitrag zur Sanierung von einstufigen biologischen Kläranlagen unter besonderer Berücksichtigung der Zusammenhänge zwischen Vorklärbecken und Belebungsbecken. GWA Bd. 19, Aachen (1975)

Meyer, H.; A. Kaudelka, W. Podewils: Technisch-wirtschaftliche Aspekte der Klärgasverwertung auf Kläranlagen im Zusammenwirken von Abwasserreinigung und Energieautarkie. Mitteilungen der Oswald Schulze Stiftung Bd. 4 (1983)

Meyer, K.D.; H. Reimann: Duale Schlammstabilisierung - optimale Energierückgewinnung aus Klärschlamm. Korrespondenz Abwasser 29 (1982) 6, 411-416

Meyer, M.: Operations Research-Systemforschung. Fischer Verlag, Stuttgart (1983)

Middlebrooks, E.J.: Energy requirement for small wastewater treatement systems. JWPCF 53 (1981) 7, 1172-1197

Michaelis, L.; M.L. Menten: Biochem. Z. 49 (1913), 333

Michel, E.: Wirtschaftliche Abwasserreinigung durch Automatisierung. Sicherheit in Chemie und Umwelt 1 (1981) 3, 117-122

Mielicke, U.; E. Böhm, P. Kunz, W. Mannsbart: Forschungs- und Entwicklungsbedarf emissionsarmer Technologien im Nahrungs- und Genußmittelgewerbe. BMFT-Forschungsbericht-T-85-027, Karlsruhe (1985)

Miliczek, P.; H. Klotz: Beiträge und Gebühren in der Abwasserbeseitigung in Bayern. Korrespondenz Abwasser 32 (1985) 9, 779-783

Mishra, P.N.; L.T. Fan, L.E. Erickson: Biological wastewater treatment system design. The Canadian Journal of chemical engin. 51 (1973)

Möller, U.: Schlammenge und Beschaffenheit. siwawi Bd. 7, Bochum (1985a)

Möller, U.: Stabilisieren von Klärschlämmen und Abtrennen des Wassers - zwei wichtige Grundoperationen der Schlammbehandlung. VDI-Umwelt (1985b) 2, 163-174 und 4, 371-380

Möller, U.: Schlammuntersuchung und -charakterisierung als Grundlage der Schlammbehandlung und -beseitigung - Wechselbeziehungen zwischen Schlammeigenschaften und Schlammbehandlungsverfahren sowie der Beseitigung der Schlämme. Schriftenreihe der ATV Bd. 11, St. Augustin (1983)

Monrad, J.: The growth of bacterial cultures. Ann. Rev. Microbiology 3 (1949), 371-394

Moser, F.: Verfahrenstechnische Aspekte der biologischen Abwasserreinigung. Grundlagen der Abwasserreinigung. Schriftenreihe gwf-wasser/abwasser Bd. 19, München (1981)

Moog, W.: Betriebliches Energiehandbuch. Friedrich-Kile-Verlag, Ludwigshafen/Rhein (1983)

Mudrack, K.; S. Kunst: Biologie der Abwasserreinigung. Verlag G. Fischer, Stuttgart (1985)

Müller, L.: Steuerungsmöglichkeiten für Belebtschlammanlagen. Berichte zur Ingenieurbiologie Bd. 10, Karlsruhe (1977)

Müller-Merbach, H.: Operations Research Verfahren. Vahlen-Verlag, Berlin-Frankfurt (1970)

Müllner, J.: Der Waagner-Biro-Submersreaktor in der Abwasserbehandlung. vt-verfahrenstechnik 12 (1978) 6, 356-358

Mulbarger, M.C.: Avtivated sludge reaktor/ final clarifier linkages. JWCPF 57 (1985) 9, 921-928

Naundorf, E.A.; N. Räbiger, A. Vogelpohl: Reinigung hochbelasteter Industrieabwässer im Kompaktreaktor mit und ohne Zusatz von Aktivkohle. 4. DECHEMA Jahrestagung der Biotechnologen, Frankfurt/Main (1986)

Neis, U.; B. Geppert, H.H. Hahn, D. Gleisberg: Untersuchungen zur Wirtschaftlichkeit des Fällmitteleinsatzes in kommunalen Kläranlagen. gwf wasser/abwasser 122(1981) 6, 242-250 und 126 (1985) 6, 292-299

Nestmann, F.: Entwicklung und erste Erfahrungen mit dem Kegelstumpfbelüfter. 7. Wassertechnisches Seminar, Darmstadt (1984)

Neumann, H.: Eigenschaften, Auswirkungen und Bewertung der Abwässer von gewerblichen und industriellen Indirekteinleitern. Technische Mitteilungen 77 (1984) 5, 223-231

Neumann, K.: Operations-Research-Verfahren Bd. I und II. Hanser-Verlag, München (1975) und (1977)

Neumann, H.; M. Gorsler: Weitergehende Abwasserreinigung - Prioritäten aus Sicht des Gewässerschutzes. ATV Bd. 36 (1985), 583-635

Niehoff, H.H.: Biologische CSB-Elimination aus Abwässern - Möglichkeiten und Grenzen. Schriftenreihe WAR. Bd. 25, Darmstadt (1986), 337-362

Nill, B.: Wirtschaftlichkeit als Kriterium für die Entwicklung, Auslegung und Auswahl von Apparaten und Maschinen für Prozeßstufen. Chem.-Ing. Technik 58 (1986) 9, 720-731

Novak, J.T.; B. Haugan: Chemical conditioning of waste activated sludge-properties-composting and filtering characteristics. Norsk institutt for vannforskning, Oslo Report C 3-22 (1978)

Obermeyer, W.: Auswahl einer optimalen Verfahrenskombination bei der Abwasser- und Schlammbehandlung mittels OR-Verfahren. Diplomarbeit THP Karlsruhe und FhG-ISI, Karlsruhe (1987)

Oehme, C.: Trägerbiologien in der Abwassertechnik. Chem. Ing. Technik 56 (1984) 8, 599-609

Oesterle, E.; L. Fiechtner: Entstehung und Anwendung der Baupreisindices. Bauwirtschaft (1981) 42, 1517-1520 und 1551-1554

Orth, H.: Die Zuverlässigkeit des Realzinssatzes für Wirtschaftslichkeitsrechnungen in der Abwassertechnik. Korrespondenz Abwasser 30 (1983) 2, 88-91

Orth, H.: Erfahrungen bei der Anwendung von Optimierungsrechnungen und Nutzwertanalysen. ISWW-Schriftenreihe Bd. 22, Karlsruhe (1980)

Orth, H.: Verfahren zur Planung kostenminimaler regionaler Abwasserentsorgungssysteme. Wasser und Abwasser in Forschung und Praxis Bd. 9, Erich Schmidt Verlag, Bielefeld (1975)

Orth, H.; C. Bauer, H.Hahn: Wirtschaftlichkeitsvergleiche und Investitionsrechnungen in der abwassertechnischen Planungspraxis. Korrespondenz Abwasser (1981) 2, 62

Oswald Schulze: Stand und Entwicklungspotentiale der anaeroben Abwasserreinigung. Mitteilungen der Oswald Schulze Stiftung Bd. 7 (1986)

Otte-Witte, R.: Persönliche Mitteilungen, Aachen (1986)

Otte-Witte, R.: Optimierung der Schlammentwässerung. siwawi Schriftenreihe, Bd. 7, Bochum (1985), 249-282

Pack, L.: Optimale Produktionsplanung als Entscheidungsproblem. Zeitschrift für Betriebswirtschaft 40 (1970) 2, 67-90

Pagga, U.W.: Untersuchung der exozellulären Polymere von Belebtschlammbakterien. Dissertation, Stuttgart (1975)

Pasveer, A.: Über die Theorie des Sauerstoffeintrags und des Sauerstoffverbrauches beim Belebtschlammverfahren. Münchner Beiträge Bd. 5 (1958), 152-163

Pavoni, J.L.; R.W. Tenny, W.F. Edelberger: Bacterial exocellular polymers and biological flocculation. JWPCF 44 (1972) 3, 415-431

Pecher, R.: Ermittlung von Eingangsgrößen für die dynamische Investitionsrechnung in der Abwassertechnik. Korrespondenz Abwasser 28 (1981) 12, 848

Peschen, N.; G. Schuster: Wirkung der Kalkfällung auf die Schlammeigenschaften sowie Kosten. Korrespondenz Abwasser 30 (1983) 2, 100-103

Peter, A.: Betriebsversuche zur konzentrationsabhängigen Fällmitteldosierung bei der Simultanfällung. BMFT-Statusseminar: Neue Technologie in der Abwassertechnik, Stuttgart (1986)

Pierre, D. A.: Optimization theory with applications. J. Wiley Press, New York (1960)

Plahl-Wabnegg, F.; H. Kroiss: Biologische Schwermetallentfernung bei Industrieabwässern. gwf wasser/abwasser 125 (1984) 9, 424-426

Pöpel, F.: Lehrbuch für Abwassertechnik und Gewässerschutz. Deutscher Fachschriftenverlag Braun & Co., Mainz-Wiesbaden (1974)

Pöpel, F.: Leistung, Berechnung und Gestaltung von Tauchtropfkörperanlagen. Berichte zur SWW Bd. 11, Stuttgart (1964)

Pöpel, H.J.: Kritische Anmerkungen zur Bemessung des Belebungsverfahrens mit Nitrifikation und Denitrifikation. Schriftenreihe WAR Bd. 25, Darmstadt (1986)

Pöpel, H.J.: Globale Leistungsgrenzen weitergehender Abwasserreinigungsmaßnahmen. Münchner Berichte Bd. 51 (1984), 97-116

Pöpel, J.: Schwankungen von Kläranlagenabläufen und ihre Folgen für Grenzwerte und Gewässerschutz. Habilitationsschrift. gwf-Schriftenreihe wasser/abwasser Bd. 16, München (1971)

Popp, W.: Neuere Erkentnisse über Blähschlamm. Münchner Beiträge Bd. 31 (1978), 139-152

Port, E.: Verwendung von Belebtschlamm zur selektiven Adsorption toxischer Abwasserinhaltsstoffe. Dissertation, Darmstadt (1978)

Prindle, W.M.: A management approach to energy cost control in wastewater utilities. JWPCF 55 (1983) 10, 1239-1243

Putnearglis, A.; U. Wiesmann: Berechnung von Anlagen und Biomasse-Rückführung, bestehend aus Bioreaktor und Absetzbecken - erläutert am Beispiel des Belebtschlammverfahrens. Chem. Ing. Technik 55 (1983) 2, 158-159

Rademacher, O.: Optimierungsverfahren für wasserwirtschaftliche Systeme. Mitteilungen Inst. f. Wasserwirtschaft H. 48, Hannover (1980), 156-183

Räbiger, N.; A. Vogelpohl: Der Kompaktreaktor, ein neuentwickelter Schlaufenreaktor mit hoher Stoffaustauschleistung. Chem. Ing. Technik 55 (1983) 6, 486-487

Reimann, K.: Adsorption und echter Abbau bei Belebtschlamm. Zeitschrift für Wasser- und Abwasserforschung (1969) 6, 201-203

Reinhardt, M.: Beitrag zur Leistung und Wirtschaftlichkeit der Abwasserflotation als Vorreinigungsstufe in kommunalen Kläranlagen. Veröffentlichungen ISWW H. 53, Hannover (1984)

Rensink, J.H.: Blähschlamm: Verhinderung oder Bekämpfung? Berichte zur SWW Bd.70 (1982), 210-227

Rentz, O.: Chemisch-technische Anlagenplanung und (betriebs-)wirtschaftliche Optimalität. TIZ 105 (1981) 2, 79

Rentz, O.: Techno-Ökonomie betrieblicher Emissionsminderungsmaßnahmen. Erich Schmidt-Verlag, Berlin (1979)

Rentz, O.: Ecological input-output-modells and pollution abatement technologies. Proc 4th Int. Clean Air Congress, Tokyo (1977), 1040-1043

Rentz, O.: Vergleichende Betrachtungen verschiedener Abscheideverfahren unter Berücksichtigung der Wirtschaftlichkeit. Staub - Reinhaltung der Luft 34 (1974), 332-337

Rentz, O.; H.-D. Haasis, K.-L. Ballreich: Ein statisches und ein dynamisches Optimierungsmodell zur Beschreibung des umweltpolitischen Instruments "Bubble-Politik" und deren Anwendung mittels der dynamischen Programmierung. OR - Proceedings, Springer-Verlag, Berlin (1984)

Rentz, O.; T. Hanicke, R. Hempelmann: Practical experience with a dynamic LP-modell for the planning of optimal energy supply strategies taking into account detailed technologies for pollution control. Operations Research Verfahren 44 (1981), 653

Renner, H.: Mathematische Modelle für längsdurchströmte Nachklärbecken von Belebungsanlagen. Schriftenreihe TU Graz Bd. 6 (1980), 47-72

Resch, H:: Konstruktion und Bemessung vertikal durchströmter Nachklärbecken von Belebungsanlagen. Korrespondenz Abwasser 29 (1982) 7, 468

Resch, H.; H. Denzol: Baukosten von Nachklärbecken. Korrespondenz Abwasser 26 (1979) 1, 9

Riegler, G.: Kontinuierliche Kurzzeit-BSB-Messung. Ein neues Verfahren mit vielseitigen Möglichkeiten zur aussichtsreichen Anwendung. Korrespondenz Abwasser, 31 (1984) 5, 369-370

Riegler, G.: Optimierte Energieausnutzung durch die aerob-anaerobe Zweiphasen-Stabilisation. gwf wasser/abwasser 123 (1982) 6, 296-302

Riegler, G.: Eine Verfahrensgegenüberstellung von Varianten zur Klärschlammstabilisierung. Dissertation, WAR Bd. 7, Darmstadt (1981)

Riemer, M.; G.H. Kristensen; P.Harremoes: Residence time distribution in submerged biofilters. Water Research 14 (1980), 949-958

Rincke, G.: Die üblichen Bemessungen und die tatsächlichen Verhältnisse auf Kläranlagen. GWA Bd. 3, Aachen (1970)

Rittmann, B.E.: The Effect of Load Fluctuations on the Effluent Concentration Produced by Fixed-Film Reactors. IAWPRC-Conference, Amsterdam (1984)

Roediger, H.: Die anaerobe alkalische Schlammfaulung. Oldenbourg Verlag, München (1967)

Roediger, M.: Persönliche Mitteilungen, Hanau (1987)

Roediger, M.: Die thermische Vorpasteurisierung und Faulung von Klärschlamm im technischen und wirtschaftlichen Vergleich. Wasserwirtschaftliches Kolloquium, Neubiberg (1986)

Roediger, M.: Vergleich verschiedener Verfahren zur Stabilisierung und Hygienisierung von Klärschlamm. Kommunalwirtschaft (1985a) 9, 298-304

Roediger, M.: Technik der intensivierten anaeroben Schlammstabilisierung.

Chem. Ing. Technik 57 (1985b) 7, 616-618

Rösler, N.: Gedanken zur Technologie der Abwasserreinigung - Wissenschaft und Praxis. Korrespondenz Abwasser 39 (1982) 3, 128-133

Ropohl, G. (Hrsg.): Sytemtechnik - Grundlagen und Anwendung. C. Hanser Verlag, München (1975)

Rosen, B.: Persönliche Mitteilungen. Karlsruhe (1986)

Rosen, B.: Praktische Erfahrungen mit Hydrosieben anstelle von Vorklärbekken. GWA Bd. 59, Aachen (1983), 257-274

Rosen, B.: Einsatzmöglichkeiten der Flotation bei der Realisation fortschrittlicher Abwasserreinigungskonzepte. ISWW Schriftenreihe Bd. 25, Karlsruhe (1982)

Rosenzweig, K.: Privatisierung kommunaler Kläranlagen. Berichte der ATV Nr. 36, St. Augustin (1985)

Rossmann, L.A.: Synthesis of waste treatment systems by implicit enumeration. JWPCF 52 (1980) 1, 148-160

Rotec: Firmenunterlagen (1986)

Roth, M.: Untersuchungen zur Mikrosiebung nach aerober biologischer Abwasserreinigung. Berichte zur SWW Bd. 75, Stuttgart (1982)

Roth, M.: Mikrosiebung zur weitergehenden Abwasserreinigung. 5. EAS, München (1981), 277-290

Roth, M,: Einfluß der Partikelgröße auf die Feststoffentnahme aus Kläranlagenabläufen. Berichte zur SWW, Bd. 61, Stuttgart (1978), 15-32

Rudolph, K.U.: Zur Privatisierung der Abwasserbeseitigung - Stand - Entwicklung - Meinungen. Korrespondenz Abwasser 32 (1985) 12, 1062-1066

Rudolph, K.U.: Möglichkeiten der regionalwirtschaftlichen Bewertung örtlicher und überörtlicher Wasserversorgungssysteme. Informationen zur Raumentwicklung (1983) 2/3, 137-150

Rudolph, K.U.: Die Abwassertransportkosten als Wirtschaftlichkeitskriterium für Kleinkläranlagen. 3R international 20 (1981) 5, 245-250

Rudolph, K.U.: Über die Bedeutung ökologischer und anderer außerökonomischer Wertkomponenten bei Nutzen-Kosten-Betrachtungen im Bereich Wassergütewirtschaft. Zeitsch. f. Umweltpolitik (1980a) 1, 437-552

Rudolph, K.U.: Die mehrdimensionale Bilanzrechnung als Entscheidungsmodell der Wassergütewirtschaft. Dissertation, Darmstadt (1980b)

Salomon, H.: Die städtische Abwasserbeseitigung in Deutschland. Bd. II, Verlag Gustav Fischer, Jena (1907)

Sander, B.: Flockungsreifezeit und mechanische Stabilität geflockter Klärschlämme, Meßmethoden und Bedeutung für die maschinelle Schlammentwässerung. Chem. Ing. Technik 52 (1980) 3, 282-283

Sander, B.: Eine Labormethode zur Bestimmung des Entwässerungsverhaltens von biologischen Schlämmen. Chem. Ing. Technik 51 (1979) 6, 684-685

Schaefer, H.: Energiesparen - noch aktuell? Elektr. Energietechnik 31 (1986) 3, 6

Schenkel, W.: Die Bodenschutzkonzeption der Bundesregierung und landwirtschaftliche Verwertung von Klärschlämmen. Korrespondenz Abwasser 32 (1985) 9, 741-744

Scherb, K.: Ergebnisse von Versuchen zur weitergehenden Abwasserreinigung durch Mikrosiebung. Münchner Beiträge Bd. 38 (1984), 253-266

Scherb, K.; A. Steiner: Zur Toxizität von Schwermetallen bei der biologischen Abwasserreinigung. Abw. Biol. Fortbildungskurs, München (1981)

Schlegel, H.G.: Allgemeine Mikrobiologie. G. Thieme Verlag, Stuttgart (1985)

Schlegel, S.: Der Einsatz von getauchten Festbettkörpern beim Belebungsverfahren. gwf wasser/abwasser 127 (1986a) 9, 421

Schlegel, S.: Über den Einsatz von getauchten Festbettkörpern bei der biologischen Abwasserreinigung. Jahrestreffen der Verfahrensingenieure, Straßburg (1986b)

Schlegel, S.: Wirtschaftlichkeitsbetrachtungen zur Stickstoffeliminierung. GWA Bd. 69, Aachen (1984a)

Schlegel, S.: Leistungssteigerung des Belebungsverfahrens durch automatisierten Betrieb. Münchener Berichte Nr. 51 (1984b), 273-298

Schlegel, S.: Energieeinsparungen beim Belebtschlammprozeß. Pro Aqua - Pro Vita, Basel (1983)

Schneeweiß, C.: Dynamisches Programmieren. Physiker Verlag, Würzburg-Wien (1974)

Schöne, A.: Über abstrakte Modelle technischer Systeme und deren Strukturen. VDI-Z 119 (1977) 15/16, 753

Schoenenberg, H.; D. Allgöwer u.a.: Personalbedarf für Kläranlagen - Arbeitsbericht ATV-Fachausschuß 2.12. Korrespondenz Abwasser 27 (1980) 9, 632-638

Schüler, W.: Prozeß- und Verfahrensauswahl im einstufigen Einproduktunternehmen. Zeitschrift für Betriebswirtschaft 43 (1973)

Schulze-Rettmer, R.; T. Yawari: Über die Mechanismen des Eliminierung von organischen Substanzen aus dem Abwasser durch belebten Schlamm. ZWAF 11 (1978) 6, 205-209

Sedzikowski, T.: Influence of the presettling tank size on dimensioning and costs of a sewage treatment with activated sludge. Water Research 6 (1972), 341

Sekoulov, I.: Einsatz von Biofilmkörpern in Belebungsbecken. GWA Bd. 75, Aachen (1985), 837-857

Sekoulov, I.; W.D. Linke, A. Goubeau-Romeyke: Erhöhung der Nitrifikation in Festbettreaktoren. Berichte zur SWW Bd. 61, Stuttgart (1979), 139-160

Seydler, B.: Adsorption und Desorption von organischen Verunreinigungen an Belebtschlamm. Korrespondenz Abwasser 32 (1985) 1, 32-33

Seyfried, C.F.: Leistungsverbesserung durch Mikrosiebung. ATV-Jahrestagung, Stuttgart (1986)

Seyfried, C.F.: Verbesserte Schwebstoffabtrennung zur Sicherung der biologischen Reinigungsleistung. GWA Bd. 69, Aachen (1985a), 751-770

Seyfried C.F.: Einsatz der Flotation zur Vorbehandlung. Berichte zur SWW Bd. 87, Stuttgart (1985b), 21-44

Seyfried, C.F.; H. Hepcke: Eindickung - Sedimentation, Flotation und maschinelle Eindickung. ATV-Schriftenreihe Bd. 11, St. Augustin (1984)

Seyfried, C.F.: Grundlagen der Filtration und ihre Einsatzmöglichkeiten. ATV-Fortbildungskurs B 2, Eppingen (1976)

Sheffer, M.S.; M. Hiroaka, K. Tsumura: Flexible Modelling of the Activated Sludge System - Theoretical and Practical Aspects. IAWPRC-Conference, Amsterdam (1984)

Sheward, J.H.; B.W. Lawrence: Design and operation model of activated sludge. J of the environmental eng. div. (1973) 12, 773-784

Shih, Ch.S.; J.B. De Filippi: System optimization of waste treatment plant process design. J of the San. Eng. Div. (1970) 4, 409-421

Shih, Ch.S.; P. Krishnan: Dynamic optimization for industrial waste treatment design. JWPCF 41 (1969) 10, 1787-1802

Siedersleben, J.: Branch and Bound. Technical Report WIOR-218, Karlsruhe (1983)

Sixt, H.: Schlammstabilisierung - Rückblick und Perspektiven. VDI-Umwelt (1985) 2, 131-138

Smellie, R.H.; V.K. La Mer: J. Colloid Science 13 (1958), 589; zitiert in Burkert, Horacek (1986)

Smith, R.: Preliminary design and simulation of conventional wastewater renovation systems using the digital computer. JWPCF (1968) 3

Smoluchowski, M.V.: Versuch einer mathematischen Theorie der Koagulationskinetik kolloidaler Lösungen. Z. Phys. Chem. 92 (1917), 129

Sokratherm: Firmenprospekt (1986)

Solari. H.: Persönliche Mitteilungen vom 30.09.86, Fa. MECANA SA Schweiz.

Sontheimer, H.: Anforderungen an die Gewässerreinhaltung aus der Sicht der Gewässernutzung, insbesondere der Trinkwasserversorgung. 3. Dechema Fachgespräch Umweltschutz, Bad Soden (1985)

Spies, P.: Neues über weitergehende Abwasserreinigung am Beispiel Nitrifikation und Denitrifikation sowie Kaskadenbiologie. ATV-Jahrestagung, Stuttgart (1986)

Stahl, W.: Persönliche Mitteilungen, Universität Karlsruhe (1984)

Stahl, W. (Hrsg.): Fest-Flüssig-Trennung. GVC-Fortbildungskurs, Karlsruhe (1983)

Statistisches Bundesamt: Erzeugerpreise 1985-1980. Fachserie 17, Reihe 2, Wiesbaden (1986)

Statistisches Bundesamt: Wasserversorgung und Abwasserbeseitigung im Bergbau, aus Verarbeitendem Gewerbe und bei Wärmekraftwerken für die öffentliche Versorgung. Fachserie 19, Reihe 2.2, Wiesbaden (1981)

Statistisches Bundesamt: Öffentliche Wasserversorgung und Abwasserbeseitigung. Fachserie 19, Reihe 2.1, Wiesbaden (1979)

Staud, R.: Optimierung und betriebliche Steuerung des Belebungsverfahrens nach dem Prinzip des variablen Reaktorvolumens. BMFT-Bericht T-82-046, Karlsruhe (1982)

Stauff, J.: Kolloidchemie. Springer-Verlag, Berlin (1960)

Steenbock, R.: Abschreibungssätze der Abwasserbeseitigung. Korrespondenz Abwasser 31 (1984) 2, 91-92

Steinborn, G.: Dezentrale Kraft/Wärme-Koppelung unter Einsatz von Klärgas am Beispiel Klärwerk Oldenburg. BMFT-Forschungsbericht FB-T-83-221 (1983)

Steinecke, H.; W. Wappler: Erfassung der Prozeßparameter zur Steuerung eines modifizierten Belebungsverfahrens. Korrespondenz Abwasser 28 (1981) 8, 551

Steiner, A.E.; D.A. McLaren, C.F. Forster: The nature of activated sludge flocs. Water Research 10 (1979), 25-30

Stoll, W.: Zweistufige Abwasserreinigung unter Berücksichtigung weitgehender Nitrifikation. Korrespondenz Abwasser 30 (1983) 3, 148-154

Strohmeier, A.: Betriebserfahrungen mit mehrstufigen biologischen Anlagen in der BRD aufgrund einer Umfrage. Münchner Berichte Nr. 69 (1986), 155-206

Stumm, W.; C.R. O'Melia: Chemische und physikalische Vorgänge bei der Filtration. ETH Zürich Separatum Nr. 423 (o.J.)

Teichmann, H.: Untersuchung zur biologischen Reinigungsleistung von Mischreaktoren und Kaskadenbecken. Münchner Berichte Nr. 69 (1986)

Temper, U.; A. Steiner; J. Winter; O. Kandler: Thermophile Methangärung - Stand und Aussichten. BMFT-Statusseminar, Jülich (1981), 19-38

Tenney, M.W.; W. Stumm: Chemical flocculation of microorganisms in biological waste treatment. JWPCF 37 (1965) 10, 1370-1388

Theophilou, J.; O. Wolfbauer, F. Moser: Das Schlammwiederbelüftungsverfahren und seine Vorteile gegenüber den konventionellen Verfahren. Chem. Ing. Technik 52 (1980) 5, 458-459

Theophilou, J.; O. Wolfbauer, A. Psimenos, F. Moser: Stofftransportvorgänge und ihr Einfluß auf die Kinetik der biologischen Abwasserreinigung. Chem.-Ing.-Technik 53 (1981) 11, 894-895

Teufel, R.: Ermittlung einer optimalen Verfahrenskombination zur Behandlung und Reinigung von Abwasser mittels OR. Diplomarbeit TU Karlsruhe und FhG-ISI, Karlsruhe (1987)

Thormann, A.: Klärschlamm - Menge und Beseitigung in der Bundesrepublik. Korrespondenz Abwasser (1977) 7

Toussaint, D.: Ansatzpunkte zur Energieeinsparung in der kommunalen Abwasserreinigung. Studienarbeit TH Karlsruhe und FhG-ISI (1984)

UBA (Umweltbundesamt): Daten zur Umwelt 1984. Erich Schmidt Verlag, Berlin (1984)

Eynde van den, A.; J. Geerts, B. Maes, H. Verachtert: Influence of the feeding patterns on the glucose metabolism of arthrobacter sp. and sphaerotilus natans, growing in chemostat cultures, simulating activated sludge bulking. Europ. J. Appl. Microbiol. 17 (1983) 35-43

Vavilin, V.A.: Principles of mathematical modelling of biological wastewater treatment processes. Developments in Environmental Modelling Vol. 7 (Hrsg. Jorgensen, Gromiec) Elsevier-Verlag, Amsterdam-Oxford (1985)

VCI-Ausschuß Wasser und Abwasser: Abwasserreinigung durch anaerobe biologische Behandlung. VCI-Verfahrensberichte zur Abwasserbehandlung, 9 (1986)

Veits, G.: Einfluß der Vorklärung auf die biologische Stufe und auf die Wirtschaftlichkeit von Belebungsanlagen. Dissertation, München (1977)

Vincent, B.: Advance Colloid Interface Science 4 (1974), 193

Vogelpohl, A.: Persönliche Mitteilungen. Frankfurt (1986)

Wanner, O.; G. Gujer, G.: Competition in Biofilms. Water Science Techn. 17 (1984), 27-44

WHG (Wasserhaushaltsgesetz) vom 27.07.57, Neufassung des Gesetzes zur Ordnung des Wasserhaushaltes vom 16.10.76, BGBl. I 3018. geändert am 14.12.76, BGBl. I 3341, zuletzt novelliert am 25.07.86 mit Wirkung zum 01.01.87, BGBl. I 1165

Weber, J.; H.H. Hahn: Flotation zur Sanierung saisonal überlasteter kommunaler Kläranlagen. Korrespondenz Abwasser 31 (1984) 10, 820-824

Watanabe, Y.: Mathematical modelling of nitrification and denitrification in rotating biological contactors. Developments in Environmental Modelling

7, Amsterdam (1985), 419-471

Wechs, F.: Ein Beitrag zur zweistufigen anaeroben Klärschlammstabilisierung. Dissertation, München (1985)

Wenzlaff, R.: Erfahrungen mit Biogas im praktischen Betrieb. KTBL-Schriften Nr. 266, Darmstadt (1981)

Wesner, G.M.: Evaluation of Energy Effiziency in Planning Municipal Wastewater Treatment Facilities. U.S. Enviromental Protection Agency, Washington D.C. (1979)

Westerhoff, G.P.: An Engineer's view of privatization. The Chandler experience. J. AWWA 78 (1986) 2, 41-46

Wiener Mitteilungen: Wechselwirkung zwischen Planung und Betrieb von Abwasserreinigungsanlagen - Erfahrungen und Probleme. Bd. 47, Wien (1982)

Wienhusen, A,: Die Energiebilanz biologischer Abwasserbehandlungsanlagen. GWA Bd. 45, Aachen (1980)

Wiesmann, U.: Kinetik der aeroben Abwasserreinigung durch Abbau von organischen Verbindungen und durch Nitrifikation. Chem. Ing. Technik 58 (1986) 6, 464-474

Wilderer, P.: BSB-5 und BSB-Kinetik zur Beurteilung von Abwasser. in Grundlagen der Abwasserreinigung (Hrsg. F. Moser) gwf-Schriftenreihe wasser/abwasser Bd. 19, München (1981)

Wilderer, P.: Zweistufige Verfahren zur weitergehenden biologischen Abwasserreinigung. Korrespondenz Abwasser 25 (1978) 9, 281-289

Wilderer, P.: Hochbelastete Belebungsanlagen ohne Vorklärung. gwf wasser/abwasser 11 8 (1977a) 12, 638-640

Wilderer, P.: Kritik am BSB-5 als Verschmutzungsparameter. gwf wasser/abwasser 118 (1977b) 8, 357-364.

Wilderer, P.A.; L. Hartmann: Leistungsfähigkeit und Verhalten von Primärschlamm in Belebungsanlagen. Berichte zur Ingenieurbiologie Bd. 13, Karlsruhe (1978)

Wilderer, P.A.; R.L. Irvine: Sequencing Batch Reaktor Verfahren zur biologischen Abwasserreinigung. GWA Bd. 69, Aachen (1985), 521-547

Wilderer, P.A., M. Rubio: Flockung von Mikroorganismen und Eigenschaften des Biofilms. 33. Bunsenkolloquium, Leverkusen (1986)

Wilderer, P.A; E.D. Schroeder: Anwendung des Sequencing Batch Reactor (SBR) - Verfahren zur biologischen Abwasserreinigung. TUHH Berichte 4 (1986)

Wilderer, P.A.; J. Sekoulov: Einsatz von Tropfkörper- oder Belebungsverfahren aus der Sicht der Gewässerbelastung. Münchner Berichte Bd. 51, München (1984), 39-51

Wilderer. P.A.; J. Silverstein: Bedeutung periodischer Stress-Bedingungen für die Wirksamkeit biologischer Klärverfahren. gwf wasser/abwasser 124 (1983) 11, 546-552

Winter, J.: Mikrobiologische Grundlage der anaeroben Schlammfaulung. gwf-wasser/abwasser 126 (1985) 2, 51-56

Winterhalder, K.: Untersuchungen über den Einfluß von Desinfektionsmitteln, Futterzusatzstoffen und Antibiotika auf die Biogasgewinnung aus Schweinegülle. Dissertation, Universität Hohenheim (1985)

Wolf, P.: Wirtschaftlichkeit von Verfahren der Klärschlammbehandlung und Klärschlammentwässerung. ATV-Landesgruppentagungen, St. Augustin (1985) 283-296

Wolf, P.: Auslegungs- und Betriebsprobleme von Klärgasmotoren und Einsatzmöglichkeiten von Wärmepumpen in Kläranlagen. Dokumentation Fachseminar: Klärgasnutzung in Kraft-Wärme-Kopplung HMUE, Wiesbaden (1986)

Wolf, P.: Kostengünstige Leistungsverbesserung von Kläranlagen. Korrespondenz Abwasser 30 (1983) 10, 700-702

Wolf, P.: Untersuchungen über die Wirtschaftlichkeit der Faugasverwertung auf Kläranlagen. Bayerisches Landesamt für Wasserwirtschaft Bd. 1, München (1981a)

Wolf, P.: Untersuchungsergebnisse zum Energiehaushalt kommunaler Kläranlagen in Bayern. BMFT-Berichte (1981b)

Wolf, P.: Sparsamer Energieverbrauch bei der Sammlung und Reinigung von Abwasser. Korrespondenz Abwasser 27 (1980) 1, 7

Wolfbauer, O.; J. Theophilou; F. Moser: Biologische Abwasserreinigung in rohrförmigen Belüftungsbecken unter Verwendung von reinem Sauerstoff. Dechema Monografie Vol. 86/1, Achema (1979)

Yi, Y.S.: Reaktionstechnische Modellierung der authothermen aerob-thermophilen Schlammstabilisierung und Abwasserreinigung. Dissertation, Berlin (1985)

Zäschke, W.: Kommentar zu Orth (1983). Korrespondenz Abwasser 30 (1983) 6

Zangemeister, C.: Nutzwertanalyse in der Systemtechnik. Wittemannsche Buchhandlung, München (1972)

Ziess, V.; T. Clausdorff, G. Gerardts: Schlammentwässerung mit polymeren Flockungshilfsmitteln in Kammerfilterpressen. gwf wasser/abwasser 126 (1985) 3, 124-130

Zimmermann, F.: Öffentliche Abgaben im kommunalen Sektor. Innenministerium des Landes NRW, Düsseldorf (1973)

Zlokarnik, M.: Belüftung und Abtrennung des Klärschlammes in Kläranlagen. VDI-Umwelt (1985) 3, 237-251

Zlokarnik, M.: Verfahrenstechnik der aeroben Abwasserreinigung-Entwicklungen und Trends. Chem. Ing. Technik 54 (1982) 11, 939-952

SACHVERZEICHNIS

K.-E. Quentin

Trinkwasser

Untersuchung und Beurteilung von Trink- und Schwimmbadwasser

Unter Mitarbeit von I. Alexander, D. Eichelsdörfer

1988. 47 Abbildungen. XX, 385 Seiten. Gebunden DM 280,–. ISBN 3-540-18100-8

Inhaltsübersicht: Trinkwasser: Wasserverbrauch und Trinkwasserversorgung. – Gesetze, Richtlinien, Normen. – Umfang von Trinkwasseranalysen. – Konzentrationsangaben und Analysendarstellung. – Probenahme. – Geruch und Geschmack. – Allgemeine Untersuchungen. – Gelöste Mineralstoffe. – Gelöste Gase. – Bestimmung der Aggressivität. – Organische Belastungsstoffe. – Analysenkontrolle. – Mikrobiologie. – Bestimmung der Radioaktivität. – Schwimm- und Badebeckenwasser: Gesetze, Richtlinien, Normen. – Begriffe. – Zweck, Umfang und Zeitfolge von Badewasseruntersuchungen. – Probenahme. – Bestimmung der mikrobiologischen Hygiene-Parameter. – Bestimmung der Hygiene-Hilfsparameter. – Bestimmung der betriebstechnischen Parameter. – Darstellung der Untersuchungsergebnisse. – Anhang: Trinkwasserversorgung. – Sachverzeichnis.

Das Buch behandelt die Untersuchung des Trinkwassers mit den heutigen Anforderungen an die Trinkwassergüte unter Berücksichtigung aktueller Umweltbelastungen. Neben den ausführlich beschriebenen Analysenmethoden wird unter Zugrundelegung verschiedener Parameter und Kriterien besonderer Wert auf die Beurteilung der Untersuchungsergebnisse gelegt und zwar unter Heranziehung der einschlägigen Gesetze, Verordnungen, Normen und Richtlinien nach dem Stand von 1987. Die trinkwasserähnlichen Güteanforderungen an Schwimm- und Badebeckenwasser waren Veranlassung, erstmals gemeinsam mit dem Trinkwasser in einem solchen Buch auch die Untersuchung und Beurteilung des Schwimmbadwassers darzustellen und damit seiner heutigen Bedeutung in Qualität und Kontrolle Rechnung zu tragen. Hervorzuheben sind die Kapitel über Probenahme und Konservierung des Wassers, Untersuchungsmöglichkeiten an Ort und Stelle der Wasservorkommen sowie über die Mikrobiologie. Insgesamt vermittelt die Gliederung des Buches einen Leitfaden für die Vorbereitung, Durchführung, Ergebnisdarstellung und Bewertung von Trinkwasseruntersuchungen.
Mit der praxisorientierten Verfahrensbeschreibung und Einfügung der neuen Trinkwasser-Verordnung entstand ein Laboratoriumhandbuch, nach dem sich ohne Rückgriff auf andere Literatur arbeiten läßt. Es werden institutserprobte und nach Möglichkeit jeweils mehrere Methoden (z. B. für verschiedene Konzentrationsbereiche) aufgeführt. Durch die Konzentrierung auf den Trinkwasserbereich ließen sich verschiedene Verfahren vereinfachen, die bei Einschluß sonstiger Wassertypen (z. B. Abwasser) zur Störungsbeseitigung umständliche und zeitaufwendige Aufbereitungsmaßnahmen erfordern. Jeder Abschnitt enthält weiterführende Literaturhinweise.

L. Hartmann

Biologische Abwasserreinigung

1983. 130 Abbildungen. XII, 230 Seiten. Broschiert DM 88,–. ISBN 3-540-11879-9

Springer-Verlag
Berlin Heidelberg New York
London Paris Tokyo